普通高等教育“十二五”系列教材（高职高专教育）

高电压技术

（第三版）

主编　常美生
编写　张　玲
主审　秦振纪

中国电力出版社
CHINA ELECTRIC POWER PRESS

内 容 提 要

本书着重从物理概念方面介绍电力系统中实用的高电压技术内容，注意吸收应用于现场的有关新技术和新方法，注重培养读者分析和解决实际问题的能力，以使读者掌握从事电力系统运行、检修和试验等工作所必备的高电压技术知识。本次修订增加了 SF_6 气体绝缘及应用方面的知识，同时结合国家标准和现场实际，对变电站直击雷保护、变压器中性点保护及气体绝缘变电站防雷保护等方面的内容进行了修改和补充，并修正了书中存在的一些不妥之处。

本书主要作为高职高专院校电力技术类专业的教材，也可作为函授和自考辅导教材以及电力行业工程技术人员参考用书。

图书在版编目（CIP）数据

高电压技术/常美生主编. —3版. —北京：中国电力出版社，2012.11（2021.11重印）

普通高等教育“十二五”规划教材．高职高专教育

ISBN 978-7-5123-3489-2

Ⅰ.①高… Ⅱ.①常… Ⅲ.①高电压—技术—高等职业教育—教材 Ⅳ.①TM8

中国版本图书馆CIP数据核字（2012）第218536号

中国电力出版社出版、发行

（北京市东城区北京站西街19号 100005 http://www.cepp.sgcc.com.cn）

北京雁林吉兆印刷有限公司印刷

各地新华书店经售

*

2004年8月第一版

2012年11月第三版 2021年11月北京第三十四次印刷

787毫米×1092毫米 16开本 15.5印张 372千字

定价 **35.00** 元

前　言

本书自2004年8月由中国电力出版社出版以来，已为国内许多高职高专院校所选用，并被某些生产单位用作培训教材，至2012年1月已重印19次，发行8万多册。

本书着重从物理概念方面介绍电力系统中实用的高电压技术内容，注意吸收应用于现场的有关新技术和新方法，注重培养读者分析和解决实际问题的能力，以使读者掌握从事电力系统运行、检修和试验等工作所必备的高电压技术知识。

考虑到SF_6气体的应用已很广泛，本次修订增加了SF_6气体绝缘及应用方面的知识。此外，结合国家标准和现场实际，对变电站直击雷保护、变压器中性点保护及气体绝缘变电站防雷保护等方面的内容进行了修改和补充，并修正了书中存在的一些不妥之处。

全书共分十章，第一章介绍电介质在电压相对较低时内部所发生的物理过程，第二、三章介绍电介质在电压较高时的击穿过程和击穿特性，第四章介绍电气设备的绝缘试验，第五章介绍波过程及其应用，第六～八章介绍雷电过电压及保护，第九章介绍内部过电压及保护，第十章介绍绝缘配合。每章附有适量的习题，供读者学习时参考。

本书绪论、第一～五章和第九章第六节由常美生编写，其余章节由张玲编写，全书由常美生统稿并担任主编。原书稿完成后经太原理工大学秦振纪教授进行了仔细的审阅，并提出了许多宝贵意见，太原供电公司王敬侃教授级高工、广州供电公司钟连宏博士在本书编写中也给予了大力的帮助，在此一并向他们致以深切的感谢。

限于编者水平，书中难免存在不妥之处，恳请读者批评指正。

编　者

2012年9月

目　　录

绪　　论

一、高电压技术的研究对象

高电压技术研究的对象主要是电气设备的绝缘、绝缘的测试和电力系统的过电压等。

任何电气设备都会遇到绝缘问题，绝缘的作用就是将不同电位的导体分隔开。具有绝缘作用的材料称为电介质或绝缘材料，其主要特征是电阻率很大。电介质按状态可分为气体、液体和固体三类。空气是电气设备外绝缘的主要绝缘材料，固体和液体介质的组合或固体和气体介质的组合常用作电气设备的内绝缘。绝缘在运行过程中要承受各种电压的作用，在电压相对较低时，绝缘中会发生极化、电导和损耗现象，它们对绝缘的运行会产生重要的影响。当作用到绝缘上的电压超过临界值时，绝缘会失去绝缘能力而转变为导体，即发生击穿现象。因此，需要研究各种电介质在电压作用下的电气物理性能，特别是其在高电压作用下的击穿特性，以选择合适的电介质并设计合理的绝缘结构，这样才能保证电气设备的绝缘在一定的电压下安全可靠地运行。

研究电气设备绝缘的击穿特性需要进行各种电压的高压试验，电气设备运行过程中绝缘中出现的缺陷也需要通过高压试验才能检出，因此高电压的产生及测量技术、绝缘测试技术也是高电压技术所研究的基本内容之一。

电气设备的绝缘在运行过程中不仅要受到工作电压的持续作用，还会受到各种过电压的作用。所谓过电压是指超过设备最大运行电压的电压。电力系统的过电压有两类，一类是由雷电放电引起的，称为雷电过电压或大气过电压。雷电过电压又可分为直击雷过电压和感应雷过电压两种，前者由雷击输电线路或发电厂、变电站的配电装置所引起，后者则由雷击这些设备附近的地面或其他物体所引起。雷击输电线路时产生的直击雷过电压不仅会危害线路的绝缘，还会沿线路向变电站传播，称为入侵波。入侵波会对变电站设备的绝缘构成威胁。另一类过电压源于电网本身，是由于系统中开关电器的操作、事故或参数配合不当而引起的，称为内部过电压。内部过电压又可分为操作过电压和暂时过电压两类。操作过电压是由于开关电器操作或事故时电网中的电场能量和磁场能量发生相互转化而引起的，其存在的时间相对较短。暂时过电压包括工频电压升高和谐振过电压，前者由长线路的电容效应或单相接地、发电机突然甩负荷所引起，后者则由电感和电容参数配合不当所引起。暂时过电压具有稳态的性质，它存在的时间相对较长。过电压对绝缘的危害极大，是影响电气设备安全运行的主要因素之一，研究过电压的产生过程和防护措施是高电压技术的另一基本内容。

过电压和绝缘是矛盾的两个方面，也是高电压技术研究的核心内容。只有通过技术经济比较，使电气设备的绝缘水平和系统中的过电压水平相互协调配合，才能保证电气设备的经济性和运行的可靠性。

二、高电压技术的发展现状

对交流电压，通常 1kV 以上、220kV 及以下的电压等级称为高压，330kV 及以上、1000kV 以下的电压等级称为超高压，1000kV 及以上的电压等级称为特高压；对直流电压，±800kV 以下的电压等级称为高压，±800kV 及以上的电压等级称为特高压。从电网的发展来看，随着大容量和远输电距离的需求不断增加，使得电网的电压等级不断得到发展。我国在20世纪50年代先后建成了交流110kV和220kV输电线路，70年代初在西北建成了330kV输电线路，80年代初在华中建成500kV输电线路，目前各大区域电网已经形成了以500kV（西北地区为330kV）输电线路为主干线的网架结构。2009年初，我国建成了1000kV特高压交流输电线路并投入运行，成为目前世界上交流运行电压最高的国家。在直流输电方面，我国1989年建成±500kV超高压直流输电线路，2010年建成±800kV特高压直流输电线路，成为目前世界上直流输电电压等级最高的国家。

高电压技术是随着输电电压等级的提高而发展的一门新学科。输电电压等级的不断提高，既给高电压技术提出了许多有待进一步研究的课题，也使高电压技术的理论和实践不断完善和发展。因为电压等级在由高压向超高压和特高压发展过程中，都需要深入研究绝缘性能、电晕效应、过电压防护、电场和磁场对环境的影响等问题，这些问题的研究必然会给这些领域带来许多新的成果，丰富原有的内容。此外其他领域新技术的发展、新材料的出现，如计算机技术、信息处理技术和光纤技术等在高电压测量和绝缘检测中的应用，SF_6气体在电气设备及配电装置中的应用，氧化锌避雷器的出现等，都赋予了高电压技术新的内容。

三、高电压技术课程的特点和学习要求

高电压技术课程的内容包括三个方面，即高电压绝缘、电气设备绝缘试验、电力系统过电压及保护。这些内容都是电力系统从事运行、检修、试验及电气设备安装等工作必备的专业知识。

高电压技术课程的特点是实践性很强，其中有些内容因是用微观或半微观的概念说明宏观的现象，故比较抽象；还有些内容则因理论和计算不很完善，所以一些规律性的东西常需用数据或经验公式来表达。学习中要充分注意这些特点，重点掌握分析和解决问题的思路和方法。电气设备绝缘试验和电力系统过电压及保护等内容与国家相关的试验规程、过电压保护标准及接地标准等紧密相关，故应结合国家标准或规程进行学习。此外，各部分的内容彼此密切相关，学习中要注意它们之间的联系。

通过对本课程的学习，应掌握电介质在电场作用下的特性，特别是在高电场作用下的击穿（闪络）特性，影响击穿（闪络）电压的因素及提高击穿电压的方法；掌握电气设备绝缘的试验原理、试验方法及绝缘状况的分析判断方法，并获得基本的试验技能；掌握电力系统过电压的产生机理和发展过程，限制过电压的措施及设备；了解绝缘配合的原则和方法。

第一章　电介质的极化、电导和损耗

电介质是指那些具有很高电阻率（通常为 $10^6 \sim 10^{19}\Omega \cdot m$）的材料。在电气设备中，电介质主要起绝缘作用，即把不同电位的导体分隔开，使之在电气上不相连接。按状态电介质可分为气体、液体和固体三类，其中气体电介质是电气设备外绝缘（即电气设备壳体外的绝缘）的主要绝缘材料，液体、固体电介质则主要用于电气设备的内绝缘（即封装在电气设备外壳内的绝缘）。在外加电压相对较低时，电介质内部要发生极化、电导和损耗过程，这些过程发展比较缓慢、稳定，所以一直被用来检测绝缘的状态。此外，这些过程对电介质的绝缘性能也会产生重要的影响，在外加电压相对较高时，电介质可能会丧失绝缘性能转变为导体，即发生击穿现象。因此，讨论电介质在电场作用下的电气性能，对工程实际有重要意义。

本章讨论电介质的极化、电导和损耗过程。

第一节　电介质的极化

一、电介质的极性及分类

从物理学中已知，由大小相等、符号相反、彼此相距为 d 的两电荷（$+q$、$-q$）所组成的系统称为偶极子。偶极子极性的大小和方向用偶极矩来表示。偶极矩的大小为正电荷（或负电荷）的电量 q 与正、负电荷间距离 d 的乘积，方向由负电荷指向正电荷。

电介质内分子间的结合力称为分子键，分子内相邻原子间的结合力称为化学键。根据原子结合成分子的方式的不同，电介质分子的化学键分为离子键和共价键两类。

分子的化学键类型，取决于构成分子的原子间电负性差异的大小。原子的电负性是指原子获得电子的能力。当电负性相差很大的原子相遇时，电负性小的原子（金属元素）的价电子将被电负性大的原子（非金属元素）所夺去，得到电子的原子形成负离子，失去电子的原子形成正离子，正、负离子通过静电引力结合成分子，这种化学键就称为离子键。当电负性相等或相差不大的两个或多个原子相互作用时，原子间则通过共用电子对结合成分子，这种化学键就称为共价键。

化学键的极性可用键矩（即化学键的偶极矩）来表示。离子键中，正、负离子形成一个很大的键矩，因此它是一种强极性键。共价键中，电负性相同的原子组成的共价键为非极性共价键，电负性不同的原子组成的共价键为极性共价键。由非极性共价键构成的分子是非极性分子。由极性共价键构成的分子，如果分子由一个极性共价键组成，则为极性分子；如果分子由两个或多个极性共价键组成，结构对称者为非极性分子，结构不对称者为极性分子。

分子由离子键构成的电介质称为离子结构的电介质。分子由共价键构成，且分子为非极性分子的电介质称为非极性电介质，分子为极性分子的电介质称为极性电介质。

二、电介质极化的概念和极化的种类

无论何种结构的电介质，在没有外电场作用时，其内部各个分子偶极矩的矢量和平均来说为零，电介质整体上对外没有极性。当外电场作用于电介质时，会在电介质沿电场方向的两端形成等量异号电荷，就像偶极子一样，对外呈现极性，这种现象称为电介质的极化。

电介质的分子结构不同，极化的形式也不同。极化的基本形式有四种。

1. 电子式极化

图 1-1 所示为电子式极化的示意图。将原子中的电子用一个静止的负电荷替代，使其在远处所产生的电场保持不变，则该等效负电荷所处的位置即为电子的作用中心。无外电场时，正电荷的作用中心与负电荷的作用中心（即电子运动轨道中心）重合，原子对外不显极性，如图 1-1（a）所示。有外电场作用时，电子运动轨道发生了变形，并且与原子核间发生了相对位移，正电荷作用中心与负电荷作用中心不再重合，对外呈现极性如图 1-1（b）所示。这种由电子发生相对位移形成的极化称为电子式极化。

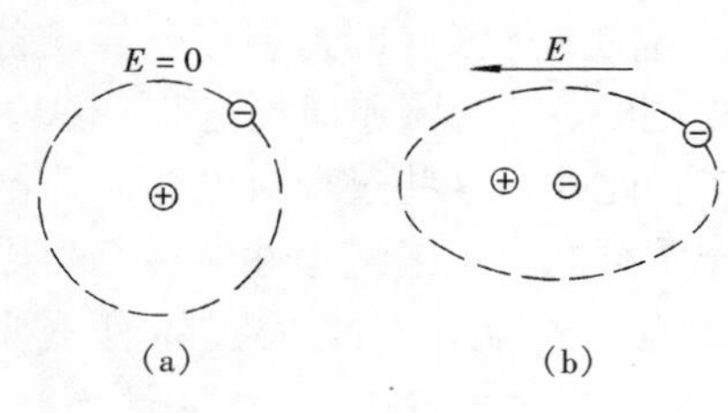

图 1-1 电子式极化示意图
（a）极化前；（b）极化后

电子式极化存在于一切电介质中，其特点为：

（1）极化过程所需的时间极短，约 10^{-15} s。这就意味着，即使外加电场的交变频率很高，电子式极化也来得及完成，因而这种极化与频率无关。

（2）极化过程中没有能量损耗。这种极化在去掉外电场后，由于正、负电荷的相互吸引将自动回到原来的非极性状态，故没有能量损耗。

（3）温度对极化过程的影响很小。

2. 离子式极化

离子式极化发生于离子结构的电介质中。固体无机化合物（如云母、陶瓷、玻璃等）的分子多属于离子结构。在无外电场作用时，电介质内大量离子对的偶极矩互相抵消，故平均偶极矩为零，电介质对外没有极性，如图 1-2（a）所示。在有外电场作用时，正、负离子沿电力线向相反方向发生偏移，使平均偶极矩不再为零，电介质对外呈现出极性，如图 1-2（b）所示。这种由离子的位移造成的极化称为离子式极化。

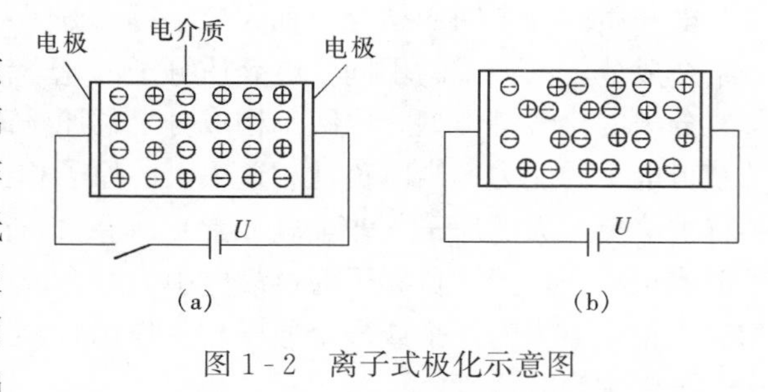

图 1-2 离子式极化示意图
（a）极化前；（b）极化后

离子式极化的特点为：

（1）极化过程所需的时间很短，约为 10^{-13}s，在一般使用的频率范围内，可以认为极化过程与频率无关。

（2）极化过程中没有能量损耗。

（3）温度对极化过程有影响。温度升高时，一方面离子间的结合力降低，使极化程度增大；另一方面离子的密度降低，又使极化程度降低。一般前者的影响大于后者，所以这种极化的极化程度随温度的升高而增大。

3. 偶极子式极化

极性电介质的分子本身就是一个偶极子。在没有外电场作用时，单个的偶极子虽然具有极性，但各个偶极子处于不停的热运动中，排列毫无规则，对外的作用互相抵消，整个电介质对外不呈现极性，如图 1-3（a）所示。在有电场作用时，偶极子受电场力的作用发生转向，并沿电场方向定向排列，整个电介质的偶极矩不再为零，对外呈现出极性，如图 1-3（b）所示。这种由偶极子转向造成的极化称为偶极子式极化。

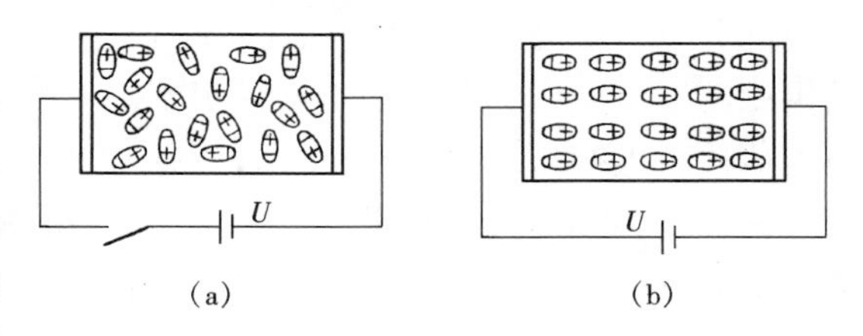

图 1-3　偶极子式极化示意图

（a）无外电场时；（b）有外电场时

偶极子式极化的特点为：

（1）极化过程所需的时间较长，为 10^{-10}～10^{-2}s，故极化程度与外加电压的频率有较大关系。频率很高时，由于偶极子的转向跟不上电场方向的变化，因而极化减弱。

（2）极化过程中有能量损耗。因偶极子在转向时要克服分子间的吸引力而消耗能量，消耗掉的能量在偶极子复原时不可能收回，故这种极化存在能量损耗。

（3）温度对极化过程影响很大。温度升高时，一方面电介质分子间的结合力减弱，使极化程度增大；另一方面分子热运动加剧，妨碍偶极子沿电场方向转向，使极化程度减小。电介质总体上的极化程度随温度的变化取决于这两个相反过程的相对强弱。

4. 空间电荷极化

上述的三种极化都是由电介质中束缚电荷的位移或转向形成的，而空间电荷极化则是由电介质中自由离子的移动形成的。

夹层极化是最常见的一种空间电荷极化形式，下面以平行板电极间的双层电介质为例来说明夹层极化过程。

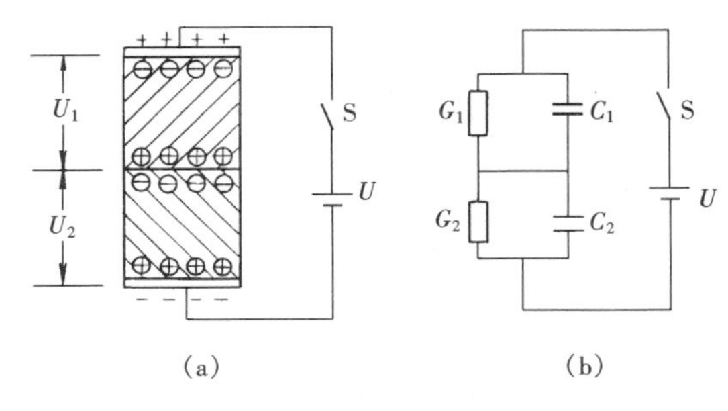

图 1-4　夹层极化物理过程示意图

（a）示意图；（b）电路分析图

如图 1-4（a）所示，将直流电压 U 突然加在两平板电极上，图 1-4（b）为其等值电路。在开关 S 刚合闸瞬间（相当于加很高频率的电压），两层电介质上的电压分配与各层电容成反比，即

$$\left.\frac{U_1}{U_2}\right|_{t\to 0}=\frac{C_2}{C_1}$$

到达稳态时，各层上分到的电压与各层的电导成反比，即

$$\left.\frac{U_1}{U_2}\right|_{t\to \infty}=\frac{G_2}{G_1}$$

一般来说，对两层不同的电介质，$C_2/C_1 \neq G_2/G_1$，即

$$\left.\frac{U_1}{U_2}\right|_{t\to 0}\neq\left.\frac{U_1}{U_2}\right|_{t\to \infty}$$

所以合闸后，两层电介质上的电压有一个重新分配的过程，即 C_1、C_2 上的电荷要重新分配。设 $C_1>C_2$，$G_1<G_2$，则在 $t\to 0$ 时，$U_1<U_2$；而在 $t\to\infty$时，$U_1>U_2$。这样，在 $t>0$ 后，随着时间的增大，U_2 逐渐下降，因为 $U_1+U_2=U$ 为定值，故 U_1 逐渐升高。此时 C_2 上

的一部分电荷要经 G_2 放掉，而 C_1 则要经过 G_2 从电源再吸收一部分电荷（称为吸收电荷），结果使两层电介质的分界面上出现了不等量的异号电荷，从而显示出电的极性来（分界面上正电荷比负电荷多，呈现正极性；否则，呈现负极性）。这种使夹层电介质分界面上出现电荷积聚的过程称为夹层式极化。由于夹层极化中有吸收电荷，故夹层极化相当于增大了整个电介质的等值电容（比 C_1 和 C_2 的串联值大）。

由以上分析可知，夹层电介质分界面上电荷的积聚是通过电介质的电导进行的，因电介质的电导一般很小，对应的时间常数很大，故夹层极化过程非常缓慢，夹层极化只在低频时才来得及完成。显然，夹层极化过程中有能量损耗。

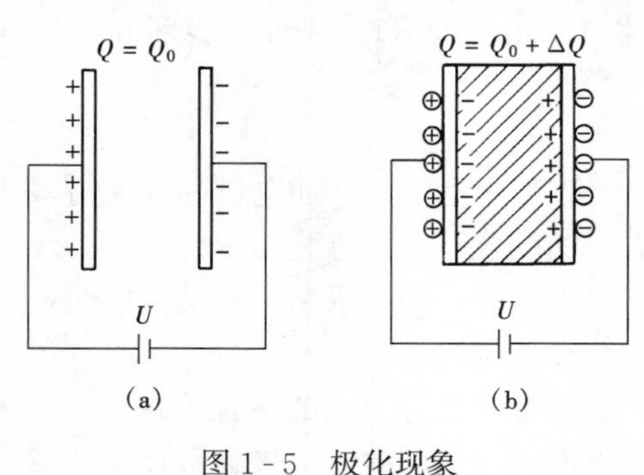

图 1 - 5　极化现象

(a) 电极间为真空；(b) 电极间充满介质

三、电介质的相对介电常数

如图 1 - 5 所示，在两平板电极间施加直流电压 U，当极间为真空时，极板上的电荷量为 Q_0，当极间充满一块固体电介质后，极板上的电荷则增加为 $Q_0+\Delta Q$。这种现象是由电介质的极化造成的。在电场作用下，电介质发生极化，在沿电场方向的两个表面上产生极化电荷，靠近正极板的表面上产生的是负电荷，而靠近负极板的表面上产生的是正电荷。极化电荷产生的场强与外施电压产生的场强方向相反，如果极板上的电荷保持不变，电场空间中的场强将减小。事实上，在其他条件不变的情况下，固体电介质插入前后电场空间中的场强应保持不变。因此，为维持电场恒定，极板上的电荷必然会增加，增加的电荷用以抵消极化电荷所产生的反电场。

两平板电极在真空中的电容量为

$$C_0=\frac{Q_0}{U}=\frac{\varepsilon_0 S}{d}$$

式中　S——极板面积，cm^2；

d——极间距离，cm；

ε_0——真空的介电常数，$\varepsilon_0=1/36\pi\times10^{-11}\mathrm{F/cm}$。

极间插入固体电介质后，电容量增为

$$C=\frac{Q_0+\Delta Q}{U}=\frac{\varepsilon S}{d}$$

式中　ε——固体电介质的介电常数。

定义

$$\varepsilon_r=\frac{\varepsilon}{\varepsilon_0}=\frac{Q_0+\Delta Q}{Q_0}$$

ε_r 称为电介质的相对介电常数。它是表征电介质在电场作用下极化程度的物理量。

ε_r 值由电介质的材料决定，并且与温度、频率等因素有关。气体电介质因密度很小，极化程度很弱，因而一切气体的 ε_r 应用时都可看作 1。在工频电压下、温度为 20℃时，常用的液体、固体电介质的 ε_r 大多在 2～6 之间，见表 1 - 1。

表 1-1 常用电介质的介电常数

材料类别		名称	相对介电常数 ε_r（工频，20℃）
液体电介质	弱极性	变压器油	2.2～2.5
		硅有机油	2.2～2.8
	极性	蓖麻油	4.5
	强极性	丙酮	22
		酒精	33
		纯水（20℃）	81
固体电介质	中性或弱极性	石蜡	2.0～2.5
		聚乙烯	2.25～2.35
		聚苯乙烯	2.45～3.1
		聚四氟乙烯	2.0～2.2
		松香	2.5～2.6
		沥青	2.6～2.7
	极性	油浸纸	3.3
		酚醛树脂塑料	4～4.5
		聚氯乙烯	3.2～4.0
		聚甲基丙烯酸甲酯（有机玻璃）	3.3～4.5
	离子性	云母	5～7
		电瓷	5.5～6.5
		钛酸钡	几千
		金红石	100

四、电介质极化在工程上的意义

（1）选择电介质时，除应注意电气强度等要求之外，还应注意 ε_r 的大小。如用作电容器的绝缘介质，希望 ε_r 大些，这样可使电容器单位容量的体积和质量减小。用作其他电气设备的绝缘介质，则希望 ε_r 小些。例如电缆绝缘介质的 ε_r 越小，则工作时的充电电流和极化损耗就越小。

（2）几种绝缘介质组合在一起使用（高压电气设备的绝缘常是这种情况）时，应注意各种材料 ε_r 的配合。因为在交流电压和冲击电压下，串联电介质中场强的分布与 ε_r 成反比，ε_r 小的电介质中场强高，其耐电强度也应高些。

（3）应注意电介质的极化损耗，它是电介质损耗的重要组成部分，电介质损耗对绝缘劣化和热击穿有较大的影响。

第二节 电介质的电导

一、电介质电导的基本概念

从电介质的微观结构来看，其内部虽存在大量的带电质点，但这些带电质点往往是束缚电荷（如电子被原子核紧密束缚，正、负离子也紧密结合在一起），它们不能在电介质内自由移动，因而不能形成电导电流。电介质一般为什么具有一定的电导呢？这是因为由于某种原因，电介质内常含有部分自由带电质点，正是它们在电场作用下的定向运动，才使电介质具有一定的导电性。电介质的导电与金属的导电不同，电介质导电靠的是介质内部少量的自由离子，而金属导电靠的是金属内部大量的自由电子。故电介质的电导是离子性电导，金属的电导是电子性电导。

表征电导强弱程度的物理量为电导率 γ，其倒数为电阻率 ρ。

二、气体电介质的电导

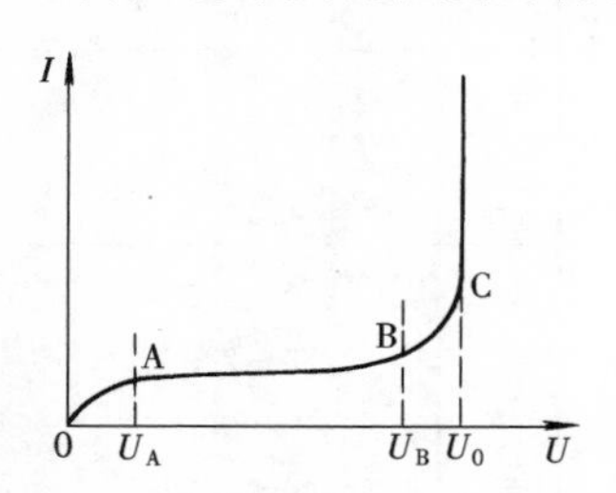

图 1 - 6　气体电介质中的电流和外施电压的关系

给某气体间隙上施加直流电压，回路电流与外施电压的关系如图 1 - 6 所示。在 $U<U_A$ 时，电流与电压基本符合欧姆定律，即电流基本上随电压的增大而线性增大。在 $U_A \leqslant U < U_B$ 时，电流呈饱和趋势，即电压升高，电流基本保持不变。在 $U_B \leqslant U < U_0$ 时，电流随电压的升高而迅速增大。当电压达到气隙的临界击穿电压 U_0 后，气体就转变为良导体状态。

上述过程可解释为：气隙在无电压作用时，由于宇宙射线、地层射线等外界游离因素的作用，气隙中就含有一定数量的自由带电质点。在气隙上的电压从零开始增大时，带电质点运动的速度加快，单位时间内进入到电极的带电质点的数量增大，故电流也随之增大。在电压增大到 U_A 后，因单位时间内气隙中产生的带电质点在相同的时间内已全部落入电极，所以电压升高，电流基本不变。在电压超过 U_B 后，气隙中出现了新的游离过程，产生了更多的带电质点，故电流随电压的升高而迅速增大。当电压达到 U_0 时，气隙中出现了大量的带电质点，因而气体就转变成了良导体。

在电压 U 小于 U_B 时气隙中的场强较弱，称为低电场区。此时气体的电导实际上很小，在大多数情况下没有什么意义。只有在强电场中，具备了放电过程发展的条件时，气体才有显著的电导。

三、液体电介质的电导

在纯净液体介质中放入平行板电极，回路电流与外施电压的关系如图 1 - 7 所示。与气体类似，该关系曲线也可分为 a、b、c 三个区域。其中 a、b 为低电场区，c 为高电场区。区域 a 中，电压和电流基本服从欧姆定律，液体电介质的电导率就是在此范围内定义的。区域 b 中，电流有饱和趋势但不太明显。这是因为液体的密度远大于气体，正、负离子相遇的机会多，复合的概率大，不可能所有的离子都运动到电极，而电压增高时复合的概率减少，因而电流有所增大。区域 c 中，液体分子发生了游离，电导迅速增大。

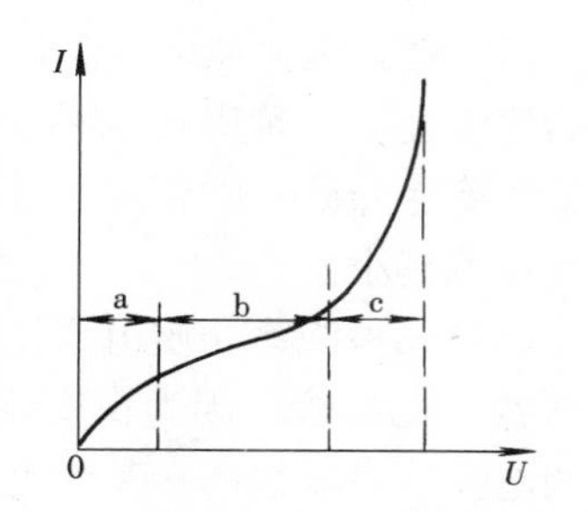

图 1 - 7　液体电介质中的电流和外施电压的关系

低电场下液体电介质具有一定的电导的原因有两个：一是液体本身的分子和所含杂质的分子（杂质是不可能完全除去的）离解为离子，形成离子电导；二是液体中的胶体质点（如变压器油中悬浮的小水滴）吸附电荷后变为带电质点，形成电泳电导。

中性液体电介质本身的分子不易发生离解，其离子主要来源于杂质分子的离解。极性液体介质除杂质外本身的分子也易离解，所以在其他条件相同的情况下，极性液体的电导率比中性液体的要大。某些强极性液体（如水、乙醇），即使经过高度净化，其电导率仍然很大，故不能作为电气设备的绝缘材料。

影响液体电介质电导的主要因素除前述的电场强度外，还有温度和杂质。温度对液体电介质电导的影响表现在两方面：一是温度升高时液体电介质本身的分子和所含杂质的分子的离解度增大，从而使液体中自由离子的数量增加；二是温度升高时液体的黏度（即分子间的结合力）减小，离子在电场作用下移动时的阻力减小，从而使离子运动的速度加快。由此可见，这两方面的影响都使液体电介质的电导随温度的升高而增大。杂质是液体电介质中带电质点的重要来源，液体中的杂质含量增大时，将使液体电介质的电导明显增大。

四、固体电介质的电导

固体电介质的电导分为体积电导和表面电导两种，分别表示固体电介质的内部和表面在电场中传导电流的能力。

中性或弱极性固体电介质的体积电导主要由杂质离解所引起。只有在温度较高或有外界因素（如高能射线）作用时，其本身的分子才可能发生离解。极性固体电介质的体积电导除由杂质分子离解引起外，本身的分子离解为自由离子也是形成电导的主要因素。离子式结构的固体电介质的体积电导则主要由离子在热运动影响下脱离晶格移动所形成。

影响固体电介质体积电导的因素主要有电场强度、温度和杂质。与液体电介质类似，场强较低时，加在固体电介质上的电压与流过的电流服从欧姆定律；场强较高时，电流将随电压的升高而迅速增大。与气体、液体电介质相比，流过固体电介质的电流不存在饱和区，这主要是因为固体电介质发生碰撞游离的场强高，在发生游离前阴极就能发射电子，形成电子电导。温度和杂质对固体电介质体积电导的影响与液体电介质类似，温度升高时，体积电导按指数规律增大；杂质含量增大时，体积电导也会明显增大，如纸板的含水量增为百分之几时，固体电介质的体积电导将增大3～4个数量级。

固体电介质的表面电导主要是由附着于电介质表面的水分和其他污物引起的。电介质表面极薄的一层水膜就能造成明显的电导。如果除水分外表面还有尘埃等污秽物质，则因污秽物中所含的盐类电解质溶于水后形成大量的自由离子，将使表面电导显著增大。

固体电介质的表面电导与电介质的特性有关。容易吸收水分的电介质称为亲水性电介质，水分可以在其表面形成连续水膜，如玻璃、陶瓷就属此类。不易吸收水分的电介质称为憎水性电介质，水分只能在其表面形成不连续的水珠，不能形成连续水膜，如石蜡、硅有机物就属此类。显然憎水性电介质的表面电导通常要比亲水性电介质的小。

五、电介质电导在工程上的意义

（1）电介质电导的倒数即为电介质的绝缘电阻。电气设备的绝缘电阻包括体绝缘电阻和表面绝缘电阻两部分，通常所说的绝缘电阻一般指体绝缘电阻。通过测量绝缘电阻，可判断绝缘是否受潮或有其他劣化现象。

（2）多层电介质串联时在直流电压下各层的稳态电压分布与各层介质的电导成反比，故对直流设备应注意电导率的合理配合。

（3）电介质的电导对电气设备的运行有重要影响。电导产生的能量损耗使设备发热，为限制设备的温度升高，有时必须降低设备的工作电流。在一定的条件下，电导损耗还可能导致电介质发生热击穿。

第三节　电介质的损耗

一、电介质损耗的基本概念

1. 电介质的等值电路

给图1-4（a）中相串联的两层不同均匀电介质的平行板电极上突然加上直流电压U，流过电介质的电流i与时间t的关系如图1-8所示。电流的这种变化规律是由加压后电介质内所发生的物理过程引起的。加压后两极间真空和无损极化（电子式极化和离子式极化）要在外回路造成电流i_C。由于无损极化是瞬时完成的，故i_C具有瞬时脉冲性质。除无损极化外，电介质还会发生有损极化（偶极子转向极化和夹层极化），此类极化会在外回路产生电流i_a，该电流随加压时间增加而衰减，好像被电介质所吸收，故被称为吸收电流。因有损极化（主要是夹层极化）进行得非常缓慢，所以i_a的衰减也比较慢。电介质还存在电导，它会在外回路造成恒定的电流i_g（称为泄漏电流）。上述三个电流分量叠加，即为外回路电流i。

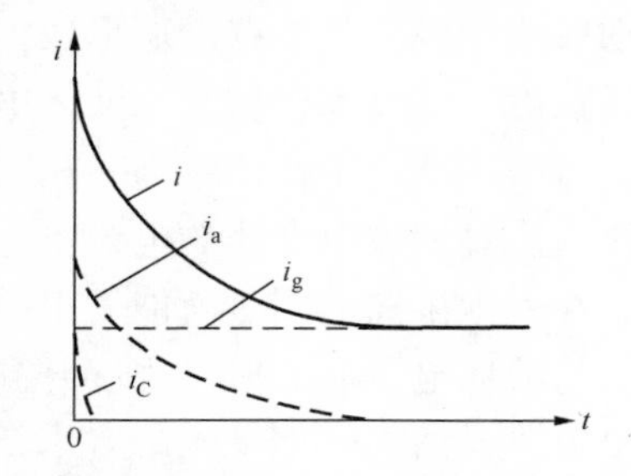

图1-8　直流电压下流过电介质的电流与时间的关系

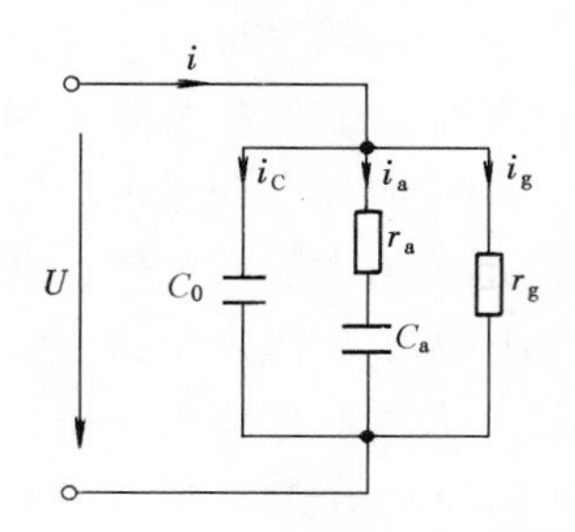

图1-9　电介质的等值电路

根据电流i各分量的特点，可构造出双层不同均匀电介质串联时的等值电路，如图1-9所示。图中C_0为反映真空和无损极化所形成的电容；C_a为反映有损极化形成的电容；r_a为反映有损极化的等效电阻；r_g为电介质的绝缘电阻。事实上，该等值电路不仅适合于多层串联电介质或不均匀电介质，而且适合于均匀电介质［相当于图1-4（a）上下两层为同一种均匀电介质］，只不过此时不存在夹层极化，流过r_a、C_a支路的电流仅为偶极子式极化形成的电流，衰减很快。

交流电压作用下，电介质的等值电路还可进一步简化。图1-9中的电压和电流都可以用相量表示，其相量关系如图1-10所示。将$\dot{I}_a$分解成有功（$\dot{I}_{ar}$）和无功（$\dot{I}_{ac}$）两个分量后，流过电介质的总电流$\dot{I}$实际上由电介质的总的有功电流分量$\dot{I}_R$和无功电流分量$\dot{I}_{CP}$组成。因此图1-9所示等值电路可简化为图1-11所示的并联等值电路。

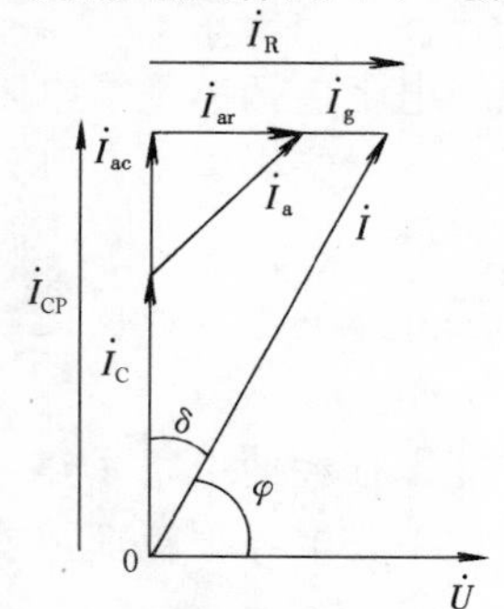

图1-10　交流电压下电介质的电流相量图

交流电压下，电介质的等值电路还可简化为图1-12所示的两元件串联的等值电路，其相量图一并示于图中。

2. 介质损失角正切

当给电介质上施加相对较低的电压（小于电介质中发生游离的电压）时，电介质中的能量损耗有两种：一种是有损极化引起的损耗，另一种是电导引起的损耗。电介质的能量损耗简称为介质损耗。

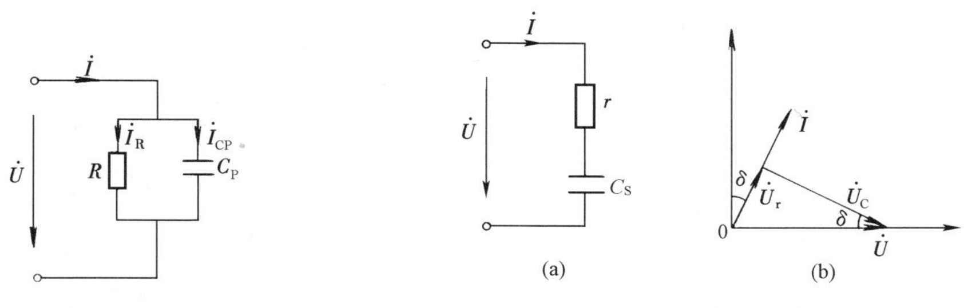

图 1 - 11　交流电压下电介质的并联等值电路

图 1 - 12　交流电压下电介质的串联等值电路和相量图
（a）等值电路；（b）相量图

直流电压下，电介质只在加压时发生一次极化，这一次极化产生的能量损耗与电压长期作用下的电导损耗相比完全可以忽略，故可认为直流下只有电导损耗。电导损耗用电导率即可表达。交流电压下，电介质除电导损耗外，还有周期性极化引起的极化损耗，这时总的电介质损耗需引入一个新的物理量来表示。

在图 1 - 10 中，φ 为功率因数角，φ 的余角 δ 称为介质损失角，其正切值 $\tan\delta$ 与图 1 - 11 所示电介质的并联等值电路中的元件参数及电介质的有功功率 P 存在如下关系

$$\tan\delta = \frac{I_R}{I_{CP}} = \frac{U/R}{U\omega C_P} = \frac{1}{\omega R C_P} \tag{1 - 1}$$

$$P = UI_R = UI_{CP}\tan\delta = U^2\omega C_P\tan\delta \tag{1 - 2}$$

由图 1 - 12（a）所示串联等值电路可得到

$$\tan\delta = \frac{U_r}{U_C} = \frac{Ir}{I/\omega C_S} = \omega r C_S \tag{1 - 3}$$

$$P = I^2 r = \frac{U^2 r}{r^2 + (1/\omega C_S)^2} = \frac{U^2\omega^2 r C_S^2}{1 + (\omega r C_S)^2}$$

$$= \frac{U^2\omega C_S\tan\delta}{1 + \tan^2\delta} \tag{1 - 4}$$

通常 $\tan\delta$ 很小，故对串联等值电路可得

$$P = U^2\omega C_S\tan\delta \tag{1 - 5}$$

由此可见，不论对电介质的并联等值电路还是串联等值电路，在外加电压的大小、频率及试品尺寸一定时，$\tan\delta$ 与 P 成正比，故 $\tan\delta$ 可反映电介质在交流电压下损耗的大小。

有功功率 P 虽然也能反映交流电压下电介质损耗的大小，但它与试验时所加的电压、试品尺寸等有关，不同试品间难以相互比较，故用 P 表示电介质损耗是不方便的。$\tan\delta$ 是电介质有功电流和无功电流的比值，它如同电介质的介电常数和电导率一样，仅取决于电介质本身的特性和状况，与电压（在电压不是很高时）和试品尺寸无关，因而不同试品的 $\tan\delta$ 可相互比较。故工程上用 $\tan\delta$ 来衡量电介质损耗的大小。

二、气体电介质的损耗

当加在气体电介质上的电压小于其发生碰撞游离的电压时，气体电介质中的损耗主要是电导损耗，损耗极小（$\tan\delta < 10^{-8}$）。但当加在气体电介质上的电压超过其开始发生碰撞游离的电压时，损耗将随电压的升高急剧增大，如图1 - 13所示。此时的损耗主要是由气体分

子发生游离而消耗电场能量造成的，称为游离损耗。

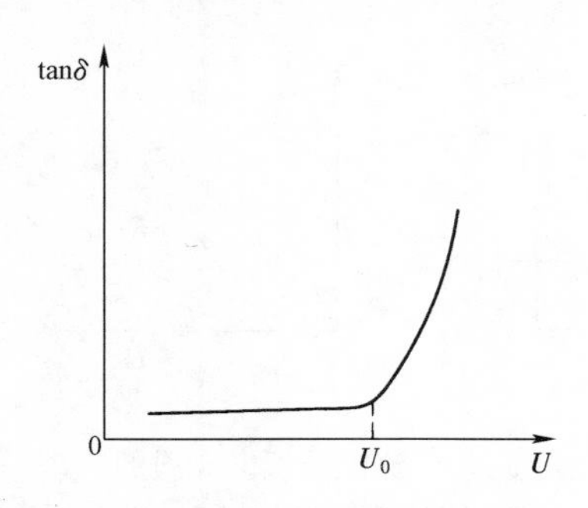

图 1-13　气体电介质的 tanδ 与电压的关系

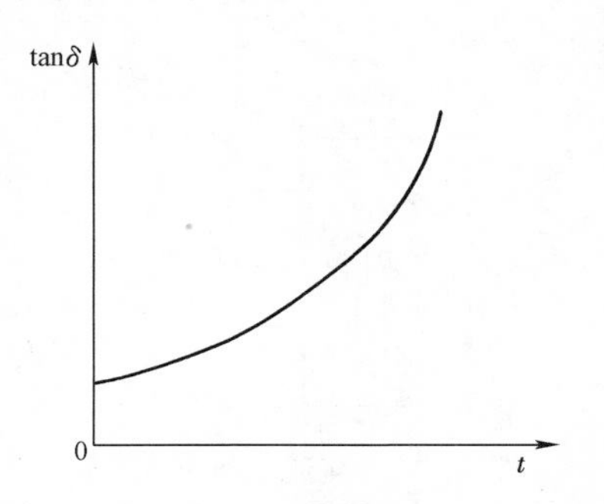

图 1-14　中性液体电介质的 tanδ 与温度的关系

三、液体电介质的损耗

中性或弱极性液体电介质的损耗主要由电导引起，损耗较小。影响损耗大小的因素及损耗与影响因素的关系也与电导相似。tanδ 与温度和外加电压的关系分别如图 1-14 和图 1-15所示。

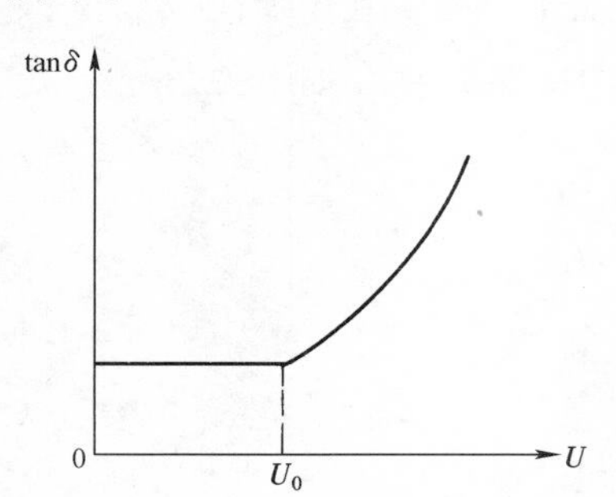

图 1-15　中性液体电介质的 tanδ 与电压的关系

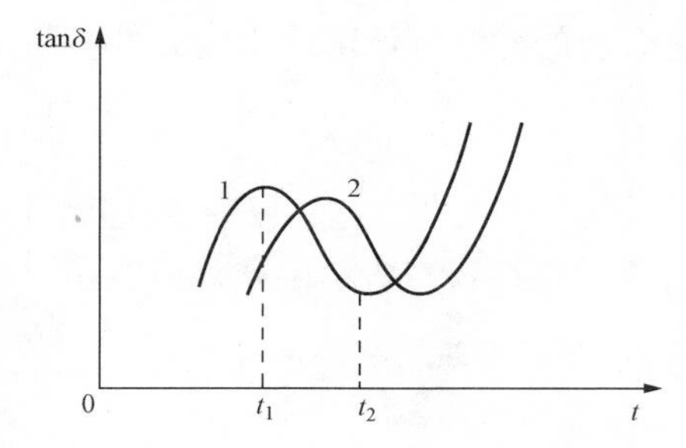

图 1-16　极性液体电介质 tanδ 和温度的关系

1—对应于频率为 f_1 的曲线；2—对应于频率为 f_2 的曲线（$f_2>f_1$）

极性液体、极性液体与中性液体的混合物（如电缆胶是极性液体松香和弱极性液体变压器油的混合物）既有电导损耗又有极化损耗，它们的 tanδ 要比中性液体的大。影响 tanδ 的因素除温度、外加电压的大小外还有电压的频率等。极性液体电介质 tanδ 与温度的关系如图 1-16 所示。图中的曲线 1 可以这样解释：当温度 $t<t_1$ 时，因温度较低，电导和极化损耗都较小，随着温度的升高，液体的黏度下降，偶极子式极化增强，极化损耗增大，同时电导损耗也略有增大，故 tanδ 增大，直到 $t=t_1$ 时达到极大值。当 $t_1<t<t_2$ 时，随着温度的升高，分子热运动加快，妨碍了偶极子有序的转向，所以极化损耗随温度升高而减小。虽然电导损耗在这一范围内是增大的，但增大的程度比极化损耗减小的程度小，故总的 tanδ 是下降的，在 $t=t_2$ 时达到极小值。当 $t>t_2$ 时，电导损耗随温度升高急剧增大，极化损耗占总损耗的比重变得很小，因而 tanδ 又随温度的升高而增大。由于极性液体的 tanδ 与温度间存在这样的规律，所以在使用含极性液体的混合物时要注意选择混合的比例，使出现 tanδ 极大值的温度不处在混合物的工作范围之内。

从图1-16中还可看到，频率增大时，整个曲线向右移动，即 $\tan\delta$ 的极大值出现在较高的温度下，这是因为频率高时偶极子的转向来不及充分进行，要使极化进行得充分，就必须减小黏度，也就是必须升高温度。

极性液体的 $\tan\delta$ 与外加电压的关系与中性液体类似，与频率的关系一般为随频率的增大先增大后减小。在频率不太高的一定范围内，随着频率的升高，偶极子往复转向的频率加快，电介质损耗增大；当频率大于某一数值后，由于偶极子质量的惯性及相互间的摩擦作用，来不及随电压极性的改变而转向，故此时电介质损耗随频率的升高而减小。

四、固体电介质的损耗

与液体电介质类似，中性和弱极性固体电介质（如石蜡、聚乙烯、聚苯乙烯等）的损耗主要由电导引起。因它们的电导极小，故 $\tan\delta$ 很小。极性固体电介质（如纸、聚氯乙烯、有机玻璃等），既有电导损耗也有极化损耗，故它们的 $\tan\delta$ 较大。此外，固体电介质有些是离子结构的，它们的损耗与离子的结构特性有关。结构紧密的离子晶体在不含有使晶格畸变的杂质时，损耗主要由电导引起，所以 $\tan\delta$ 很小，如云母就属此类。结构不紧密的离子结构的固体，因存在有损耗的离子松弛极化，故 $\tan\delta$ 较大，玻璃、陶瓷等就属此类。

固体电介质的 $\tan\delta$ 与温度、频率和外加电压的关系与液体电介质类似。

五、电介质的损耗在工程上的意义

（1）选用绝缘电介质时，必须注意材料的 $\tan\delta$。$\tan\delta$ 越大，电介质的损耗也越大，交流下发热也越严重。这不仅使电介质容易劣化，严重时还可能导致热击穿。

（2）绝缘受潮时其 $\tan\delta$ 会增大，绝缘中存在气隙或大量气泡时在高电压下 $\tan\delta$ 也会显著增大，因此通过测量 $\tan\delta$ 和 $\tan\delta - U$ 的关系曲线，可发现绝缘是否受潮或存在分层、开裂等缺陷。测量 $\tan\delta$ 是绝缘预防性试验中的一个基本项目。

（3）使用电气设备时必须注意它们对频率、温度和电压的要求，超出规定的范围时，不仅对电气设备本身的绝缘不利，还可能给其他工作带来不良影响。

【例1-1】　如图1-17所示，两平行板电极间的绝缘由两层厚度分别为 d_1 和 d_2 的电介质串联组成。已知上层电介质的介电常数、电导率和介质损失角正切分别为 ε_1、γ_1、$\tan\delta_1$，下层电介质的介电常数、电导率和介质损失角正切分别为 ε_2、γ_2、$\tan\delta_2$。试求：（1）在两电极上施加直流电压 U 时上、下层电介质中的场强比；（2）在两电极上施加工频交流电压 U 时上、下层电介质中的场强比；（3）工频交流电压 U 作用下，两电极间绝缘电介质总的介质损失角正切 $\tan\delta$（假定 d_1 和 d_2 相等）。

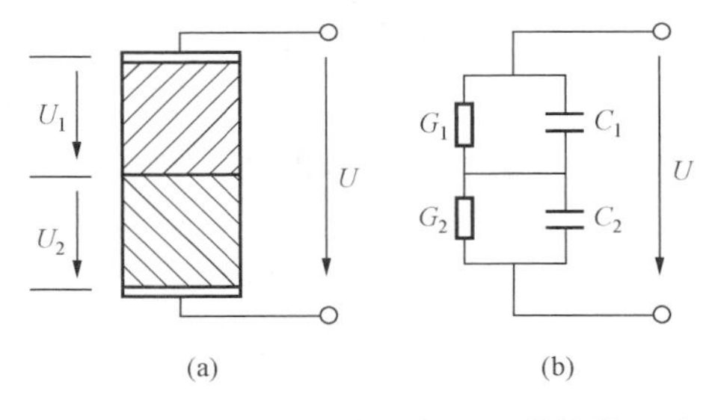

图1-17　双层电介质示意图及其等值电路
（a）示意图；（b）等值电路

解　（1）在直流电压下，稳态时电容支路开路，两层电介质上的电压按各层电介质的电导成反比分配，即

$$\frac{U_1}{U_2}=\frac{G_2}{G_1} \tag{1-6}$$

因 $U_1=E_1d_1$，$U_2=E_2d_2$，$G_1=\gamma_1\dfrac{S}{d_1}$，$G_2=\gamma_2\dfrac{S}{d_2}$，故

$$\frac{E_1}{E_2}=\frac{\gamma_2}{\gamma_1} \tag{1-7}$$

即两层电介质串联时，各层电介质中的场强按电导率成反比分配。

（2）在交流电压下，两层电介质上的电压按各层电介质的导纳成反比分配，一般情况下电介质的容抗要比等效电阻小得多，电阻支路可近似看做开路，故两层电介质上的电压近似按电容成反比分配，即

$$\frac{U_1}{U_2}=\frac{C_2}{C_1} \tag{1-8}$$

因 $U_1=E_1d_1$，$U_2=E_2d_2$，$C_1=\varepsilon_1\frac{S}{d_1}$，$C_2=\varepsilon_2\frac{S}{d_2}$，故

$$\frac{E_1}{E_2}=\frac{\varepsilon_2}{\varepsilon_1} \tag{1-9}$$

即两层电介质串联时，各层电介质中的场强按介电常数成反比分配。

（3）两层电介质总的有功损耗功率等于各层电介质损耗功率之和，即

$$U^2\omega C\tan\delta=U_1{}^2\omega C_1\tan\delta_1+U_2{}^2\omega C_2\tan\delta_2$$

因为$\frac{U_1}{U}=\frac{C_2}{C_1+C_2}$，$\frac{U_2}{U}=\frac{C_1}{C_1+C_2}$，$C=\frac{C_1C_2}{C_1+C_2}$，故

$$\tan\delta=\frac{C_1\tan\delta_2+C_2\tan\delta_1}{C_1+C_2} \tag{1-10}$$

当 $d_1=d_2$ 时，式（1-10）又可变为

$$\tan\delta=\frac{\varepsilon_1\tan\delta_2+\varepsilon_2\tan\delta_1}{\varepsilon_1+\varepsilon_2} \tag{1-11}$$

习　　题

1-1　在电介质的四种极化形式中，哪些存在能量损耗？哪些不存在能量损耗？

1-2　为什么空气的介电常数接近于1，而液体和固体电介质的介电常数大于1？

1-3　极性液体电介质的介电常数随电压频率如何变化？为什么？

1-4　某些电容量较大的设备如电容器、长电缆线路等，加直流高压后其接地放电时间要求长达5～10min，这是为什么？

1-5　测量电气设备的绝缘电阻时为什么要加直流电压？绝缘电阻与温度有关吗？

1-6　为什么电介质的电导率随温度的升高而升高，而导体的电导率随温度的升高而下降？

1-7　电介质中为什么会有能量损耗？直流电压下和交流电压下电介质中的能量损耗是否相同？为什么？

1-8　用同样绝缘材料生产相同工作电压的两种电容器，一种电容量是另一种电容量的2倍，问两种电容器的绝缘电阻、$\tan\delta$ 和功率损耗 P 是否相同？

1-9　水的介电常数高达81，但即使经过高度净化，水仍然不能用作电容器的绝缘材料，这是为什么？

1-10　一台电容器 $C=2000\text{pF}$，$\tan\delta=0.01$，而直流下的绝缘电阻为 $2000\text{M}\Omega$，求：

（1）工频100kV（有效值）下的功率损耗；

（2）直流 100kV 下的功率损耗，它与交流下损耗的比值；

（3）交流下电介质的并联等值电路中的等值电阻，它与绝缘电阻的比值。

1-11　在电介质的三支路等值电路中，各支路代表的物理意义是什么？在两支路并联等值电路中的电阻是否就是电介质的绝缘电阻？

1-12　工程中为什么用 $\tan\delta$ 来表示电介质在交流电压作用下损耗的大小？

第二章　气体电介质的击穿特性

气体电介质在电力系统中的应用十分广泛，架空输电线路和配电装置母线的相与相间及相与地间就是利用空气来绝缘的。正常情况下气体的电导率很小，气体为优良的绝缘体。但在系统中产生过电压而使气体间隙（简称气隙）上的电压超过某一临界值时，气隙会发生击穿现象，气体由绝缘状态转变为良导电状态，从而引起事故。因此研究气体电介质的击穿特性是合理确定各种气隙的间隙距离、保证电力系统安全运行的前提。

气隙发生击穿时的最低临界电压称为击穿电压。均匀电场中击穿电压与间隙距离之比称为击穿场强，不均匀电场中击穿电压与间隙距离之比称为平均击穿场强。击穿电压或（平均）击穿场强是表征气隙绝缘性能的重要参数。

气隙击穿时因气体压力、电源功率、电极形状等因素的不同具有多种放电形式。当气压较低、电源功率很小时，放电表现为充满间隙的辉光放电形式。大气条件下，电源功率较大时放电表现为电弧放电形式，电源功率较小时表现为火花放电形式。如果电场极不均匀，击穿前还会出现电晕放电。

本章主要介绍气体放电的发展过程、气隙击穿电压的试验数据和影响因素以及气体中的沿面放电等。

第一节　气隙中带电质点的产生和消失

一、原子的激发和游离

原子由带正电的原子核和绕核旋转的电子组成。电子在原子核外是分层排布的，各层具有不同的轨道半径。电子运动的轨道半径不同，其能量也不同。通常轨道半径越大，电子的能量也越大。原子中电子的能量只能取一系列不连续的确定值。原子的能量包括动能和位能两部分。原子的动能取决于原子的质量和运动速度。原子的位能则取决于其中电子的能量。当原子中的各电子位于离原子核最近的各轨道上时，各电子具有最小的能量，原子的位能量小。正常状态下的原子就具有最小的位能。当电子从其正常轨道上跃迁到能量更高的轨道上时，原子的位能也相应增加。根据原子中电子的能量状态，原子具有一系列可取的确定的位能，称为原子的能级。原子的正常状态相当于最低的能级。

原子从外界吸收能量后，其电子从正常轨道跃迁到离原子核较远、半径较大的轨道上，这个过程称为原子的激发，也称为激励。被激发的原子称为激发状态的原子，激发过程中所需的能量称为激发能。激发状态的原子存在的时间极短，通常大致只有 $10^{-7}\sim10^{-8}$ s 数量级，然后就迅速回到正常状态，并以光子（光辐射）的形式释放出数值等于激发能的能量。

原子的激发一般发生在原子获得的能量较小的场合。如果原子从外界获得的能量足够大，以致使原子的一个或几个电子摆脱原子核的束缚而形成自由电子和正离子，则称这一过程为原子的游离。所谓正离子就是原子失去一个或几个电子而形成的带正电的质点。游离过程所需的能量称为游离能。原子失去的电子数越多，所需的游离能就越大。在气体放电中，原子游离时通常只失去一个电子。原子也可能先经过激发阶段，然后再接着得到能量而实现游离，这样的过程称为分级游离。显然由激发状态发生游离所需的能量小于直接游离所需的能量。

气体分子一般由两个或更多的原子组成，气体分子的激发和游离过程与原子的类似，只不过分子的激发能和游离能与原子的各不相同而已。

二、气体间隙中带电质点的产生

气隙中的带电质点来源于两个方面：一是气体分子本身发生游离，二是处于气体中的金属阴极表面发生游离。

（一）气体分子本身的游离

按照气体分子得到能量形式的不同，气体分子的游离形式可分为三种。

1. 碰撞游离

在电场作用下，气体中的带电质点（电子或离子）被电场加速而获得动能。它们的动能积累到超过气体分子的游离能后，在和气体分子发生碰撞时可使气体分子游离。这种由碰撞引起的游离称为碰撞游离。

气体中的带电质点在电场作用下运动过程中会不断和其他质点发生碰撞，任一带电质点每两次碰撞之间自由地走过的距离称为自由行程。多次碰撞中的各自由行程长短不一，其平均值称为平均自由行程，它和气体的密度成反比。在通常的气体中，带电质点的密度较气体分子的密度小得多，带电质点间的碰撞可忽略不计，因而气体中电子和离子的自由行程是它们和气体分子发生碰撞的行程。由于电子的尺寸和质量比分子的小得多，而离子的尺寸和质量与分子的差不多，尺寸小的质点运动中不易发生碰撞，故电子的平均自由行程比离子的大得多。正因为电子的平均自由行程大，在电场作用下加速运动时能积聚到足够的动能，而离子的平均自由行程小，尚未积聚到足够的动能就与别的质点碰撞而失去已积累的动能，所以碰撞游离主要由电子和气体分子碰撞所引起，离子和气体分子碰撞引起游离的概率很小。

2. 光游离

光辐射引起的气体分子的游离过程称为光游离。

光具有粒子性，像质点一样，因而也称为光子。光子具有能量，其能量 W 与光子的频率 v 成正比，即

$$W = hv$$

式中　h——普朗克常数，$h=6.62\times10^{-34}$J·S。

当光子的能量超过气体分子的游离能时，在光的照射下气体分子就有可能发生游离。某些短波射线如伦琴射线、γ 射线、宇宙射线等一般具有较强的游离能，而可见光因波长较长，通常不能直接使气体分子发生游离。紫外线波长中等，具有一定的游离能。

由光游离产生的自由电子称为光电子，光电子在电场作用下又会产生碰撞游离。

气体中的光子可来源于外界，也可由气体放电过程本身产生。如激发状态的分子回到正常状态，异号带电质点复合成中性质点，这些过程中都将以光子的形式放出能量。

3. 热游离

由气体的热状态引起的游离过程称为热游离。

因分子的热运动，气体分子具有不同的动能，其平均值与气体的温度成正比，即

$$W_{\mathrm{m}} = \frac{3}{2}KT$$

式中 K——波尔茨曼常数，$K=1.38\times10^{-23}$J/K；

T——绝对温度，K。

在常温下，气体分子的平均动能比任何气体的游离能都小得多，所以不会产生热游离。但在高温下，如气体中发生电弧放电时，弧柱的温度高达数千摄氏度，这时气体分子的平均动能就足以导致分子间发生明显的碰撞游离。此外，任何气体都能发出热辐射，其光子的平均能量也随温度的升高而增大，所以高温下高能热辐射的光子也能造成光游离。因此热游离并不是另外一种独立的游离形式，而是热状态下碰撞游离和光游离的综合。

以上三种游离发生在气体空间中，故也称为空间游离。

（二）气体中金属表面的游离

气体中金属表面的游离是指阴极发射电子的过程。电子从阴极中释放出来需要一定的能量，称为逸出功。逸出功与金属的微观结构、金属表面的状况（如氧化、吸附层等情况）有关，不同金属的逸出功各不相同。金属的逸出功一般比气体的游离能小得多，故阴极表面游离在气体放电过程中起重要作用。

根据电子从阴极逸出所需的能量来源的种类，阴极表面游离可分为四种形式。

1. 正离子撞击阴极表面

正离子在电场作用下向阴极运动，撞击阴极时将动能传递给阴极中的电子可使其从金属中逸出。在逸出的电子中，一部分可能和撞击阴极的正离子结合成为分子，其余的则成为自由电子。只要正离子能从阴极撞击出至少一个自由电子，就可认为发生了阴极表面游离。

2. 短波光照射

阴极表面在光的照射下可释放出电子。由于光照射到阴极表面时，一部分被反射，一部分转变为金属的热能，只有一小部分用以使电子逸出，故只有波长较短的光照射阴极时，阴极表面才能发生游离。

3. 强场放射

在阴极附近的电场强度很大（达 10^3kV/cm 数量级）时，阴极会放射出电子，这一现象称为强场放射。

4. 热电子放射

阴极的温度很高时，其中的电子可获得很大的动能而逸出金属，这一现象称为热电子放射。

对一般的气体放电过程来说，起主要作用的是正离子撞击阴极表面和短波光照射阴极表面引起的表面游离，强场放射和热电子放射只对某些电弧放电如高压断路器分闸过程中的电弧放电才有意义。

上述游离过程在气体中只产生正离子和电子，事实上气体中还存在负离子。负离子是由电子和中性分子结合而成的。某些气体如含卤族元素的气体和水蒸气等，它们的电负性（吸附电子的能力）很强，低速电子和其分子碰撞时不但不能使分子游离，反而会被其分子附着形成负离子。

三、气体间隙中带电质点的消失

在气体放电过程中，除了游离过程产生带电质点外，还同时存在着去游离过程，即带电质点的消失过程。带电质点的消失主要有三个途径。

（一）与两电极的电量中和

在外电场的作用下，气隙中的正、负电荷分别向两电极作定向移动，到达两电极后发生电荷传递而中和。

（二）扩散

带电质点由于热运动等原因从高浓度区向低浓度区移动，从而使带电质点在空间各处的浓度趋于一致，这一现象称为带电质点的扩散。扩散使放电通道中的带电质点数减小，可导致放电过程减弱或停止。气体的压力越小或温度越高，则扩散过程越强。

（三）复合

带有异号电荷的质点相遇时发生电荷的传递而还原为中性质点的过程称为复合。复合时产生的中性质点的能量比参加复合的两个带电质点的能量和小，其能量差在复合过程中以光子的形式放出，故复合过程中伴有光辐射产生。在一定条件下，复合时产生的光子还能引起光游离。

并不是异号质点每次相遇都能进行复合，只有相遇时的相互作用时间足够长，电荷来得及传递，复合才能进行。异号带电质点间的相对速度越大，相互作用的时间就越短，复合的可能性越小。气体中电子的运动速度比离子的快得多，故电子和正离子复合的概率比正、负离子间复合的概率小得多。电子一般要先形成负离子，然后再与正离子复合。

气体中带电质点复合的速度主要取决于带电质点的浓度。异号带电质点的浓度越大，其相遇的机会越多，复合的速度也就越快。

第二节　均匀电场中气体的击穿过程

均匀电场中气体的击穿过程与气体的相对密度 δ 和极间距离 d 的乘积 δd 有关。δd 不同时，各种游离过程的强弱不同，空间电荷所起的作用也不同，因而放电的机理不同。汤逊根据均匀电场低气压条件下的放电实验，提出了适合于 δd 值较小情况下气体放电的电子崩理论（也称为汤逊理论）。后来雷特、米克等人在试验的基础上又提出了适合于 δd 值较大情况下气体放电的流注理论。这两个理论互相补充，较好地说明了 δd 在较大范围内的气体放电过程。

一、δd 较小时的气体放电过程

汤逊理论认为，δd 较小时气体间隙的击穿主要由电子的碰撞游离和正离子撞击阴极表面造成的表面游离所引起。

1. 电子崩的形成及发展规律

如图 2-1 所示，假如最初由于外界游离因素的作用在阴极附近产生了一个自由电子，该电子在电场的作用下将向阳极运动，并从电场中获得能量而转变为动能。运动中它和气体分子相遇时，如果其动能足够大，则将引起该气体分子发生碰撞游离，产生一个正离子和一个电子。新产生的一个电子和原有的一个电子继续向前运动，各和一个气体分子发生碰撞并使

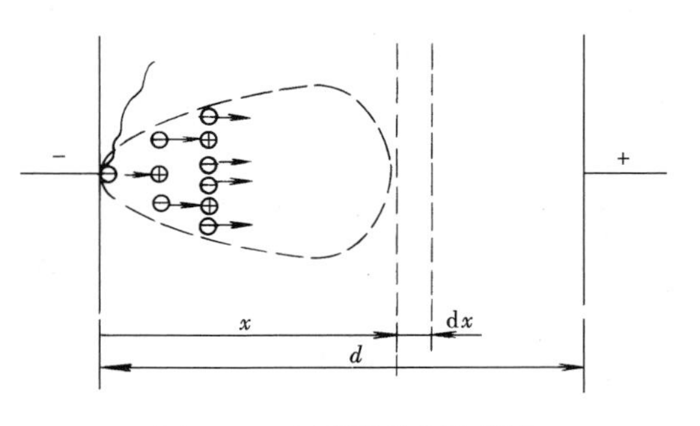

图 2-1　电子崩形成示意图

其游离后，气隙中又将增加两个正离子和两个电子。如此发展下去，气隙中的电子数和正离子数会迅速增多，就像雪崩一样，称为电子崩。由于电子的运动速度快，故电子总是位于电子崩的头部。正离子的运动速度比电子慢得多，电子崩向前发展过程中正离子可看作静止不动，故电子崩的崩体内主要是正离子和未发生游离的气体分子。

为寻求电子崩发展过程中电子数和正离子数的变化规律，引入碰撞游离系数 α，它表示一个电子由阴极向阳极运动过程中单位行程（通常指 1cm）内所发生的平均碰撞游离次数。设最初有 n_0 个电子由阴极出发向阳极运动，行经距离 x 时电子数变为 n 个，再经 $\mathrm{d}x$ 后电子数又新增加了 $\mathrm{d}n$ 个，则

$$\mathrm{d}n = n\alpha\mathrm{d}x \text{ 或 } \frac{\mathrm{d}n}{n} = \alpha\mathrm{d}x$$

将上式两边积分，并应用已知条件 $x=0$ 时，$n=n_0$，可得

$$n = n_0 \mathrm{e}^{\int_0^x \alpha \mathrm{d}x} \tag{2-1}$$

这就是电子崩发展过程中电子的增长规律。

对于均匀电场，因气隙中各处场强相等，α 为常数，故

$$n = n_0 \mathrm{e}^{\alpha x} \tag{2-2}$$

令 $n_0=1$，$x=d$，式（2-2）可改写为

$$n = \mathrm{e}^{\alpha d} \tag{2-3}$$

这就是说，如果有一个电子从阴极出发向阳极运动，由于碰撞游离的结果，到达阳极时电子数将变为 $\mathrm{e}^{\alpha d}$ 个。除去原来的一个电子，新增加的电子数为 $\mathrm{e}^{\alpha d}-1$ 个。若每次碰撞游离产生一个电子和一个正离子，则电子崩中的正离子总数也为 $\mathrm{e}^{\alpha d}-1$ 个。

2. 表面游离过程及自持放电

电子崩发展到阳极时，其崩头的电子将进入阳极发生中和，崩体内的正离子则在电场作用下向阴极运动。如果加在气隙上的电压较低，气隙中的场强较小，则正离子撞击阴极表面时从阴极逸出的电子将全部和正离子进行复合，阴极表面游离不出自由电子。此时若取消外界游离因素，间隙中将没有产生新电子崩的电子，放电会停止。这种靠外界游离因素才能维持的放电称为非自持放电。如果加在气隙上的电压达到气隙的临界击穿电压，则由于正离子的动能大，撞击阴极表面时就能使其逸出自由电子。此时即使取消外界游离因素，阴极表面游离出的电子可弥补原来发展电子崩的那个电子，产生新的电子崩，使放电继续进行下去。这种不需要外界游离因素，靠电场本身就能维持的放电称为自持放电。

引入阴极表面游离系数 γ，它表示一个正离子撞击阴极表面时使阴极平均逸出的自由电子数。均匀电场中，放电由非自持转入自持的条件可表示为

$$\gamma(\mathrm{e}^{\alpha d}-1) \geqslant 1 \tag{2-4}$$

其物理意义为：一个从阴极出发的起始电子发展电子崩并到达阳极后，崩中的 $\mathrm{e}^{\alpha d}-1$ 个正离子移向阴极和阴极碰撞时，只要至少能从阴极撞击出一个自由电子来，放电即可转入自持。

式（2-4）也可改写为

$$\alpha \mathrm{d} \geqslant \ln\left(1+\frac{1}{\gamma}\right) \tag{2-5}$$

γ虽然和电极材料、电场强度、气体种类及气压等多种因素有关，但其变化范围不大，可近似看作常数，因此式（2-5）右边也可看作常数。这就意味着放电要达到自持，必须使一个电子在走完整个间隙距离后所完成的碰撞游离次数不小于某一常数。

均匀电场气隙中，当处于非自持放电阶段时，流过气隙的电流虽随外加电压的升高按指数规律上升，但数值很小，通常远小于微安级，气体仍保持较高的绝缘性能。当达到自持放电的条件后，流过气隙的电流突然骤增，气体失去了绝缘能力，气隙出现击穿现象。因此，均匀电场中放电达到自持，也就意味着气隙发生了击穿。

3. 巴申定律

早在汤逊理论提出之前，巴申就从试验中得出：当气体和电极材料一定时，气隙的击穿电压是气体的相对密度δ和气隙距离d乘积的函数，即

$$U_b = f(\delta d) \tag{2-6}$$

这个规律称为巴申定律。汤逊理论从理论上论证了巴申定律的正确性，巴申定律也就成了汤逊理论的试验支持。

图2-2为从试验中得到的空气间隙的U_b与δd的关系曲线。由图可见曲线呈U形，即对应于某一δd，气隙的击穿电压最低，最低的击穿电压U_b约为327V，相应的δd约为75×10^{-5}cm。

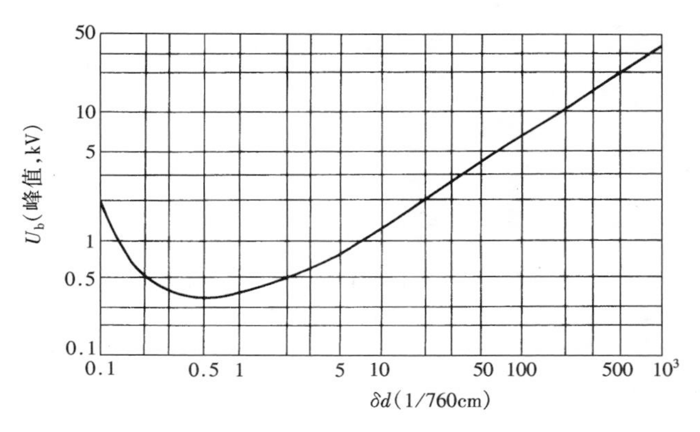

图2-2　均匀电场中空气的U_b与δd的关系曲线

U_b与δd的关系呈U形曲线可以这样解释：为使放电达到自持，电子在从阴极到阳极的行程中需完成足够多的碰撞游离次数。若d不变而δ从很小值增大时，起初由于气体稀薄，电子的平均自由行程λ很大，虽然每次碰撞而发生游离的概率很大，但碰撞的次数却太少，碰撞游离的次数自然也少，故U_b较高；随着δ的增大，碰撞游离的次数也跟着增多，故U_b下降；当δ增大到最小值的右边后，随着δ的增大，电子的λ缩小，虽然碰撞的次数增多，但游离的概率却下降了，发生碰撞游离的次数减少了，故U_b又增大。若δ不变而d从很小值增大时，起初由于d可能与λ差不多，电子未和气体分子碰撞就可能进入阳极中和，故发生碰撞游离的次数很少，U_b较高。随着d的增大，碰撞游离的次数增多，U_b随之下降；当d增大到最小值的右边后，随着d的增大，场强明显降低，碰撞次数虽然增多了，但游离的概率却下降得更多，碰撞游离的次数减少了，故U_b又增大。

二、δd较大时气体的放电过程

电力工程中遇到的气体放电，一般气压较高（从一个大气压到十几个大气压），间隙距离也较大，因此δd较大。此时空间电荷量可达到较大的数值，空间光游离的作用也很显著，它们对气体的放电过程有重要影响。汤逊理论没有考虑这些影响，因而不能用来说明在此条件下气隙的击穿过程。一般认为，对空气间隙来说汤逊理论只适合于$\delta d<0.26$cm时的放电过程，$\delta d>0.26$cm时的放电过程宜用流注理论解释。与汤逊理论不同，流注理论认为电子

的碰撞游离和空间光游离是形成自持放电的主要因素，空间电荷对电场的畸变作用是产生光游离的重要原因。

1. 电子崩中的空间电荷对电场的畸变作用

在均匀电场气隙上加上足以引起碰撞游离的电压时，气隙中首先会形成电子崩，如图 2-3（a）所示。电子崩的崩头主要是电子，其后直至尾部则主要是正离子。这些空间电荷沿电子崩轴线的浓度和场强分布如图 2-3（b）、（c）所示。合成电场则如图 2-3（d）所示。显然由于电子崩中空间电荷的出现，原本均匀的电场被畸变得不均匀了。崩头前方附近的场强得到了加强，而崩头内部正、负电荷交界处的场强则被削弱了。崩尾部分的场强虽然也加强了，但加强的程度要比崩头前方附近的小得多。电场畸变的程度与电子崩中的空间电荷的数量有关。气体的状态一定时，外加电压越高或电子崩发展的长度越长，碰撞游离的次数就越多，空间电荷的数量也越大，电场畸变的程度也就越严重。

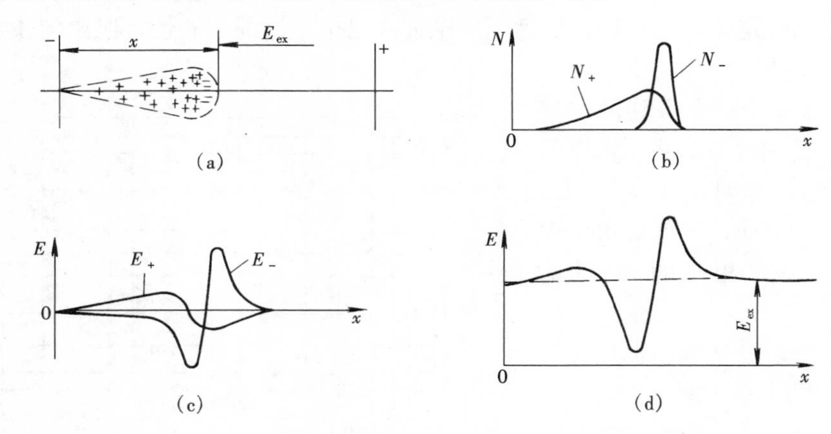

图 2-3　平板电极间电子崩空间电荷对外电场的畸变

（a）电子崩示意图；（b）电子崩中空间电荷的浓度分布；

（c）空间电荷的电场；（d）合成电场

在电场加强的区域，特别是电子崩的崩头前方附近，有利于分子的激发。当激发的分子回到正常态时，就将放射出光子。在电场被削弱的正、负电荷交界的区域，有利于异号电荷进行复合，复合过程中也将放射出光子。两过程中放射出的光子的数量和能量取决于电场畸变的程度，当空间电荷的数量达到一定值后，放射出的光子的数量和能量足以引起空间光游离。

2. 流注的形成和发展

根据气隙上外加电压的大小，气隙中的放电有几种不同的情况。当外加电压小于气隙的击穿电压时，即使电子崩走完整个间隙距离，崩内的空间电荷数量仍不足以使电场发生严重畸变，激发分子回到正常态和复合过程放射出的光子不能引起光游离。电子崩发展到阳极后，电子很快进入阳极中和，正离子也逐渐从阴极上获得电子而还原为中性分子，此时如果没有外界游离因素，放电将停止，故放电不能达到自持。

如果外加电压等于气隙的击穿电压，气隙将发生击穿现象，击穿过程如图 2-4 所示。首先在外界游离因素的作用下，由阴极释放出电子，然后电子向阳极运动形成电子崩，称为初始电子崩或主电子崩，如图 2-4（a）所示。当电子崩走完整个间隙时，崩内的空

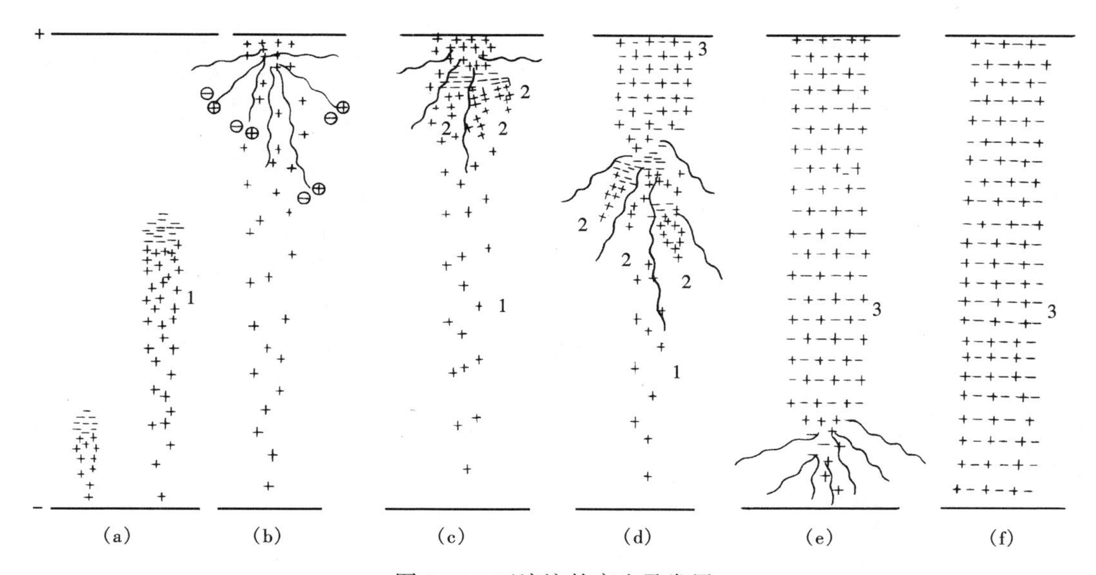

图 2-4　正流注的产生及发展

(a) 形成电子崩；(b) 放射大量光子；(c) 形成二次电子崩；(d)、(e) 流注的形成和发展；(f) 完成间隙的击穿

1—初始电子崩；2—二次电子崩；3—流注

间电荷恰好达到使电场发生严重畸变以致能引起空间光游离所需的数值。此时崩头前方电场加强区域内激发的分子回到正常态及电场被削弱区域内离子的复合使崩头部分向四周放射出大量的光子，光子引起空间光游离后产生光电子，如图 2-4 (b) 所示。处于被主电子崩加强了的电场中的光电子，受电场力的作用又激烈地形成新的电子崩，称为二次电子崩。二次电子崩受主电子崩正空间电荷的吸引向主电子崩头部汇合，如图 2-4 (c) 所示。在二次电子崩发展的同时，主电子崩头部的电子迅速进入阳极中和。因此主电子崩头部的电场减弱，二次电子崩头部的电子进入主电子崩头部的正离子区域内时大多形成负离子。这样，主电子崩头部便出现了正、负离子浓度大致相等的等离子体，这就是所谓的流注，如图 2-4 (d) 所示。流注通道的导电性能较好，通道内的场强较低，因而它的出现导致了流注前方的电场加强。流注的头部又是二次电子崩留下的正空间电荷，这些正空间电荷也使流注前方的电场得以加强，因此流注头部前方出现了很强的电场。在此强场区内，激烈的激发及由激发态回到正常态的反激发过程又向四周放射出大量的光子，继续引起空间光游离，于是在流注前方又出现了新的二次电子崩。它们被吸引向流注头部，从而使流注向前发展，如图 2-4 (e) 所示。这样，流注不断向阴极推进，且流注越接近阴极，其头部前方的场强也越大，流注发展的速度也越快。当流注发展到接近阴极时，流注头部与阴极间的场强变得很大，在此区域内发生极强烈的游离，游离产生的大量电子沿流注通道流向阳极，并从电场中获得能量，通过碰撞传递给流注通道中的分子和离子，使通道炽热到几千摄氏度。高温又导致热游离，故放电此时由流注过渡为火花或电弧形式，于是间隙的击穿完成，如图 2-4 (f) 所示。

上述击穿过程中，流注是由阳极向阴极发展的，称为正流注。如果外加电压大于气隙的击穿电压，击穿过程中除发展正流注外，还会出现由阴极向阳极发展的流注，称为负

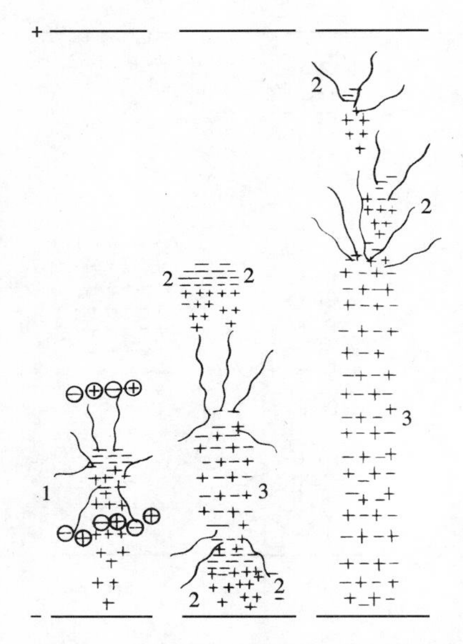

图 2-5 负流注的产生及发展
1—初始电子崩；2—二次电子崩；3—流注

流注。此时主电子崩不需要经过整个间隙距离，崩内的空间电荷就已达到足以引起光游离的数值。崩头射向其前方的光子游离出光电子后，在局部强电场作用下迅速发展成二次电子崩，主电子崩头部的电子进入二次电子崩的正空间电荷区内形成向阳极方向推进的负流注。主电子崩头部射向其后方的光子引起光游离后则形成向阴极推进的正流注。这样，间隙中的正、负流注同时分别向两极发展，直至贯穿整个间隙，如图 2-5 所示。最后流注通道转变为电弧或火花放电，间隙击穿完成。

3. 自持放电条件

流注理论认为，间隙中一旦形成流注，放电即可以由本身的光游离自行维持，故自持放电的条件也就是流注形成的条件。由前述可知，只有当主电子崩中的电荷达到一定数量，使电场畸变到一定程度并造成足够的空间光游离，流注才能形成。故流注形成的条件也就是主电子崩中的电荷必须达到一定的数值。对均匀电场来说，放电达到自持，间隙将被击穿，所以自持放电的条件也就是导致击穿的条件。

第三节 不均匀电场中气体的击穿过程

电力工程中遇到的气体间隙，电场大多是不均匀的。不均匀电场可分为稍不均匀电场和极不均匀电场两类。稍不均匀电场中放电的特点与均匀电场中类似，即放电达到自持，间隙就会发生击穿。而极不均匀电场中气体的放电则有许多新的特点，如击穿前存在电晕放电、电场不对称时存在极性效应等。

极不均匀电场气隙中，因间隙距离大，击穿电压主要决定于间隙距离，而与电极的形状关系不大，故常以棒—板电极或棒—棒电极作为研究不均匀电场放电特性的典型电极。前者代表不对称的不均匀电场，后者则代表对称的不均匀电场。

一、电晕放电

1. 电晕的产生

极不均匀电场中，间隙中的最大场强与平均场强相差很大。距曲率大的电极越近，场强也越大。当间隙上的电压升高时，在间隙中的平均场强远未达到平均击穿场强的情况下，曲率较大的电极附近空间的局部场强将首先达到足以引起强烈游离的数值，在这一局部区域内形成自持放电，产生薄薄的淡紫色发光层，这就是电晕，发光层则称为电晕层。电晕层发光是由于伴随着游离而存在的复合及由激发态回到正常态的反激发辐射光子造成的。出现电晕放电时，还可听到“咝咝”的放电声，并能闻到臭氧的气味。

2. 电晕放电的起始电压和起始场强

电晕放电是极不均匀电场特有的一种自持放电形式，通常把能否出现稳定的电晕放电作为区分极不均匀电场和稍不均匀电场的标志。将开始出现电晕时的电压称为电晕起始电压或起晕电压，而开始出现电晕时电极表面的场强称为电晕起始场强或起晕场强。

对输电线路的导线，起晕场强 E_C 可按下面的经验公式进行计算

$$E_C = 30.3m_1m_2\delta\left(1+\frac{0.298}{\sqrt{r\delta}}\right)\quad (\text{kV/cm}) \tag{2-7}$$

式中　m_1——表面粗糙系数，对于光滑导线 $m_1=1$；对于绞线，全面电晕 $m_1=0.82$，局部电晕 $m_1=0.72$。

m_2——气象系数，好天气时，$m_2=1$，坏天气时，$m_2=0.8$。

r——导线半径，cm。

δ——气体的相对密度。

交流电压下，E_C 为峰值。

起晕电压 U_C（峰值）可根据导线的布置形式和 E_C 求得。如对离地高度为 h 的单根导线可写出

$$U_C = E_C r \ln\frac{2h}{r} \tag{2-8}$$

对于距离为 D 的两根平行导线（$D\gg r$），则可写出

$$U_C = E_C r \ln\frac{D}{r} \tag{2-9}$$

对于三相输电线路，式（2-9）中的 U_C 代表相电压；D 为导线的几何均距，$D=\sqrt[3]{D_{12}D_{13}D_{23}}$。

3. 电晕放电的效应

（1）电晕电流具有高频脉冲性质，且含有许多高次谐波，会对无线电通信产生干扰。

图 2-6 为棒—板间隙在负极性直流电压下产生的电晕电流波形。电晕电流的频率和幅值随外加电压的高低而不同。在电压较高时还会呈现不规则的脉冲形式。这种高频脉冲电流会在空间产生电磁波，从而对空间电波产生严重干扰。

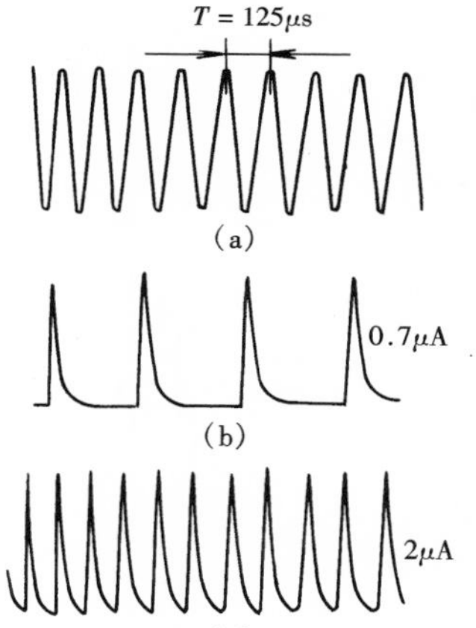

$T=125\mu s$

(a)

$0.7\mu A$

(b)

$2\mu A$

(c)

图 2-6　棒—板间隙在负极性直流电压下产生的电晕电流波形
(a) 时间刻度 $T=125\mu s$；(b) 电晕电流平均值等于 $0.7\mu A$ 时；(c) 电晕电流平均值等于 $2\mu A$ 时

（2）电晕电流会引起有功损耗。输电线路上出现电晕后，在电晕导线和大地之间形成电晕电流。离子在空气中定向运动必然消耗电场能量，气体分子游离、激励等也要消耗一小部分能量，故电晕放电会产生能量损耗。

（3）电晕使空气发生化学反应，形成臭氧和氧化氮等有害气体，对金属和有机绝缘物有氧化和腐蚀作用。

臭氧（O_3）是强烈的氧化剂，氧化氮（NO 或 NO_2）可与空气中的水分化合成硝酸类，是强烈的腐蚀剂，故电晕是有机绝缘物老化的重要因素之一。

消除电晕的主要方法是改进电极的形状，减小电极的曲率。如变压器、断路器等许多电气设备的出线电极都采用空心、扩大尺寸的球面或旋转椭圆面等形式的电极，超高压输电线路采用分裂导线等。

在某些特殊的场合，电晕放电也有可利用的一面。例如电晕可降低输电线路上的雷电或操作冲击波的幅值和陡度；在某些不均匀电场中，利用电晕可改善电场分布；此外，电晕在

电气除尘、静电复印、静电喷涂等方面也有较为广泛的应用。

二、极性效应

对于电极形状不对称的不均匀电场气隙，如棒—板间隙，棒的极性不同时，间隙的起晕电压和击穿电压各不相同，这种现象称为极性效应。极性效应是不对称的不均匀电场所具有的特性之一。

极性效应是由于棒的极性不同时间隙中的空间电荷对外电场的畸变作用不同而引起的。给棒—板间隙上加上直流电压，不论棒的极性如何，间隙中的场强分布都是很不均匀的，如图 2-7（c）和图 2-8（c）中曲线 1 所示。棒极附近的场强很高，当外加电压达到一定值后，此强场区内的气体将首先发生游离。当棒极为正时，间隙中出现的电子向棒极运动，进入强场区后引起碰撞游离，形成电子崩，如图 2-7（a）所示。电子崩发展到棒极时，其电子进入棒极中和，留在棒极附近的为正空间电荷，它们以相对缓慢的速度向阴极运动，如图 2-7（b）所示。这些正空间电荷使紧贴棒极附近的电场减弱，棒极附近难以形成流注，从而使自持放电难以实现，故其起晕电压较高；而正空间电荷在间隙深处产生的场强与外加电压产生的场强方向一致，加强了朝向板极的电场，有利于流注向间隙深处发展，故其击穿电压较低，如图 2-7（c）所示。

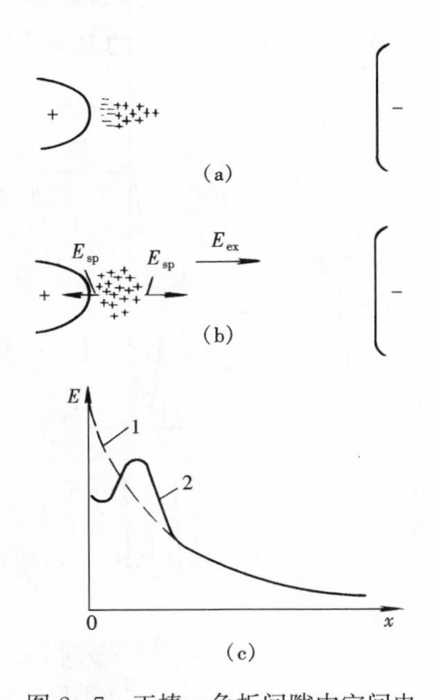

图 2-7　正棒—负板间隙中空间电荷对外电场的畸变作用

(a) 形成电子崩；(b) 棒极附近的正空间电荷；(c) 电场分布曲线

1—外电场 E_{ex} 沿间隙的分布；2—考虑空间电荷的电场 E_{sp} 后间隙中的电场分布

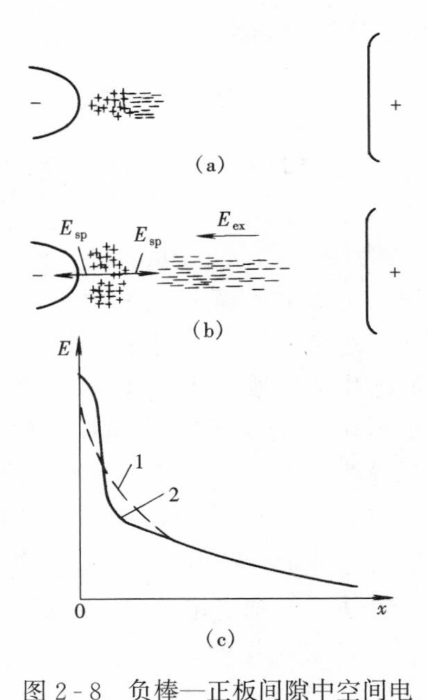

图 2-8　负棒—正板间隙中空间电荷对外电场的畸变作用

(a) 形成电子崩；(b) 电子崩中的电子离开强电场区；(c) 电场分布曲线

1—外电场 E_{ex} 沿间隙的分布；2—考虑空间电荷的电场 E_{sp} 后间隙中的电场分布

当棒极为负时，电子崩的发展方向与棒极为正时的相反。阴极表面游离产生的电子通过强场区形成电子崩，如图 2-8（a）所示。电子崩发展到强场区之外后，其电子不再引起碰撞游离，而以越来越慢的速度向阳极运动，并大多形成负离子。这样在棒极附近出现了比较集中的正空间电荷，间隙深处则是非常分散的负空间电荷，如图 2-8（b）所示。负空间电荷由于浓度小，对电场的影响不大，而正空间电荷却使外加电压产生的电场发生畸变，如图 2-8（c）所示。棒极附近的场强得到了加强，容易形成自持放电，所以其起晕电压较低。间隙深处的电场被削弱，使流注不易向前发展，因而其击穿电压较高。

由于棒—板间隙在棒极为正时的击穿电压低于棒极为负时的击穿电压，故工程中不对称不均匀电场气隙的绝缘距离应根据棒—板间隙在正极性电压作用下的击穿特性曲线确定。

三、短间隙不均匀电场中的放电过程

短间隙一般指间隙距离不超过 1m 的间隙。以棒—板间隙为例，假定外加电压达到了间隙的击穿电压。当棒极为正时，先会在棒极附近的强场区内形成电子崩，并转化为流注，如图 2-9（a）、（b）所示。因流注中的场强较小，流注头部又是二次电子崩留下的正空间电荷，故流注出现后其头部的场强加强，这就使得流注头部前方又产生新的游离过程，流注得以向前发展，如图 2-9（c）、（d）所示。当流注发展到对面电极时，两极间由流注所贯通，流注迅速转化为电弧或火花放电，间隙即被击穿，如图 2-9（e）所示。

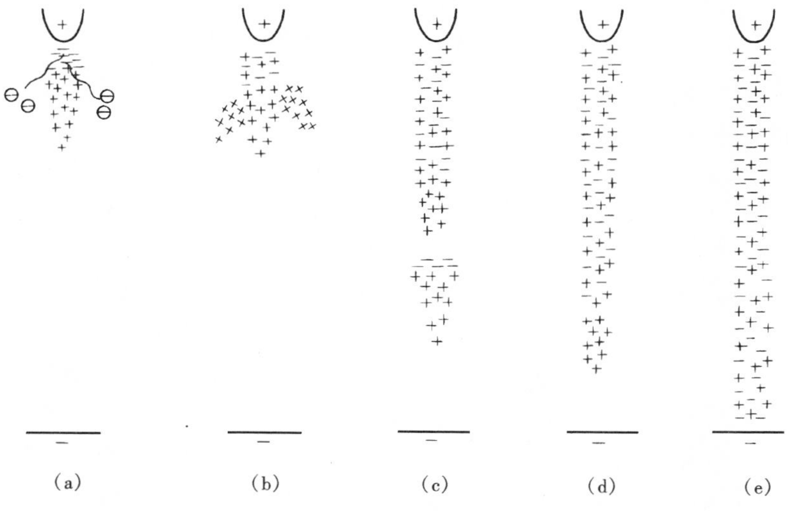

图 2-9　正棒—负板短间隙的放电发展过程
（a）形成电子崩并放射大量光子；（b）形成流注；
（c）、（d）流注向前发展；（e）完成间隙的击穿

当棒极为负时，电子崩由棒极开始向前发展，到达强场区外围边缘时，崩头电子进入弱场强区，不再产生碰撞游离，而是变为负离子向外空间扩散。与此同时，初始电子崩辐射出的光子引起光游离，产生二次电子崩，形成正流注，如图 2-10（a）、（b）所示。由于初始电子崩和二次电子崩中的正空间电荷以及弱场强区中的负空间电荷对正流注后方（正流注与负空间电荷间）的电场起削弱作用，故随着正流注的向前发展及负空间电荷向阳极方向的扩散，正流注后方的电场又逐渐得以加强。当正流注发展到棒极时，正流注的后方因场强的增大又产生新的二次电子崩并造成新的正流注。这样从整体上看就形成自阴极向阳极阶段式推进的负流注，如图 2-10（c）、（d）所示。负流注发展到对面电极时，流注又很快转化为电弧或火花放电，间隙发生了击穿，如图 2-10（e）所示。

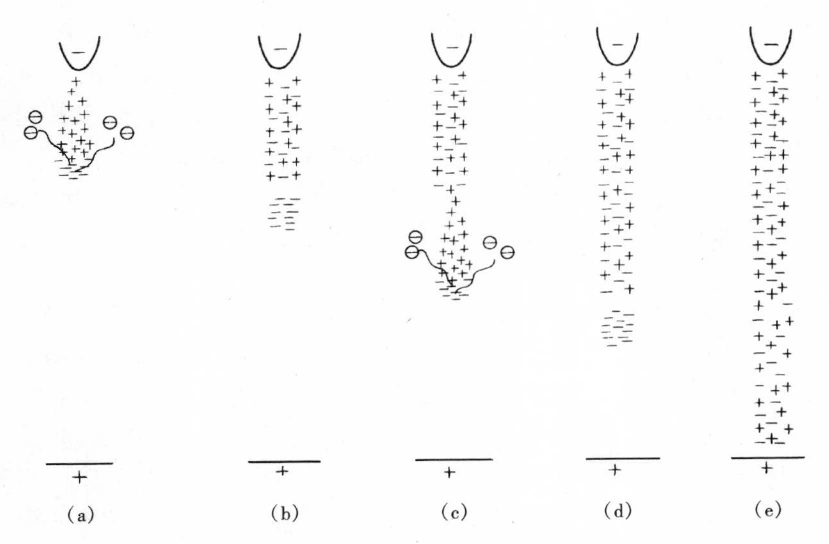

图 2-10　负棒—正板短间隙的放电发展过程

(a) 形成电子崩并放射大量光子；(b) 形成正流注；
(c)、(d) 负流注向前发展；(e) 完成间隙的击穿

四、长间隙不均匀电场中的放电过程

当间隙距离较长时，间隙击穿过程中除出现流注外，还会出现先导和主放电。仍以棒—板间隙为例，并且假定外加电压达到了间隙的击穿电压。当棒极为正时，放电的起始阶段与间隙距离较短时的情况类似，所不同的是在间隙距离较长时，流注要经过较长的距离才能到达对面的电极。在流注向前发展的过程中，滞留在流注通道中的电子及流注前方游离产生的部分电子将沿流注通道流向棒极，它们与通道中的原子和离子发生碰撞而进行能量交换，使流注通道的温度升高。特别是在流注的根部，因流向棒极的所有电子都要经过这里，所以温度升得最高。当流注发展到一定的长度后，其根部的温度将达到很高的数值，使这里出现热游离过程。这个具有热游离过程的通道称为先导，如图 2-11 (a) 所示。先导通道中热游离过程强烈，离子浓度比流注通道中的大得多，导电性能好，轴向场强低，其电位与棒极相近，故相当于把棒极向间隙深处伸长了一般，这就使流注前方的电场加强，从而导致流注和先导不断向前延伸，如图 2-11 (b)、(c) 所示。当流注发展到接近阴极时，先导头部和阴极间的场强可达极大数值，以致引起更加强烈的游离，使这一区域出现离子浓度远大于先导的等离子体，该等离子体形成的通道称为主放电通道。主放电通道大致具有板极的电位，因此在它和先导通道交界处总保持着极高的场强，继续引起强烈的游离，使主放电通道迅速向阳极推进，直至发展至阳极，如图2-11 (d)、(e)、(f) 所示。主放电通道向前发展的过程称为主放电过程。主放电过程结束后间隙即被击穿。

上述放电过程中，先导是由阳极向阴极方向发展的，称为正先导；如果先导的发展方向与此相反，则称为负先导。放电过程中出现先导后，相当于缩短了间隙的距离，所以长间隙的平均击穿场强要比短间隙的小。

当棒极为负时，放电的起始阶段也与短间隙时的类似。随着流注的向前发展，阴极中的电子以及滞留在流注通道中的电子沿流注通道向阳极运动，使流注通道温度升高。流注发展到一定的长度后，其根部也将出现热游离过程，从而形成先导，如图 2-12 (a) 所示。先导

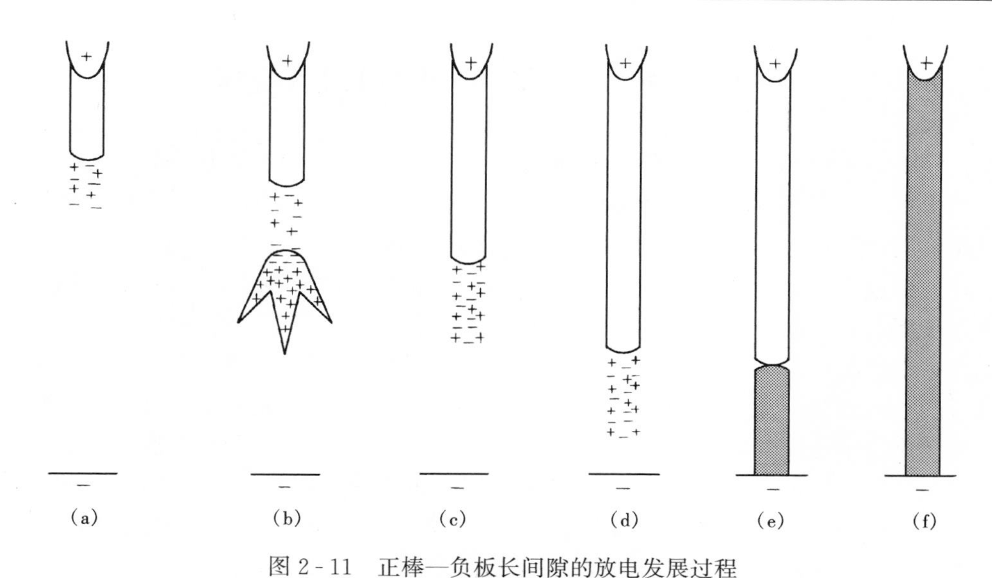

图 2-11　正棒—负板长间隙的放电发展过程

(a) 形成先导；(b)、(c) 先导向前发展；(d)、(e)、(f) 主放电的形成和发展

出现后将随流注的阶段式向前发展而分级向前推进，如图 2-12 (b)、(c) 所示。当流注通道发展至接近阳极时，由于流注前方存在大量的负空间电荷，使阳极附近的场强大大增强，结果从阳极发出迎面先导，如图 2-12 (d)、(e) 所示。迎面先导为正先导，它与从棒极开始发展的负先导间的场强可达到极高的数值，所以正、负先导间将产生主放电过程。当主放电通道贯通两极时，间隙就被击穿了，如图 2-12 (f)、(g) 所示。

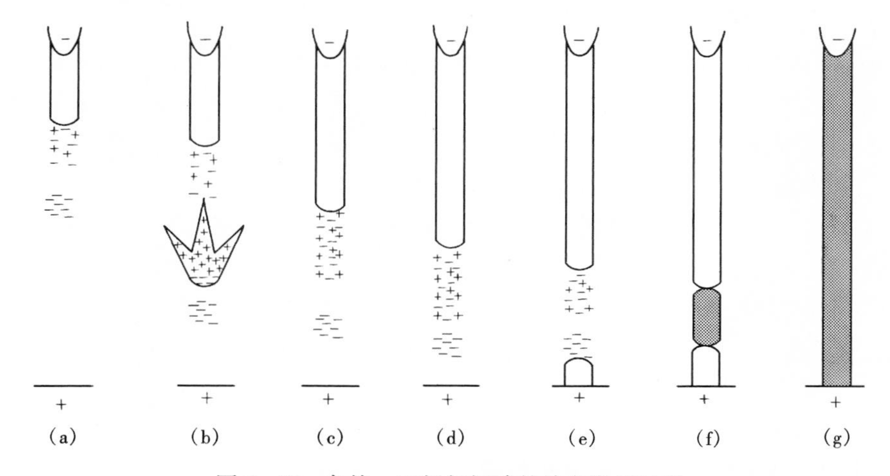

图 2-12　负棒—正板长间隙的放电发展过程

(a) 形成先导；(b)、(c) 先导向前发展；(d)、(e) 迎面先导的形成；

(f)、(g) 主放电的形成和发展

从以上分析可知，棒极为正时，正先导的发展是连续的，发展的速度快；棒极为负时，负先导的发展是分级的，发展速度较慢。负先导发展至接近对面电极时还会产生迎面先导。

第四节　持续电压作用下空气的击穿电压

空气间隙的击穿场强主要和外加电压的种类、电场的均匀程度及气体的状态等因素有关。电力工程中的空气间隙一般会受到三种电压的作用，即持续电压、雷电冲击电压和操作冲击电压。其中持续电压是指直流电压或工频交流电压。这类电压最大的特点是电压变化的速度和间隙中放电发展的速度相比极小，放电发展的时间可以忽略不计，只要作用于间隙的电压达到击穿电压，间隙就会发生击穿。所以持续电压作用下间隙的击穿电压与放电发展的时间无关，在电场形式、气体的状态等其他条件不变的情况下，只取决于间隙的距离。

空气间隙的击穿电压一般是通过试验得到的。为便于比较，我国国家标准对试验时各种电压的波形制定了统一的标准。其中对直流电压的要求是：直流中所含的脉动分量的脉动系数不大于3%。这里的脉动系数是指脉动幅值（直流电压的最大值和最小值之差的一半）与直流电压的平均值之比。直流电压的大小指的是直流电压的平均值。对交流电压的要求是：波形接近正弦波，正、负两半波相同，峰值与有效值之比为$\sqrt{2}$，偏差不超过±5%。

一、均匀电场中的击穿电压

均匀电场中，气隙的击穿有如下特点：

（1）因电场是对称的，故击穿电压无极性效应。

（2）由于间隙中各处的场强相等，故击穿前无电晕发生，起始放电电压就等于击穿电压。

（3）因间隙距离短，各处场强又相等，故间隙击穿所需的时间很短。因此不论何种电压作用，其击穿电压（峰值）实际上都相同，且分散性较小。

均匀电场中空气的击穿电压（峰值）可根据下面的经验公式求得

$$U_b = 24.22\delta d + 6.08\sqrt{\delta d} \quad (\text{kV}) \qquad (2-10)$$

式中　d——间隙距离，cm；

δ——空气相对密度。

当d为1cm左右时，均匀电场中空气的击穿场强（峰值）大致等于30kV/cm。

二、稍不均匀电场的击穿电压

电场的不均匀程度可以用电场不均匀系数来表征。所谓电场不均匀系数是指间隙中的最大场强与平均场强之比。一般电场不均匀系数不超过4时，电场属于稍不均匀电场，而超过4时为极不均匀电场。

稍不均匀电场中击穿电压的特点是：

（1）电场不对称时，击穿电压有极性效应，但不很显著；

（2）击穿前有电晕发生，但不稳定，即一出现电晕，立即会导致整个间隙完全击穿；

（3）间隙距离一般不很大，放电发展所需的时间短，因而在不同波形的电压作用下，其击穿电压（峰值）实际上也都相同，且分散性不大。

稍不均匀电场中气隙的击穿电压和电场的不均匀系数有很大关系，需根据具体的电极结构和间隙距离通过试验才能准确确定。

由球—球构成的间隙，当间隙距离与球径之比不大于0.5时，间隙中的电场为稍不均匀电场，其击穿电压与电压的波形关系不大，只决定于间隙距离，分散性也较小，故常被用来测量各种类型的高电压。球隙击穿电压与间隙距离的关系见附录 A。

三、极不均匀电场中的击穿电压

极不均匀电场中击穿电压的特点是：

(1) 由于存在局部强电场区，故间隙击穿前有稳定的电晕，间隙的起始放电电压小于间隙的击穿电压；

(2) 因空间电荷在电压极性不同时对放电过程的影响不同，故击穿电压具有明显的极性效应；

(3) 因间隙距离较长，放电发展所需的时间长，故外加电压的波形对击穿电压的影响很大，击穿电压的分散性大。

1. 直流电压作用下的击穿电压

图 2-13 所示为棒—板和棒—棒间隙的直流击穿电压和空气间隙距离的关系曲线。由图可见，电场不对称的棒—板间隙的击穿电压具有显著的极性效应，棒极为正时的击穿电压比棒极为负时的低得多。棒—棒间隙的击穿电压则介于极性不同的棒—板间隙的击穿电压之间。这是因为棒—棒间隙有一个棒极为正极性，放电容易由该棒极发展，所以其击穿电压比负棒—正板的低。又因为棒—棒间隙有两个强场区，同样间隙距离下强场区增多后，其电场的均匀程度会增加，因此其击穿电压比正棒—负板的高。

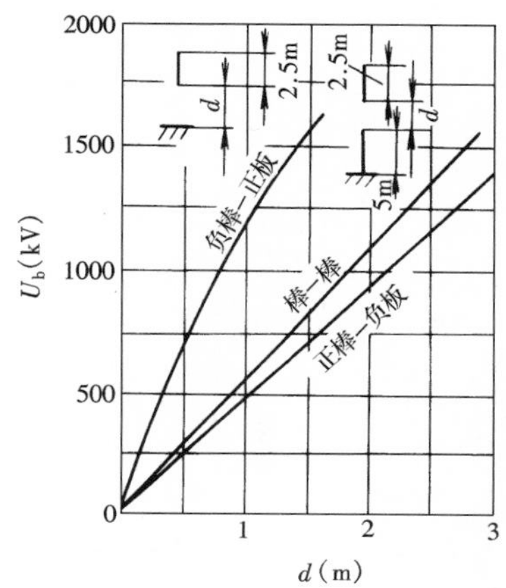

图 2-13　棒—板和棒—棒空气间隙的直流击穿电压和间隙距离的关系曲线

试验结果表明，在图示间隙距离范围内，棒—板间隙中当棒极为正时的平均击穿场强约为 4.5kV/cm，棒极为负时的平均击穿场强约为 10kV/cm。棒—棒间隙由于一棒接地后，大地使电场分布稍微发生改变，加强了高压电极处的场强，因而击穿电压具有微弱的极性效应（图中未区别）。不接地棒为正极性时，棒—棒间隙的平均击穿场强约为 4.8kV/cm；不接地棒为负极性时，棒—棒间隙的平均击穿场强约为 5kV/cm。

2. 工频电压作用下的击穿电压

图 2-14 为棒—板、棒—棒等空气间隙在工频交流电压作用下的击穿电压与间隙距离的关系曲线。由图可见，当间隙距离 $d<2$m 时，击穿电压和间隙距离间基本呈线性关系。由于棒—板间隙的击穿总是发生在棒极为正时的半个周期峰值处，故其工频击穿电压（峰值）和直流下正棒—负板时的击穿电压相近。在上述间隙距离范围内，棒—板间隙的平均击穿场强约为 4.8kV/cm（峰值），棒—棒间隙的平均击穿场强约为 5.4kV/cm（峰值）。当间隙距离超过 2m 后，各种间隙的击穿电压和间隙距离的关系呈现明显的饱和趋势，特别是棒—板间隙，其饱和趋势更为严重。击穿电压的这种饱和现象，导致间隙的间隙距离增大的同时其平均击穿场强却随之降低，这对输电电压等级的提高很不利。如棒—板间隙，当 $d=10$m 时，其平均击穿场强降为约 2kV/cm（峰值）。由于棒—板间隙的击穿电压最低，饱和现象最严重，故在绝缘结构设计时，应尽量避免此类间隙。

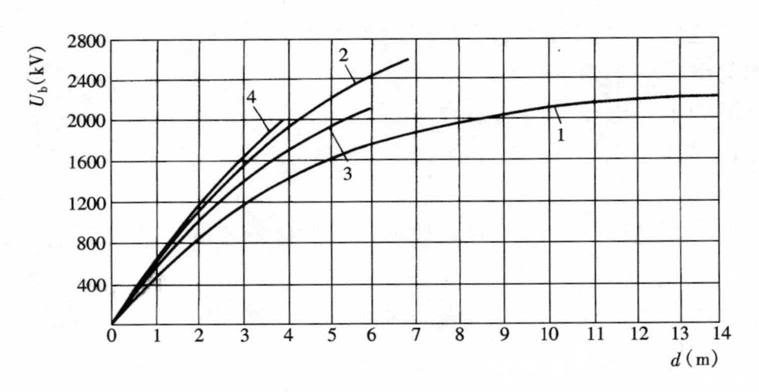

图 2-14　空气间隙的工频击穿电压和间隙距离的关系曲线

1—棒—板；2—棒—棒；3—导线—杆塔；4—导线—导线

第五节　雷电冲击电压下空气的击穿电压

电力系统中的雷电冲击电压是由雷云放电引起的，其波形具有单次脉冲性质，作用时间极短，可与击穿所需的时间相比拟，故空气间隙在雷电冲击电压作用下的击穿具有与持续电压作用下不同的特点。

一、标准波形

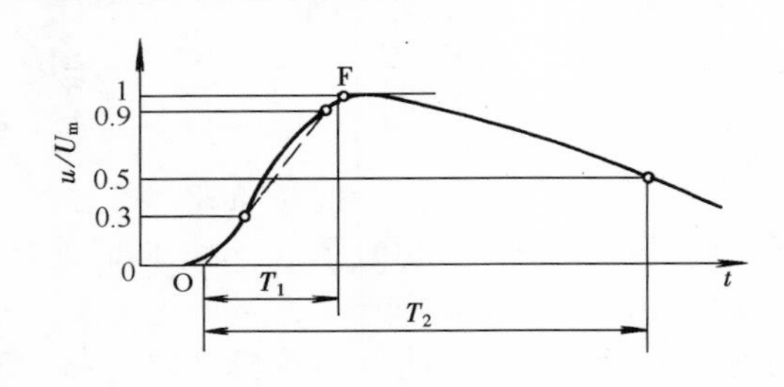

图 2-15　标准雷电冲击电压波形

雷电放电具有很大的随机性，因而每次雷击产生的冲击电压波形不尽相同。为使试验结果能互相比较，需规定标准波形。标准波形是根据大量实测的雷电过电压波形制订的。我国规定的标准雷电冲击电压波形与国际电工委员会规定的相同，如图 2-15 所示。波形由波前时间 T_1 及半峰值时间 T_2 确定。T_1 为电压从零上升至最大值的时间，T_2 为电压从零至下降为峰值的一半处的时间。试验室中雷电冲击电压是利用冲击电压发生器产生的，由于所获得的示波图中波形起始部分及峰值部分比较平坦，不易确定原点和峰值的位置，因此采用等值的斜角波前，即取峰值 U_m 为 1.0，并过峰值作一水平线，再过波形上升部分 $0.3U_m$ 和 $0.9U_m$ 的两点作一直线，该直线与时间轴交于 O 点，与过峰值的水平线交于 F 点，把 O 作为电压的原点，F 点作为峰值的位置。波前时间 T_1 和半峰值时间 T_2 分别规定为从 O 至 F 的时间和 O 至下降至 $0.5U_m$ 的时间。由于这样确定的 T_1 和 T_2 并非真正的波前时间和半峰值时间，所以把此时的 T_1 和 T_2 称为视在波前时间和视在半峰值时间。

我国国家标准规定的雷电冲击电压的标准波形为：$T_1=1.2\mu s$，允许偏差±30%；$T_2=50\mu s$，允许偏差±20%。冲击电压除 T_1 和 T_2 外，还应指出其极性。标准波形通常可以表示为$+1.2/50\mu s$或$-1.2/50\mu s$。

二、击穿时间

图 2-16 所示为冲击电压下空气间隙的击穿电压波形。间隙从开始出现电压到完全击穿

所需的时间称为击穿时间或全部放电时间。它由以下三部分组成：

(1) 升压时间 t_0——电压从零升到持续电压下的击穿电压 U_0（称为静态击穿电压）所需的时间。

(2) 统计时延 t_s——从电压达到 U_0 的瞬时起到间隙中形成第一个有效电子为止的时间。

(3) 放电形成时延 t_f——从形成第一个有效电子的瞬时起到间隙完全被击穿为止的时间。

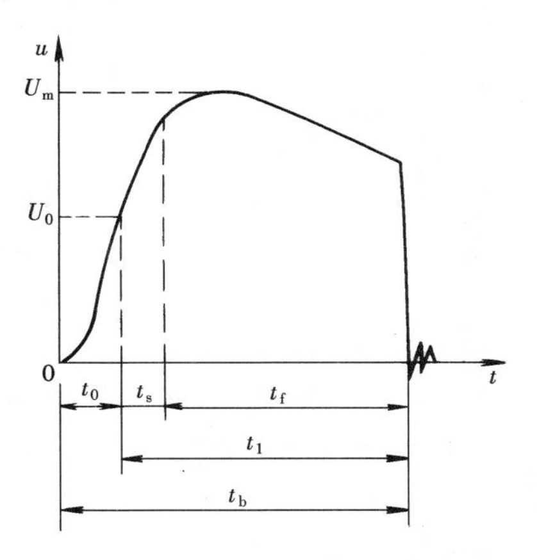

图 2-16　冲击电压作用下空气间隙的击穿电压波形

所谓有效电子是指能引起一系列的游离过程，最后导致间隙完全被击穿的电子。在 t_0 以前，因电压小于 U_0，间隙中不可能发展击穿过程，所以不会形成有效电子。即使时间达到 t_0，电压达到 U_0，击穿过程也可能还没有开始，因为有效电子的出现具有偶然性，不一定在电压一达到 U_0 时就立刻形成，所以间隙中出现有效电子的时间也可能要比 t_0 长。有效电子何时出现是一个随机事件，与电压的大小、间隙中光的照射强度等因素有关，故统计时延 t_s 具有分散性。有效电子出现后，间隙中开始出现各种游离过程，放电开始发展，经放电形成时延 t_f 后使间隙完全击穿。因为影响放电发展过程的因素较多，所以 t_f 也具有分散性。

击穿时间 t_b 可表达为

$$t_b = t_0 + t_s + t_f \tag{2-11}$$

其中 t_s 与 t_f 之和称为放电时延 t_1，即

$$t_1 = t_s + t_f \tag{2-12}$$

短间隙（1cm 以下）中，特别是电场均匀时，t_f 远小于 t_s，放电时延实际上就等于统计时延。较长的间隙中，放电时延主要决定于放电形成时延。在电场比较均匀时，放电发展速度快，放电形成时延较短；在电场极不均匀时，放电发展到弱场强区后速度较慢，放电形成时延较长。

三、伏秒特性

一个间隙要发生击穿，不仅需要足够高的电压，而且还必须有充分的电压作用时间。当击穿过程发展中加在间隙上的电压随时间变化时，击穿电压是指间隙上出现的最高电压。对持续电压来说，因为电压变化的速度比放电发展的速度慢得多，在电压达到静态击穿电压后的放电时延内，可认为电压基本保持不变，所以击穿电压就等于静态击穿电压，间隙的击穿强度用击穿电压值就能反映。对雷电冲击电压来说，因为电压变化速度极快，在电压达到静态击穿电压后的放电时延内，电压变化一般较大，击穿电压高于静态击穿电压；而且对某一固定的气隙，击穿电压随击穿时间而变，没有固定的数值。所以雷电冲击电压作用下间隙的击穿强度不能单一地用击穿电压来表示，对于某一电压波形，必须用击穿电压和击穿时间二者共同来表达。

对某一冲击电压波形，间隙的击穿电压和击穿时间的关系称为伏秒特性，它可以全面地反映间隙在冲击电压作用下的击穿特性。

伏秒特性可用试验的方法求取。保持一定的波形不变（T_1/T_2 一定），逐级升高电压。电压较低时，击穿通常发生在波尾（波形的下降部分）；电压较高时，击穿时间缩短，击穿

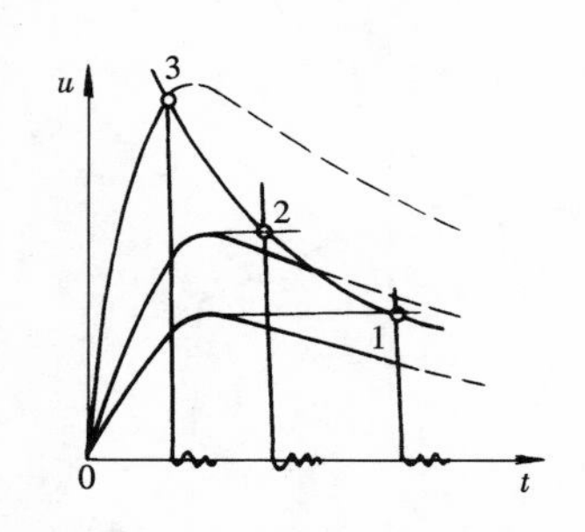

图 2-17　间隙伏秒特性的求取方法（虚线表示无被试间隙时的波形）

一般发生在波头（波形的上升部分）。如图 2-17 所示，以击穿电压为纵坐标，以击穿时间为横坐标，则在电压—时间坐标系中每级电压下可得到一个坐标点（如图 2-17 中 1、2、3 点），将这些坐标点连成曲线，即为伏秒特性曲线。由于放电时间具有分散性，每级电压下多次施加电压时可得到一系列的放电时间，所以实际的伏秒特性为以上、下包络线为界的带状区域，如图 2-18所示。

伏秒特性的形状与间隙中电场的均匀程度有关。对于均匀或稍不均匀电场，在击穿时间较长（大于 1μs）时，因平均场强高，放电发展较快，放电时延较短，电压达到静态击穿电压后很短时间内即发生击穿，不同幅值的冲击电压下的击穿电压相差很小，故伏秒特性比较平坦，且分散性较小；在击穿时间很短（小于 1μs）时，因冲击电压上升速度特别快，在很短的放电时延内电压会超过静态击穿电压较大的数值，故伏秒特性略有上翘。对于极不均匀电场，其平均场强较低，放电形成时延和所加电压密切相关，伏秒特性在击穿时间还相当大时便随击穿时间的减小而向上翘，且击穿时间的分散性较大。不同电场形式下空气间隙的伏秒特性如图 2-19 所示。

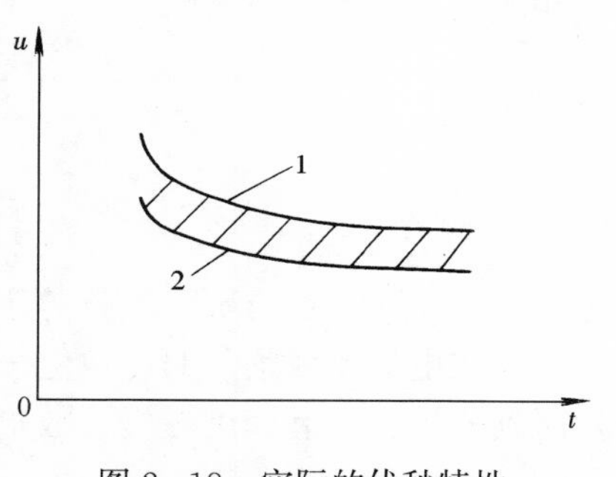

图 2-18　实际的伏秒特性
1—上包络线；2—下包络线

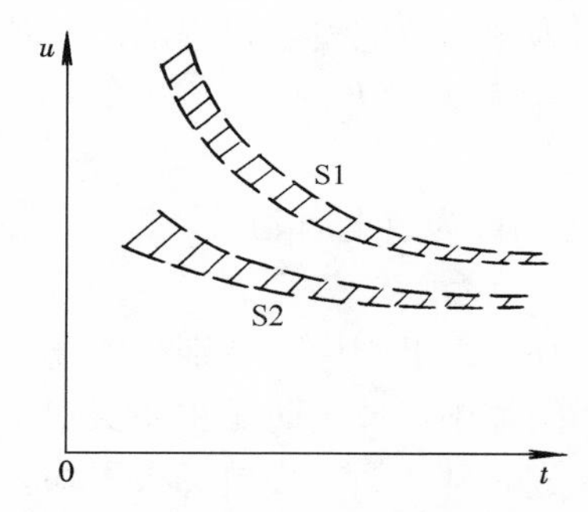

图 2-19　不同电场形式下空气间隙的伏秒特性
S1—不均匀电场；S2—均匀电场

伏秒特性主要用于比较不同设备绝缘的冲击击穿特性。如用阀型避雷器保护变压器，要获得可靠保护的话，首先必须使阀型避雷器间隙的伏秒特性的上包络线始终位于变压器绝缘伏秒特性的下包络线的下方，此时不论雷电冲击电压的峰值多高，避雷器的间隙总是先击穿，如果击穿之后避雷器上的电压不高于其间隙的击穿电压的话，则变压器上的电压就低于其击穿电压。如果避雷器的伏秒特性较陡，可能和变压器的伏秒特性出现相交的情况，如图 2-20 所示。此时在交叉部分右边，也就是冲击电压峰值较低时，避雷器的间隙先击穿，变压器能得到保护；但在交叉部分左边，也就是冲击电压峰值较高时，反而是变压器先击穿，变压器不能得到保护。所以两伏秒特性相交时，变压器不能得到可靠的保护。

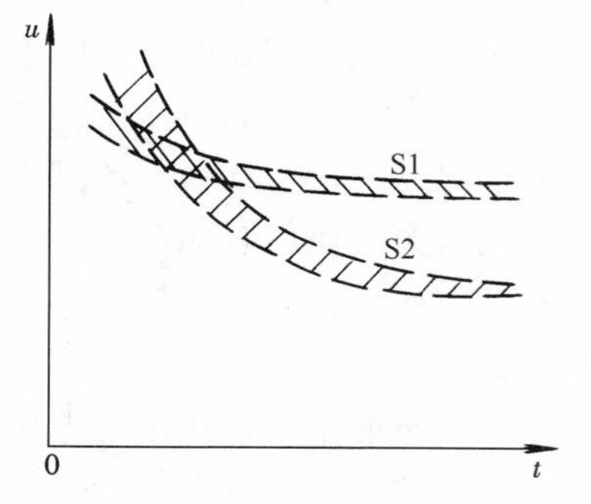

图 2-20　两伏秒特性相交时的情况
S1—变压器的伏秒特性；
S2—避雷器的伏秒特性

四、雷电冲击50%击穿电压

间隙的伏秒特性虽然能全面反映间隙在冲击电压下的击穿特性，但求取比较烦琐，所以工程上常改用50%冲击击穿电压来表征间隙的冲击击穿特性。50%冲击击穿电压，用$U_{50\%}$表示，是指多次施加某一波形和峰值一定的冲击电压时，间隙被击穿的概率为50%时的击穿电压。实际中只要保持波形不变，调整冲击电压峰值至施加10次电压中有4～6次发生击穿，此电压峰值就可作为50%冲击击穿电压。

50%冲击击穿电压$U_{50\%}$与静态击穿电压U_0（直流击穿电压或工频击穿电压峰值）的比值称为冲击系数，以β表示，则

$$\beta=\frac{U_{50\%}}{U_0} \tag{2-13}$$

在均匀和稍不均匀电场中，由于放电时延短，击穿电压的分散性小，冲击系数实际上等于1，且在$U_{50\%}$下的击穿通常发生在波头峰值附近。极不均匀电场中，由于放电时延较长，击穿电压的分散性也大，故冲击系数通常大于1，且在$U_{50\%}$下的击穿一般发生在波尾。

由于$U_{50\%}$只是在一定波形下对应于某个固定击穿时间的击穿电压，所以它不能代表任何击穿时间下间隙的冲击击穿特性。也就是说，$U_{50\%}$不能全面反映间隙的冲击击穿特性。例如伏秒特性相交的两并联间隙，假如$U_{50\%}$下两间隙的击穿时间都位于交叉区域的右方，那么当作用在两间隙上的雷电冲击电压较大，使两间隙的击穿时间都处于交叉区域的左方时，$U_{50\%}$低的那个间隙的击穿电压反倒比$U_{50\%}$高的那个间隙的击穿电压高，这将出现$U_{50\%}$高的间隙先击穿的情况。虽然用$U_{50\%}$来表征间隙在冲击电压下的击穿特性不尽人意，但因为它可以反映间隙基本的冲击击穿特性，所以是一个重要参数。

图2-21所示为标准雷电冲击电压下棒—板及棒—棒间隙的$U_{50\%}$和间隙距离的关系。由图可见，在很长的间隙距离范围内（间隙距离很小时除外），$U_{50\%}$与间隙距离间仍保持良好的线性关系。棒—板间隙具有明显的极性效应，棒—棒间隙也存在不大的极性效应。

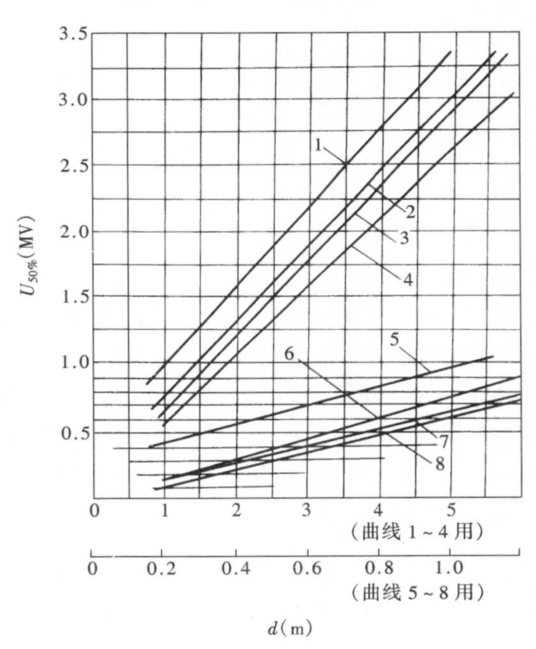

图2-21　棒—棒及棒—板长空气间隙的雷电冲击50%击穿电压和间隙距离的关系
1、5—棒—板，负极性；2、6—棒—棒，负极性；3、7—棒—棒，正极性；4、8—棒—板，正极性

应该注意，同一间隙，对不同波形的冲击电压，其50%击穿电压及伏秒特性是不同的，如无特别说明，一般是指用标准波形作出的。

第六节　操作冲击电压下空气的击穿电压

操作冲击电压是电力系统由于开关操作或发生事故而在电网中或某些设备上产生的一种

过电压。不均匀电场空气间隙在操作冲击电压作用下的击穿存在一系列新的特点，这些特点对超高压和特高压输电线路及配电装置空气间隙的距离确定具有重要意义。

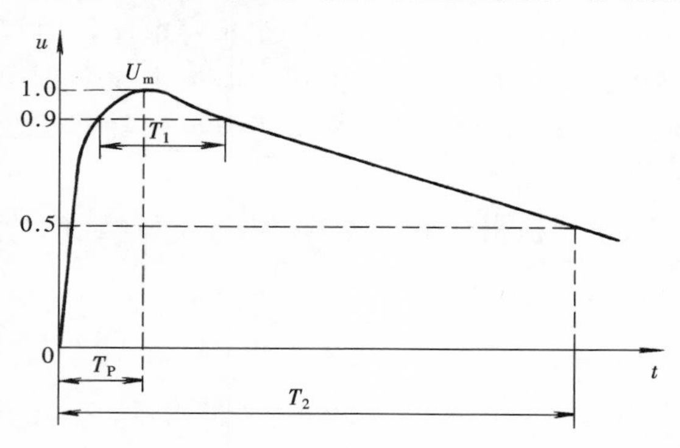

图 2-22 标准操作冲击电压波形

T_P—波前时间；T_2—半峰值时间；U_m—冲击电压峰值；T_1—超过 90%峰值以上的时间

一、标准波形

我国国家标准规定的标准操作冲击电压为非周期性指数衰减波形，如图 2-22 所示。其中波前时间 T_P 为 250μs，允许偏差±20%，半峰值时间 T_2 为 2500μs，允许偏差±60%，峰值允许偏差与雷电冲击电压的相同，为±3%。当认为用标准操作冲击电压波形不能满足要求或不适合时，在有关设备标准中可以规定其他非周期性或衰减振荡的操作冲击电压波形。

二、操作冲击 50%击穿电压

在均匀或稍不均匀电场的空气间隙中，由于放电时延短，标准操作冲击电压下的击穿特性与标准雷电冲击电压下的类似，即 50%击穿电压 $U_{50\%}$ 下的击穿发生在峰值处，冲击系数等于 1，击穿电压的分散性也较小。在极不均匀电场的空气间隙中，操作冲击电压下的击穿有许多特殊性。

1. 操作冲击电压的波形对 $U_{50\%}$ 有很大影响

操作冲击电压下因波前时间较长，击穿通常发生在波前部分，故击穿电压与波前时间有关而与波尾部分无关。图 2-23 所示为棒—板空气间隙在正极性操作冲击电压下的 $U_{50\%}$ 与波前时间的关系。由图可见，曲线呈 U 形，即在某一临界波前时间的操作冲击电压下，$U_{50\%}$ 有极小值，该极小值可能比同一间隙在工频电压下的击穿电压还要低很多。随着间隙距离的增大，相当于极小值的临界波前时间也跟着增大，对 7m 以下间隙，在 50～300μs 之间。

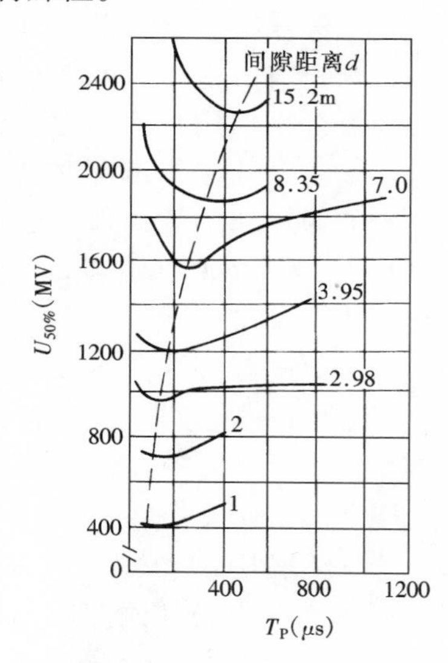

图 2-23 棒—板空气间隙的正极性操作冲击电压下的 $U_{50\%}$ 与波前时间的关系

正棒—负板空气间隙 U 形曲线中，50%击穿电压极小值 $U_{50\%min}$ 可由下面的经验公式计算

$$U_{50\%\min} = \frac{3450}{1+\frac{8}{d}} \quad (\text{kV}) \tag{2-14}$$

式中 d——间隙距离，m。

输电线路和配电装置的各种形状的气体间隙，正极性操作波作用下都有类似于正棒—负板间隙的 U 形曲线，设计这些间隙时应特别注意极小值的影响。

2. 操作冲击电压下的极性效应更加显著

图 2-24 所示为棒—板和棒—棒空气间隙在波形为 500/2500μs 的操作冲击电压下的 $U_{50\%}$ 与间隙距离的关系。由图可见，极性效应在间隙距离较大时非常显著，正极性下的 $U_{50\%}$ 要比负极性下的低得多。

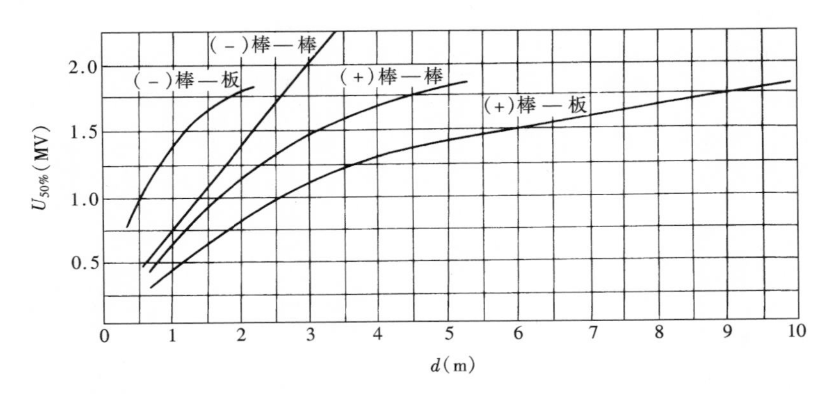

图 2-24　操作冲击电压（500/5000μs）作用下棒—板和棒—棒空气间隙的 $U_{50\%}$ 和间隙距离的关系

3. 电极的形状对 $U_{50\%}$ 影响很大

输电线路和配电装置的空气间隙结构多种多样，在正极性操作冲击电压下的 $U_{50\%}$ 差别很大，具体间隙的击穿电压需根据试验确定，不能根据棒—板或棒—棒电极的情况来估算。

4. 击穿电压的分散性大

击穿电压的分散性可用相对标准偏差 σ 来反映，σ 可表示为

$$\sigma=\frac{1}{\overline{U}}\left[\frac{1}{N}\sum(U-\overline{U})^{2}\right]^{\frac{1}{2}} \qquad (2-15)$$

式中　N——试验次数；

$\overline{U}$——相应于放电概率为 50%时的击穿电压，对冲击电压，$\overline{U}$ 即为 $U_{50\%}$，对持续电压，$\overline{U}$ 为 N 次试验击穿电压的平均值；

U——各次试验的击穿电压。

极不均匀电场的空气间隙，在波前时间为数十微秒至数百微秒的操作冲击电压作用下，σ 约为 5%；若波前时间超过 1000μs，σ 可达 8%左右；而在雷电冲击电压或工频电压作用下，σ 仅约 3%。

5. 击穿电压具有明显的饱和现象

和工频电压下类似，极不均匀电场中操作冲击电压下 $U_{50\%}$ 和间隙距离的关系具有明显的饱和特征，特别是棒—板间隙，在正极性操作冲击下的饱和程度更加严重，由图 2-24 可以清楚地看到这一点。

第七节　提高气体间隙击穿场强的方法

气体间隙的平均击穿场强越高，则在同样的间隙距离下间隙的击穿电压越大。换句话说，在间隙的击穿电压一定时，平均击穿场强越高，则间隙的距离就可越小，所以提高平均击穿场强，可减小设备的尺寸。由前述的气体放电特性可知，提高气隙的平均击穿场强有两个途径：一是改善电场分布，使其尽可能均匀；二是改变气体的状态和种类，使其中的游离过程尽可能被削弱。

一、改进电极形状以改善电场分布

在间隙距离不太大的情况下，可以通过改进电极的形状、增大电极的曲率半径等方法来改善间隙中的场强分布。为达到较好的效果，应尽量消除电极上的毛刺及棱角等，以避免局部强电场。这样可使间隙中电场的不均匀系数下降，从而提高间隙的击穿场强。

在间隙距离较大时，要使间隙中的场强变均匀实际上是困难的或无法实现的，这时应尽可能采用对称电极，避免不对称电极。在不均匀电场气隙中，有些设备也采用曲率半径较大的电极，如变压器套管端部加屏蔽罩，其目的是为了避免在工作电压下出现电晕。

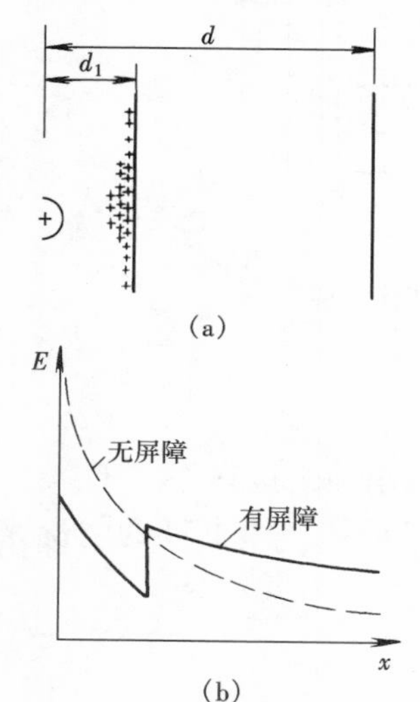

图 2-25　正棒—负板间隙中设置屏障后的电场分布示意图

（a）间隙中设置屏障；（b）电场分布示意图

二、利用空间电荷改善电场分布

在电场极不均匀的空气间隙中，放入由固体绝缘材料制成的薄板，在一定条件下，可显著提高间障的击穿电压。所采用的固体绝缘薄板称为极间隙或屏障。屏障的作用主要是阻挡空间电荷，利用空间电荷产生的电场改变电场分布，所以屏障本身的击穿电压没有多大意义。

在棒—板间隙中加入屏障后，击穿电压与外加电压的种类、极性及屏障的位置有关。在正极性直流电压下，棒极附近放电产生的正空间电荷在屏障上积聚，并由于同号电荷的排斥作用而比较均匀地分布在屏障上，如图 2-25（a）所示。其结果使棒极与屏障间的场强被削弱，屏障与另一极间的场强被增强，但其间的电场却变得比较均匀了，如图 2-25（b）所示。这样就使得整个间隙的击穿电压提高了。显然，屏障离棒极越近，比较均匀的电场占整个间隙的比例也就越大，棒极与屏障间的场强则越小，击穿电压提高得越多。但当屏障过分靠近棒电极时，屏障上正电荷的分布很不均匀，屏障前方又将出现极不均匀电场，所以击穿电压又会降低。

在负极性直流电压下，电子形成负离子积聚于屏障之上，同样在屏障与板电极间会形成比较均匀的电场，所以负极性下设置屏障后，当屏障位于靠近棒极侧一定范围内时也能使击穿电压提高。与正棒—负板间隙情况不同的是，当屏障离棒极较远时，在负棒—正板间加入屏障会使击穿电压降低。这主要是因为无屏障时，负离子扩散于空间，对电场不起什么作用，而加入屏障后负离子积聚于屏障之上，一方面使屏障与板极间电场变得均匀，另一方面也使这部分区域内的电场加强，当后者的作用大于前者时，击穿电压将降低。

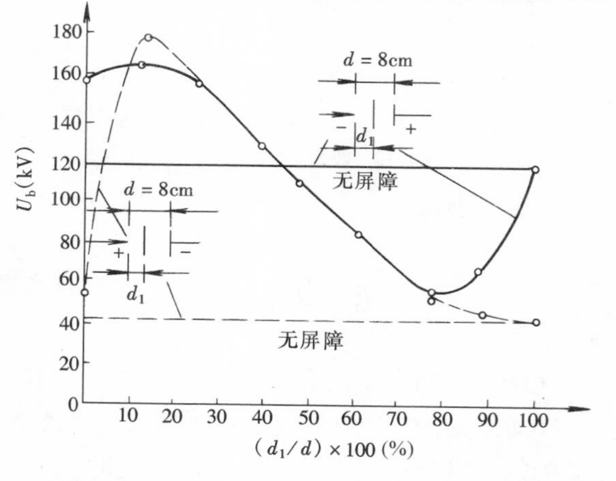

图 2-26　直流电压下棒—板空气间隙的击穿电压和屏障位置的关系

图 2-26 所示为直流电压下棒—板空气间隙的击穿电压和屏障位置的关系。当屏障离棒极距离为间隙距离的 15％～20％时，间隙的击穿电压最高。

在工频电压下，由于棒—板间隙的击穿总是发生在棒极为正时的半波内，所以屏障的作用与正极性直流下的相近，如图 2-27 所示。

在雷电冲击电压下，正棒—负板间隙中设置屏障也可显著提高击穿电压，但棒极为负时，屏障对击穿电压的影响很小。雷电冲击下，屏障上来不及积聚显著的电荷，所以其提高击穿电压的机理与持续电压下的不同。有人认为屏障妨碍了光子的传播，从而影响了流注的发展。

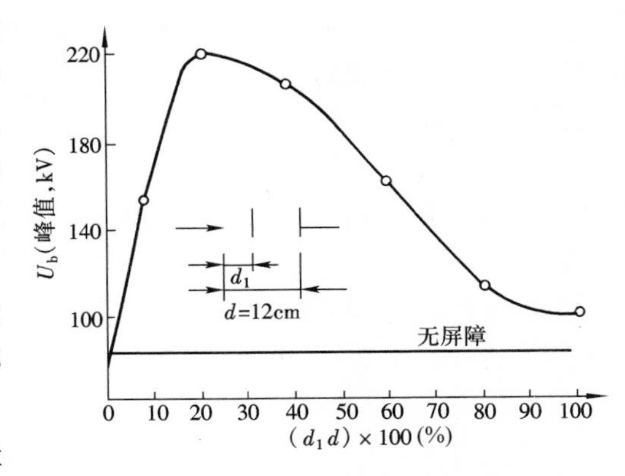

图 2-27　工频电压下棒—板空气间隙的击穿电压和屏障位置的关系

对棒—棒电极，因为两个电极都可能发生电晕，为提高击穿电压，应在两个电极附近都安放屏障。

均匀电场中，因击穿前无电晕，设置屏障后不会积聚空间电荷，又因击穿前各处场强大，屏障也不会妨碍光子的传播，故屏障起不到提高击穿电压的作用。

三、采用高气压

提高气体的压力，可以缩小电子的平均自由行程，削弱游离过程，从而提高气体的击穿电压。

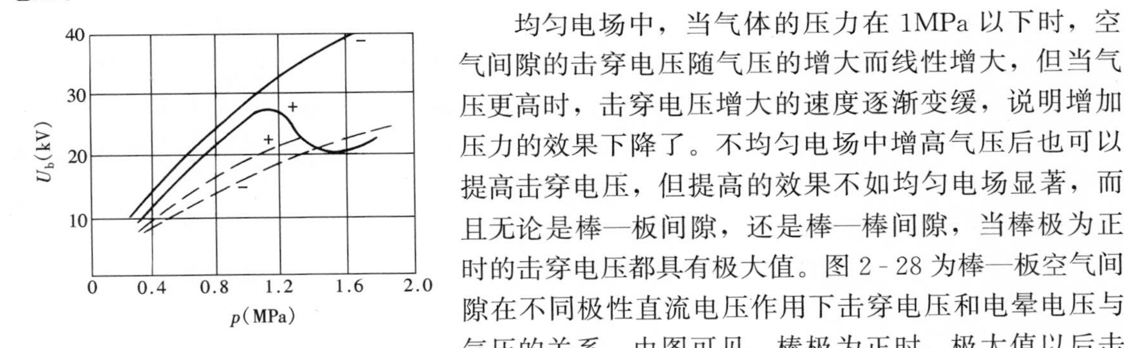

图 2-28　棒—板空气间隙在不同极性直流电压作用下击穿电压和电晕起始电压与气压的关系
——击穿电压；－－－电晕起始电压

均匀电场中，当气体的压力在 1MPa 以下时，空气间隙的击穿电压随气压的增大而线性增大，但当气压更高时，击穿电压增大的速度逐渐变缓，说明增加压力的效果下降了。不均匀电场中增高气压后也可以提高击穿电压，但提高的效果不如均匀电场显著，而且无论是棒—板间隙，还是棒—棒间隙，当棒极为正时的击穿电压都具有极大值。图 2-28 为棒—板空气间隙在不同极性直流电压作用下击穿电压和电晕电压与气压的关系。由图可见，棒极为正时，极大值以后击穿电压随气压的升高反而会下降，这是使用中应注意的一个现象。

四、采用高电气强度气体

某些含卤族元素的气体化合物，如六氟化硫（SF_6）、氟利昂（CCl_2F_2）等，其电气强度比空气的高得多，这些气体称为高电气强度气体。例如在均匀电场中，正常压力下 SF_6 气体的击穿场强约为空气的 2.5～3 倍；提高压力，其击穿场强可达到变压器油及某些固体绝缘材料的击穿场强。

高电气强度气体具有较高的电气强度是因为它们具有很强的电负性，容易吸附电子成为负离子，从而削弱了游离过程，同时也加强了复合过程。另外，这些气体具有较大的分子量和分子直径，电子在其中运动时平均自由行程较短，不易积聚能量，从而减小了其碰撞游离能力。

高电气强度气体除了具有较高的耐电强度以外，还应具有较好的物理化学性能，才能在工程上得到广泛应用。比如：①液化温度要低，这样才能同时提高气压，以便最大程度地提高气隙的击穿电压；②有良好的化学稳定性，不易腐蚀其他材料，不易燃，不易爆，无毒，即使在放电的过程中也不易分解等；③对环境无明显的负面影响，氟利昂对大气中的臭氧层有破坏作用，故不能采用；④能大量的供应，价格不太昂贵。

能同时满足上述各种要求的高电气强度气体很少，目前唯一获得广泛应用的只有 SF_6 气体。SF_6 气体除了具有很高的电气强度以外，还具有优异的灭弧性能；中等压力下可以被液化，便于储藏和运输。有关 SF_6 气体的性能及其应用将在第十节作较为详细的介绍。

五、采用高真空

根据气体放电理论，气体的压力降低时，因发生碰撞游离的次数减少，故间隙的击穿电压提高，所以采用高真空可提高击穿电压。事实上真空中的击穿机理与常压下的并不相同，目前关于真空击穿有场致发射引发击穿和微粒引发击穿两种理论。前者认为，由于阴极表面不可避免地存在一些微观强电场区，导致强场发射并产生很大的发射电流密度，使阴极出现局部热点而引起阴极材料气化，从而引发间隙击穿；后者认为，电极表面附着的微粒，在强电场作用下带着电荷离开电极表面，运动至对面电极时以很大的速度撞击电极，从而使电极材料熔化、气化，造成间隙击穿。

第八节　沿　面　放　电

暴露在大气中的带电体需要应用各种绝缘子进行支撑或悬挂，当作用在绝缘子两极上的电压超过一定值时，常在绝缘子和空气的交界面上出现放电现象，这种沿着固体介质表面所进行的放电称为沿面放电。当沿面放电发展到对面电极时称为沿面闪络，简称闪络。绝缘子的闪络电压通常要比与闪络路径等长的空气间隙的击穿电压低，而且受绝缘子表面状况的影响很大。许多外绝缘事故都是由绝缘子的闪络引起的。

一、不同电场分布下的沿面放电特性

沿面放电过程与固体介质表面的电场分布有很大关系，固体介质表面的电场分布有以下三种典型情况。

（1）固体介质处于均匀电场中，介质表面与电力线平行，如图 2-29（a）所示。

（2）固体介质处于极不均匀电场中，介质表面电场的法线分量大于切线分量，如图 2-29（b）所示。套管的表面电场分布就属于这种情况。

（3）固体介质处于极不均匀电场中，介质表面大部分地方电场的切线分量大于法线分量，如图 2-29（c）所示。支柱绝缘子的表面电场分布就属此情况。

以下就这三种典型情况下的沿面放电特性分别加以讨论。

（一）均匀电场中的沿面放电

在两平行板电极构成的均匀电场中插入一长度等于极间距离的圆柱形固体介质，并使介质表面与电力线平行。宏观上来看，固体介质的加入并未影响电场分布，两电极间的电气强度应保持不变。但试验结果表明，此时放电总是发生在固体介质表面，且闪络电压比纯空气间隙的击穿电压低得多。造成这一结果的原因有以下几个方面：

（1）固体介质与电极间结合不紧，存在微小气隙。由于气体的介电常数比固体介质的小得多，故气隙中的场强要比固体介质中的场强大得多，这使微小气隙中首先发生局部放电。

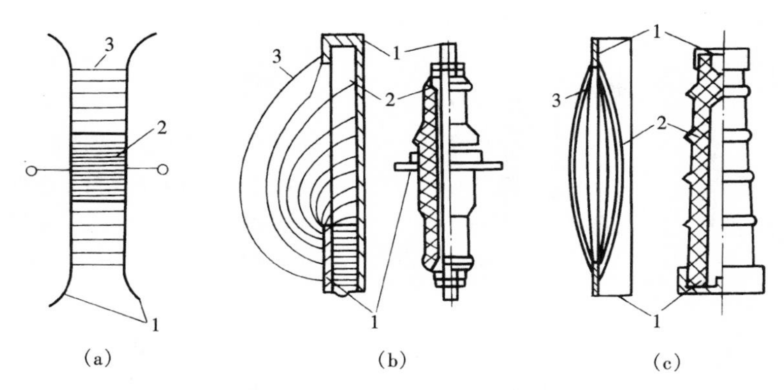

图 2-29　固体介质表面电场的典型分布

(a) 均匀电场；(b) 有强垂直分量的极不均匀电场；(c) 有弱垂直分量的极不均匀电场

1—电极；2—固体介质；3—电力线

放电产生的带电质点到达固体介质表面时，引起原来的均匀电场发生畸变，从而降低了沿面闪络电压。

(2) 固体介质表面吸附空气中的水分形成水膜。水膜中的离子受电场力的作用分别向两极移动，电极附近逐渐积聚电荷，使固体介质表面的电场分布变得不均匀，闪络电压降低。

(3) 固体介质表面电阻不均匀以及表面的粗糙程度，都会使介质表面的电场分布变得不均匀，从而引起闪络电压降低。

闪络电压比纯空气间隙击穿电压降低的程度与气体的状态、固体介质吸附水分的能力、固体介质与电极结合的紧密程度、电压变化的速度等多种因素有关。空气的湿度变化时，对吸湿性差的憎水性固体介质来说，闪络电压变化很小。对吸湿性强的固体介质来说，在相对湿度低于 50%～60%时，闪络电压受湿度的影响也不大，但在相对湿度超过 50%～60%时，闪络电压开始随湿度的增大而明显降低，降低的程度又与电压的变化速度有关，电压变化速度快时，因水膜中的离子来不及向两极移动，闪络电压降低较少，电压变化速度慢时，闪络电压则降低较多。

与气体间隙一样，增加气体的压力也可提高沿面闪络电压。但气体必须干燥，否则压力增加，气体的相对湿度也增加，介质表面凝聚水滴，沿面电压分布更不均匀，甚至出现高气压下沿面闪络电压反而降低的异常现象。气压升高时，闪络电压增大的速度要比固体介质不存在时空气间隙击穿电压增大的速度慢得多。

(二) 极不均匀电场具有强垂直分量时的沿面放电

当固体介质处于极不均匀电场中，且表面电场强度的法线分量较大时，沿面放电具有新的特点，沿面闪络电压也比较低。现以最简单的套管为例来说明。

在套管的导电杆和法兰间施加工频电压，当电压逐渐升高时，由于法兰边缘的电场最强，在这里首先出现电晕放电，如图 2-30 (a) 所示。进一步升高电压，电晕向前延伸，逐渐形成由许多平行火花细线组成的光带，称为刷形放电，如图 2-30 (b) 所示。电压再升高时，刷形放电的长度也随之增长。当电压超过某临界值时，个别细线开始迅速增长，并转变为较明亮的浅紫色的树枝状火花，如图 2-30 (c) 所示。这种树枝状火花很不稳定，在一处产生后紧贴介质表面向前发展，随即消失，而后又在法兰的另一处产生，这样不断地在法兰

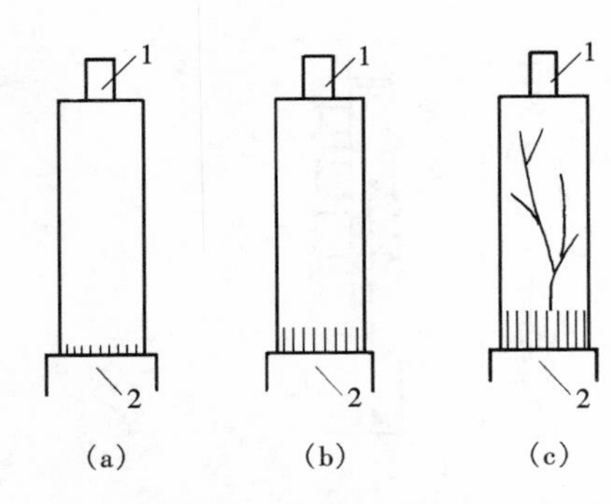

图 2-30 沿套管表面放电的示意图

(a) 电晕放电；(b) 刷形放电；(c) 滑闪放电

1—导电杆；2—法兰

的不同位置上交替出现，这种放电称为滑闪放电。滑闪放电通道是一种热游离通道，其热游离过程是由刷形放电通道中的带电质点在较强垂直分量电场的作用下撞击介质表面，使其局部温度升高而造成的，它类似于长间隙放电中的先导放电。外加电压继续升高时，滑闪火花迅速增长，因而只需增加少许电压，滑闪火花就可延伸至另一极，形成沿面闪络。

以上为套管在工频电压作用下的放电过程，其主要特点是放电过程中存在滑闪放电。因滑闪放电通道中存在热游离，它的电导很大，两端电压降落很小，故出现后使套管的沿面闪络电压比相同闪络距离下表面具有其他电场分布时的闪络电压降低很多。滑闪放电的形成与流过细线状放电通道的电流有很大关系，并非固体介质表面具有强垂直分量就一定会出现滑闪放电，这可用图 2-31 所示的套管的等值电路进行分析。图中 r 表示套管表面单位面积的表面电阻，G 表示单位面积的体积电导，C 表示单位面积与导电杆间的电容。当外加电压的波形一定时，G 和 C 越大，G、C 支路的分流作用就越强，流过表面的电流分布也就越不均匀，表面的电位分布也越不均匀，闪络电压也越低。当 G、C 一定时，外加电压变化速度越快，通过 C 的电流越大，分流作用就越大，流过表面的电流分布及表面的电位分布也就越不均匀，闪络电压也越低。由此可见，套管的几何尺寸和所用绝缘材料的性能以及外加电压的变化速度对闪络电压有很大影响。这些影响实际上都体现在对滑闪放电的形成产生影响，如分流作用大，就表明细线状放电通道中的电流大，滑闪放电容易形成，所以闪络电压低。直流电压作用下，因分流很小，细线状放电通道中的电流较小，所以直流电压作用于套管时没有明显的滑闪放电现象，直流电压下套管的闪络电压要比交流下的高得多。

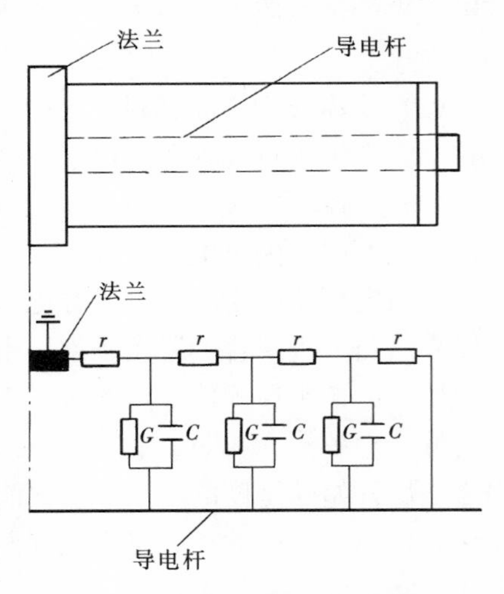

图 2-31 套管的等值电路

（三）极不均匀电场中具有弱垂直分量时的沿面放电

在这种情况下，两电极间的电场本来就很不均匀，因而介质表面积聚电荷使电压重新分布所造成的电场畸变，不会显著降低沿面闪络电压。另外，因介质表面电场垂直分量较小，放电过程中不会出现热游离现象，所以没有明显的滑闪放电，垂直于放电发展方向的固体介质厚度对闪络电压实际上也没有影响。沿面闪络电压和固体介质不存在时的纯空气间隙的击穿电压相比降低的程度不是很大。

二、绝缘子表面的沿面放电

绝缘子表面状态不同时，其闪络电压也不相同。绝缘子表面处于干燥、洁净状态下的闪络电压称为干闪电压，表面洁净的绝缘子在淋雨时的闪络电压称为湿闪电压，表面脏污的绝缘子在受潮情况下的闪络电压称为污闪电压。为了统一，我国有关国家标准对测定绝缘子表面处于不同状态下的闪络电压时的试验条件都作了明确的规定。

（一）绝缘子表面在淋雨状态下的沿面放电

表面洁净的绝缘子在淋雨状态下的闪络过程与干燥状态下的不同，因而闪络电压也存在较大差异，一般湿闪电压要比干闪电压低。以垂直悬挂的盘形绝缘子为例，其湿闪过程大致如下：淋雨时，雨水会使绝缘子表面形成一层导电水膜，从而使绝缘子铁帽和铁脚间的表面电阻下降，流过表面的泄漏电流增大。因绝缘子上表面直接受雨淋，而下表面受瓷裙遮挡，所以下表面受雨淋的影响小。又因铁脚附近直径小，电流密度大，因此泄漏电流产生的热量将首先烘干铁脚附近的表面，在铁脚附近表面形成一个环形烘干带，如图2-32所示。由于烘干区电阻很大，所分担的电压很高，所以当烘干区某处的场强超过临界值时，就在该处产生线状的火花放电。火花放电具有不稳定的、时断时续的性质，它的出现使大部分泄漏电流都经该放电通道流过。这一方面导致通道前方附近湿表面处的电流密度比其两侧增大许多，促使烘干区向外扩展；另一方面也使通道两侧烘干区中流过的泄漏电流降低很多，烘干作用减弱，表面重新形成水膜，电导增大，反过来对火花放电通道产生分流，使流过火花放电通道中的电流减小，以致可能使放电熄灭。于是原通道中的电流转移到两侧的湿表面，使该区再被烘干，并在该区触发新的火花放电。这样，火花放电的路径一面向径向延伸，一面又会向横向转移，总的趋势是使环形烘干区的宽度逐渐加大，火花放电的长度也随之增长。

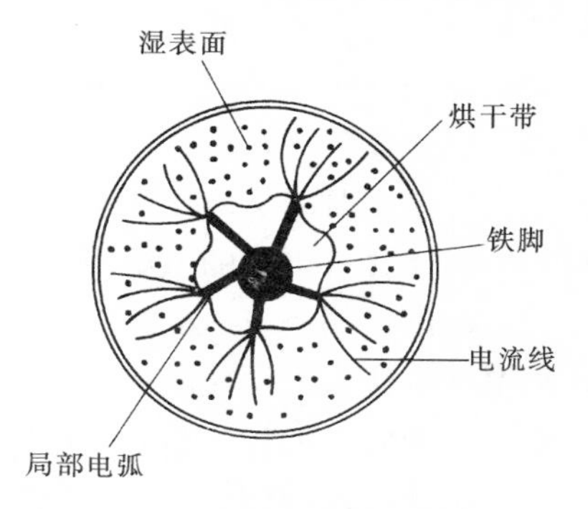

图2-32　悬式绝缘子湿闪发展过程示意图

在火花通道较短时，流过放电通道的电流较小，放电通道呈蓝紫色，且具有上升的伏安特性。随着火花通道的伸长，回路的电导（由火花通道的电导与其余湿表面的电导串联组成）逐渐增大，流过通道的电流也逐渐增大。当火花通道发展到一定长度后，由于电流的增大，导致放电通道中出现热游离，火花放电通道转变为具有下降伏安特性的局部电弧放电，通道呈黄红色。局部电弧通道出现后，也像火花放电那样由于表面不断被烘干和变湿发生熄灭和重燃，在绝缘子两端的电压达到临界闪络电压时，局部电弧通道将不断向前扩展，最后贯通两个电极，形成沿面闪络。

由以上绝缘子的闪络过程可知，绝缘子在淋雨状态下的闪络与其表面形成的导电水膜及表面局部区段被泄漏电流所烘干的现象有关。表面泄漏电流的大小对闪络电压有直接的影响，所以雨的特性、绝缘子的形状都是影响湿闪电压的重要因素。另外，电压作用时间短时，烘干过程来不及充分进行，所以雷电冲击电压下绝缘子的湿闪电压比干闪电压降低的程度要比持续电压下的小得多。

（二）绝缘子表面在污秽状态下的沿面放电

户外绝缘子常会受到工业污秽或自然界盐碱、飞尘等的污染而在其表面沉积上一层污秽物质。干燥情况下，这些污秽物质的电阻很大，对绝缘子的闪络电压几乎没有什么影响，但在大气湿度较高或在毛毛雨、雾、露、雪等不利的天气条件下，这些污秽物质被润湿时，含在污秽层中的可溶性物质便溶解于水，成为电解质，在绝缘子表面形成一层导电液膜，使绝缘子表面的电导和泄漏电流显著增大，闪络电压显著降低。

绝缘子在污秽受潮时的闪络过程与淋雨时的类似。不同之处在于，污秽受潮时表面局部烘干部分重新润湿的速度比淋雨时慢得多，放电两次重燃之间的时间间隔较长，而淋雨时重燃的时间间隔很短，甚至是连续的。

与淋雨状态下的情况一样，泄漏电流的大小对污闪过程起主导作用。与泄漏电流有关的污层电导、大气湿度、绝缘子的形状及极间距离等是影响污闪电压的主要因素。

污层的电导与污秽物的种类和污染程度有关。化工污秽和水泥污秽中一般含有大量的可溶性盐类和酸碱等物质，溶解于水时电导很大，绝缘子上沉积少量的该类物质时闪络电压就会明显降低。污层的电导一般随污染程度的增大而增大，所以闪络电压随污染程度的增大而下降，但污染很严重时，这种下降变得很缓慢。

大气湿度对闪络电压的影响主要在于水分对污秽物中所含电解质的溶解作用，干燥的污秽物中即使含有再多的电解质，污层的电导也很小，闪络电压不会降低，所以空气的湿度较小时，湿度对闪络电压的影响很小。只有在空气的相对湿度超过50%～70%时，闪络电压才随湿度的增大而迅速降低。在毛毛雨下污层中的电解质可得到充分的溶解，但在大雨下污秽物可能被雨水冲掉，所以大雨下的闪络电压通常要比毛毛雨下的高。

绝缘子两极间的沿面最短距离即爬电距离也是影响污闪电压的重要因素。爬电距离增大时污闪电压也增大。这是因为爬电距离增大时，要形成闪络，局部电弧必须发展得更长，而要使较长的电弧不熄灭，就要求较高的电压以维持较大的泄漏电流。

绝缘子的直径对污闪电压也有一定影响。在同样的污染、受潮和爬电距离下，直径大的绝缘子表面电阻小，因而污闪电压也低。

反映绝缘子污秽严重程度的参数有污层等值附盐密度（盐密）、污层电导率等。等值附盐密度是指与每平方厘米绝缘表面上附着污秽物导电性相等值的氯化钠（NaCl）毫克数。它反映了污秽沉积层中可溶性物质的导电能力及数量。污层电导率是指在较低的交流电压下，对饱和受潮的绝缘子测定其表面污层的电导，然后再由表面污层的电导和绝缘子外形计算求得的电导率。它反映了绝缘子表面污秽物在受潮情况下的导电能力。这两个参数都可用于污秽地区外绝缘的检测，且后者与污闪电压有更好的相关性。

GB/T 16434—1996《高压架空线路和发电厂、变电所环境污区分级及外绝缘选择标准》中，按照污湿特征、运行经验并结合其表面污秽物质的等值附盐密度，将架空线路和变电站、发电厂划分为不同的污秽等级，见表2-1。

表2-1　架空线路和发电厂、变电站污秽等级

污秽等级	污湿特征	盐密（mg/cm²）	
		线路	发电厂、变电站
0	大气清洁地区及离海岸盐场50km以上无明显污染地区	≤0.03	—
Ⅰ	大气轻度污染地区，工业区和人口低密集区，离海岸盐场10～50km地区，在污闪季节中干燥少雾（含毛毛雨）或雨量较多时	>0.03～0.06	≤0.06
Ⅱ	大气中等污染地区，轻盐碱和炉烟污秽地区，离海岸盐场3～10km地区，在污闪季节中潮湿多雾（含毛毛雨）但雨量较少时	>0.06～0.10	>0.06～0.10

续表

污秽等级	污　湿　特　征	盐密（mg/cm²）	
		线路	发电厂、变电站
Ⅲ	大气污染较严重地区、重雾和重盐碱地区，近海岸盐场1～3km地区，工业与人口密度较大地区，离化学污源和炉烟污秽300～1500m的较严重污秽地区	>0.10～0.25	>0.10～0.25
Ⅳ	大气特别严重污染地区，离海岸盐场1km以内，离化学污源和炉烟污秽300m以内的地区	>0.25～0.35	>0.25～0.35

为保证不同污秽地区染污外绝缘的绝缘水平，GB/T 16434—1996中同时规定了各污秽等级电气设备所要求的爬电比距，见表2-2。爬电比距（泄漏比距）定义为每千伏最高工作线电压的爬电距离，即外绝缘相与地之间的爬电距离（单位：cm）与系统最高工作线电压（有效值）之比。对处于污秽环境中用于中性点绝缘和经消弧线圈接地系统的电气设备，由于发生单相接地时仍允许继续运行一定时间，而此时非故障相运行在线电压下，故标准中规定，其外绝缘水平一般可按高一级选取，即爬电比距按比实际污秽等级高一级的数值选取。

表2-2　　各污秽等级下的爬电比距　　cm/kV

污秽等级	线　　路		发电厂、变电站	
	220kV及以下	330kV及以上	220kV及以下	330kV及以上
0	1.39 (1.60)	1.45 (1.60)	—	—
Ⅰ	1.39～1.74 (1.60～2.00)	1.45～1.82 (1.60～2.00)	1.60 (1.84)	1.60 (1.76)
Ⅱ	1.74～2.17 (2.00～2.50)	1.82～2.27 (2.00～2.50)	2.00 (2.30)	2.00 (2.20)
Ⅲ	2.17～2.78 (2.50～3.20)	2.27～2.91 (2.50～3.20)	2.50 (2.88)	2.50 (2.75)
Ⅳ	2.78～3.30 (3.20～3.80)	2.91～3.45 (3.20～3.80)	3.10 (3.57)	3.10 (3.41)

注　1. 爬电比距计算时取系统最高工作电压。
2. 括号内数字为按额定电压计算值。

绝缘子的干闪和湿闪通常在电网中出现过电压时发生，而污闪在工作电压下就可能发生，所以近年来由污闪引起的事故较多。合理确定绝缘子的爬电距离，并采取一定的措施，如定期清扫（包括带电水冲洗）、绝缘子表面涂憎水性涂料、采用合成绝缘子或耐污绝缘子等，可防止污闪事故发生。

三、提高沿面闪络电压的方法

提高外绝缘的沿面闪络电压主要应从两方面入手：一是通过电场调整，改善绝缘表面的电位分布；二是通过改进绝缘子的形状、材料等，减小绝缘表面的泄漏电流。

（一）屏障的应用

在固体介质表面设置一些突出的伞裙，称为屏障。屏障可使绝缘子在雨天时保持一部分

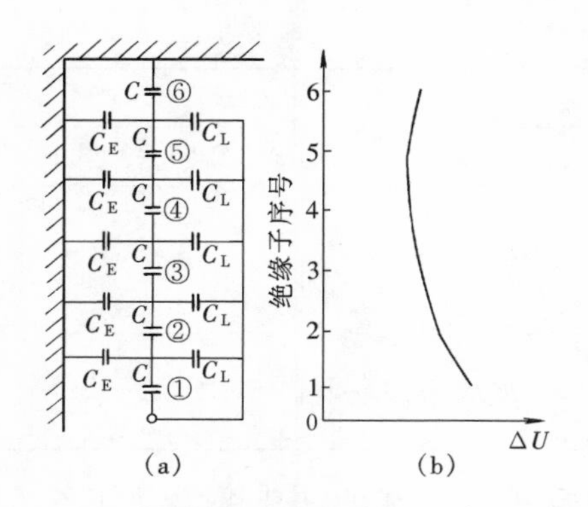

图 2-33 绝缘子串的等值电路及电压分布
(a) 等值电路；(b) 电压分布

干燥表面，并可增大两电极间沿固体表面的泄漏距离，故可提高湿闪电压和污闪电压。户外绝缘子通常都设置有伞裙。

（二）屏蔽的应用

通过改善电极形状，使沿固体介质表面的电位分布均匀化，从而提高沿面闪络电压的方法称为屏蔽。下面以应用于超高压输电线路绝缘子串上的屏蔽环为例来说明屏蔽的原理。

输电线路绝缘子串在干燥情况下的等值电路如图 2-33（a）所示。图中 C 为每片绝缘子自身的电容，随绝缘子的型号而异，为 50～75pF；C_E 为每片绝缘子的对地（铁塔）电容，为 3～5pF；C_L 为每片绝缘子对导线的电容，单导线时 C_L 为0.3～1.5pF，分裂导线时 C_L 增大，视分裂数和布置情况而异。各绝缘子上的电压分布如图 2-33（b）所示。由图可见，沿绝缘子串的电压分布不均匀，分析如下：

假定 C_E 存在，C_L 为零，此时的等值电路和沿绝缘子串的电压分布如图 2-34（a）所示。由于对地电容 C_E 的分流，使得流过导线侧第一片绝缘子上的电流最大，其上所承担的电压 ΔU 也最大。从导线侧第一片绝缘子开始，各绝缘子上承担的电压依次逐渐减小。再假定 C_L 存在，C_E 为零，此时的等值电路和沿绝缘子串的电压分布如图 2-34（b）所示。由于 C_L 的影响，越靠近横担侧的绝缘子，其上承担的电压也越大。当同时考虑 C_E 和 C_L 的存在时，绝缘子串上的电压分布则如图 2-33（b）所示。由于经 C_E 流向地的电流大于经 C_L 流向绝缘子的电流，故绝缘子串中靠近导线侧的第一片绝缘上承受的电压最大。

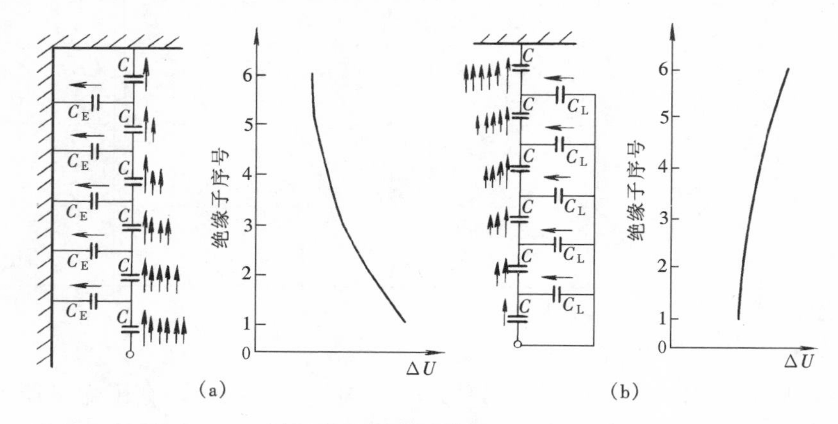

图 2-34 绝缘子串的电压分布
(a) 只考虑对地电容 C_E 时；(b) 只考虑对导线电容 C_L 时

绝缘子串上电压分布的不均匀程度与绝缘子串等值电路中各电容的相对大小和绝缘子片数有关。绝缘子本身的电容 C 越大，对地电容 C_E 及对导线电容 C_L 的影响就越小，绝缘子串的电压分布越均匀。绝缘子的片数越多，绝缘子的长度越长，绝缘子串的电压分布也就越不均匀。

在导线侧加装屏蔽环，相当于增大了 C_L。流过 C_L 的电流实际上起补偿 C_E 分流的作用，通常由于 C_E 的分流作用比 C_L 的补偿作用强，才造成导线附近绝缘子上承担的电压较高。

如果 C_L 增大，则补偿作用增强，可使导线附近绝缘子上承担的电压降低，使电压分布的不均匀程度减小。电压分布不均匀不仅使沿面闪络电压降低，还使导线附近的绝缘子特别是导线侧第一片绝缘子上容易出现电晕。在导线侧加装屏蔽环改善电位分布，更主要的目的实际上是为了消除电晕。我国 220kV 线路第一片绝缘子上的电压已接近或超过电晕起始电压，但不严重，所以一般不装屏蔽环。500kV 线路采用四分裂导线，自然加大了 C_L 值，再通过一些其他措施，如在导线悬挂点利用某些形状的金具提高导线的高度，也可使第一片绝缘子上的电压不超过允许值，所以直线塔上一般不用屏蔽环，只在转角塔或大档距处或耐张绝缘子上才加装屏蔽环。

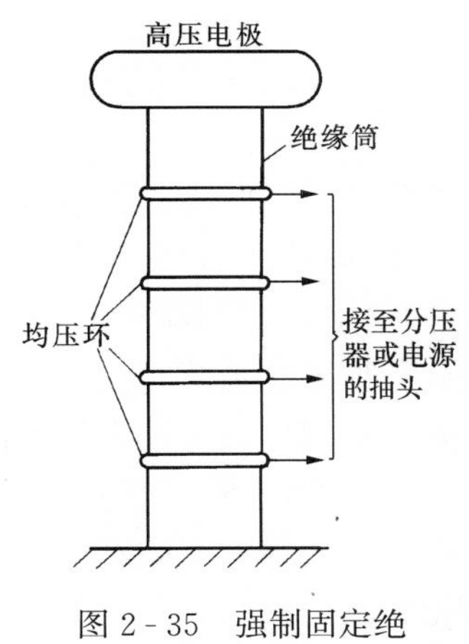

图 2-35　强制固定绝缘表面电位

（三）强制固定绝缘表面的电位

这种方法的示意图如图 2-35 所示。绝缘筒上围以若干环形电极，这些环形电极分别接到分压器或电源的某些抽头上，使绝缘筒上的电位分布被强制性地均匀化。这种方法常用于某些高压试验设备上。

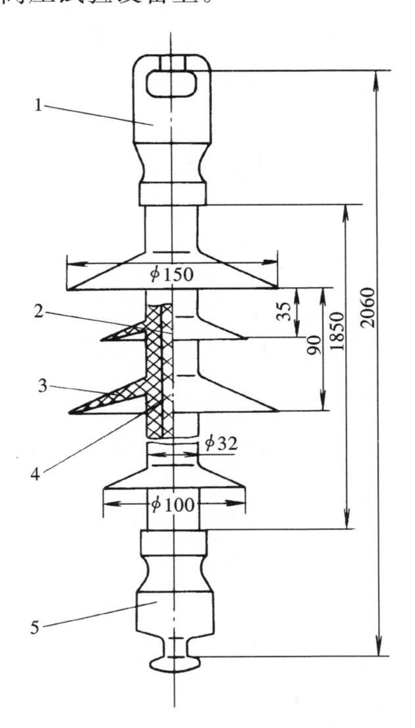

图 2-36　220kV 棒形悬式合成绝缘子结构图
1—上铁帽；2—芯棒；3—伞盘和护套；4—粘接剂；5—下铁帽

（四）应用半导体涂料

在类似于套管的绝缘结构中，靠近法兰处介质表面的电位梯度最大，很容易产生电晕并发展为沿面放电。若在该处涂以适当电阻率的半导体涂料，可以降低该处的表面压降，既避免了电晕，也改善了沿面电压分布。这种方法常用于高压电机绕组出槽处和电缆接头盒等场合。半导体漆也可用半导体带替代。

（五）应用合成绝缘子

220kV 棒形悬式合成绝缘子的结构如图 2-36所示。它由芯棒、伞盘和护套、上下铁帽组成。芯棒采用环氧树脂玻璃纤维棒，具有较强的抗拉强度。伞盘和护套采用憎水性的有机绝缘材料，表面泄漏电流小，湿闪和污闪电压高。护套、伞盘均用粘接剂与芯棒粘接，使护套与芯棒的分界面不会出现气隙而闪络。

（六）加强绝缘

对线路绝缘子和棒形支柱绝缘子分别采用增加悬式绝缘子片数和增加伞数的办法，可增大爬电距离，提高闪络电压特别是污闪电压。近年来，国内还利用硅橡胶制成增爬裙，加装于各种绝缘子上，也有明显的防污效果。

第九节 大气条件对外绝缘放电电压的影响

无论是空气间隙的击穿电压还是绝缘子的沿面闪络电压，都和大气条件，即气体的压力、温度和湿度有关。我国国家标准规定的标准大气条件为：温度 $t_0=20$℃，压力 $p_0=101.3$kPa，绝对湿度 $h_0=11\text{g/m}^3$。当试验时的大气条件与标准大气条件不符时，应将实际大气条件下的击穿（闪络）电压换算至标准大气条件下，以便于比较。如果进行耐压试验，则应将规定的标准大气条件下的试验电压换算至实际的大气条件下。

试验表明，空气间隙的击穿电压和绝缘子的闪络电压都随气体密度的增大而增大，这是由于密度增大时电子的平均自由行程缩短，游离过程减弱之故。湿度对击穿（闪络）电压的影响比较复杂。一方面由于水分子的电负性强，易吸附空气中的电子变为负离子，使游离过程减弱，从而使击穿（闪络）电压随湿度增加而增大；另一方面湿度太大时空气中的水蒸气易在绝缘子表面凝结成水膜，使绝缘子的闪络电压降低。因此在湿度较低时，无论是空气间隙的击穿电压还是绝缘子的闪络电压，通常都随湿度的增加而增大，在湿度较大（相对湿度超过约80%）时，绝缘子的闪络电压可能出现随湿度增加而降低的情况。按有关国家标准的规定，进行绝缘子干闪试验时空气的相对湿度不超过85%，故绝缘子的干闪电压一般随湿度增加而增加。在均匀电场中，由于电子运动的速度快，水分子不易吸附电子，所以击穿（闪络）电压受湿度的影响很小，一般不予考虑。

1. 大气校正因数

实际试验条件下的击穿（闪络）电压 U 与标准大气条件下的击穿（闪络）电压 U_0 可通过下式进行换算

$$U=K_tU_0 \tag{2-16}$$

其中 K_t 为大气校正因数，它是两个因数的乘积，即

$$K_t=K_1K_2 \tag{2-17}$$

式中 K_1——空气密度校正因数；
K_2——空气湿度校正因数。

2. 空气密度校正因数

空气密度校正因数取决于相对空气密度 δ，其表达式为

$$K_1=\delta^m$$

式中 m——空气密度校正指数。

当试验条件下的温度为 t、压力为 p 时，相对密度为

$$\delta=\frac{p}{p_0}\times\frac{273+t_0}{273+t} \tag{2-18}$$

3. 湿度校正因数

湿度校正因数 K_2 的表达式为

$$K_2=K^w \tag{2-19}$$

式中 w——湿度校正指数。

K 取决于试验电压种类并为绝对湿度 h 与相对空气密度 δ 的比率 h/δ 的函数，可采用图2-37的曲线近似求取，但对 h/δ 值超过 15g/m^3 的湿度校正仍在研究中。图中的曲线可认

为是上限。

4. 指数 m 和 w

指数 m 和 w 与系数 g 有关，g 的表达式为

$$g = \frac{U_B}{500L\delta K} \tag{2-20}$$

式中　U_B——实际大气条件下的 $U_{50\%}$ 破坏性放电电压值，耐受试验时可以假定为 1.1 倍试验电压值，kV；

L——试品最小放电路径，m；

δ，K——实际大气条件下的空气相对密度及湿度校正因数中的参数。

m 和 w 的近似值可由图 2-38 求取。

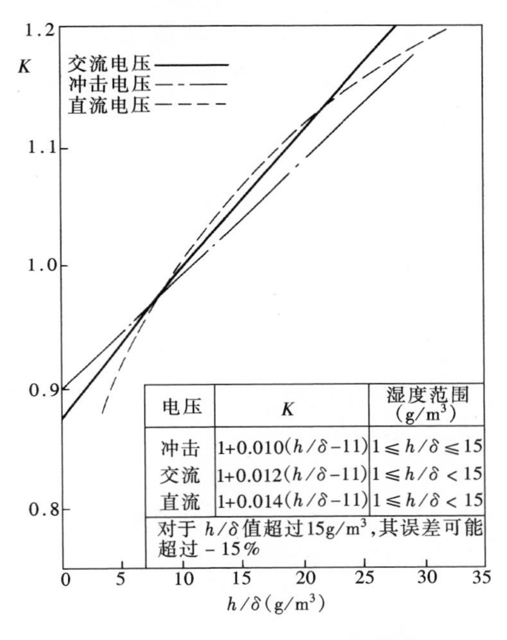

电压	K	湿度范围(g/m³)
冲击	1+0.010(h/δ−11)	1≤h/δ≤15
交流	1+0.012(h/δ−11)	1≤h/δ<15
直流	1+0.014(h/δ−11)	1≤h/δ<15
对于 h/δ 值超过15g/m³，其误差可能超过 −15%		

图 2-37　K 与 h/δ 的关系曲线

h—绝对湿度；δ—相对空气密度

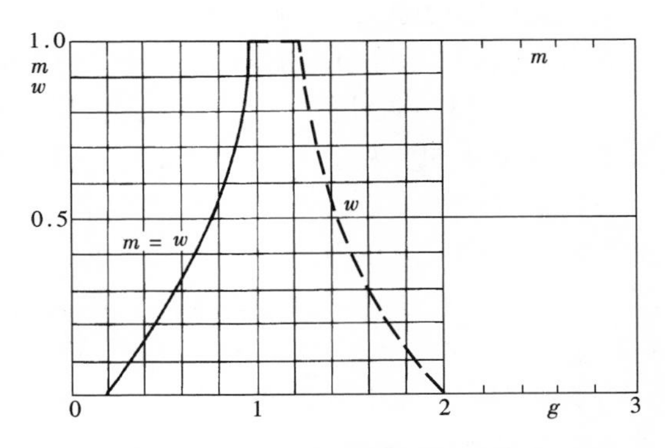

图 2-38　空气密度校正指数 m 值和湿度校正指数 w 与参数 g 的关系曲线

（限于应用在海拔高度 2000m 以下）

在海拔高度较高的地区，因大气压力较低，电气设备外绝缘的击穿（闪络）电压要比在低海拔地区时的低，故对用于海拔高于 1000m，但不超过 4000m 的外绝缘及干式变压器的绝缘，在海拔不高于 1000m 的地区试验时，其试验电压应按规定的标准大气条件下的试验电压乘以海拔校正系数 K_a 校正。GB 311.1—1997《高压输变电设备的绝缘配合》中推荐的 K_a 表达式为

$$K_a = \frac{1}{1.1 - H \times 10^{-4}} \tag{2-21}$$

式中　H——设备安装地点的海拔高度，m。

第十节 SF_6 气体绝缘及应用

SF_6 气体电气强度高，灭弧性能优良，是目前除空气外应用最广泛的气体介质。SF_6 气体不仅被应用于某些单一的电气设备中，如 SF_6 断路器、高压充气电缆、气体绝缘变压器等，而且被广泛用于全封闭气体绝缘开关设备（简称 GIS）和充气管道输电线等装置中。GIS 将除变压器之外的全部电气设备封闭在一个接地的金属外壳内，壳内充以 0.3～0.4MPa 的 SF_6 气体作为相间和相对地绝缘。变电站采用 GIS，可大大缩小占地面积，提高运行的可靠性。

一、SF_6 气体的物理化学特性

纯净的 SF_6 气体是无色、无味、无毒的惰性气体，温度不太高时化学性能稳定。但在电弧的高温及水分作用下，SF_6 会发生一系列化学反应，产生有毒及有腐蚀性的化合物。此外 SF_6 在制造过程中也会产生部分有毒物质，使 SF_6 的纯度降低。

在电弧的高温作用下，SF_6 会产生热离解，变成硫和氟原子，硫和氟原子可能与 SF_6 中所含的氧气、电极材料释放出的氧气和固体绝缘材料分解出的氧气作用生成低氟化物，如 SOF_2、SO_2F_2、SF_4、SOF_4 等。当气体中含有水分时，上述部分低氟化物还会和水发生反应而生成腐蚀性很强的氢氟酸（HF）。在水分较多的情况下，SF_6 在 200℃以上也会和水发生反应而生成 HF 和 SO_2。这些化学反应的生成物不仅有毒，而且部分生成物如 HF、SO_2、SF_4 等对绝缘材料和金属材料还有腐蚀作用。除电弧外，火花放电、电晕放电和局部放电的高温作用也会使 SF_6 发生上述化学反应，只是因温度较低，生成物较少而已。可见，高温和水分是 SF_6 气体中出现有害杂质的重要原因。在 SF_6 断路器等开关电器中，电弧或火花放电是不可避免的，但在用 SF_6 绝缘的其他设备中应尽量避免类似放电现象发生。水分不仅在高温下使 SF_6 产生了更多的有害气体，在低温下也会引起 SF_6 气体绝缘设备中的固体介质表面凝露，使闪络电压急剧降低，故必须严格控制 SF_6 气体中的含水量。

为消除 SF_6 气体中所含的有毒气体，可在充 SF_6 气体的电气设备中放置吸附剂。吸附剂不仅能吸附电弧分解物，还能吸附水分。常用的吸附剂有合成沸石（分子筛）和活性氧化铝。对于不存在电弧或火花的场合，吸附剂的放置量通常约为 SF_6 气体质量的 10%。

SF_6 的分子量为 146，比空气重得多，不易散发。充 SF_6 的电气设备发生泄漏时，由于 SF_6 气体中一般含有有毒气体，易引起中毒，即使纯净的 SF_6 气体也易引起窒息，故在 SF_6 设备上工作时要注意通风，必要时还应戴防毒面具和防护手套。

SF_6 的液化温度不是很低，0.1MPa 下的液化温度为－63℃，压力增大时，液化温度增高。如 20℃时充气压力为 0.45MPa，对应的液化温度为－40℃；20℃时充气压力为 0.75MPa，对应的液化温度为－25℃。SF_6 断路器的气体压力一般在 0.7MPa 左右，GIS 中除断路器外其余部分的充气压力一般不超过 0.45MPa，故一般不存在液化问题，只有在高寒地区才需要采用加热措施或采用 SF_6-N_2 混合气体来降低液化温度。

二、SF_6 气体的绝缘特性

前已指出，包括 SF_6 在内的含卤族元素气体的耐电强度比空气高得多。但必须说明的是，SF_6 气体优异的绝缘性能只有在电场比较均匀的场合才能得到充分的发挥。当电场的均匀程度降低时，SF_6 气体击穿电压下降的程度比空气的大。在极不均匀电场中，SF_6 气体的

击穿电压比空气的高出不多，有时甚至十分接近。此外，在极不均匀电场中，当所加电压远小于气隙的击穿电压时，就会发生稳定的电晕，从而引起 SF_6 分解并产生有害气体。增大气压时，击穿电压与均匀电场的变化规律也不一致，在一定气压范围内，随气压升高击穿电压不升反降，类似于第七节所述空气间隙随气压的变化规律。因此工程实际中，SF_6 气体作为各种电气设备的绝缘时，电场通常采用均匀电场或稍不均匀的电场，而不采用极不均匀电场。

（一）均匀和稍不均匀电场中 SF_6 气体的击穿

SF_6 气体的电负性很强，电子在其中发生碰撞游离而形成电子崩的过程中，部分新产生的电子可能被 SF_6 分子吸附成为负离子，所以电子崩中电荷的增长规律及电荷分布与空气中的不同。电子崩头部的电子数比在空气中的少，崩体中除游离产生的正离子外还有吸附形成的负离子。空气中正离子数等于新增的电子数，而在 SF_6 气体中正离子数等于新增的电子数与负离子数之和。同样条件下，SF_6 气体中电子崩中空间电荷对电场的畸变作用比空气中的小得多，不利于流注的形成和发展，从而使击穿电压提高。均匀电场中，SF_6 气体的击穿电压可达空气的 2.5～3 倍，具体提高的程度还与电极表面的粗糙度、电极表面积等因素有关。

实际设备中，电场不可能完全均匀，通常采用同轴圆柱或同心圆球（半球）等稍不均匀电场结构。稍不均匀电场中，SF_6 气隙的击穿存在极性效应，曲率较大的电极为负极性时的击穿电压小于正极性时的值，这与极不均匀电场的情况相反。因此，SF_6 气体绝缘结构的绝缘水平是由负极性电压决定的。

稍不均匀电场中，SF_6 气隙的击穿场强并不随气压的增大而正比增大。图 2-39 所示为同轴圆柱电极（外半径 R 与内半径 r 之比为 1.67～4.06）中 SF_6 气隙的击穿场强 E_b 与气压 p 的关系曲线。由图可见，击穿场强增大的程度要比气压增大的程度小一些；稍不均匀电场中 SF_6 气隙的冲击系数很小，负极性雷电冲击时约为 1.25，负极性操作冲击时更小，只有 1.05～1.1。

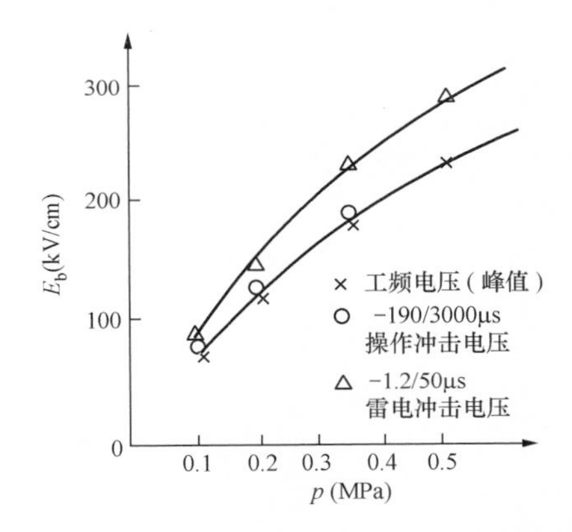

图 2-39　同轴圆柱电极中 SF_6 气隙的击穿场强 E_b 与气压 p 的关系曲线（t=20℃）

电场的不均匀程度特别是最大场强对击穿电压影响很大，实际中应尽量减小最大场强。对内外半径分别为 r 和 R 的同轴圆柱，内圆柱表面的场强 $E_r=U/[r\ln(R/r)]$ 最大，R 一定、$R/r=e$ 时 E_r 最小；对内外半径分别为 r 和 R 同心圆球，内球表面的场强 $E_r=RU/[(R-r)r]$ 最大，R 一定、$R/r=2$ 时 E_r 最小。实际中，同心圆柱和同心圆球 R 与 r 之比分别取 3 及 2.2。

（二）极不均匀电场中 SF_6 的击穿

与均匀电场相比，极不均匀电场中 SF_6 气体的击穿电压下降的程度比空气的大，这是 SF_6 气体绝缘的一个重要特点。

极不均匀电场中，SF_6 气体的击穿有异常现象，主要表现在两个方面：一是击穿电压随气压的增大并不总是增大的；二是在一定的气压范围内雷电冲击击穿电压明显低于静态击穿电压。图 2-40 所示为正极性棒—板间隙的棒电极端部曲率半径 r 变化时，SF_6 的直流击穿电压 U_b 和直流电晕起始电压 U_c 随气压 p 的变化曲线。由图可见，击穿电压随气压的增大先升到一极大值，然后降低至一极小值，其后又升高，类似于驼峰。棒端曲率半径越小，即电场越不均匀，驼峰越明显。虽然这种驼峰曲线在压缩空气中也存在，但一般要在气压高达1MPa左右才开始出现，而在SF_6气体中，驼峰常出现在0.1～0.2MPa的气压下，即在工作气压以下。因此，在进行绝缘设计时应尽可能设法避免极不均匀电场的情况。图2-41所示为棒—球间隙中SF_6气体的工频交流击穿电压和正极性雷电冲击击穿电压与气压的关系。图中显示，除存在驼峰外，在驼峰出现的气压范围内，雷电冲击击穿电压明显低于工频交流击穿电压，冲击系数可低至0.6左右。

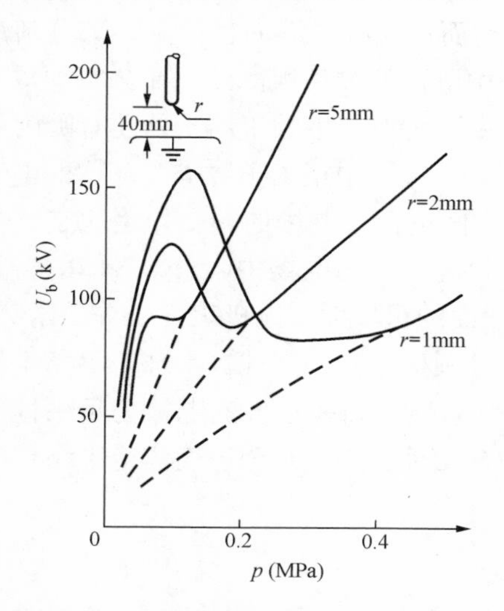

图2-40　SF_6的直流击穿电压U_b和电晕起始电压U_c随气压p的变化曲线

——U_b；-----U_c

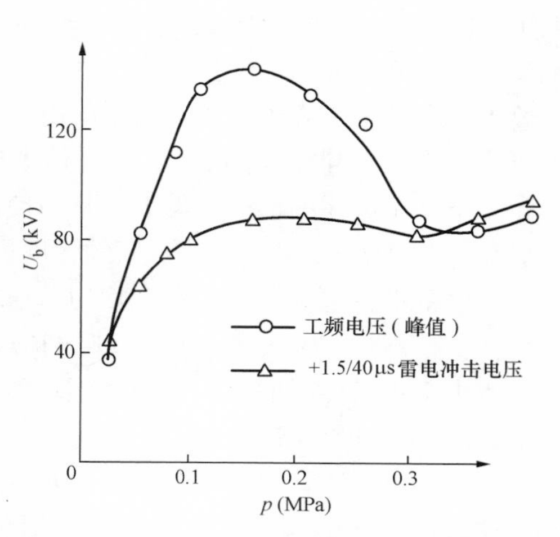

图2-41　30mm棒—球间隙中SF_6气体的交流击穿电压（峰值）与正极性雷电冲击击穿电压与气压的关系曲线（棒端部曲率半径为1mm，球半径为50mm）

极不均匀电场中SF_6气体击穿出现异常现象原因很复杂，目前认为主要是由间隙中空间电荷的运动所引起。工频电压下，当气压较低时，棒电极附近电晕产生的空间电荷扩散在棒电极附近，从而形成较为均匀的电晕层，好像扩大了棒电极的半径一样，改善了棒极周围的电场分布，有利于提高击穿电压。这一作用称为电极的自屏蔽效应。当气压高于一定值后，空间电荷不易扩散到最佳位置，棒电极的自屏蔽效应大大削弱，从而使击穿电压下降。如外施电压为雷电冲击电压，因空间电荷来不及移动到有利的位置，故其击穿电压低于静态击穿电压。

（三）影响击穿场强的其他因素

除电场的均匀程度影响SF_6气体的击穿场强外，电极表面的粗糙度、电极的表面积和电场空间中存在的导电微粒等都会使SF_6气体的击穿场强降低。均匀和稍不均匀电场中，这些因素的影响更大。

1. 电极表面的粗糙度及面积的影响

图2-42所示为GIS中电极表面粗糙度R_a对SF_6气体击穿场强E_b的影响。由图可知，GIS的工作气压越高，R_a对E_b的影响越大，因而对电极表面加工的技术要求也越高。

电极表面粗糙度大时，表面突起处的局部场强要比气隙的平均场强大得多，因而可在平均场强尚未达到临界值时就诱发放电和击穿。

除了表面粗糙度外，电极表面还可能有其他零星随机缺陷。由于这类缺陷出现的概率与电极表面积有关，所以电极表面积越大，SF_6 气体的击穿场强越低，这一现象被称为“面积效应”。

2. 导电微粒的影响

设备中的导电微粒可分为两大类，即固定导电微粒和自由导电微粒。固定导电微粒的作用与电极表面粗糙不平相似，当线状的导电微粒直立在电极表面上时，稍不均匀电场中的放电可能转变为极不均匀电场中的放电。在交流电场中，自由导电微粒在某一电极上被充电，运动到极性相反的电极上产生微弱的放电，并会导致整个间隙击穿。冲击电压下，微粒来不及运动，故对击穿场强的影响小。

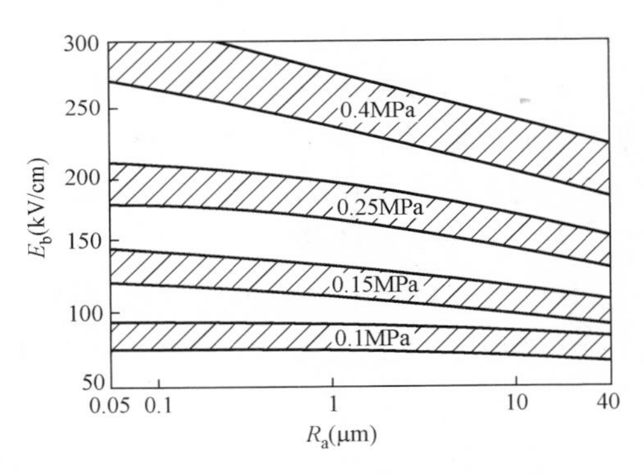

图 2-42　GIS 中电极表面粗糙度对 SF_6 气体击穿场强的影响

三、SF_6 混合气体

SF_6 气体虽然有良好的电气特性和化学稳定性，但存在价格较高、液化温度不够低、对电场不均匀度太敏感等缺点，于是便出现了 SF_6 气体与其他气体按一定的容积比相混合的 SF_6 混合气体。

将 SF_6 气体与廉价的气体如氮气（N_2）、二氧化碳（CO_2）或空气相混合，其电气强度虽然比纯 SF_6 气体要有所降低，但只要混合比例合适，电气强度降低的并不多。将这些含 SF_6 气体的混合气体用于需气量较大的电气设备中，如全封闭组合电器、充气电缆、充气输电管道等，气体的费用可大幅降低。

SF_6-N_2 混合气体是最早被研究的 SF_6 混合气体，目前已应用于高寒地区断路器的绝缘和灭弧介质。图 2-43所示为稍不均匀电场中，SF_6-N_2 混合气体工频击穿电压 U_b 与 SF_6 含量（容积比）的关系。由图可见，随 SF_6 含量的增大，U_b 的升高会出现饱和趋势。当 SF_6 气体含量占到 50%时，混合气体的 U_b 就只比纯 SF_6 气体的略低一些。即使 SF_6 气体含量只占 10%，混合气体的 U_b 也只比纯 SF_6 气体的下降不超过 30%。实际中采用的 SF_6-N_2 混合比通常为 50%∶50%或 60%∶40%。

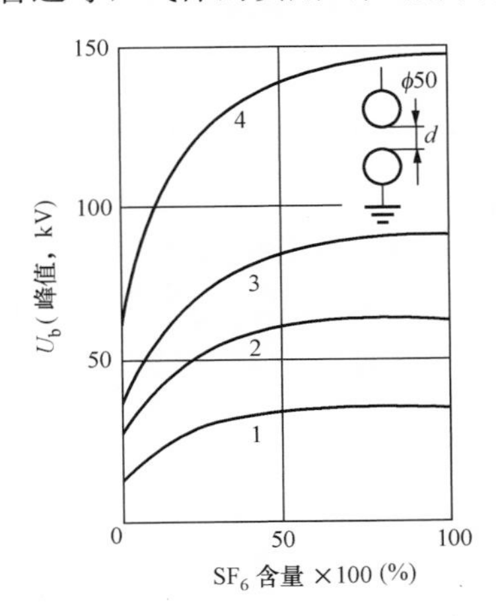

图 2-43　SF_6-N_2 混合气体的工频击穿电压与 SF_6 含量的关系曲线

1—d=2mm，p=0.22MPa；2—d=2mm，p=0.43MPa；3—d=5mm，p=0.22MPa；4—d=5mm，p=0.43MPa

与纯 SF_6 气体相比，SF_6-N_2 混合气体的电气强度对电场不均匀性的敏感度降低了，电极表面的粗糙度和导电微粒等因素引起的电气强度降低也减小了，灭弧能力虽稍有下降，但液化温度明显降低，可采用更高的气压。

除 N_2 气体外，SF_6 也可与 CO_2 或空气组成混合气体，其电气强度与 SF_6-N_2 混合气体的不相上下。如果 SF_6 气体与含卤族元素的其他气体组成混合气体，则可获得比纯 SF_6 气体更高的电气强度。

四、SF_6 气体中的沿面放电

充 SF_6 气体的电气设备中需要用绝缘子支撑带电体，绝缘子一般由耐酸性强的环氧树脂浇注而成，绝缘子表面也存在沿面放电的问题。

影响 SF_6 气体中沿面放电的因素有固体介质表面电场的不均匀度、固体介质表面的粗糙度及固体介质表面的状况等。

SF_6 气体绝缘电气设备中的电场虽然设计为稍不均匀电场，但固体介质的存在会改变 SF_6 气体与固体分界面上的电场分布。如处在同心圆柱构成的 SF_6 气隙中的固体介质，当固体介质表面与同心圆柱的径向间的夹角不同时，固体介质表面的电场分布也不同，不利的情况下可使固体介质表面的场强变得很不均匀，从而使闪络电压降低。此外，如固体介质和电极的结合部分存在气隙，则会因气隙放电而使固体介质表面的电场发生畸变，导致闪络电压大幅降低。

固体介质表面的粗糙度较大时，则固体介质表面的场强会在微观范围内发生变化而使沿面闪络电压降低。试验表明，影响闪络电压的主要因素是电极附近固体介质表面的粗糙度，远离电极的固体介质表面粗糙与否对闪络电压影响不大。

SF_6 气体中的固体介质表面脏污、受潮时，闪络电压会明显降低。表面脏污的来源有组装遗留的杂质、开关操作时产生的金属微粒、运行中因放电引起的气体分解、生成物对绝缘材料的腐蚀产物。水分的来源是 SF_6 气体本身含有的水分，密封不好时会渗入水分。水分一方面会和 SF_6 的分解物作用而使固体绝缘的绝缘性能降低；另一方面在温度聚热聚冷（特别是在高气压下）变化时，可能在固体绝缘表面凝结为露水而使沿面闪络电压大幅降低。当温度较低时，水分在固体绝缘表面以霜的形式出现，此时不会使闪络电压明显降低。

五、SF_6 气体绝缘电气设备

（一）全封闭气体绝缘组合电器（GIS）

GIS 由断路器、隔离开关、接地开关、互感器、避雷器、母线、连接件和出线终端等部件组合而成，全部封闭在充有一定气压的 SF_6 气体的金属外壳中。

与传统的敞开式配电装置相比，GIS 具有下列突出优点：

（1）占地面积和空间体积小。由于 GIS 采用压缩的 SF_6 气体作绝缘，使电气设备相间和相对地的绝缘距离大幅度缩小，从而大大缩小了配电装置尺寸。额定电压越高，占地面积和空间体积节省得越多。如额定电压为 110kV 的 GIS，其占地面积约为常规配电装置的 1/2；500 kV 的 GIS，其占地面积约为常规配电装置的 1/4。

（2）运行安全可靠。GIS 的金属外壳是接地的，既可防止运行人员触及带电导体，又可使设备运行不受污秽、雨雪、雾露等不利环境条件的影响。

（3）有利于环境保护。GIS 设备的导电部分被封装在接地的外壳内，壳外电场和磁场被屏蔽。故 GIS 设备不会对通信产生干扰，也不会使运行人员受到电场和磁场的影响。

（4）安装工作量小、检修周期长。GIS 通常采用积木式结构，断路器、隔离开关、接地开关、互感器等元件可随意组合。运抵现场后只需进行少量的安装。SF_6 断路器的开断性能好，触头烧损轻微，断路器的检修周期可以大为延长。GIS 的检修周期一般可达 5～8 年，长者可达 20～25 年。

（二）气体绝缘电缆（GIC）

气体绝缘电缆又称为气体绝缘管道输电线（GIC），其结构与常规充油电缆差别很大，

类似于 GIS 中的母线。它与充油电缆相比具有下列优点：

（1）电容量小。GIC 的电容量大约只有充油电缆的 1/4 左右，因此其充电电流小，临界传输距离长。

（2）损耗小。常规充油电缆常因介质损耗较大而难以用于特高压，而 GIC 的绝缘主要是气体介质，其介质损耗可忽略不计，已研制出特高压等级的产品。

（3）传输容量大。常规充油电缆由于制造工艺等方面的原因，其缆芯截面一般不超过 $2000mm^2$，而 GIC 则无此限制。所以 GIC 的传输容量要比充油电缆大，而且电压等级越高这一优点越明显。

（4）能用于大落差场合。

（三）气体绝缘变压器（GIT）

气体绝缘变压器是用 SF_6 气体进行绝缘和冷却的，其导线采用具有很高机械强度和绝缘能力的高密闭性塑料薄膜作为绝缘包布，高低压绕组间、绕组对地之间的主绝缘的电气强度则主要取决于 SF_6 气体的电气强度。

与传统的油浸变压器相比，GIT 有以下主要优点：

（1）GIT 是防火防爆型变压器，特别适用于城市高层建筑的供电和用于地下矿井等有防火防爆要求的场合。

（2）气体传递振动的能力比液体小，所以 GIT 的噪声小于油浸变压器。

（3）气体介质不会老化，简化了维护工作。

除了以上所介绍的 SF_6 气体绝缘电气设备外，SF_6 气体还日益广泛地应用到一些其他电气设备中，如气体绝缘开关柜、环网供电单元、中性点接地电阻器、中性点接地电抗器、移相电容器、标准电容器等。

习　　题

2-1　气体原子的游离需要什么条件？原子的游离和原子的激发有什么不同？

2-2　什么叫自持放电？汤逊理论和流注理论自持放电的条件各是什么？

2-3　汤逊理论与流注理论的主要区别是什么？它们各自的适用范围如何？

2-4　不论电场是否均匀，气隙中的放电达到自持时气隙就会发生击穿，这话对吗？

2-5　试分析为什么在相同的条件下负棒—正板间隙的击穿电压高于正棒—负板间隙的击穿电压。

2-6　不均匀电场长空气间隙的放电过程与短空气间隙的有什么不同？为什么长空气间隙在工频下的平均击穿场强远比短空气间隙的小？

2-7　均匀电场气隙在工频电压作用下的击穿电压（峰值）与在雷电冲击电压作用下的 $U_{50\%}$ 相同吗？为什么？

2-8　长空气间隙在操作冲击电压作用下的 $U_{50\%}$ 有什么特点？操作冲击电压作用下的 $U_{50\%}$ 是否一定高于相同间隙在工频电压作用下的击穿电压（峰值）？

2-9　什么是间隙的放电时延？它由哪几部分组成？与电场的均匀程度有什么关系？

2-10　什么叫伏秒特性？其形状与电场形式有何关系？伏秒特性有什么用途？

2-11　两个 $U_{50\%}$ 不同的间隙并联，是否在任意波形的雷电冲击电压作用下，$U_{50\%}$ 小的那个间隙总是先击穿？

2-12　在均匀电场气隙中放置屏障能提高击穿电压吗？为什么？

2-13　SF_6 气体为什么具有很高的电气强度？

2-14　大气条件对间隙的击穿电压有什么影响？为什么？

2-15　固体介质表面电场具有强垂直分量时，放电有什么特殊现象？为什么闪络电压较低？

2-16　沿绝缘子串的电压分布为什么不均匀？如何改善电压分布？

2-17　绝缘子表面积污时，在什么条件下出现闪络？在大雨下的闪络电压是否一定比小雨下的高？

2-18　绝缘子在雷电冲击电压下的湿闪电压和工频电压下的湿闪电压相比哪个高？为什么？

第三章　液体和固体电介质的击穿特性

液体、固体电介质的电气强度比常压下的空气高得多，用它们作为绝缘介质，可以大大缩小导体间的绝缘距离，从而减小电气设备的体积。因此液体、固体电介质是电气设备内绝缘的主要绝缘材料。

与外绝缘相比，内绝缘有许多新的特点。首先，外绝缘属于自恢复绝缘，即发生击穿且去掉外加电压以后，其电气强度可自行恢复，而含有固体介质的内绝缘则属于非自恢复绝缘，一旦发生击穿就意味着丧失绝缘能力。由于这一特性，内绝缘的电气强度不是用测量其实际击穿电压来衡量，而是用它们所能耐受住的试验电压来衡量，试验电压值则是根据系统可能的过电压水平而选定的。其次，内绝缘在电、热、机械力等因素的作用下，会产生各种物理和化学变化，从而使其绝缘性能随时间的增长而逐渐变差。再者，内绝缘的电气强度与电压作用时间之间的关系复杂，要保证内绝缘在规定的寿命内高于运行中可能承受的电压，依赖于对内绝缘电气强度随运行时间的变化规律作出正确的估计，这往往是不太容易实现的。可见内绝缘的设计要比外绝缘的设计复杂得多。

本章主要介绍液体、固体电介质的击穿特性及老化过程。

第一节　液体电介质的击穿特性

液体电介质不仅具有较高的电气强度，而且它的流动性使其还具有散热和灭弧作用，特别是它和固体电介质一道使用时，可以填充固体电介质的空隙，从而大大提高了绝缘的局部放电起始电压和绝缘的电气强度。

液体电介质主要有两类：一类是从石油中提炼出来的由各种碳氢化合物组成的矿物油，有变压器油、电容器油和电缆油等；另一类是人工合成的液体介质，有硅油、十二烷基苯和聚丁烯等。目前使用最广泛的是矿物油，而矿物油中又以变压器油的用量最多。

一、液体电介质的击穿机理

液体电介质的击穿主要有两种形式，其一为电击穿，其二为由液体中所含的杂质引起的气泡击穿。液体有纯净液体和工程用液体之分，工程用液体电介质一般都含有一些杂质。纯净液体电介质发生的击穿一般为电击穿；工程用液体电介质的击穿过程则与电压的作用时间、电场的形式等因素有关，可能发生电击穿，也可能发生气泡击穿。

（一）电击穿过程

当阴极表面的场强很高时，阴极表面会因强场发射向液体间隙中释放电子，这些电子在电场作用下加速并与液体分子发生碰撞而使其游离，从而使电子数不断增多，同时因碰撞游离产生的正离子在阴极附近形成空间电荷层，又增强了阴极表面的电场，使更多的电子从阴极中溢出，这样电流将急剧增加而导致击穿。

由于液体电介质的密度比气体的大得多，分子间的距离比气体的小得多，故电子在其中运动的平均自由行程比在气体中短得多。要使电子在较短的自由行程内获得能产生碰撞游离所需要的能量，要求有更高的电场强度。所以液体电介质的击穿场强比气体的要高得多。

（二）气泡击穿过程

工程用液体电介质中所含的杂质主要有气体、纤维和水分等，这些杂质有些是在提炼过程中留下的，有些则是在运行过程中产生或混入的。如变压器油在与大气接触时会逐渐被氧化，并从大气中吸收气体和水分，运行中常有各种纤维物从固体绝缘上脱落到油中，油本身老化也会分解出气体、水分和聚合物。以油中存在含水纤维物为例，在电压作用时间较长且电场较均匀的情况下，含水纤维首先发生极化，在纤维沿电场方向的两端出现异号的极化电荷，由于各纤维间的相互作用及外电场的作用，这些纤维逐渐沿电场方向首尾相连排列起来，形成杂质“小桥”。如果纤维较多，杂质“小桥”贯通两电极，则流过杂质“小桥”的泄漏电流将增大，“小桥”发热而使水分汽化，从而形成气泡。在交流电压作用时，因气泡中的场强与油中的场强按各自的介电常数成反比分配，所以气泡中的场强比油中的场强高得多，而气体的击穿场强又比液体的低得多，故气泡中首先发生游离。这又使气泡温度升高，体积膨胀，同时游离产生的带电质点撞击油分子，又使其分解出气体，气泡进一步扩大并被沿电场方向拉长。当气泡连成贯通两电极的气泡“小桥”时，击穿将可能沿此“小桥”发生。

如果油中含有气泡，则它们在电场作用下可直接形成气泡“小桥”，从而导致击穿。

二、影响液体电介质击穿电压的因素

（一）杂质

杂质对液体电介质击穿电压的影响程度与电场形式、外加电压的作用时间、温度等有关。电场越均匀，外加电压的作用时间越长，杂质对击穿电压的影响也越大。

变压器油的质量一般用标准试油杯里所测得的工频击穿电压来衡量。各国的标准试油杯有所不同，我国的标准试油杯如图 3-1 所示。杯中电极为一对 ϕ25mm 的黄铜板，两电极间的距离仅 2.5mm，因而间隙中的电场为均匀电场。试验时外加电压为工频电压，因而油中稍有受潮、含杂，击穿电压就会显著降低。

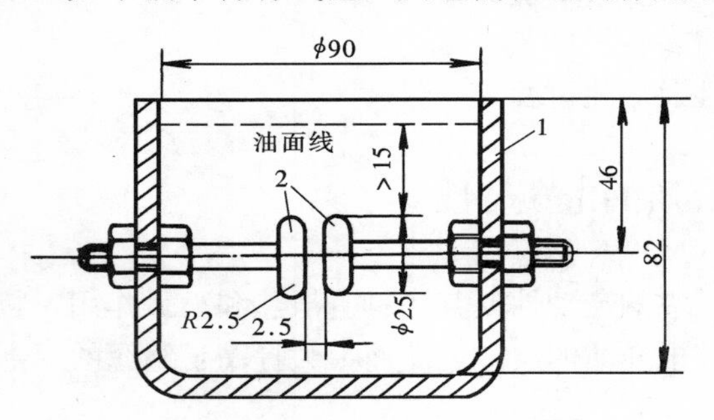

图 3-1　我国的标准试油杯
1—绝缘外壳；2—黄铜电极

水分对变压器油质量的影响与水分在油中的存在状态有关。水分可能以三种状态存在于油中，即溶解态、悬浮态和沉淀于容器底部的沉渣态。溶解态的水分以分子的形式存在于油中，对油在试油杯里的工频击穿电压没有什么影响。悬浮态的水分以微小水珠（直径为 2～10μm）的形式存在于油中，它们在电场作用下容易搭成“小桥”，因而对油在试油杯里的工频击穿电压影响很大。沉淀于容器底部的水分不在电场空间内，对油的击穿没有影响。图 3-2 所示为某室温下在标准试油杯中测得的变压器油工频击穿电压与含水量的关系。在一定温度

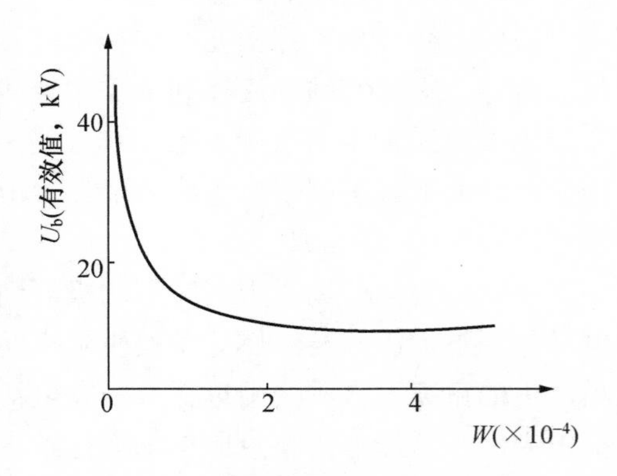

图 3-2　在标准油杯中变压器油的工频击穿电压 U_b 和含水量 W 的关系

下，油中所能溶解的水分是极微量的（在25℃时水在变压器油中的溶解度为50ppm，1ppm为$1/10^6$的体积含量），含水量超过溶解度时，水分以悬浮态形式出现，随含水量的增加击穿电压迅速降低。当含水量超过0.02%左右时，多余的水分沉淀到容器底部，击穿电压不再降低。

油中含有纤维时，油在标准试油杯里的工频击穿电压与纤维含量有关，纤维含量越多，杂质“小桥”越易形成，击穿电压越低。但在纤维量足以形成“小桥”时，击穿电压将不再随纤维含量的增加而降低。纤维有很强的吸附水分的能力，它的存在使杂质“小桥”比水分单独存在时更易形成，所以水分和纤维的共同作用会导致击穿电压明显降低。

油中还常含有气体，这些气体一方面来源于大气，另一方面来源于油、有机绝缘物等的分解。一般说来，这些气体是以溶解态出现的，它们对油在标准试油杯里的击穿电压影响不大。但在一定的温度和压力下，油中溶解的气体是有限的，气体含量较多时，气体将以自由状态的形式出现，而且当油的温度、压力发生变化时，油中溶解的气体也会从油中析出，成为自由状态的气体，此时它们将会使油的击穿电压大大降低。此外，溶解在油中的气体虽然短时间内不会造成击穿电压降低，但它们会逐渐使油的黏度降低，特别是其中的氧气会使油逐渐氧化，性能逐渐变差。

（二）温度

温度主要影响水分在油中的存在状态，因而温度对油击穿电压的影响与油中所含的杂质、电场的均匀程度和电压作用时间等有关。在标准试油杯中受潮的油的工频击穿电压与温度的关系如图3-3中曲线2所示。当温度由0℃开始逐渐上升时，水在油中的溶解度逐渐增大，原来悬浮态的水分逐渐转化为溶解态，故油的击穿电压逐渐升高；当温度超过60～80℃时，温度再升高，则水分开始汽化，产生气泡，击穿电压又降低。在0～－5℃时，油中水分全部呈悬浮态，击穿电压最低。温度继续下降，水已结冰，同时油本身黏度增大，“小桥”不易形成，故击穿电压又提高。

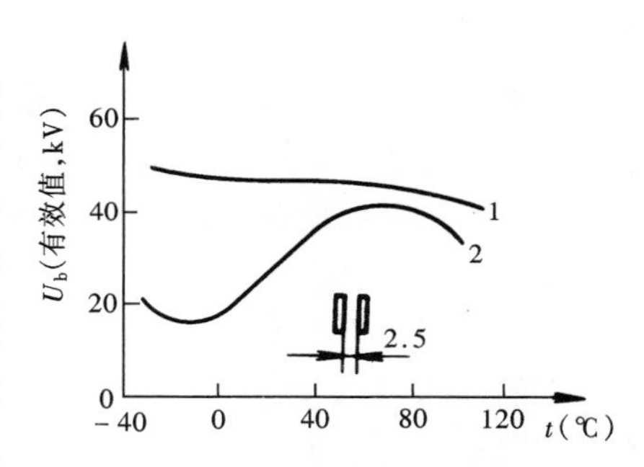

图3-3　标准试油杯中变压器油的工频击穿电压与温度的关系
1—干燥的油；2—受潮的油

如果对变压器油进行干燥处理，则温度对油的击穿电压将影响很小，如图3-3中曲线1所示。

（三）电场的均匀程度

电场越均匀，水分等杂质越易形成“小桥”，杂质对油在工频电压作用下的击穿电压的影响越大。在电场极不均匀的情况下，由于高场强区出现强烈的游离，电场力对带电质点强烈的吸斥作用使该处的油产生剧烈的扰动，杂质不易形成贯通性的“小桥”，杂质实际上对击穿电压的影响很小。因此，如油的纯净度较高，采用改善电场均匀度的方法可明显提高油的工频或直流击穿电压；如油的纯净度较低，则改善电场的均匀度不会显著提高油的工频或直流击穿电压。

在冲击电压作用下，因“小桥”来不及形成，无论电场均匀与否，杂质对击穿电压的影响都很小，故改善电场的均匀度可提高油隙的冲击击穿电压。

（四）电压作用时间

无论电场是否均匀，变压器油的击穿电压都随电压作用时间的增大而减小。在击穿时间小于 1000μs 时，即在冲击电压下，变压器油只可能发生电击穿，击穿电压与击穿时间的关系与气体介质的伏秒特性相似；击穿时间超过 1000μs 时，不均匀电场中的击穿电压因击穿时间的影响减小而减小，均匀电场中的击穿电压则因杂质的作用增大而减小；击穿时间达到 1min 后，击穿电压基本不再降低。

（五）压力

油中含有气体时，不论电场是否均匀，其工频击穿电压都随油的压力增大而提高。这是由于压力增大时，气体在油中的溶解量增大，并且气泡的局部放电起始电压也增高之故。电场越均匀，这种关系也越显著。但在冲击电压下，压力对油隙的击穿电压没有明显的影响。

三、提高液体电介质击穿电压的方法

油中的杂质对油隙的击穿电压有较大影响，因此减少油中的杂质并设法降低杂质对击穿电压的影响是提高液体电介质击穿电压的主要方法。

（一）减少液体电介质中的杂质

1. 过滤

将油在压力下连续通过滤油机中大量事先烘干过的滤纸层，油中的纤维、碳粒等杂质被滤纸阻挡而除去，油中大部分水和有机酸等也被滤纸所吸附。如果在油中先加入一些白土、硅胶等吸附剂，吸附油中的杂质，然后再过滤，则效果更好。

2. 祛气

将油加热，在真空室中喷成雾状，油中所含的水分和气体挥发并被抽去，然后在真空条件下将油注入电气设备中，这样不会使油中重新混入气体，且有利于油渗入电气设备绝缘的微细空隙中。

3. 防潮

充油的电气设备在制造、检修及运行过程中都必须注意防止水分侵入。浸油前要采用抽真空或烘干的方法去除绝缘部件中的水分，检修时要尽量减少内绝缘暴露在空气中的时间，运行中内绝缘一般要与大气隔绝，当考虑其他原因不能完全与大气隔绝时，要在空气进口处采用带有干燥剂的呼吸器等，防止潮气与油面直接接触。

（二）采用固体电介质降低杂质的影响

1. 覆盖

在曲率半径较小的电极上覆以一层很薄的固体绝缘材料，如电缆纸、黄蜡布、漆膜等，它虽然不会改变油中的电场分布，但却能起到切断杂质小桥、限制泄漏电流的作用，从而可提高油隙的击穿电压。

该方法主要用在电场比较均匀的场合，且油中所含的杂质越多，电压作用时间越长，提高击穿电压的效果也越显著。

2. 绝缘层

在曲率半径很小的电极上包缠较厚的电缆纸等固体绝缘材料，它能改善油中的电场分布，从而提高击穿电压。其作用原理是：原电极附近强场区中的油由绝缘层所替代，绝缘层本身因介电常数比油的大，交流下分担的电压小，而耐电强度又高，不易发生局部放电，绝缘层表面油中的最大场强也因曲率半径的增大而下降，油中的电场分布得到了改善，从而整个间隙的击穿电压得以提高。固体绝缘层的厚度应做到使绝缘层外缘处油中的场强减小到不发生电晕或局部放电的程度。

这种方法的原理是改善电场分布，所以一般只用于极不均匀的电场中。

3. 屏障

在油隙中放置厚度1～3mm的层压纸板或层压布板屏障，一方面在电场较均匀时能起到切断杂质小桥的作用；另一方面在电场极不均匀时又能像气体间隙那样，利用击穿前电晕放电所产生的空间电荷改善电场分布，从而可提高油隙的工频击穿电压。

屏障与电力线垂直布置时效果最好，所以屏障的形式应根据电极形状确定，如变压器中一般采用圆筒形、角环形。另外，为防止绕过屏障边缘而发生放电，屏障的面积应足够大，最好能包围电极。

第二节　固体电介质的击穿特性

在电气设备的内绝缘中一般都离不开固体电介质。与气体、液体电介质相比，固体电介质通常具有更高的击穿场强，发生击穿后其绝缘性能往往不能恢复。

一、固体电介质的击穿机理

固体电介质的击穿有电击穿、热击穿和电化学击穿三种形式，每种形式的击穿过程具有不同的物理本质。

1. 电击穿过程

固体电介质的电击穿与气体电介质的击穿类似，是以碰撞游离为基础的。在强电场作用下，固体电介质中存在的少量自由电子积聚足够的动能后，与中性原子发生碰撞并使其游离，产生电子崩，从而引起击穿。

电击穿是由强电场引起的，其特点是：击穿电压高，击穿时间短；击穿前介质发热不显著；击穿电压与电场的均匀程度有关，而与周围环境温度无关。

2. 热击穿过程

在电压作用下，固体电介质存在着由介质损耗而引起的发热过程和向周围媒介的散热过程，如果外加电压较低，则在温度达到某一值时，单位时间内的发热量将等于散热量，温度不再升高。但如果外加电压升高至某一临界值，则在击穿前单位时间内的发热量始终大于散热量，介质的温度将不断升高，直至造成介质发生局部分解、熔化、烧焦等，使介质永远丧失其绝缘性能。这种由热状态引起的击穿称为热击穿。

热击穿的主要特点是：击穿电压相对较低，击穿时间也相对较长；击穿前介质发热显著，温度较高；击穿电压与介质温度有很大关系，即与电压作用时间、周围环境温度、散热条件等关系密切。

3. 电化学击穿过程

固体电介质在电、热、化学和机械力的长期作用下，会逐渐发生某些物理化学过程，其绝缘性能及其他性能也逐渐劣化，这种现象称为绝缘的老化，由于绝缘的老化而最终导致的电击穿或热击穿称为电化学击穿。

由于电化学击穿是在固体电介质的绝缘性能下降之后的击穿，故其击穿电压要比前述的电击穿和热击穿的击穿电压低。又因电化学击穿是在电压的长时间作用下逐步发展形成的，故其击穿时间一般很长。

二、影响固体电介质击穿电压的因素

1. 电压作用时间

一般来说，电压作用时间很短（如 0.1s 以下）时所发生的击穿为电击穿，电压作用时间较长（几分钟到数十个小时）时所发生的击穿为热击穿，电压作用时间更长（数十个小时到若干年）时才发生的击穿为电化学击穿。电压作用时间越长，击穿电压越低。图 3－4 为油浸电工纸板的击穿电压与电压作用时间的关系。图中虚线 1 左边区域的击穿为电击穿，击穿电压在较宽的时间范围内与电压作用时间几乎无关，其值约为 1min 工频击穿电压峰值（图中虚线 3 对应的击穿电压）的 300%，只在时间小于微秒级时击穿电压才开始随加压时间的减小而升高，这与均匀电场气体间隙的伏秒特性很相似。虚线 1 和 2 之间的击穿为热击穿，击穿电压随击穿时间的增加而显著降低。如果电压作用时间更长，所发生的击穿则为电化学击穿，击穿电压可能仅为 1min 工频击穿电压的几分之一。

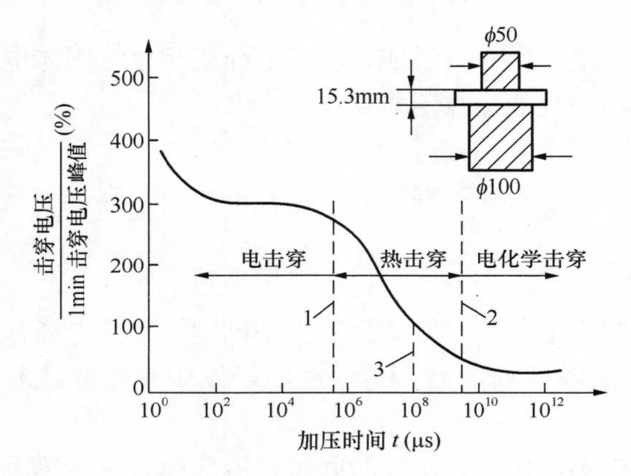

图 3－4 油浸电工纸板的击穿电压与电压作用时间的关系（25℃）

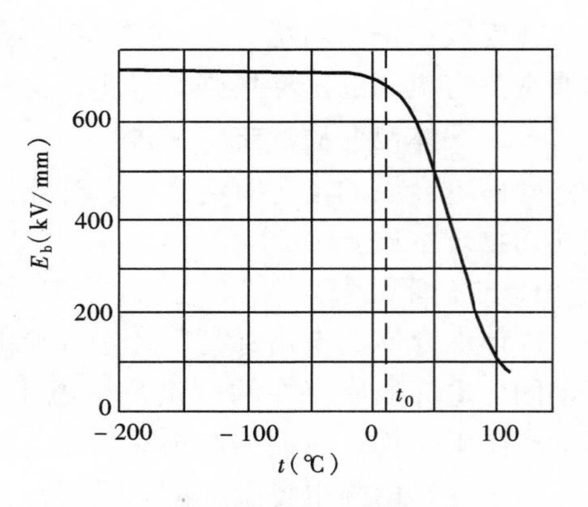

图 3－5 聚乙烯的短时电气强度与周围温度的关系

2. 温度

如图 3－5 所示，周围温度小于 t_0 时，聚乙烯的击穿场强很高，且与温度无关，属于电击穿的范围；当周围温度大于 t_0 时，随着温度的升高，击穿场强迅速降低，此时的击穿为热击穿。t_0 与固体电介质的性质、尺寸及散热条件等因素有关。

3. 电场均匀程度

均匀电场中，在电击穿的范围内，击穿电压随固体电介质厚度的增大近似呈线性关系增大；在热击穿范围内，电介质厚度增大时击穿电压也是增大的，但增大的程度减小。

不均匀电场中，随着固体电介质厚度的增大，电场变得更不均匀，即使发生的是电击穿，击穿电压也不随厚度的增大而直线上升，而要比厚度增大的速度慢得多。当厚度增大、散热困难而出现热击穿时，增大厚度的意义就更小了。

4. 电压的种类

同一固体电介质，在同样的电极布置时，其直流、交流和冲击电压作用下的击穿电压往往是不相同的，直流电压作用下的介质损耗一般比交流电压作用下的小，局部放电也弱，所以直流电压作用下的击穿电压一般比交流下的大。冲击电压作用时间短，一般发生的是电击穿，所以冲击电压作用下的击穿电压通常比直流或交流电压下的高。

5. 累积效应

极不均匀电场中，当作用在固体电介质上的电压为幅值较低或作用时间较短的冲击电压时，会在固体电介质中形成局部损伤或不完全击穿，这些不完全击穿每施加一次冲击电压就向前延伸一步，随着加压次数的增加，电介质的击穿电压也随之下降，这种现象就称为累积效应。大部分有机绝缘材料都有明显的累积效应。

6. 受潮

固体电介质受潮后，其电导率和介质损耗均迅速增大，击穿电压也大幅降低。对不易吸潮的中性固体电介质，如聚乙烯、聚四氟乙烯等，受潮后击穿电压可下降一半左右；对容易吸潮的极性固体电介质，如棉纱、纸等纤维物质，吸潮后的击穿电压可能仅为干燥时的百分之几或者更低。所以高压电气设备在制造过程中要注意除去绝缘中的水分，运行过程中要注意防潮，并定期检查绝缘的受潮程度。

7. 机械负荷

对均匀和致密的固体电介质，在弹性限度内，机械应力对击穿电压无影响；对层间具有孔隙的多层不均匀电介质，机械应力可能使电介质中的孔隙减少或缩小，从而使击穿电压提高；但机械应力也可能使本来完好的电介质产生小裂缝，如小裂缝中进入空气，固体电介质的击穿电压将显著降低。

三、提高固体电介质击穿电压的方法

(1) 改进制造工艺。如通过精选材料、真空干燥、加强浸渍（浸油、胶、漆等），尽可能清除电介质中的杂质、气泡、水分等，使电介质尽可能均匀致密。

(2) 改进绝缘设计。如采用合理的绝缘结构，使各部分绝缘的耐电强度与其所承担的场强有适当的配合；改进电极形状，消除电极表面的棱角、毛刺等，使电场尽可能均匀；改善电极与电介质间的接触状况，消除接触处的气隙或采用短路的方法消除气隙的影响。

(3) 改善运行条件。如注意防潮、防尘污和各种有害气体的侵蚀，加强散热冷却，避免过负荷运行等。

第三节　组合绝缘的击穿特性

对高压电气设备绝缘的要求是多方面的，除了必须有优异的电气性能外，还要求有良好的热性能、机械性能及其他物理—化学特性。单一品种的电介质往往难以同时满足这些要求，所以实际的绝缘结构一般由多种电介质组合而成，如在变压器中是采用由油间隙、绝缘层、屏障等组合起来的绝缘方式，在电缆、电容器中是用纸或高分子薄膜的叠层和各种浸渍剂组合的绝缘，在电机中是用由云母、胶黏剂、补强材料和浸渍剂组合成的绝缘，充油套管中是用由油隙和胶纸层或油纸层组合的绝缘。

组合绝缘结构的电气强度不仅仅取决于所用的各种电介质的电气特性，而且还与各种电介质的特性相互之间的配合是否得当有关。

一、电介质的组合原则

外加电压在组合绝缘中各电介质上的电压分布，将决定组合绝缘整体的击穿电压。电压分布情况和电压的性质及持续时间等因素有关。对于串联的多层绝缘结构，理想的电压分布应是各层电介质所承受的场强与该层电介质的耐电强度成正比，这样可使各层绝缘材料的利用最充分。这是各层电压最理想的分配原则。

各层绝缘所承受的电压与绝缘材料的特性和作用电压的类型有关。例如在直流电压下，绝缘等效为绝缘电阻，各层绝缘分担的电压与其绝缘电阻成正比，亦即各层中的电场强度与其电导率成反比；但在工频交流和冲击电压的作用下，绝缘等效为电容，各层所分担的电压与各层的电容成反比，亦即各层中的电场强度与其介电常数成反比。由此可见，在直流电压下，应该把电气强度高、电导率大的材料用在电场最强的地方；而在工频交流电压下，应该把电气强度高、介电常数大的材料用在电场最强的地方。

将多种电介质进行组合应用时还应注意的一个重要原则，是使各种电介质的特性相互合理配合，优缺点进行互补。

二、组合绝缘的特点

1. 油纸绝缘

油纸绝缘或以液体电介质浸渍的塑料薄膜，是以固体电介质为主体的组合绝缘，液体电介质只是用作充填空气隙的浸渍剂。纸和油组合以后，由于油填充了纸中薄弱点的空气隙，纸在油中又起了屏障作用，从而使总体耐电强度提高很多。因此这种组合绝缘的击穿强度很高，但散热比较困难。

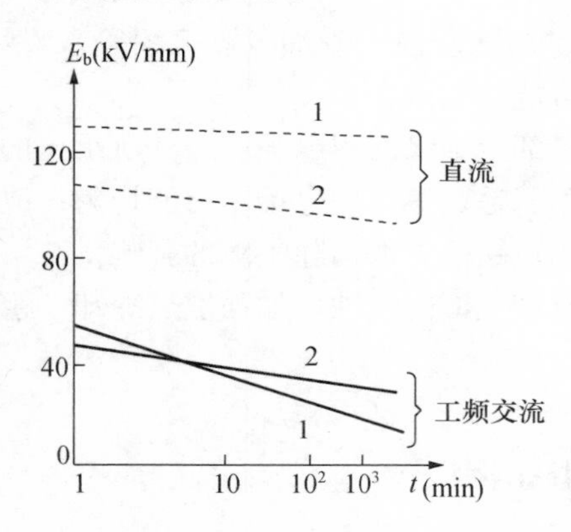

图 3-6 油纸电缆的工频交流电压和直流电压击穿场强与电压作用时间的关系

1—黏性浸渍电缆；2—充油电缆

油纸绝缘的直流击穿场强比交流击穿场强高得多。图 3-6 所示为工频交流电压和直流电压击穿场强与电压作用时间的关系。由图可见，直流电压下短时击穿场强约为交流时 2 倍以上，其长时间击穿场强则为交流时 3 倍以上。

油纸绝缘的直流短时击穿场强高于交流时的值，是因为直流电压作用下油与纸中的场强分配比交流时合理。交流电压下，因为油的介电常数比纸小，所以油中场强比纸中的大，而油的击穿场强比纸的低，因此场强分配是不合理的。直流电压下，因为油的体积电阻率比纸小，所以油中场强比纸中的小，故场强分配是合理的。

油纸绝缘的直流长时间击穿场强比交流时的值更高，是因为直流电压作用下的介质损耗比交流下的小，且有局部放电时的危害性也比交流时的小。

油纸绝缘的缺点是工作温度低（不超过 90℃）、易受潮，且受潮后击穿场强显著降低。

油纸绝缘被广泛应用于电力电容器、高压套管、高压电流互感器、变压器（匝间绝缘）等电气设备。

2. 油—屏障绝缘

油—屏障绝缘是以油作为主要电介质的组合绝缘，因为油有很好的冷却作用，故被广泛应用于变压器中。在油隙中放置若干个屏障是为了改善油隙中的电场分布和阻止杂质小桥的形成。油—屏障绝缘的电气强度可比没有屏障时提高 30%～50%。因为固体电介质的介电常数比油高，固体电介质的总厚度增加会引起液体电介质中场强的提高，故屏障的总厚度不宜过大。

油—屏障绝缘的优点是结构及生产工艺比较简单，散热效果好；缺点是电气强度比油纸绝缘的低，有起火和爆炸的危险。

三、利用组合绝缘调整电场的方法

利用组合绝缘可调整电场分布，现举一例来说明调整方法。

高压交流电缆通常为单芯结构，缆芯为圆芯，如图 3-7（a）所示。由于其绝缘层较厚，采用相同的绝缘时，绝缘中的电场分布将很不均匀，缆芯附近的电场强度要比缆皮处的大得多，如图 3-7（b）中曲线 1 所示。为减小缆芯附近的最大电场强度，可采用分阶结构。所谓分阶绝缘是指由介电常数不同的多层绝缘构成的组合绝缘。分阶的原则是越靠近缆芯的内层绝缘选用介电常数越大的材料，以达到电场均匀化的目的。如果电场均匀，则绝缘的厚度最小。

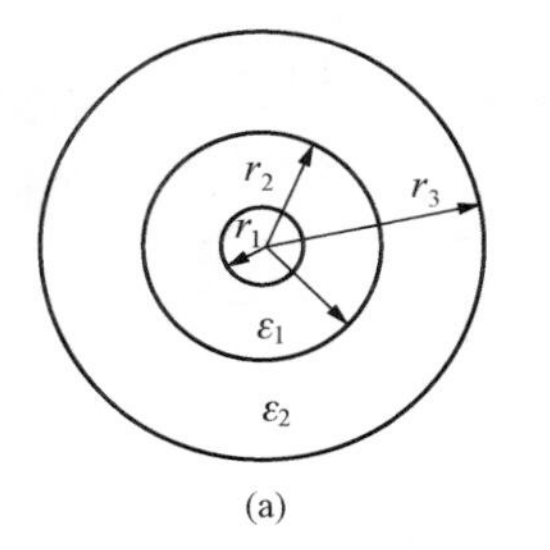

(a)

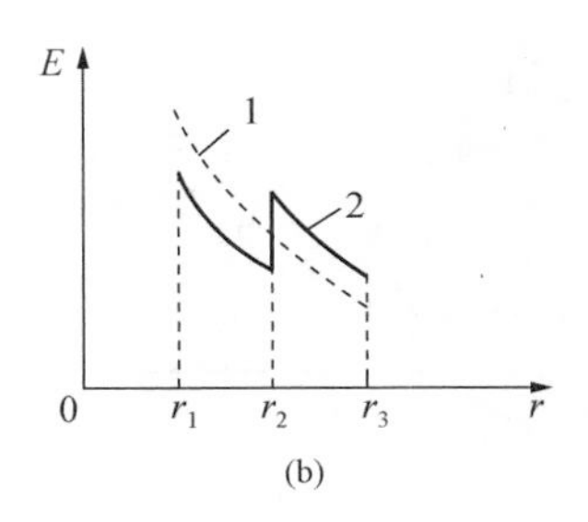

(b)

图 3-7　利用分阶绝缘调整电场分布
（a）电缆截面图；（b）电场分布
1—不分阶绝缘；2—分阶绝缘

以油纸绝缘为例，电缆纸的相对介电常数与纸的密度有关，ε_r 一般为 3.5～4.3，最大的 ε_r 值对应于密度为 1.2g/cm^3 的纸，最小的 ε_r 值对应于密度为 0.85g/m^3 的纸。当绝缘分两层时，内层绝缘采用 ε_r 较大的纸，外层绝缘采用 ε_r 较小的纸，则可降低内层绝缘中的最大电场强度，提高外层绝缘中最大电场强度，从而使电场均匀化，如图 3-7（b）中曲线 2 所示。

一般分阶只做成两层，层数更多的分阶很少采用，仅用于超高压电缆中，如某些 500kV 电缆中采用 3～5 层分阶，以减小绝缘层的总厚度和电缆的直径。

第四节　电介质的老化

作为电气设备内绝缘的液体、固体电介质，在运行过程中会发生老化现象。引起老化的因素很多，主要有电的作用、热的作用、机械力的作用及周围环境中水分、氧气等的作用。各种不同的因素除了本身能对绝缘产生老化作用以外，还常常互相影响，互相促进，从而加速绝缘的老化进程。

1. 电老化

电介质在电场的长期作用下，其耐电强度逐渐降低的现象称为电老化。电老化主要由电介质中的局部放电所引起。

局部放电是指发生在电介质中的某些局部区域内的放电过程。高压电气设备的绝缘在制造和运行过程中难免会存在气泡或气隙等绝缘缺陷，由于气泡或气隙中的场强通常要比其外的液体或固体电介质中的场强大得多，而气体的耐电强度一般又比液体或固体电介质的低，所以在液体或固体电介质击穿之前，其中的气泡或气隙内将会首先发生放电。这种局部放电并不立即形成贯穿性通道，但它的长期存在会使绝缘中的这些缺陷扩大，从而导致绝缘性能逐渐降低。

局部放电引起电介质老化的原因大致有以下几个方面：

（1）放电产生的带电质点撞击气泡或气隙壁使电介质的分子结构遭到破坏，造成裂解。

（2）带电质点撞击气泡或气隙壁引起电介质局部的温度升高，造成热裂解或促进氧化裂解，还可能因气隙体积膨胀而使固体绝缘开裂、分层。

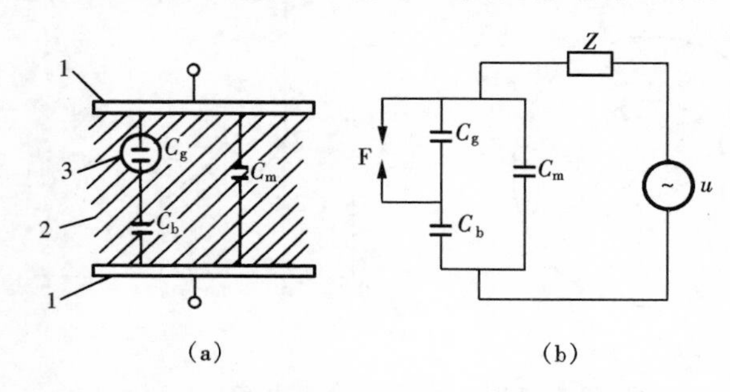

图 3-8　含气隙的电介质的示意图及其等值电路
（a）示意图；（b）等值电路
1—电极；2—绝缘电介质；3—气隙

（3）局部放电过程中会产生 O_3、NO、NO_2 等活性气体，有水分时还会产生硝酸、草酸等，它们对绝缘有氧化和腐蚀作用。

（4）局部放电会产生高能射线，引起高聚物裂解；还会使某些固体电介质的分子间产生交联，导致电介质发脆。

设在如图 3-8（a）所示固体或液体电介质中某处存在一个气隙或气泡，加上电压后局部放电的发展过程可用图 3-8（b）所示的等值电路进行分析，其中 Z 代表对应于气隙放电脉冲频率的电源阻抗，C_g 代表气隙的电容，C_b 代表与该气隙串联的那部分电介质的电容，C_m 代表除 C_g、C_b 以外的绝缘完好部分的电容，一般 $C_m \geqslant C_g \geqslant C_b$。气隙中的火花放电用并联于 C_g 两端的间隙 F 的击穿来表示。

电极间的总电容为

$$C_a = C_m + \frac{C_g C_b}{C_g + C_b} \approx C_m + C_b \qquad (3-1)$$

在电极上加上交流电压 $u = U_m \sin\omega t$，则 C_g 上分到的电压 u_g 为

$$u_g = \frac{C_b}{C_g + C_b} U_m \sin\omega t \qquad (3-2)$$

当 u_g 达到气隙的放电电压 U_g 时，气隙内产生火花放电，放电产生的空间电荷建立反向电场，使 C_g 上的电压 u'_g 急剧降低，当 u'_g 降至熄灭电压（亦可称为剩余电压）U_r 时，放电熄灭，完成一次局部放电。从图 3-8（b）所示的等值电路来看，这一过程相当于 C_g 上的电压达到 U_g 时间隙 F 击穿，C_g 通过 F 放电，C_m 通过 F 向 C_b 充电，到 C_g 上的电压降至 U_r 时，该过程结束。第一次局部放电熄灭后，由于外加电压 u 还在上升，故当 C_g 上的电压又充到 U_g 时，便又开始第二次放电，以此类推，

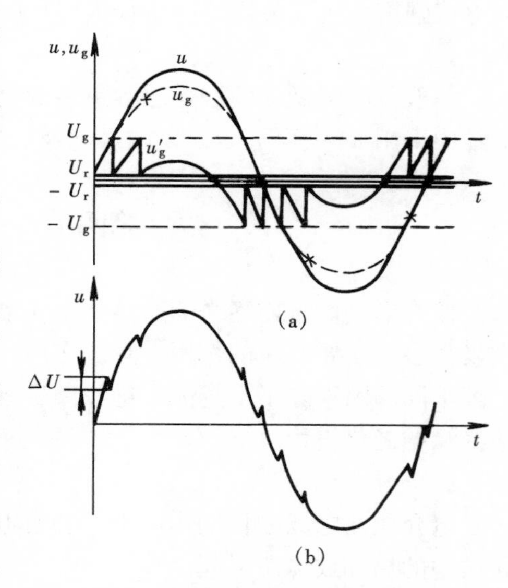

图 3-9　气隙放电时的电压变化
（a）C_g 的电压变化；（b）C_m 的电压变化

直到 u 经峰值后下降，分配在 C_g 上的电压也相应降低。当 u 降低至某一值时，C_g 上的电压降为零，C_b 开始向 C_g 反充电，当 C_g 上的电压达到 $-U_g$ 时，气隙中又产生放电，C_g 上的电压降至 $-U_r$ 时放电熄灭。随着外加电压 u 的继续降低，C_g 上的电压又达到 $-U_g$ 时，便又开始放电。C_g 上的电压变化如图 3-9（a）所示。

每次放电的电荷量是反映局部放电强弱的重要参数之一。在每次局部放电过程中，C_g 上的电压由 U_g 降为 U_r 的时间极短（约 10^{-8}s 数量级），假定由于回路中有电感等，在这段时间内电源没有来得及补充电荷，那么每次放电经 F 放掉的电荷量为

$$q_r = \left(C_g + \frac{C_b C_m}{C_b + C_m}\right)(U_g - U_r) \approx (C_g + C_b)(U_g - U_r) \tag{3-3}$$

式中　q_r——真实放电量，它是从气隙两端来看的总电容与气隙放电时气隙上电压的下降值之积。

因式（3-3）中的 C_g、C_b 等都无法测得，所以 q_r 实际上无法确定。

气隙放电时 C_g 上的电压降低（U_g-U_r），C_m 经 F 向 C_b 充电，C_m 上的电压降低，而 C_b 上的电压升高。若 C_m 上的电压降低 ΔU，则 C_b 上的电压升高 $(U_g-U_r)-\Delta U$。因 C_m 上放掉的电荷与 C_b 上得到的电荷相等，故

$$C_m \Delta U = C_b[(U_g - U_r) - \Delta U]$$

$$\Delta U = \frac{C_b}{C_m + C_b}(U_g - U_r) \tag{3-4}$$

式中　ΔU——被试绝缘内发生局部放电时绝缘的两电极上电压的下降值。

如图 3-9（b）所示，ΔU 将导致电源向被试绝缘充电，从而在回路中形成脉冲电流。

被试绝缘两端电压下降 ΔU，相当于放掉电荷 q

$$q = C_a \Delta U = C_b (U_g - U_r) \tag{3-5}$$

式中　q——视在放电量。

将式（3-3）代入式（3-5），得

$$q = \frac{C_b}{C_g + C_b} q_r \tag{3-6}$$

可见 q 能反映 q_r 的大小，同时它又是一个可测定量（因 C_a、ΔU 可测定），故工程上通常以它作为衡量局部放电强度的一个重要参数。

除视在放电量外，表征局部放电强度的重要参数还有放电重复率、放电能量等。

在直流电压下，由于电压的大小和方向不变，电介质中的气隙发生局部放电时，空间电荷建立反电场使放电熄灭，只有空间电荷通过电介质内部的电导而中和，使反电场减弱到一定程度后，才能开始第二次放电。在其他条件相同时，直流电压下单位时间内的放电次数一般要比交流下低三四个数量级，所以直流电压下局部放电的破坏作用远比交流下的小。

2. 热老化

电介质在热的长期作用下发生化学反应，其电气性能和其他性能逐渐变差，这一现象称为热老化。

固体电介质在热的作用下会发生热裂解和交联反应，有氧存在时还会发生热氧化裂解。其结果是导致电介质的电导率和电介质损耗增大，击穿电压降低，同时热裂解使材料变软、发黏、机械强度降低，交联使材料变脆、变硬、失去弹性，分子链的断裂还会使材料表面出现裂缝。

液体电介质在热的作用下会发生氧化反应，其结果是形成气体、液体及固体的反应生成物，并使液体电介质的酸价升高，黏度增大，导致液体电介质的电气性能下降，散热能力降低。

无论固体电介质还是液体电介质，温度对其热老化过程都影响极大。温度升高时，热老化速度会大大加快，当温度太高时，固体电介质还会发生烧焦、熔化、开裂等热破坏现象，液体电介质还会发生分子本身热裂解现象。除温度外，空气中的氧气、水分、电场强度、机械负荷等因素对热老化都有影响。

电介质通常按其耐热性确定最高允许工作温度，并划分为七个耐热等级，见表 3-1。

表 3-1 电介质的耐热等级

耐热等级	最高允许工作温度（℃）	电　介　质
Y	90	未浸渍过的木材、纸、纸板、棉纤维、天然丝等及其组合物，聚乙烯，聚氯乙烯，天然橡胶
A	105	油性树脂漆及其漆包线，矿物油及浸入其中的纤维材料
E	120	酚醛树脂塑料，胶纸板，胶布板，聚酯薄膜及聚酯纤维，聚乙烯醇缩甲醛漆
B	130	沥青油漆制成的云母带、玻璃漆布、玻璃胶布板，聚酯漆，环氧树脂
F	155	聚酯亚胺漆及其漆包线，改性硅有机漆及其云母制品、玻璃漆布
H	180	聚酰胺酰亚胺漆及其漆包线，硅有机漆及其制品，硅橡胶及其玻璃布
C	>180	聚酰亚胺漆及薄膜，云母，陶瓷，玻璃及其纤维，聚四氟乙烯

使用温度如超过表 3-1 规定，电介质将加速老化，寿命大大缩短。对 A 级电介质，每增加 8℃，寿命便缩短一半左右，这通常称为热老化的 8℃规则。对 B 级和 H 级电介质而言，当温度分别超过 10℃和 12℃时，寿命也将缩短一半左右。

3. 机械老化

作为内绝缘的固体电介质在运行中往往要承受较大的重力和电动力的作用，在这些力的作用下，电介质中会形成裂缝并逐渐扩大，从而导致电介质的绝缘性能降低，这种现象称为机械老化。

在机械力和强电场的同时作用下，固体电介质的老化过程可能大大加快，因为电介质的裂缝中若发生局部放电的话，会加快电介质损坏的速度。热和机械力的共同作用也会使固体电介质的老化速度加快，因为在热的作用下电介质的机械强度降低，承受机械力时很易产生裂缝或使裂缝扩大。

4. 环境老化

绝缘从周围环境中吸收的水分、氧气等的作用及环境中各种射线的作用使电介质的绝缘性能降低的现象称为环境老化。下面主要就水分引起的环境老化现象加以说明。

绝缘受潮后，电介质电导和介质损耗将增大，这促使绝缘进一步发热，热老化速度加快，严重时会导致热击穿；水分的存在使化学反应进行得更活跃，反应中产生的气体形成气泡，引起局部放电；局部放电产生的氧化氮气体又在水分的作用下生成硝酸、亚硝酸等，腐蚀金属并使纤维及其他绝缘发脆；固体电介质在不均匀受潮的情况下还会因受潮部分介电常数的增大而使电场发生畸变，这也将造成电介质绝缘性能降低。

由以上分析可知，受潮对绝缘是危险的，它会加速电老化及热老化过程，从而缩短绝缘的使用寿命，严重时还会直接导致热击穿。

习　　题

3-1　固体电介质的电击穿有什么特点？影响电击穿的主要因素有哪些？

3-2　固体电介质的击穿形式有哪几种？不同击穿形式下的击穿电压有什么区别？

3-3　什么是固体电介质的累积效应？

3-4　高压电气设备的绝缘受潮后其工频击穿电压显著降低，雷电冲击下的$U_{50\%}$却降低很小，这是为什么？

3-5　液体电介质的击穿有哪几种形式？在冲击电压下一般发生哪种形式的击穿？

3-6　变压器油中的水分有哪几种存在状态？溶解态的水分对油在标准试油杯中的工频击穿电压有影响吗？

3-7　在油隙中设置屏障为什么能提高工频击穿电压？

3-8　为提高油隙的击穿电压，常采用覆盖和绝缘层的方法。试问这两种方法提高击穿电压的原理是否相同？它们各用于什么场合？

3-9　如何减少液体电介质中杂质的影响？

3-10　杂质对变压器油的工频击穿电压的影响与电场的均匀程度有什么关系？

3-11　绝缘内部发生局部放电时会导致绝缘立即击穿吗？直流电压下局部放电对绝缘的危害为什么比交流电压下的小？

3-12　什么叫电介质的热老化？为什么对各种绝缘要规定最高允许工作温度？

3-13　电介质受潮后会产生什么后果？

3-14　试比较气体、液体和固体电介质击穿过程的异同。

3-15　一充油的均匀电场间隙距离为30mm，极间施加工频电压为300kV，若在极间放置一个屏障，其厚度分别为3mm和10mm，求油中的电场强度各比没有屏障时提高多少倍？（设油的介电常数为2，屏障的介电常数为4）

第四章　电气设备的绝缘试验

电气设备的绝缘在制造、运输和运行等过程中都可能形成各种各样的缺陷，这些缺陷会导致绝缘的电气强度降低，从而使电气设备在投运或运行过程中发生绝缘击穿事故。为了检验电气设备绝缘的耐电强度，了解绝缘缺陷的性质和发展程度，需要在各环节上对电气设备的绝缘进行试验。例如出厂时要进行出厂试验，安装后投运前要进行交接试验，运行过程中还要进行预防性试验。

绝缘的缺陷一般可分成两类：一类是集中性的或称为局部性的缺陷，如固体电介质开裂、局部机械损伤等；另一类是分布性的或称为整体性的缺陷，如电介质整体受潮、老化、变质等。无论存在哪类缺陷，绝缘的某些特性都会发生一定的变化，因此通过测定绝缘的某些特性参数，就可以把绝缘中的缺陷检查出来。

绝缘的试验也可分为两类。一类为绝缘特性试验，是指在绝缘上施加较低的电压或是用其他不会损伤绝缘的方法来测量绝缘的各种特性，从而判断绝缘内部的缺陷情况的试验。由于缺陷的性质不同，绝缘的各种特性的变化程度不同，所以需要测定绝缘的多种特性并进行综合分析比较后，才能对绝缘缺陷的性质和发展程度作出正确的判断。另一类绝缘试验为耐压试验，是指在绝缘上施加规定的比工作电压高得多的试验电压，直接检验绝缘的耐受情况的试验。这类试验可以检查出那些危险性较大的集中性缺陷，并能直接反映绝缘的耐压水平。绝缘特性试验因所加的电压较低，不会对绝缘造成损伤，故也称为非破坏性试验。耐压试验因所加的电压较高，可能使绝缘受到损伤，绝缘存在严重缺陷时还可能使绝缘发生击穿，故这类试验也称为破坏性试验。

绝缘特性试验和耐压试验各有优缺点。绝缘特性试验能检查出缺陷的性质和发展程度，但不能推断出绝缘的耐压水平。耐压试验能直接反映绝缘的耐压水平，但不能揭示绝缘内部缺陷的性质，因此两类试验缺一不可。通常为避免给绝缘造成不必要的损伤，应先做绝缘特性试验，发现问题并加以消除后再做耐压试验。

本章主要介绍绝缘预防性试验的原理、方法及所能发现的绝缘缺陷。其中绝缘特性试验主要包括绝缘电阻、泄漏电流、局部放电、$\tan\delta$ 等的测定；耐压试验主要包括交流耐压试验和直流耐压试验。冲击耐压试验在预防性试验中一般没有要求，但它作为耐压试验的一项基本内容，这里对其也略作介绍。

第一节　绝缘电阻和吸收比的测量

绝缘电阻为电介质电导的倒数，按照电介质的等值电路，测量绝缘电阻时应在绝缘上施加直流电压。现场普遍采用兆欧表来进行绝缘电阻的测量。

一、兆欧表的工作原理和接线

兆欧表的原理接线图如图 4 - 1 所示。其内部主要由两部分组成：一部分为直流电源，一般由手摇发电机和整流装置产生测量所需的直流电压，有些也采用电池供电，由晶体管振

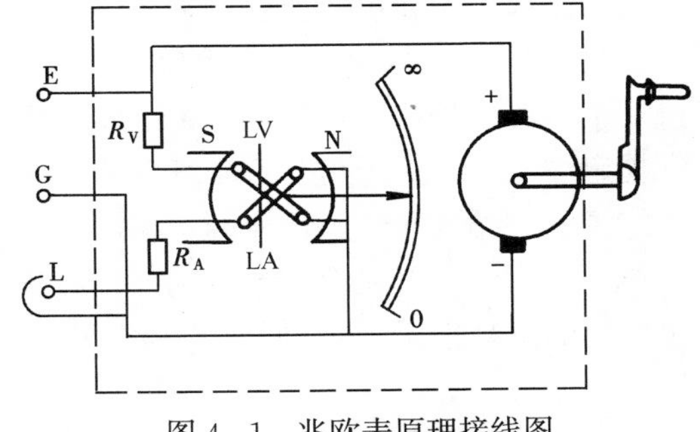

图 4-1　兆欧表原理接线图

荡器产生交变电压，再经变压器升压及倍压整流后输出直流电压；另一部分为测量机构，由处于永久磁场中的电压线圈 LV 和电流线圈 LA 等组成，这两个线圈绕向相反且互相垂直地固定于同一轴上，并可带动指针旋转。由于没有弹簧游丝，所以没有反作用力矩，当线圈中没有电流时，指针可停留在任一偏转角 α 位置。兆欧表的外部有三个接线端子：线路端子 L、接地端子 E 和屏蔽端子 G，被试绝缘接在 L 和 E 之间。

通过转动手摇发电机转轴，产生直流电压 U 后，流过电压、电流线圈的电流分别为

$$I_V = \frac{U}{R_V}$$

$$I_A = \frac{U}{R_A + R_X}$$

式中　R_X——被试品的绝缘电阻。

在两线圈上产生的转动力矩分别为

$$M_V = I_V F_V(\alpha)$$

$$M_A = I_A F_A(\alpha)$$

式中　$F_V(\alpha)$，$F_A(\alpha)$——指针偏转角 α 的函数。

由于两线圈的绕向相反，所以 M_V 和 M_A 的方向相反，在力矩差的作用下线圈带动指针旋转，M_V 和 M_A 也随之而变。当指针旋转到某一位置时，力矩差变为零，指针停止旋转。此时指针偏转的角度与流过两线圈的电流之比有关，即

$$\alpha = f\left(\frac{I_V}{I_A}\right)$$

将 I_V 和 I_A 代入上式可得

$$\alpha = f\left(\frac{R_A + R_X}{R_V}\right) = F(R_X) \tag{4-1}$$

所以指针偏转的角度可反映被测绝缘电阻的大小。

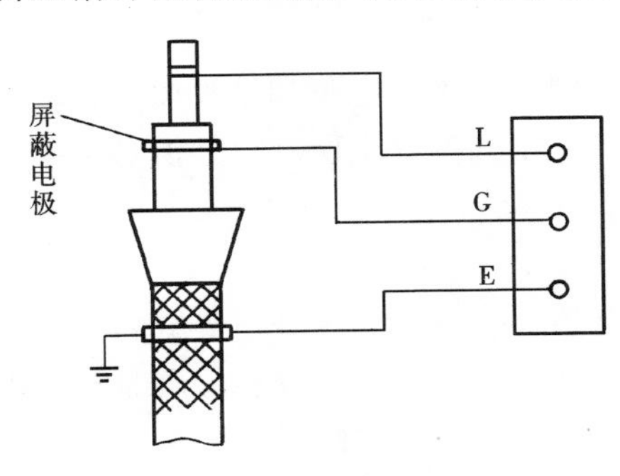

图 4-2　利用兆欧表的屏蔽端子消除表面电流的接线图

为判断绝缘内部的状况，希望用兆欧表测量出的为绝缘的体电阻，但如果不用屏蔽端子 G，流过绝缘的体电流和表面电流都通过电流线圈，实际测出的为绝缘的体电阻和表面电阻的并联值。为消除表面电阻，可在靠近 L 端的绝缘表面加一屏蔽环（见图 4-2），并将其与兆欧表的 G 端子相连。此时表面电流将不通过电流线圈，而直接通过 G 端子流入兆欧表电源的负极，故测出的绝缘电阻为绝缘的体电阻，不包含绝缘的表面电阻。

由于兆欧表指针的偏转角与通过两线圈电流的比值有关，故其测量机构也称为流比计。

二、绝缘电阻和吸收比的测量方法

由第一章图1-8可知，在电气设备的绝缘上加上直流电压U后，流过绝缘的电流i要经过一个过渡过程才达到稳态值，因此绝缘电阻U/i也要经过一定的时间才能达到稳定值，通常规定加压60s时所测得的数值为被试绝缘的绝缘电阻。试验时可先将兆欧表的E端子与被试绝缘的一端（通常为接地端）相连，然后驱动兆欧表达额定转速，用绝缘工具将兆欧表的L端子的引出线与被试绝缘的另一端相连，同时记录时间，读取60s时的绝缘电阻。对电容量较小的试品来说，60s时的绝缘电阻就等于绝缘电阻的稳态值。

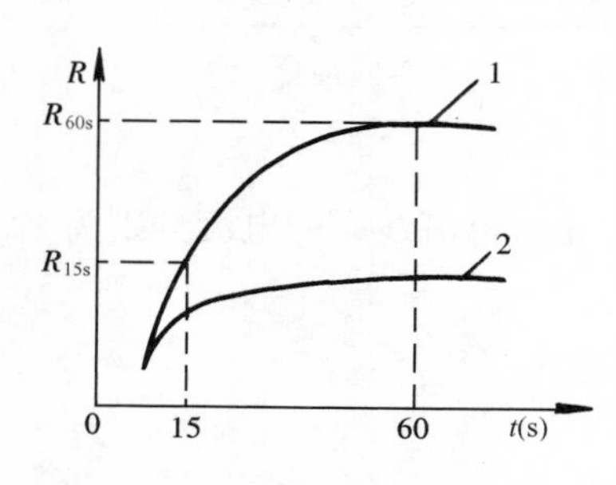

图4-3 绝缘干燥和受潮时绝缘电阻随时间的变化曲线
1—绝缘干燥；2—绝缘受潮

绝缘电阻的过渡过程主要由绝缘的吸收电流所引起，可用吸收比来反映。吸收比是指被试品加压60s时的绝缘电阻R_{60s}与加压15s时的绝缘电阻R_{15s}之比。吸收比也可用来判断绝缘的状况。如对发电机、变压器等电容量较大的设备来说，由于其绝缘均为多层介质，绝缘良好时存在明显的吸收现象，绝缘电阻达到稳态值所需的时间较长，稳态电阻值也高，此时吸收比远大于1。当绝缘中存在贯穿性的导电通道或是严重受潮时，绝缘电阻达到稳态值所需的时间大大缩短，稳态值也低，此时吸收比接近于1。图4-3为绝缘状况不同时绝缘电阻随时间变化的示意图。

吸收比与绝缘电阻的不同之处在于吸收比是同一被试品的两个绝缘电阻之比，和被试品绝缘的尺寸无关，同类设备的吸收比可制定同样的判断标准；而绝缘电阻与被试品绝缘的尺寸有关，即使是同类设备，其他条件都相同但型号不同时，绝缘电阻也不相同，所以只有同型号的设备间的绝缘电阻相比较才有意义。

三、测量时注意的几个问题

（1）应选用合适电压等级的兆欧表。常用的兆欧表的额定电压有500、1000V及2500V等几种。对于额定电压为1000V及以上的设备，应使用2500V的兆欧表；对额定电压为1000V以下的设备，一般使用1000V的兆欧表。

（2）测量前要断开被试品的电源及被试品与其他设备的连线，并对被试品进行充分的放电。

（3）读取数值后，应先断开兆欧表与被试品的连线，然后再将兆欧表停止运转，以免被试品的电容上所充的电荷经兆欧表放电而损坏兆欧表。

（4）测量时应记录当时的温度，以便进行温度换算。温度对绝缘电阻和吸收比都有较大的影响，温度升高时，绝缘电阻显著降低，吸收比也下降，不同温度下所测得的值必须换算到同一温度下才能比较。

四、测量结果的分析判断

测量绝缘电阻和吸收比能发现绝缘中的贯穿性导电通道、受潮、表面脏污等缺陷，当存在此类缺陷时，绝缘电阻会显著降低；但不能发现绝缘中的局部损伤、裂缝、分层脱开、内部含有气隙等局部缺陷，这是因为兆欧表的电压较低，在低电压下此类缺陷对测量结果实际上影响很小。

对测量结果可换算至同一温度下再与相关规程给出的参考值相比较，其值应不小于相关规程规定的数值；也可以与出厂、交接及历年的试验值相比较，或与同型设备的试验值相比较，比较结果不应出现明显的降低，否则应查明原因。

第二节　泄漏电流的测量

测量泄漏电流与测量绝缘电阻在原理上是相同的，不同的只是测量泄漏电流时所用的直流电压较高，能发现一些用兆欧表测量绝缘电阻所不能发现的缺陷，如尚未贯通两电极的集中性缺陷等。图 4-4 所示为某发电机绝缘的泄漏电流与所加直流电压的关系。由图可见，在绝缘良好或受潮情况下，泄漏电流与电压呈线性关系，在绝缘中存在集中性缺陷的情况下，电压高于一定值后，泄漏电流会迅速上升，且集中性缺陷越严重，泄漏电流开始迅速上升的电压越低。这就说明，只有在较高的电压下，绝缘中的某些缺陷才能暴露出来。

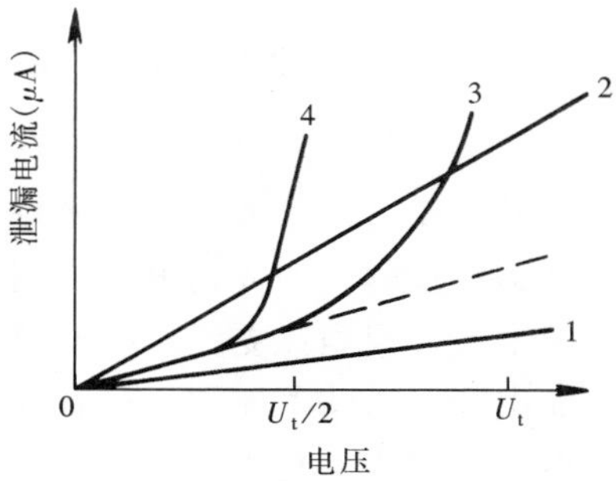

图 4-4　某发电机绝缘的泄漏电流与所加直流电压的关系

1—绝缘良好；2—绝缘受潮；3—绝缘中有集中性缺陷；4—绝缘中有危险的集中性缺陷

一、试验接线

根据微安表在试验回路中所处的位置，可分为两种基本的接线方式，分述如下。

（1）微安表接于高压侧。其接线如图 4-5 所示。图中 AV 为调压器，用以调节电压；T 为试验变压器，用以升高交流电压；V 为高压硅堆，用以整流；C 为滤波电容，用以使整流电压平稳，当被试品的电容 C_X 较大时，C 可以不加，当 C_X 较小时，C 可取为 0.1μF 左右；R 为保护电阻，用以限制被试品击穿时的短路电流以保护变压器和高压硅堆，其值可按 10Ω/V 选取。

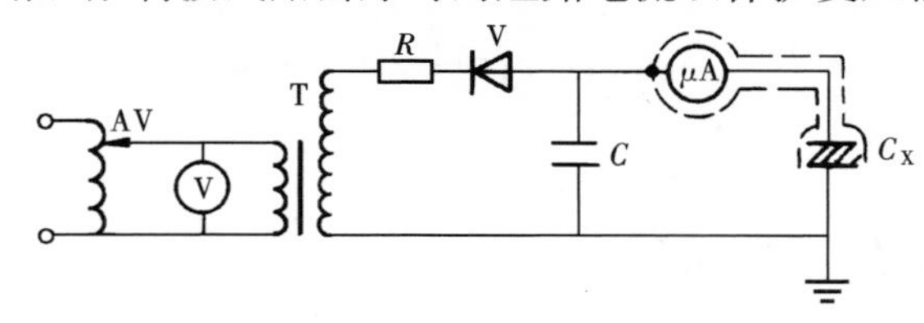

图 4-5　微安表接于高压侧的接线图

这种接线适合于被试绝缘一极接地的情况。此时因微安表具有高电位，读数时必须保持足够的安全距离，调整微安表量程时必须使用绝缘棒。同时为避免由微安表到被试品的连接线上产生的电晕电流及沿微安表绝缘支柱表面的泄漏电流流过微安表，需将微安表及其到被试品的高压引线屏蔽起来，并将屏蔽与微安表到高压硅堆的引线相连，这样杂散电流就不通过微安表，不会带来测量误差。

（2）微安表接于低压侧。其接线如图 4-6 所示，此时微安表上的电位很低，读数和转换量程都很方便。但这种接线要求被试绝缘的两极都不能接地，仅适合于那些接地端可与地分开的电气设备。

二、微安表的保护

对某些电气设备（如发电机、电缆等），测量泄漏电流与直流耐压试验是同时进行的。由于直流电压较高，试验中被试品可能发生击穿，击穿后回路的短路电流会将微安表烧毁，因此必须对微安表加以保护。常用的保护电路如图 4-7 所示。图中并联于微安表两端的开关 S 用来短接微安表，只在读数时打开；电容 C 和放电管 F 用来分流被试品击穿时的短路电流；与微安表串联的电阻 R 用来产生电压，使流过微安表的电流达到一定值时放电管击穿。R 的阻值一般选为流过它的电流为微安表的满刻度值时，其上的电压等于放电管的击穿电压。

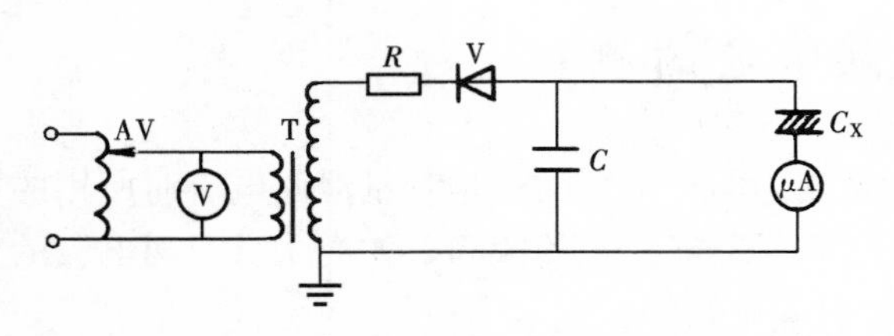

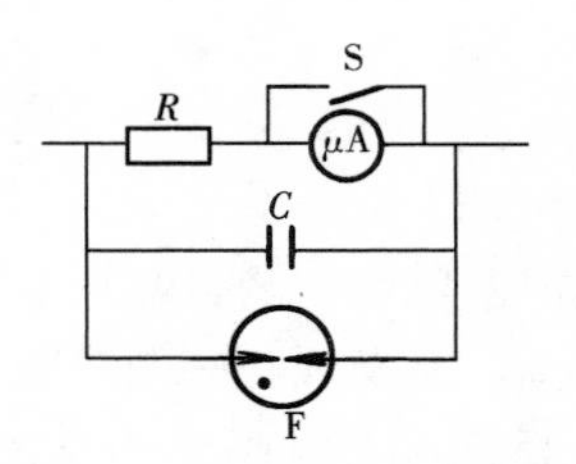

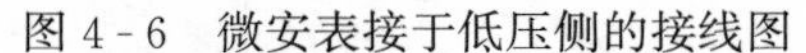
图 4-6 微安表接于低压侧的接线图

图 4-7 微安表的保护电路图

在开关S处于闭合状态时被试品发生击穿，不会对微安表产生任何影响。在S打开读数时被试品发生击穿，回路的电流将由击穿前的泄漏电流迅速增大为击穿后的短路电流，这一过程为高频过程，增大的电流中相当一部分经电容支路流走。与此同时，流过微安表支路的电流也增大，但当该支路的电流接近微安表的满刻度电流值时，放电管两端的电压达到击穿电压而击穿，短路电流将主要通过放电管而流走，这样就保证了通过微安表的电流不超量程。电容 C 的存在除具有分流高频电流的作用外，还可使放电管两端电压上升陡度降低，有利于放电管达到击穿电压时能及时动作，C 的数值应在 $1\mu F$ 以上。

三、试验结果的分析判断

与绝缘电阻一样，测量出泄漏电流后也要经过比较才能判断绝缘的状况，比较时也必须换算到同一温度下。对某些设备，其泄漏电流值试验规程中有明确的规定，这时应根据测量值是否小于规定值来判断绝缘的状况。对试验规程中没有明确规定泄漏电流值的设备，可与历年试验结果比较，与同型设备比较，同一设备各相间相互比较，视泄漏电流的变化情况作出绝缘状况判断。

对于发电机、变压器等重要设备，还可将泄漏电流与所加直流电压的关系和泄漏电流随时间的变化关系绘成曲线进行全面的分析。

第三节 介质损失角正切的测量

介质损失角正切（$\tan\delta$）是在交流电压作用下流过绝缘的有功电流分量与无功电流分量的比值，是反映绝缘功率损耗大小的特性参数。通过测量 $\tan\delta$ 可发现绝缘中存在的一系列分布性缺陷，因而 $\tan\delta$ 的测量也是绝缘特性试验中的一个重要项目。

一、用高压西林电桥测量 $\tan\delta$ 的原理

（一）测量原理

高压西林电桥主要包括桥体和标准电容器两部分。桥体内装有振动式检流计、可调电阻 R_3、固定电阻 R_4 和可调电容 C_4 等。桥体、标准电容器 C_N 和被试品（用并联等值电路表示，参数为 R_X 和 C_X）的接线方式有正接法和反接法两种，如图 4-8（a）、（b）所示。正接法桥臂 1、2 的阻抗 Z_1、Z_2 的数值比桥臂 3、4 的阻抗 Z_3、Z_4 大得多，外加电压大部分降落在桥臂 1、2 上，桥体内的两个桥臂上的压降通常只有几伏，桥体又处于低压侧，故操作时比较安全，但这种接线要求被试品的两极均对地绝缘。反接法适合于被试品一极接地的情况，是现场应用较多的一种接线方式，但此时桥体处于高压侧，为保证调节 R_3、C_4 时的人身安全，桥体本身的绝缘必须是合格的。

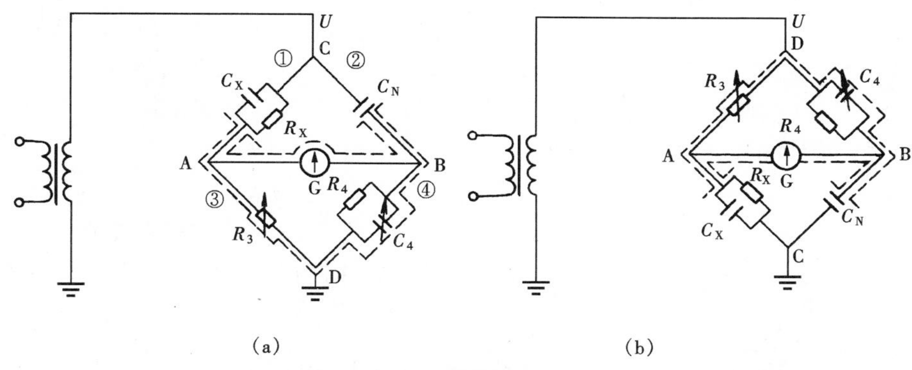

图 4-8　高压西林电桥的原理接线图

(a) 正接法；(b) 反接法

无论正接法还是反接法，调节 R_3 和 C_4 使电桥平衡时，流过检流计 G 的电流为零，故

$$\dot{I}_{DA}=\dot{I}_{AC}=\dot{I}_X,\quad \dot{I}_{DB}=\dot{I}_{BC}=\dot{I}_N \tag{4-2}$$

$$\dot{U}_{DA}=\dot{U}_{DB},\quad \dot{U}_{BC}=\dot{U}_{AC}\approx\dot{U}_X \tag{4-3}$$

以正接法为例，电桥平衡时四个桥臂的阻抗满足

$$\frac{Z_1}{Z_3}=\frac{Z_2}{Z_4}$$

即

$$Z_1Z_4=Z_2Z_3 \tag{4-4}$$

将 $Z_1=\dfrac{1}{\dfrac{1}{R_X}+j\omega C_X}$，$Z_2=\dfrac{1}{j\omega C_N}$，$Z_3=R_3$，$Z_4=\dfrac{1}{\dfrac{1}{R_4}+j\omega C_4}$ 代入式（4-4），并令等式两边的实部和虚部分别相等，即可求得

$$\tan\delta=\frac{1}{\omega R_X C_X}=\omega R_4 C_4 \tag{4-5}$$

$$C_X=\frac{C_N R_4}{R_3}\frac{1}{1+\tan^2\delta} \tag{4-6}$$

因 $\tan\delta$ 一般很小，故 $\tan^2\delta\ll1$，式（4-6）可简化为

$$C_X\approx C_N\frac{R_4}{R_3} \tag{4-7}$$

通常取 $R_4=(10^4/\pi)\ \Omega$，电源为工频时，$\omega=100\pi$，代入式（4-5）可得

$$\tan\delta=100\pi\times\frac{10^4}{\pi}\times C_4=10^6C_4(C_4\text{ 单位为 F})$$

$$=C_4(C_4\text{ 单位为 }\mu\text{F}) \tag{4-8}$$

所以电桥平衡时 C_4 的微法数即为被试品的 $\tan\delta$ 值。

由以上过程可见，利用西林电桥还可测出被试品的电容 C_X。C_X 对判断绝缘的状况有时也是有用的，如电容型套管的 C_X 明显增大时，常表示其内部电容层间有短路现象或是有水分侵入。

（二）测量过程中的干扰及消除措施

$\tan\delta$ 测量过程中可能受到两种干扰。一种为电场干扰，是由周围带电部分通过与桥臂间的电容耦合产生干扰电流，干扰电流流入桥臂造成测量误差；另一种为磁场干扰，主要由邻近的大电流母线、电抗器等产生交变磁场，作用于检流计线圈产生感应电动势从而引起测量误差。为减小干扰的影响，电桥桥体都加有屏蔽，桥体与被试品及桥体与标准电容器间的连线都采用屏蔽线（屏蔽与D点相连）。但即便如此，由于被试品和桥体实际上难以做到完全屏蔽，由干扰产生的误差还是存在的。

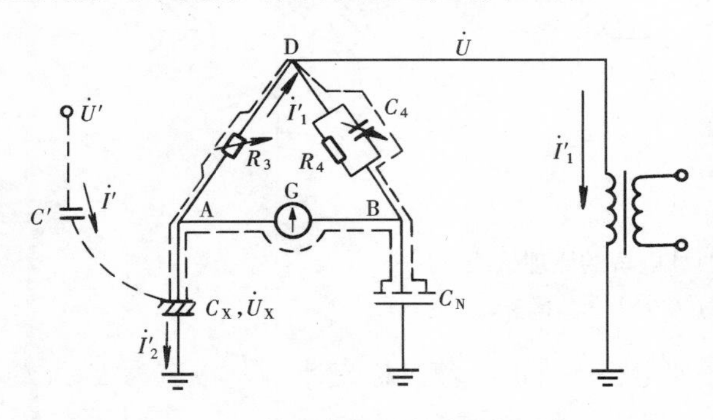

图 4-9　外界电源引起的电场干扰

1. 电场干扰

图 4-9 所示为外界电源与被试品高压电极间存在电容耦合引起电场干扰的示意图。由于杂散电容 C' 很小，故干扰电流 $\dot{I}'$ 可看作是由恒流源发出。在电桥调到平衡后，流过检流计的电流为零，检流计支路可看作开路。干扰电流 $\dot{I}'$ 通过 C' 后分成两路：一路经 R_3 和试验变压器的漏抗入地，电流为 $\dot{I}'_1$，这里因 C_N 支路的阻抗远大于变压器的漏抗，故经 C_N 支路入地的电流忽略不计；另一路经被试品 C_X 入地，电流为 $\dot{I}'_2$。被试品的阻抗要比 R_3 和变压器的漏抗大得多，故 $\dot{I}'_2$ 可忽略，干扰电流 $\dot{I}'$ 实际上都流过 R_3。除干扰电流外，流过 R_3 的电流还有试验电压作用下流过被试品的电流 $\dot{I}_X$，所以此时流过 R_3 的电流 $\dot{I}'_X$ 为 $\dot{I}_X$ 和 $-\dot{I}'_1$ 的相量和。

无论有无电场干扰，电桥平衡时都满足 $\dot{U}_{DA}=\dot{U}_{DB}$，$\dot{U}_{DA}$ 的相角与流过 R_3 的电流的相角相同，调节 R_3 实际上是改变 $\dot{U}_{DA}$ 的大小。$\dot{U}_{DB}$ 的相角与流过 R_4 的电流的相角相同，流过 R_4 的电流 $\dot{I}_{R4}$ 和流过 C_4 的电流 $\dot{I}_{C4}$ 之和为 $\dot{I}_N$，$\dot{I}_N$ 和被试品上的电压 $\dot{U}_X$ 近似相差 90°且在测试过程中基本保持不变，调节 C_4 时 $\dot{U}_{DB}$ 的大小虽有一些变化，但主要改变的是 $\dot{U}_{DB}$ 的相角。调节 R_3 和 C_4 使 $\dot{U}_{DA}=\dot{U}_{DB}$ 时，流过 R_3 的电流与流过 R_4 的电流同相，它们与 $\dot{I}_N$ 间的夹角即为所测量出的介质损失角。

无电场干扰时，电桥平衡后的相量图如图 4-10 所示。此时流过 R_3 的电流也就是流过被试品的电流 $\dot{I}_X$，测量出的 δ 角即为被试品真实的介质损失角。有电场干扰时，电桥平衡后的相量图如图 4-11 所示。此时流过 R_3 的电流为 $\dot{I}'_X$，测出的 $\dot{I}'_X$ 与 $\dot{I}_N$ 间的夹角为 δ'，它不等于被试品的介质损失角 δ。故有干扰时测得的 $\tan\delta'$ 与无干扰时测得的 $\tan\delta$ 是不同的。

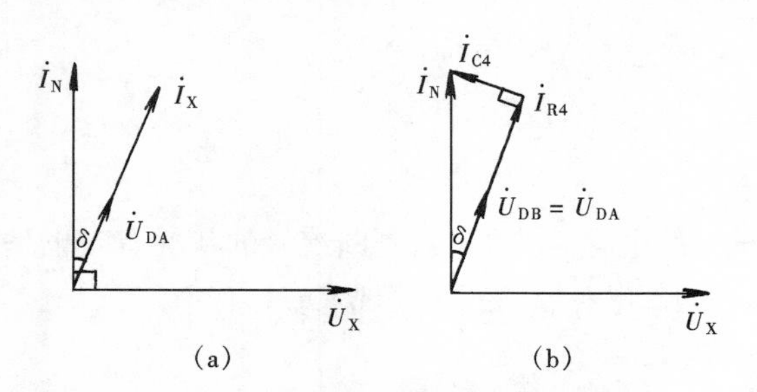

图 4-10　无电场干扰时的相量图

(a) 电流相量图；(b) 电桥平衡后的相量图

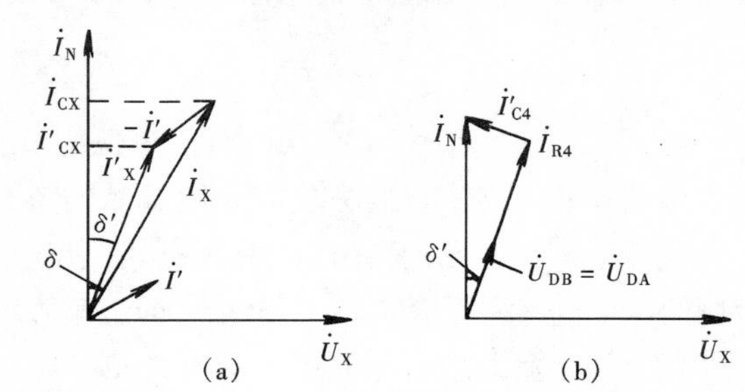

图 4-11　有电场干扰时的相量图

(a) 电流相量图；(b) 电桥平衡后的相量图

干扰电流 $\dot{I}'$ 的相位是任意的，在某些情况下，它和流过被试品的电流叠加可能使流过 R_3 的电流 $\dot{I}'_X$ 处于 $\dot{I}_N$ 的左侧，这时 $\tan\delta$ 将变为负值，电桥在正常接线下无法平衡，只有把 C_4 换接为与 R_3 并联，才能使电桥平衡。在此情况下需按照新的平衡条件求出 $\tan\delta$ 值。

为消除或减小电场干扰，可采用下列措施。

（1）加设屏蔽。在被试品高压部分加屏蔽罩，并将屏蔽罩与电桥的屏蔽相连，以消除耦合电容的影响，这在实际中往往不易实现。

（2）采用移相电源。如果能使干扰电流 $\dot{I}'$ 与 $\dot{I}_X$ 同相或反相，则流过 R_3 的电流 $\dot{I}'_X$ 与 $\dot{I}_X$ 的夹角为零，有无干扰测得的 $\tan\delta$ 是相同的。干扰电流 $\dot{I}'$ 的相位一般是无法改变的，但可以通过移相电源改变电源电压的相位来改变 $\dot{I}_X$ 的相位，使其与 $\dot{I}'$ 间的夹角为零。采用移相电源时的接线如图4-12所示。试验前先将 Z_4 短接，并将 R_3 调至最大，使干扰电流 $\dot{I}'$ 尽量通过检流计，然后接通电源，使通过被试品的电流 $\dot{I}_X$ 也流过检流计，调节移相电源的相角和电压幅值，使检流计指示最小，此时 $\dot{I}'$ 与 $\dot{I}_X$ 间的夹角为零，移相完成。之后退去电源电压，保持移相电源的相位不变，拆除 Z_4 的短接线，即可开始正式试验。如开关 S 在正、反位置下测得的 $\tan\delta$ 相等，则说明移相效果良好。

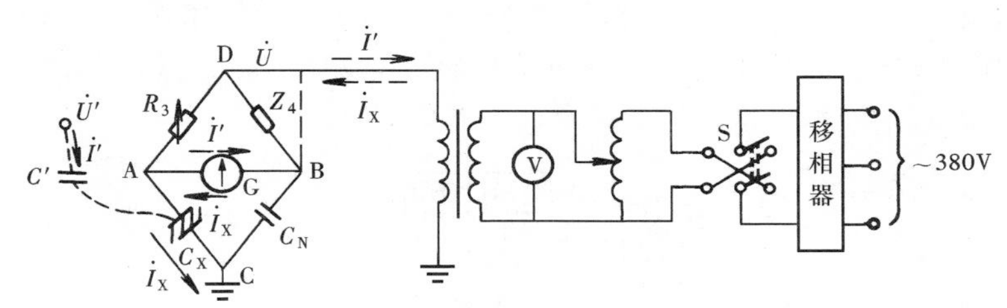

图 4-12　采用移相电源消除干扰的接线图

（3）倒相法。这是现场常用的一种测量方法。测量时在电源为正、反相下各进行一次测量，电源反相时相当于电源的相位不变而将干扰电流反相，其相量图如图 4-13 所示。由图可知，正、反相两次测得的介质损失角正切各为

$$\tan\delta_1=\frac{I'_{RX}}{I'_{CX}},\quad \tan\delta_2=\frac{I''_{RX}}{I''_{CX}}$$

两次测得的电容值各为

$$C'_X=C_N\frac{R_4}{R'_3}\times\frac{1}{1+\tan^2\delta_1}$$

$$C''_X=C_N\frac{R_4}{R''_3}\times\frac{1}{1+\tan^2\delta_2}$$

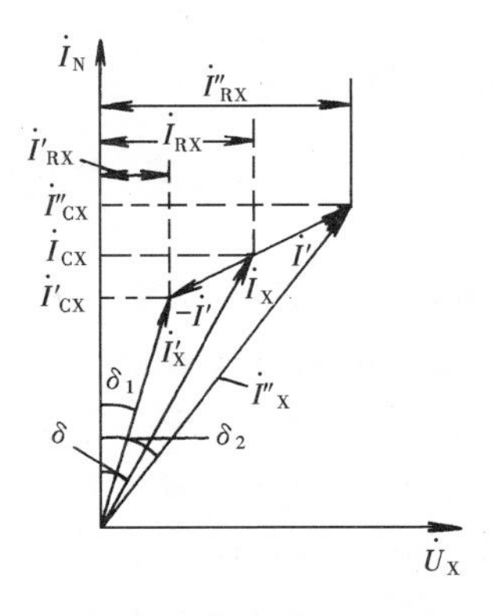

图 4-13　用倒相法消除干扰的相量图

试品的实际介质损失角正切为

$$\tan\delta=\frac{I_{RX}}{I_{CX}}=\frac{\frac{1}{2}(I'_{RX}+I''_{RX})}{\frac{1}{2}(I'_{CX}+I''_{CX})}=\frac{I'_{CX}\tan\delta_1+I''_{CX}\tan\delta_2}{I'_{CX}+I''_{CX}}$$

$$=\frac{C'_X\tan\delta_1+C''_X\tan\delta_2}{C'_X+C''_X}\qquad(4-9)$$

实际试品的电容为

$$C_X=\frac{C'_X+C''_X}{2} \tag{4-10}$$

当C'_X和C''_X或$\tan\delta_1$和$\tan\delta_2$相差不大时，式（4-9）可简化为

$$\tan\delta\approx\frac{\tan\delta_1+\tan\delta_2}{2} \tag{4-11}$$

即试品实际的$\tan\delta$约等于两次测量结果的平均值。

2. 磁场干扰

一般情况下，作用于电桥的交变磁场较弱，加之电桥本身又有屏蔽，磁场干扰较小。但当电桥靠近电抗器等漏磁通较大的设备时，将会产生显著的磁场干扰。可以将检流计的极性转换开关置于中间断开位置来判断是否存在磁场干扰，如果检流计的光带较宽就表明有磁场干扰。为消除这种干扰，可移动电桥位置使之远离干扰源，或将桥体就地转动改变角度，找到干扰最小的方位，再将检流计极性转换开关分别置于正、反两种位置进行两次测量，两次测量的$\tan\delta$的平均值可近似作为被试品真实的$\tan\delta$值。

二、用数字化介质损耗测量仪测量

用西林电桥测量$\tan\delta$时，由于受电磁场以及外界干扰因素的影响，很难调节电桥的平衡。数字化测量$\tan\delta$是采用数字化技术来调节电桥的平衡，而实际的测量原理大多仍是用标准电容和电阻与被试品进行比较的模拟方法。数字化测量$\tan\delta$不仅可以很容易地调节电桥平衡，而且可以防止外界干扰，提高了测量准确度。

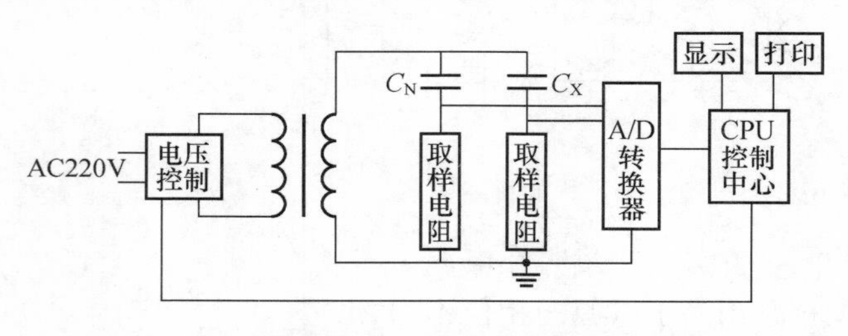

图4-14 数字化介质损耗测量仪原理电路图

图4-14为数字化介质损耗测量仪的原理电路图。测量仪器包括一路标准回路（C_N）和一路被试回路（C_X）。标准回路由内置高稳定度标准电容器与测量线路组成，被试回路由被试品和测量线路组成。测量线路由取样电阻与前置放大器和A/D转换器组成。通过测量电路分别测得标准回路电流与被试回路电流幅值及其相位差，再由单片机运用数字化实时采集方法，对大量的采样数据进行处理，通过数字运算便可得出被试品的$\tan\delta$和电容值。根据数据处理方法的不同，可分为过零电压比较法、谐波分析法、自由矢量法等。

数字化介质损耗测量仪一般将升压变压器、标准高压电容器和测量装置安装在同一机箱内，在内部高压测量范围内（最高10kV）不需任何外部设备，便于携带至试验现场使用。

三、测量时的主要注意事项

（一）尽可能分部测试

被试品的$\tan\delta$值反映的是其整体绝缘的功率损耗，如果缺陷在整个绝缘中所占的比重很小，即使缺陷部分的$\tan\delta$变得很大，整个绝缘的$\tan\delta$也增加很小。例如绝缘由两部分并联组成，各部分的电容和介质损失角正切分别为C_1、$\tan\delta_1$和C_2、$\tan\delta_2$，绝缘整体的电容和介质损失角正切为C_X和$\tan\delta$，绝缘上所加的电压为U，根据功率相等的条件可得

$$U^2\omega C_X\tan\delta=U^2\omega C_1\tan\delta_1+U^2\omega C_2\tan\delta_2$$

故

$$\tan\delta=\frac{U^2\omega C_1\tan\delta_1+U^2\omega C_2\tan\delta_2}{U^2\omega C_X}=\frac{C_1\tan\delta_1+C_2\tan\delta_2}{C_X} \quad (4-12)$$

假定电容为 C_2 的部分存在缺陷，缺陷的体积与整个绝缘的体积之比越小，则 C_2/C_X 越小，C_2 中的缺陷（$\tan\delta_2$ 增大）在测整体的 $\tan\delta$ 时越难发现。故对于可以分解为不同绝缘部分的被试品，应尽量分部进行测量。如测量变压器绕组连同套管的 $\tan\delta$ 时，由于套管的电容比绕组的电容小得多，套管内的缺陷很难发现；若单独测量套管的 $\tan\delta$ 时，其中的缺陷则很容易暴露出来。

（二）测量时应选取合适的温度

绝缘的 $\tan\delta$ 与温度有关，所以测量时也应记录温度，在和其他值比较时应进行温度换算。但 $\tan\delta$ 与温度的关系随绝缘种类的不同而不同，很难通过通用的换算式获得准确的换算结果，故应尽量争取在差不多的温度下测量 $\tan\delta$ 值，并以此来作相互比较。通常都以20℃时的 $\tan\delta$ 值作为参考标准，故测量 $\tan\delta$ 时的温度也应尽量接近 20℃，一般要求在 10～30℃范围内进行测量。

（三）测量时应选用合适的试验电压

新的、良好的绝缘在不超过额定电压范围内，其 $\tan\delta$ 一般是恒定不变的，但当绝缘中存在气隙、分层等缺陷时，所加试验电压达到气隙的局部放电电压后，绝缘的 $\tan\delta$ 将随试验电压的升高而迅速增大，故测量时的试验电压，最好接近被试品的额定电压。当然，试验电压要受到电桥额定电压的限制，它不能超过电桥的额定电压。

（四）测量绕组的 $\tan\delta$ 时必须将每个绕组的首尾短接

在测试绕组的 $\tan\delta$ 和电容时，如不将绕组的首尾短接，绕组绝缘的容性电流流过绕组时将产生较大的磁通，绕组电感和励磁铁损会使测量结果产生很大的误差。当将绕组的两端短路后，绝缘的容性电流将从绕组的两端进入，因电流方向相反，产生的磁通互相抵消，电感和励磁铁损带来的误差都将大大减小。

（五）测量时应注意消除被试品表面泄漏电流的影响

表面泄漏电流对 $\tan\delta$ 测量结果的影响程度与被试品电容量大小有关，对小电容量的被试品，如套管、互感器等，表面泄漏电流的影响较大，试验时应保持被试品表面干燥、清洁，必要时也可像测量绝缘电阻那样加屏蔽环来消除表面泄漏电流的影响。屏蔽环应装设在被试品与桥体相连的一端附近的表面上，且应与被试品和桥体连线的屏蔽相连。

四、测量结果的分析判断

测量 $\tan\delta$ 能发现绝缘中存在的大面积分布性缺陷，如绝缘普遍受潮、绝缘油或固体有机绝缘材料老化、穿透性导电通道、绝缘分层等；但对绝缘中的个别局部的非贯穿性缺陷则不易发现。

根据 $\tan\delta$ 测量结果对绝缘状况进行分析判断时，除与相关试验规程规定值比较外，还应与以往的测试结果及处于同样运行条件下的同类型设备相比较，观察其发展趋势。如果测试值低于相关试验规程规定值，但增长速度迅速，也应认真对待，否则运行中也可能发生绝缘事故。

第四节　局部放电的测量

局部放电是由绝缘局部区域内的绝缘弱点所造成的，它的存在虽然不会使电气设备的绝缘立即发生击穿，但它产生的物理和化学效应却会引起缺陷进一步扩大，从而导致绝缘的长期耐电强度降低。因此，绝缘的局部放电测试是绝缘试验的一项重要内容。

绝缘中发生局部放电时会引起一系列的外部现象，通过对这些外部现象的检测可确定绝缘内是否存在局部放电以及局部放电的发展程度。局部放电所引起的外部现象分为两类：一类是电现象，如产生电脉冲、引起介质损耗增大和产生电磁波辐射等；另一类是非电现象，如产生光、热、噪声以及引起气体压力发生变化等。根据被检测量的性质，局部放电的检测方法也可分为电的和非电的两类。在大多数情况下，非电的检测方法灵敏度较低且多半属于定性的，即只能判断是否存在局部放电，而不能借以进行定量分析。目前得到广泛应用的主要是电的检测方法，这种方法不仅能够测量局部放电的基本特性，而且灵敏度很高。下面对此方法作简要介绍。

一、测量的基本接线

可测量的局部放电特性有局部放电的起始电压和熄灭电压，单次局部放电的视在放电电荷量，每秒内放电的脉冲个数等。其中以测量视在放电电荷量最为普遍。

测量局部放电的视在放电电荷量的基本回路有三种，如图 4 - 15 所示。无论哪种电路，都是将被试品发生局部放电时其上电压的突然下降 ΔU 转化为测试回路的脉冲电流，然后将脉冲电流在检测阻抗上产生的脉冲电压放大后进行测量，再根据脉冲电压与视在放电电荷量的关系即可求出被试品的视在放电电荷量。

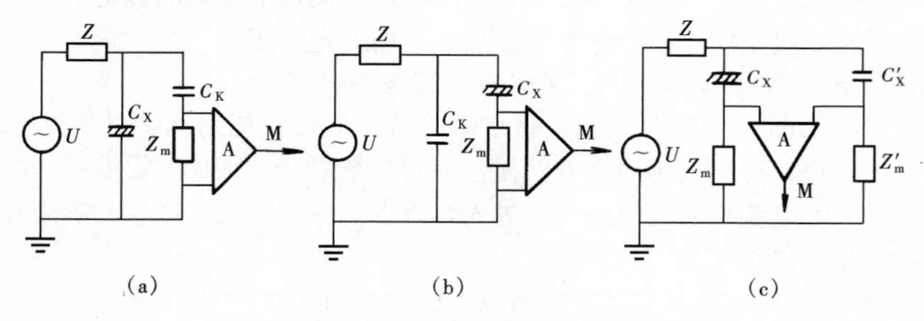

图 4 - 15 测量局部放电的放电电荷的基本回路

(a) 并联法；(b) 串联法；(c) 平衡法

C_X—被试品；C_K—耦合电容；Z—阻塞元件；Z_m、Z'_m—检测阻抗；

C'_X—辅助被试品；A—放大器；M—测量仪器

在图 4 - 15 中，C_X 为被试品；C_K 为给脉冲电流提供低阻抗通路而另加的耦合电容，为真正检测到 C_X 产生的局部放电，要求 C_K 不发生局部放电；Z 为由电阻、电感等构成的阻抗元件，它实质上是一个低通滤波器，允许工频电流流过，阻止从电源来的高频干扰及 C_X 发生局部放电时产生的脉冲电流流向电源；Z_m 为检测阻抗，可采用单独的电阻、电容、电感或它们的组合电路（如电阻与电容并联，电容与电感并联）。图 4 - 15（a）中被试品与检测阻抗并联，称为并联法，适合于被试品一极接地的情况，且在被试品的电容值较大时，可避免较大的工频电流流过 Z_m。图 4 - 15（b）中被试品与检测阻抗串联，称为串联法，适合于被试品两极都不接地的情况。由于多数被试品的一极是接地的，故实际测量中并联法使用较多。并联法和串联法也称为直接法，其缺点是抗干扰能力较差。

为提高抗干扰性能，可采用图 4 - 15（c）所示的平衡法测试电路。图中 C'_X 为辅助被试品，要求 C'_X 不发生局部放电；Z'_m 为另一检测阻抗。在被试品 C_X 不发生局部放电的情况下，选择合适的 C'_X 和 Z'_m 使电桥达到平衡，然后提高外加电压使 C_X 产生局部放电，测量 Z_m 和 Z'_m 上的电压差。由于电源以及外部干扰电流在 Z_m 和 Z'_m 上产生的电压的大小和相位相同，故测出的电压中不包括干扰电流在 Z_m 和 Z'_m 上产生的电压。所以平衡法有较强的抗干扰能力。实际上要使电桥在任何频率的干扰下都能在 C_X 不发生局部放电时达到平衡是困难的，即使选择 C'_X 为与 C_X 型号规格完全相同的设备，表面看来二者的阻抗相等，只要使 Z'_m 和 Z_m 相等电桥就能达到平衡，实际上 C_X 和 C'_X 的阻抗不可能在所有频率下都相等，电桥也就不可能在所有频率下都能完全平衡，所以平衡法能降低干扰，但不能完全消除干扰。

通常将检测阻抗上检测得到的脉冲电压输入到示波器上进行测量，当然也可以用脉冲电压表、脉冲计数器等进行测量。用示波器测量时，与电压脉冲一并进入示波器的正弦波电压被转化为椭圆形的李萨如图形，如图 4-16 所示。从示波屏上可方便地读取由局部放电产生的脉冲电压的幅值。

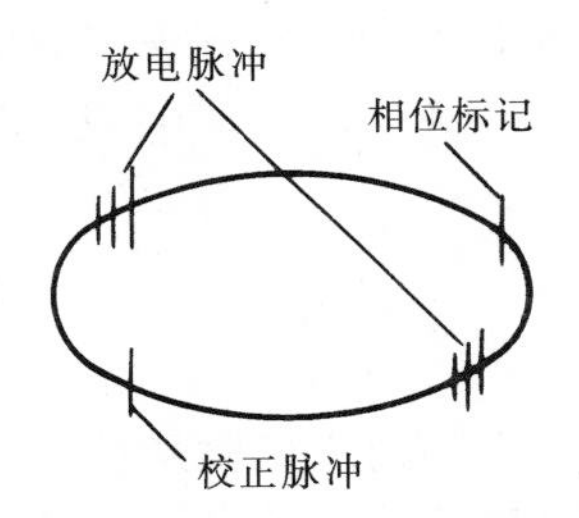

图 4-16　测量局部放电电荷量的李萨如图形

为了确定示波屏上脉冲电压的幅度与视在放电电荷量的关系，还必须对测量装置进行校准。校准是给被试品注入电荷量已知的重复脉冲，在示波屏上测量由此产生的脉冲电压幅度，从而确定视在放电电荷量与脉冲幅度的关系。校准常用方波定量法，即将方波发生器与一电容量比被试品电容量小得多的电容器串联，然后并接于被试品两端，在被试品、方波发生器及与方波发生器串联的电容器构成的回路中，总电容大致等于所串联的电容器的电容，该电容与方波发生器所产生的电压的乘积，即为注入被试品中的电荷量。校准时应在测量局部放电完整的接线下进行，且对每一套测量装置及每一种被试品都应做一次校准。

对于局部放电的起始电压和熄灭电压可根据 $\tan\delta$ 和外加电压的关系求出。曲线开始上升的电压即为局部放电起始电压。电压下降时的曲线在电压上升时曲线的上侧，直到局部放电熄灭，曲线才又重合，所以曲线开始重合的电压即为局部放电的熄灭电压。由于测量 $\tan\delta$ 的西林电桥的额定电压一般比高压电气设备的额定电压低得多，故测量 $\tan\delta$ 通常难以反映绝缘在工作电压下的局部放电情况。

二、测量时注意的问题

电磁干扰是测量局部放电时的一个主要问题，如不加以抑制，可能得到错误的结论。一般可将干扰分为内部干扰和外部干扰两类。由高压试验回路本身引起的干扰称为内部干扰，如回路中某元件或高压引线发生电晕放电时引起的干扰；来源于高压试验回路以外的干扰称为外部干扰，如无线电在测量装置放大器上产生的固有噪声、来自供电网络的高频电流等。为避免干扰，可采取如下措施：

（1）选择抗干扰能力强的测量电路，如平衡法测量电路；

（2）对测量线路进行屏蔽，有条件时可将整个试验回路置于屏蔽室内进行测量；

（3）试验电源最好采用独立电源。这样可避免来自电网的干扰；

（4）提高高压试验回路中各元件发生电晕的电压，如加大高压引线的直径，将尖角整平等；

（5）将高压试验变压器、检测回路和测量仪器三者的地线连成一体，并采用一根地线相连；

（6）合理选择放大电路的频带或调谐放大电路的谐振频率；

（7）测量回路与被试品的连线应尽可能缩短，试验回路应尽可能紧凑，被试品周围的物体应良好接地。

三、试验结果的分析判断

局部放电试验与其他绝缘试验的主要区别在于它能检测出绝缘中存在的局部缺陷。局部放电的强度比较小时，说明绝缘中的缺陷不太严重；局部放电的强度比较大时，则说明缺陷已扩大到一定程度，而且局部放电对绝缘的破坏作用加剧。相关试验规程规定了某些设备在规定电压下的允许视在放电电荷量，可将测量结果与规定值进行比较。如规程中没有给出规定值，则应在实践中积累数据，以获取判断标准。

第五节　工 频 耐 压 试 验

工频耐压试验是在电气设备上施加规定的工频试验电压并保持一定的时间，以考核绝缘能否耐受该试验电压的试验。工频试验电压值的确定也考虑了电气设备运行过程中可能遭受的雷电过电压和操作过电压的作用，因此它比电气设备的额定电压要高得多。

工频耐压试验能有效地发现绝缘中危险的集中性缺陷，是检验电气设备绝缘强度最有效和最直接的方法，但工频耐压试验也会使有机绝缘中存在的绝缘弱点进一步发展。因此，选择合适的试验电压值是一个重要的问题。一般考虑到运行中绝缘的老化及累积效应，对预防性试验时的试验电压值规定得比出厂时的要低一些，而且对不同情况的设备区别对待。如电力变压器全部更换绕组后，按出厂时的试验电压值进行试验，在其他情况下的试验电压值则取出厂时试验电压值的85%。

工频耐压试验中，加至规定的试验电压后，一般要求持续1min的耐压时间。规定1min是为了便于观察被试品的情况，使绝缘中危险的缺陷来得及暴露出来，同时也是为了不致因时间太长而引起不应有的绝缘损伤，甚至使本来合格的绝缘产生热击穿。

一、工频耐压试验的接线及设备

工频耐压试验所需的试验电压可用两种方法产生：其一为用试验变压器直接产生工频高电压，其二为利用串联谐振产生工频高电压。

1. 用试验变压器直接进行工频耐压试验

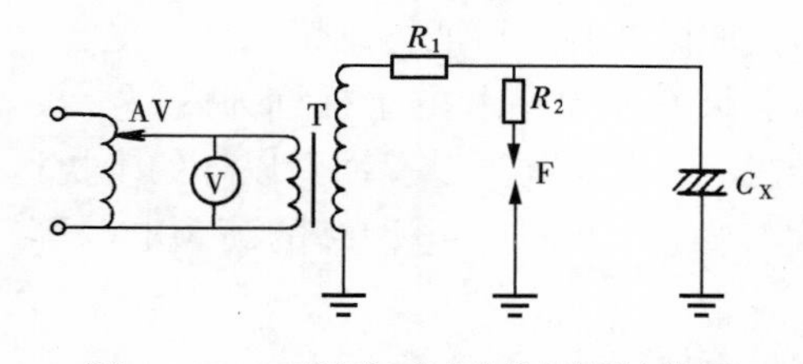

图4-17　工频耐压试验的原理接线图

试验的原理接线图如图4-17所示。图中T为试验变压器，用来升高电压；AV为调压器，用来调节试验变压器的输出电压；F为保护球隙，用来限制试验时可能产生的过电压，以保护被试品，其放电电压调整为试验电压的1.1倍；R_1为保护电阻，用来限制被试品突然击穿时在试验变压器上产生的过电压及限制流过试验变压器的短路电流，一般取0.1～1Ω/V；R_2为球隙保护电阻，用来限制球隙击穿时流过球隙的短路电流，以保护球隙不被灼伤，它也可以防止由于球隙击穿而产生的截波电压和瞬时振荡电压加在试品上，还可防止球隙高压侧的某些部分发生局部放电时在球隙上造成振荡电压而使球隙误动作，一般可取0.1～0.5Ω/V；C_X为被试品。此外，为保护试验设备，试验变压器低压回路还应有过电流保护及监视电压、电流的电压表和电流表，它们一般装于一个控制台内（图中未画出）。

作为产生工频高电压的试验变压器，实质上是一种单相升压变压器。其特点是：额定输出电压高，但绝缘裕度小，工作电压一般不允许超过其额定电压；通常均为间歇工作方式，一般不允许在额定电压下长时间的连续使用，只有在电压和电流远低于额定值时才允许长期连续使用；容量一般不大，高压侧额定电流通常在 0.1～1A 范围内。

进行工频耐压试验时对试验变压器的要求主要有两点：一是其高压绕组的额定电压应不小于被试品的试验电压值；二是其额定容量应不小于由被试品试验电压及试验电压下流过被试品的电流决定的被试品容量，且在被试品击穿或闪络后能短时地维持电弧。由于被试品的绝缘一般为电容性的，根据电容电流的要求，试验变压器的最小容量为

$$S = 2\pi f C_X U_s^2 \times 10^{-3} \tag{4-13}$$

式中　U_s——被试品的试验电压，kV；

C_X——被试品的电容，μF；

f——电源的频率，Hz；

S——试验变压器的容量，kVA。

单台试验变压器的额定电压提高时，其体积和质量将迅速增加，受运输上的限制，单台试验变压器的额定电压一般不超过 750kV，当需要更高的输出电压时，可将 2～3 台试验变压器串接起来使用。图 4-18 所示为利用三台试验变压器串接的一种原理接线图。三台试验变压器高低压绕组的匝数分别对应相等，高压绕组串联起来输出高电压。为给下一级试验变压器提供电源，第Ⅰ台和第Ⅱ台试验变压器增设了累接绕组，该绕组与所属试验变压器的高压绕组串联，匝数与低压绕组相同，故各台试验变压器高压绕组的电压相等。设各台试验变压器高压绕组的电压为 U，由于第Ⅰ台试验变压器高压绕组的一端与其外壳相连并接地，另一端与第Ⅱ台试验变压器的外壳相连，故第Ⅱ台试验变压器外壳对地的电压为 U，高压绕组输出端对地的电压为 $2U$。同理，第Ⅲ台试验变压器外壳对地的电压为 $2U$，高压绕组输出端对地的电压为 $3U$。因第Ⅱ台、第Ⅲ台试验变压器外壳分别带有 U 和 $2U$ 的高电位，所以必须用能耐受相应电压的支柱绝缘子支撑起来，同时对第Ⅲ台试验变压器的支柱绝缘子采用强制固定表面电位的方法使其表面的电位分布趋于均匀。

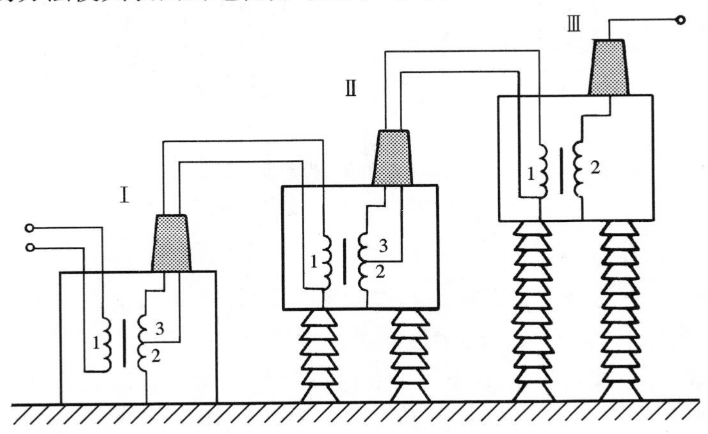

图 4-18　三台试验变压器串接的原理接线图

1—低压绕组；2—高压绕组；3—累接绕组

在串接装置中，各台试验变压器高压绕组的容量是相同的，设为 S，但各低压绕组和累接绕组的容量并不相同。忽略试验变压器的损耗，则第Ⅲ台试验变压器低压绕组的容量也为 S；第Ⅲ台试验变压器的功率是由第Ⅱ台试验变压器的累接绕组供给的，所以第Ⅱ台试验变压器累接绕组的容量也为 S，累接绕组和高压绕组的容量和即为低压绕组的容量，故第Ⅱ台试验变压器低压绕组的容量为 $2S$；同理可推出第Ⅰ台试验变压器低压绕组的容量为 $3S$。各台试验变压器的容量也就是其低压绕组的容量，故三台试验变压器的容量之比为 3∶2∶1。三台试验变压器的总容量为 $6S$，输出容量为 $3S$，输出容量占总容量的百分数即为容量利用系数，可见上述串接装置的容量利用系数只有 50%。如果串接的试验变压器台数增加，容量利用系数将会更低，而且串接装置的漏抗也会增大，因此串接试验变压器的台数一般不超过三台。

进行工频耐压试验时，试验变压器或其串接装置的输出电压必须能从零至额定值间连续可调，为此应在其与电源间接入调压设备。常用的调压设备主要有以下几种：

（1）自耦调压器。自耦调压器具有体积小、质量轻、价格低、对波形的畸变小等优点，在试验变压器容量不大时（单相不超过 10kVA）被普遍采用。但由于它是利用移动碳刷接触调压，所以容量不能做得很大。

（2）移圈调压器。移圈调压器通过改变短路线圈的位置而改变铁芯中的磁通分布，从而实现输出电压的调整。它最大的特点是容量可以做得很大（国内生产的容量可达 2250kVA），但它的漏抗较大，且使输入波形稍有畸变。

移圈调压器的原理接线图和结构示意图如图 4-19 所示。图中辅助绕组 1 和主绕组 2 分别安放于中间铁芯柱的上、下两个部分。这两个绕组的匝数相等但绕向相反，串联起来构成一次绕组。主绕组 2 的外面是补偿绕组 3，它与主绕组 2 异名端相连，其作用是补偿调压器内部的电压降，保证调压器的输出电压达到要求值。最外面是可以上下移动的短路绕组 4。

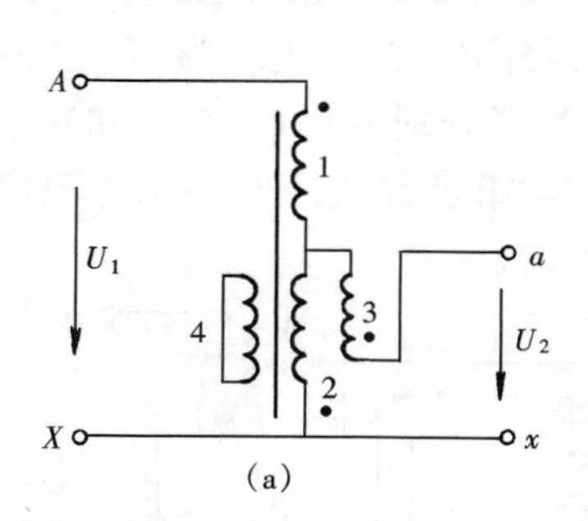

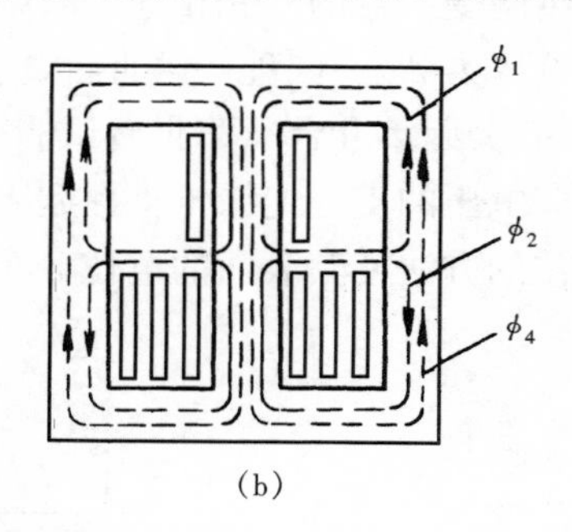

图 4-19 移圈调压器的原理接线图及结构示意图

（a）原理接线图；（b）结构示意图

1—辅助绕组；2—主绕组；3—补偿绕组；4—短路绕组

当调压器空载时，给其输入端加上电源电压 U_1 后，若短路绕组 4 不存在，则辅助绕组 1 和主绕组 2 上的电压各为 $U_1/2$。由于这两个绕组的绕向相反，它们产生的主磁通 ϕ_1 和 ϕ_2 方向也相反，ϕ_1 和 ϕ_2 不能沿铁芯闭合，只能通过非导磁材料自成闭合回路。实际上由于短路绕组的存在，铁芯中的磁通分布将随短路绕组位置的不同而发生变化。当短路绕组处于最下端时，主绕组 2 产生的磁通 ϕ_2 几乎完全被短路绕组产生的反磁通 ϕ_4（沿铁芯闭合）所抵消，主绕组 2 上及补偿绕组 3 上的电压接近于零，输出电压 $U_2 \approx 0$；当短路绕组处于最上端时，情况正好相反，辅助绕组1上的电压降为零，电源电压U_1降落在主绕组上，输出电压U_2约等于U_1与补偿绕组上电压之和。当短路绕组由最下端连续而平稳地向上移动时，输出电压即由零逐渐均匀地升高，这样就实现了调压。

（3）感应调压器。感应调压器的结构与绕线式异步电动机相似，但其转子处于制动状态，作用原理又与变压器相似。它是通过改变转子与定子的相对位置实现调压的。这种调压器容量可以做得很大，但漏抗较大，且价格较贵，故一般很少采用。

（4）电动发电机组。这种调压方式不受电网电压质量的影响，可以得到很好的正弦电压波形和均匀的电压调节。如果采用直流电动机带动发电机，则还可以调节输出电压的频率。但这种调压装置的投资和运行费用较大，只适合于对试验电源要求很严格的场合。

2. 利用串联谐振进行耐压试验

在现场耐压试验中，当被试品的试验电压较高或电容值较大，试验变压器的额定电压或容量不能满足要求时，可采用串联谐振进行耐压试验。试验的原理接线图和等值电路图如图4-20所示。图4-20（b）中R为代表整个试验回路损耗的等值电阻，L为可调电感和电源设备漏感之和，C为被试品电容，$\dot{U}$为试验变压器空载时高压端对地电压。

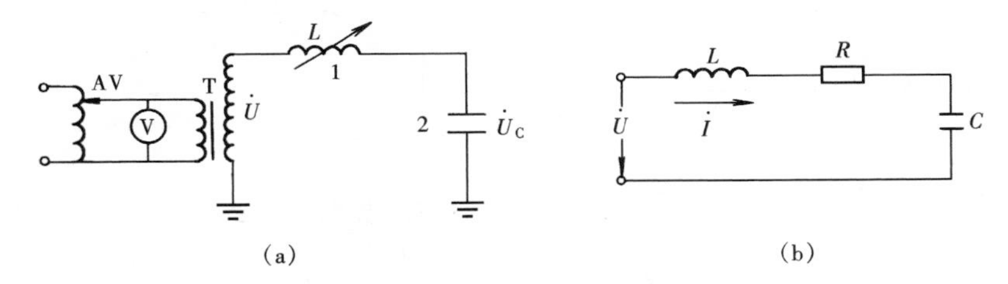

图4-20　串联谐振试验线路原理接线图和等值电路图

（a）原理接线图；（b）等值电路图

1—外加可调电感；2—被试品

当调节电感使回路发生谐振时，$X_L=X_C$，被试品上的电压U_C为

$$U_C = IX_C = \frac{U}{R}\frac{1}{\omega C} = \frac{1}{\omega CR}U = QU \tag{4-14}$$

式中　Q——谐振回路的品质因数，还可表达为$Q=\dfrac{\omega L}{R}$。

谐振时ωL远大于R，即Q值较大，故用较低的电压U可在试品两端获得较高的试验电压U_C。

谐振时回路的电流$\dot{I}$与$\dot{U}$同相，所以试验变压器输出的功率为$P=UI$，被试品的无功功率为$Q_C=U_CI=QUI$，故试验设备的容量仅需被试品容量的$1/Q$。

利用串联谐振电路进行工频耐压试验，不仅试验变压器的容量和额定电压可以降低，而且被试品击穿时由于L的限流作用使回路中的电流很小，可避免被试品被烧坏。此外，由于回路处于工频谐振状态，电源中的谐波成分在被试品两端大为减小，故被试品两端的电压波形较好。

二、工频高电压的测量

工频高电压的测量方法很多，概括起来可以分为两类：一类是低压侧测量，另一类是高压侧测量。不管用何种方法进行测量，也不论是测量幅值还是有效值，测量误差应不大于3%。

1. 低压侧测量

低压侧测量的方法是测量试验变压器低压绕组或测量线圈（试验变压器上配置的供测量电压用的附加线圈）两端的电压，然后按变比换算至高压侧，即得到高压侧的电压。由于电容效应的影响，这种测量方法往往存在较大的误差。

进行工频耐压试验时，被试品一般为电容性负载，试验时的等值电路如图 4-21（a）所示。图中 R 为试验回路的等值电阻；X_L 为试验变压器和调压器折算至高压侧的漏抗值；C 为被试品的电容；$\dot{U}$ 为试验变压器空载时高压侧的输出电压，其值约等于将试验变压器低压侧电压折算至高压侧的值。由于被试品的容抗大于漏抗 X_L，故试验回路呈容性。流过试验回路的电流和回路中各元件上的电压及电源电压的相量图如图 4-21（b）所示。因回路电流 $\dot{I}_C$ 在漏抗 X_L 上产生的电压降落 $\dot{I}_C X_L$ 与被试品上的电压 $\dot{U}_C$ 方向相反，从而使被试品上的电压 $\dot{U}_C$ 的大小高于电源电压 $\dot{U}$ 的大小，这种现象即是所谓的电容效应。

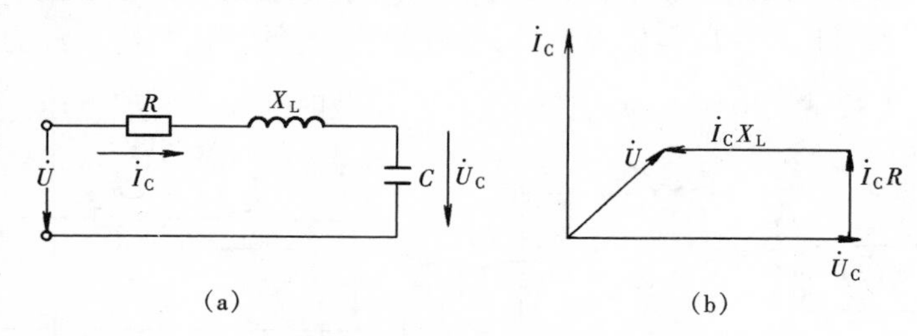

图 4-21 工频耐压试验时的等值电路图及相量图

（a）等值电路图；（b）相量图

正是因为电容效应的影响，加在被试品上的工频高电压一般要求在被试品两端直接进行测量。

2. 高压侧测量

（1）用静电电压表测量。静电电压表可直接用于测量交流和直流高电压，其指示值为被测电压的有效值。它最大的特点是输入阻抗高，接入测量时一般不会引起被测电压发生变化。

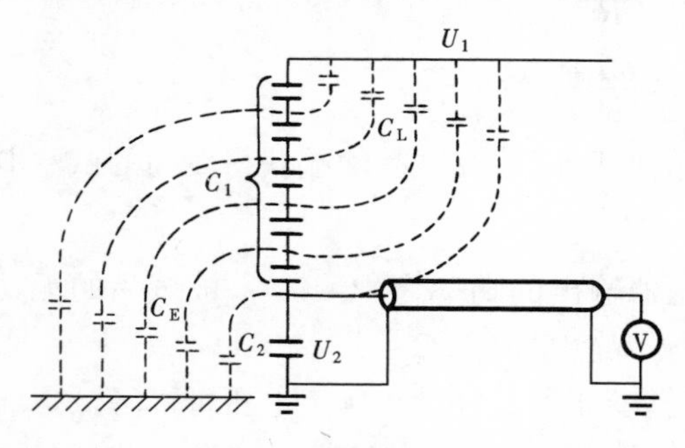

图 4-22 电容分压器测量电路图

外界磁场对静电电压表的测量结果影响很小，但外界电场及振动、风吹等外力的作用对测量结果影响较大，使用时应防止它们的影响。

静电电压表的误差一般为 1%～1.5%。

（2）用电容分压器配低压仪表测量。测量电路如图 4-22 所示。电容分压器由高压臂电容 C_1 和低压臂电容 C_2 串联组成。被测高压 U_1 经电容分压器转换为低压 U_2 后，由同轴电缆送入高阻抗的低压仪表（静电电压表、示波器、峰值电压表等）进行测量，测出 U_2 后再根据分压比即可求得被测电压 U_1。

不考虑高压引线及地与高压臂电容 C_1 间的杂散电容时，分压比为

$$K=\frac{U_1}{U_2}=\frac{C_1+C_2+C_3}{C_1} \tag{4-15}$$

其中 C_3 为同轴电缆的电容，它与低压臂电容 C_2 并联。

实际上许多电容分压器的高压臂电容 C_1 是由多个电容器串联而成的，此时 C_1 各部分与高压引线和地之间的杂散电容将使高压臂的等值电容发生变化，从而引起分压比也发生改变，故对一定环境下的分压比必须仔细进行测定和校正。只要周围环境保持不变，分压器的分压比也就保持恒定。

测量仪器与分压器相隔一定的距离，为的是保证人身安全及避免测量仪器和人体对分压器的电场产生影响。采用同轴电缆则是为了避免在这段引线上产生静电和电磁干扰。

为保护测量仪器，低压臂电容 C_2 两端应并联过电压保护装置（放电管等），有时还在 C_2 上并联一个高值电阻，以消除 C_2 上的残余电荷。

电容分压器几乎不吸收有功功率，不存在温升和随温升而引起的各部分参数的变化，因而可以测量很高的电压。

（3）用球间隙测量。球间隙（简称球隙）在电场比较均匀时，其伏秒特性在击穿时间 $t \geqslant 1\mu s$ 范围内几乎是一条直线，且分散性较小，不同的球隙距离下具有确定的击穿电压。所以它可以用来测量各种类型的高电压。

国际电工委员会（IEC）对测量用球隙的结构、布置、连接和使用都有明确的规定，并且制定了标准球隙的间隙距离和各种性质电压作用下的击穿电压间的关系表（见附录 A），使用时可查阅。

因为只有当球隙击穿时才能得到被测电压，而球隙的击穿又会导致试验中断，所以球隙并不能像其他测量仪表那样直接指示出试品上的电压变化。通常的做法是在接入被试品后，利用球隙求得被试品上的电压与试验变压器低压侧的电压间的关系，并绘成校正曲线，将校正曲线外推，即可求出对应于试验电压时试验变压器低压侧的电压值。在做校正曲线时，被试品上的电压最高升至试验电压的 80%～85%。正式试验时，把球隙距离调至试验电压的 1.1～1.15 倍，作为保护间隙，根据校正曲线，从试验变压器低压侧即可得到升压过程中被试品上的电压。

使用球隙测量电压时，在进行测量前应对球隙进行几次预放电，以消除空气中的尘埃及球面附着的细小杂物的影响，使放电电压稳定。正式测量时应取球隙 3 次放电电压的平均值作为测量值。各次放电的时间间隔不小于 1min，每次放电电压与平均值之间的偏差应在 3%之内。还应注意，用球隙测量工频电压时，测出的为工频电压的幅值，如果试验电压为有效值，则必须注意换算。

（4）用高压电容器和整流装置串联测量。测量电路如图 4 - 23 所示。图中的电流表采用磁电式直流电流表，测出的为流过它的电流的平均值。

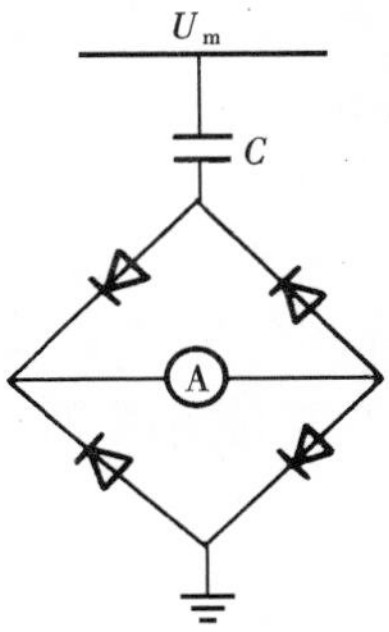

图 4 - 23　高压电容器和整流装置串联测压电路原理接线图

当被测电压为正弦波时，可导出被测电压的峰值 U_m 与电流表的读数 I_r 间的关系为

$$U_m = \frac{I_r}{4Cf} \tag{4 - 16}$$

式中　C——高压电容器电容；

f——被测电压的频率。

这种测量方法的准确度依赖于 C、f 及 I_r 的测量误差的大小，而且还与电压中所含谐波的大小有关。

（5）用电压互感器测量。将电压互感器的一次侧并接于被试品两端，在其二次侧测量电压，将测量结果按变比换算至高压侧即得到被测电压。为保证测量的准确度，互感器一般不应低于1级，电压表不应低于0.5级。

三、试验中应注意的几个问题

（1）升压必须从零开始，在电压达到40%试验电压前可均匀而较快地升压，之后应以每秒3%试验电压的速度升到100%试验电压。在试验电压下保持规定的时间后，应很快降到1/3试验电压或更低，然后切断电源。

（2）对带绕组的被试品，应将各绕组的首尾短接，非被试绕组的首尾短接后还应接地。这样可防止电容电流流过励磁感抗造成不允许的电压升高。

（3）耐压试验前后，均应测量被试品的绝缘电阻。对夹层绝缘或有机绝缘材料的设备，如果耐压试验后的绝缘电阻值比耐压试验前下降30%，则认为该试品不合格。

（4）试验前，应根据当时的大气条件将规定的试验电压换算到实际试验条件下。

（5）被试品在耐压试验中发生击穿，只在被试品的容抗比回路的感抗大得多时回路的电流才明显增大，所以不能只靠电流表的指示来判断被试品是否发生了击穿，最好是根据被试品电压表的指示来判断。

第六节 感应耐压试验

对某些带绕组的电气设备（如变压器、电抗器等），其绕组绝缘是分级的，即绕组首端的绝缘水平要比中性点或接地端的高，这样就不能对整个绕组施加同样的试验电压。此外，上一节所述的外施工频高压试验只能对绕组的主绝缘（绕组之间、绕组对地之间的绝缘）进行试验，而无法对绕组的纵绝缘（层间、匝间及饼间绝缘）和相间绝缘进行试验。采用感应耐压试验可以较好地解决这些问题，它是在被试品的低压绕组上施加2倍的额定电压，在高压绕组和中压绕组（如果有的话）上也感应出同样倍数的高压进行的试验。感应耐压试验时，各绕组上的电压分布与运行中的接近，不仅考验了绕组的主绝缘，也考验了绕组的纵绝缘。

由于试验时所加的电压为额定电压的2倍，如果电压的频率仍为被试品的额定频率的话，铁芯将严重饱和，励磁电流将增大到不允许的程度。为此可提高外施电压的频率，使其不低于100Hz。为避免频率的提高对绝缘的考验加重，在频率超过100Hz时，应将试验时间缩短，耐压试验时间t的计算式为

$$t = 60 \times \frac{100}{f} \quad (\mathrm{s}) \tag{4-17}$$

式中 f——电压的频率，Hz。

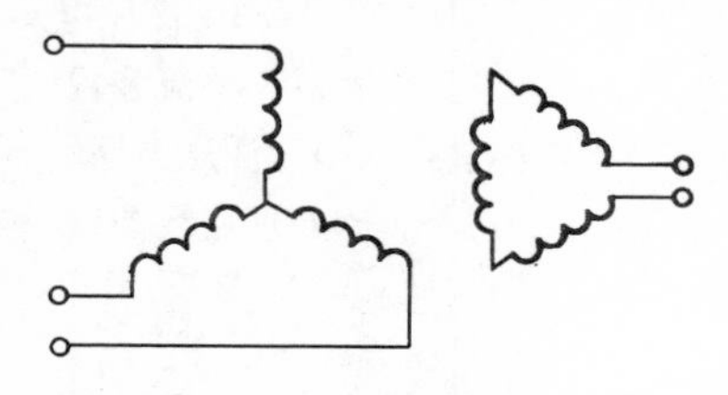

图4-24 利用三台单相变压器产生三倍频电压的原理接线图

现场常利用三台单相变压器产生三倍频电压。如图4-24所示，将三台单相变压器一次侧接成星形，二次侧接成开口三角形。在一次侧加上对称的三相正弦波电压，并升高电压使铁芯饱和。由于铁芯的非线性性质，铁芯中将产生三次谐波磁通，在低压侧各相中产生三次谐波电动势。因三相基波电动势的相位差相差120°，而三次谐波相位相同，所以开口三角形中，三相基波电动势叠加后为零，而

三相三次谐波叠加后为各相的算术和。这样，开口三角形的输出就只有三次谐波电动势。

感应耐压试验中，各绕组两端的感应电动势为其额定电压的 2 倍，这就保证了各绕组的纵绝缘受到 2 倍电压的试验。但感应耐压试验并不能保证绕组出线端对地、出线端相间、中性点对地等各种主绝缘都受到规定的试验电压的作用。因此，必须根据试验标准对被试品不同部位绝缘试验电压的要求和被试品的结构（如绕组排列、引出线部位、磁路结构等）制定出合理的感应耐压试验方案，以做到在较少的试验次数中使各种绝缘都能受到规定的试验电压的作用。对那些在感应耐压试验中无法试验的绝缘部位，应进行工频耐压试验。

图 4-25 所示为对 YNd11 接线的分级绝缘三相变压器 A 相进行感应耐压试验的一种接线图。非被试相 B、C 两相的首端并联接地，并与被试相 A 相串联。高频电源加于变压器低压侧 a 相和 c 相之间。当高频电源电压达到变压器低压侧 2 倍额定电压，且高压侧三相都处于额定分接头位置时，高压侧 A 相绕组的感应电压也达到其额定电压的 2 倍，B、C 相上的感应电压则只达到其额定电压。由于 B、C 两相并联后与 A 相串联，这样就抬高了 A 相出线端的对地电位，使 A 相出线端与地及与 B、C 相出线端间的电压均达到 3 倍额定相电压。调整高压侧分接头位置，可进一步改变此倍数，使其满足高压侧出线端对地及出线端间试验电压的要求。例如 220kV 分级绝缘的变压器，相关试验规程规定高压侧出线端对地及相间试验电压为 400kV，3 倍的额定相电压已接近此值，只要适当改变分接头位置，即可使被试相对地的电压达到此试验电压。对 B、C 相进行类似于 A 相的试验，则各相的纵绝缘、各相出线端对地及相间的主绝缘都得到试验。

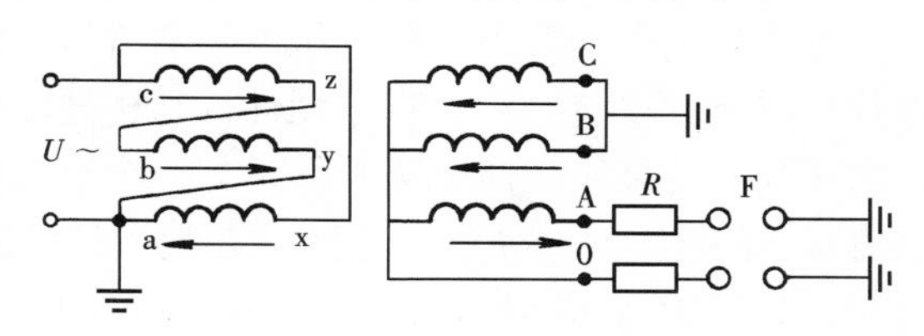

图 4-25　YNd11 接线的分级绝缘三相变压器 A 相进行感应耐压试验接线图

F—保护球隙；R—限流电阻

上述试验过程中，变压器中性点的电压只能达到高压侧的相电压，这往往不能满足中性点试验电压的要求。为此，在感应耐压试验前，应先进行中性点的工频耐压试验。

第七节　直流耐压试验

对电缆、发电机等电容量很大的电气设备，常用直流耐压试验代替交流耐压试验。这主要是因为：

（1）对此类设备进行工频耐压试验需要大容量的试验设备，现场往往难以满足。若改为进行直流耐压试验，则因流过试品的只有泄漏电流而没有电容电流，试验设备的容量可大大减小。

（2）直流电压下绝缘中发生局部放电时，所产生的放电电荷使气隙中的场强减弱，从而抑制了局部放电的发展，而交流电压下每个半波内都发生局部放电，促使局部缺陷进一步扩大。所以直流耐压试验对有机绝缘的损伤远比工频耐压试验时的小。

（3）对某些绝缘结构来说，直流耐压试验能发现工频耐压试验不易发现的缺陷。例如电动机定子绕组槽外部分绝缘，在直流电压下其上的电位分布比交流电压下的均匀，离槽较远处绝缘上的电压较高，因而更易检查出其中的缺陷。

虽然直流耐压试验具有上述优点，但要用直流耐压试验代替工频耐压试验，必须确定直流试验电压与工频试验电压间的等价关系。由于直流电压下绝缘内部的电压分布、极化过程、局部放电过程等都与工频电压下的不同，所以这种关系是不易确定的。正因为如此，只对几种电容量很大的电气设备才改做直流耐压试验。

考虑到直流电压下绝缘中的电压分布经较长的时间才能趋于稳定（因夹层极化所需的时间较长），直流电压下绝缘的介质损耗及直流电压对绝缘的损伤比工频电压下的小得多，且直流耐压试验中还要测定泄漏电流，故直流耐压试验的时间要比工频耐压试验的长一些，一般在 5～10min，具体由设备的类型和容量大小而定。

一、直流高电压的产生

直流高电压一般由试验变压器将交流电压升压后再进行整流而获得。图 4 - 5 和图 4 - 6 为基本的半波整流电路。整流元件（高压硅堆）V 有两个主要参数：一个是额定电压，指允许加在其上的最大反向电压峰值；另一个是额定电流，指允许长时间通过它的直流电流（平均值）。使用 V 时应使它的这两个参数满足试验回路的要求。耐压试验中被试品有可能发生击穿，为保护高压硅堆，通常应在它的前面串联保护电阻 R。R 的大小应根据过流保护的动作时间和高压硅堆的过载特性（允许过电流和过载时间的关系）来确定。过电流时继电保护切断电源的时间一般考虑为 0.5s，如缺乏高压硅堆的过载特性曲线，对应于 0.5s 的允许电流可以估计为 10 倍额定电流。

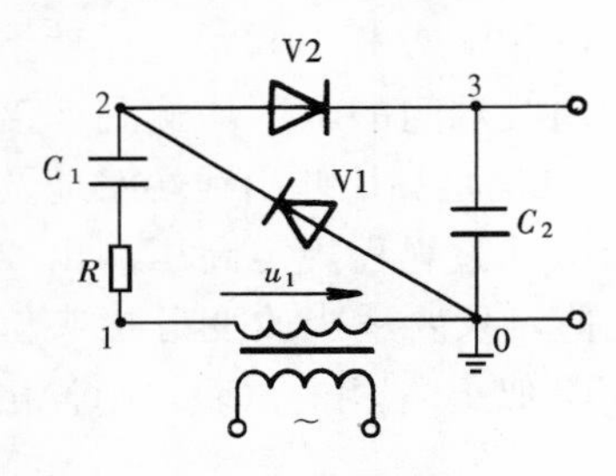

图 4 - 26　倍压整流电路

如欲获得更高的直流电压，可采用图 4 - 26 所示的倍压整流电路，其工作原理简述如下。

假定试验变压器高压绕组的对地电压 u_1 的峰值为 U_m，当 u_1 从零开始向 $-U_m$ 降低时，由于 C_1、C_2 上的初始电压为零，所以 V1 导通，V2 截止，u_1 通过 V1、R 向 C_1 充电，u_1 达到 $-U_m$时，C_1 上的电压 u_{c1} 达到 $+U_m$（忽略充电时间常数）。当 u_1 由 $-U_m$ 增大时，2 点的对地电压 u_2（u_{c1} 与 u_1 之和）从零开始增大（忽略高压硅堆的管压降），此时 V1 将截止，V2 导通，u_{c1} 和 u_1 叠加后经 V2 向 C_2 充电，3 点的对地电压 u_3 随之上升。当 u_1 达到 $+U_m$ 时，u_2 和 u_3 相等，V2 截止。因在向 C_2 充电的过程中 C_1 被反充电，故此过程中 u_{c1} 下降，u_3 达不到 $2U_m$。当 u_1 从 $+U_m$ 下降到 u_2 小于零后，V1 又导通，u_1 第二次向 C_1 充电，使 C_1 上的电压达到 $+U_m$，之后当 u_1 增大到 u_2 大于 u_3 时，u_1 又与 u_{c1} 一起给 C_2 进行第二次充电。这样随着充电次数的增加，C_2 上的电压逐渐趋近于 $2U_m$，C_1 上的电压则逐渐稳定于 U_m。当 C_1、C_2 上都充满电后，C_2 上即输出 $2U_m$ 的直流电压。上述过程中 C_1、C_2 上的电压变化如图 4 - 27 所示。

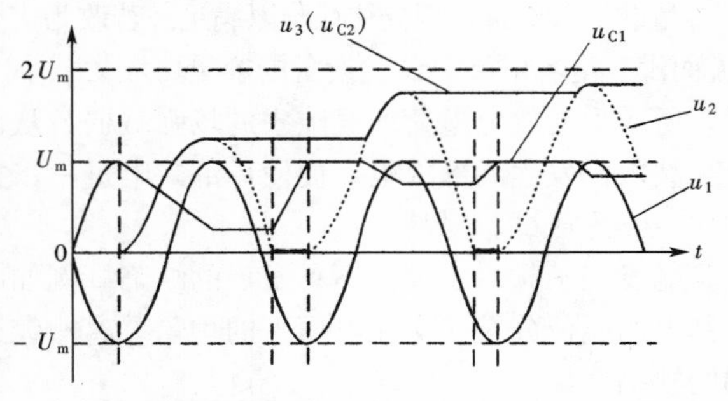

图 4 - 27　充电过程中各点及电容 C_1 和 C_2 的电压变化波形

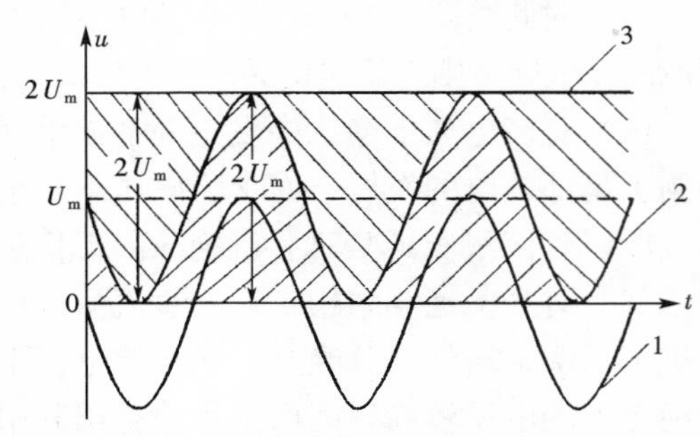

图 4 - 28　稳态时各点电压波形

达到稳态后，各节点的电压变化波形如图 4-28 所示。因 2 点的对地电压大于零时 V1 截止，3 点的对地电压大于 2 点的对地电压时 V2 截止，由图可见，V1、V2 截止时其上的最大反峰电压均为 $2U_m$。

以上分析的是倍压整流电路空载的情况，此时输出的为平稳的直流电压。当接入负载后，在 V2 截止过程中，C_2 通过负载放电，输出电压随之降低；V2 导通时，C_2 又被充电，输出电压又随之升高。所以此时的输出电压为含有脉动成分的直流电。

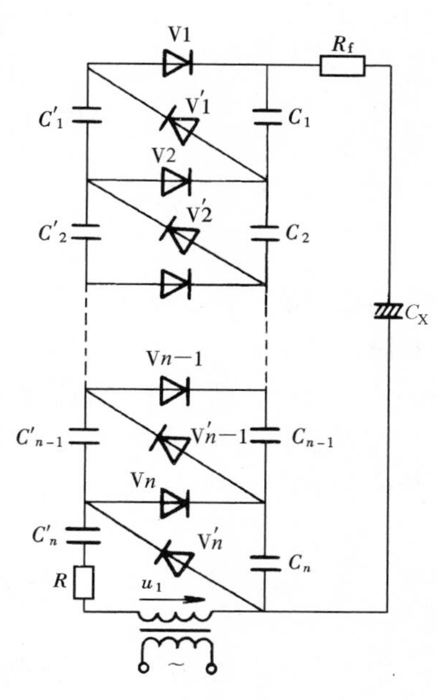

图 4-29　串接整流电路

倍压整流电路只能获得 $2U_m$ 的电压。如果需要更高的电压，可采用图 4-29 所示的串接整流电路。其工作原理与图 4-26 的倍压整流电路类似，电源为负半波时依次给左柱电容器充电，而电源为正半波时依次给右柱电容器充电。空载时，n 级串接的整流电路可输出 $2nU_m$ 的直流电压。但随着串接级数的增多，接入负载时的脉动系数和压降（$2nU_m$ 与输出平均电压之差）迅速增大。

为减小被试品击穿时左、右柱电容器向被试品的放电电流，避免缺陷扩大，同时也为了保护高压硅堆 V1 和 V′n（左柱电容器 $C'_1 \sim C'_{n-1}$ 串联后经 V1、V′n 和被试品 C_X 形成放电回路），应在被试品前串联足够大的电阻 R_f。

二、直流高电压的测量

1. 用静电电压表测量

当直流电压中含有脉动分量时，静电电压表的指示值为

$$U = \sqrt{U_{av}^2 + (\delta U)^2/2} \tag{4-18}$$

式中　U_{av}——直流电压的平均值；

δU——脉动分量幅值。

当脉动系数不超过 3%时，可认为 $U \approx U_{av}$。

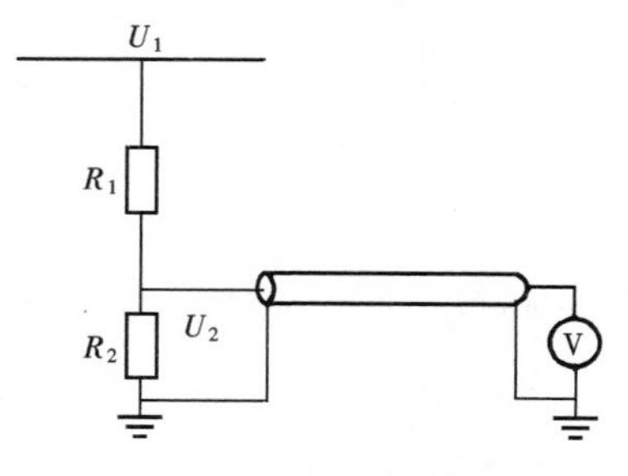

图 4-30　电阻分压器配合低压仪表测量电路

2. 用电阻分压器配合低压仪表测量

测量电路如图 4-30 所示。电阻分压器的分压比为

$$K = \frac{U_1}{U_2} = \frac{R_1 + R_2}{R_2} \tag{4-19}$$

式中　R_1——分压器高压臂电阻；

R_2——分压器低压臂电阻与测量仪表内阻值并联后的等效电阻。

应当注意，直流电压不能用电容分压器来测量。因为直流下电容分压器的分压比不决定于高、低压臂电容的值，而是决定于高、低臂电容器的绝缘电阻值。

使用电阻分压器时，也应选用内阻极高的低压测试仪表，如静电电压表、晶体管电压表、数字电压表、示波器等。

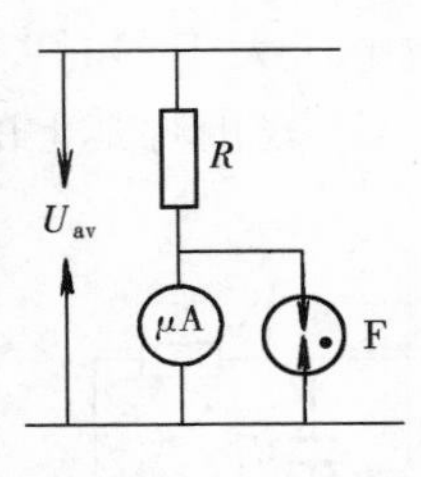

图 4-31 高压电阻与微安表串联测量电路

3. 用高压电阻与微安表串联测量

测量电路如图 4-31 所示。高压电阻阻值很大，被测电压几乎全部降于其上，通过微安表的电流平均值与高压电阻阻值的乘积近似等于被测电压的平均值。

高压电阻 R 的阻值由被测电压和电流决定，一般取 10～20MΩ。微安表量程选 0～50μA 或 0～100μA。

为防止高压电阻发生沿面闪络而损坏微安表，可在微安表两端并联适当放电电压的放电管。

4. 用球间隙测量

用球间隙测量直流高压的方法与测量交流高压的方法相同。但应注意的是，当直流电压含有脉动分量时，球间隙测出的是直流电压的最大值，它和直流电压的平均值之间存在一定的误差。只有脉动分量的幅值较小时，测量值才近似等于被测电压。

在直流电压下，即使存在一定的脉动，流过球隙电容的电流也比交流下小得多，不会在球隙保护电阻上产生显著的压降，故测量直流电压时，球隙的保护电阻可取得大些。

第八节 冲击耐压试验

电力系统中的高压电气设备除了承受长期的工作电压作用外，在运行过程中还可能承受雷电过电压和操作过电压的作用，冲击耐压试验就是用来检验高压电气设备对雷电冲击电压和操作冲击电压的耐受能力。我国国家标准中，根据电力系统绝缘配合的原则，制定了各电压等级各类电气设备应能耐受的各种试验电压（见附录 B）。但由于进行冲击耐压试验所需的试验设备庞大且试验技术复杂，所以只在制造厂的型式试验或出厂试验中才进行此类耐压试验。运行部门一般不具备试验条件，因此在预防性试验中一般不进行冲击耐压试验，而是以近似等价的 1min 工频耐压试验来代替，即将雷电冲击耐受电压和操作冲击耐受电压分别换算为等值的工频耐受电压，然后取最高者作为 1min 工频试验电压。对于超高压设备，普遍认为不能以工频耐压试验替代操作冲击耐压试验，故对超高压设备应进行操作冲击耐压试验。

一、冲击高电压的产生

雷电冲击电压是利用冲击电压发生器产生的；操作冲击电压既可以利用冲击电压发生器产生，也可以利用冲击电压发生器与变压器联合产生。

1. 雷电冲击电压的产生

冲击电压发生器是利用高压电容器通过球隙对电阻电容回路放电而产生雷电冲击电压的。冲击电压发生器的两种基本回路如图 4-32（a）、（b）所示。

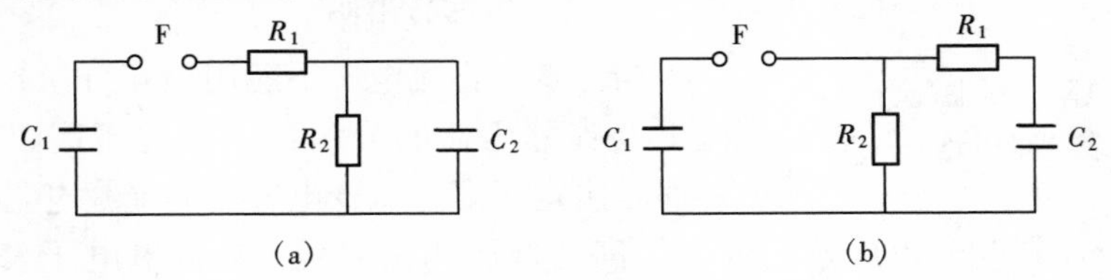

图 4-32 冲击电压发生器的基本回路

（a）低效率回路；（b）高效率回路

在图 4 - 32 中，电容 C_1 在被球隙 F 隔离的状态下由直流电源充电到稳态电压 U_0。当球隙 F 被击穿以后，电容 C_1 上的电荷一方面经 R_2 放电，同时 C_1 通过 R_1 对电容 C_2 充电，在被试品（与 C_2 并联）上形成上升的电压波前。当 C_2 上的电压被充电达到最大值后，反过来又与 C_1 一起对 R_2 放电，在被试品上形成下降的波尾。被试品的电容可以等值地并入电容 C_2 中。一般选择 R_2 比 R_1 大得多，C_1 比 C_2 大得多，这样就可以在 C_2 上得到所要求的波前较短（时间常数 R_1C_2 较小）而半峰值时间较长（R_2C_1 较大）的冲击电压波形。R_1 和 C_2 影响冲击电压的波前时间，分别称为波前电阻和波前电容；R_2 和 C_1 影响波尾时间，分别称为波尾电阻和主电容。

在 C_1 向 C_2 充电过程中，忽略 C_1 经 R_2 放掉的电荷，则在图 4 - 32（b）的电路中，C_2 上的最大电压为

$$U_m \approx \frac{C_1}{C_1+C_2}U_0 \tag{4-20}$$

而在图 4 - 32（a）的电路中，除了电容上的电荷分布外，还有 R_1 和 R_2 的分压作用，C_2 上的最大电压为

$$U_m \approx \frac{R_2}{R_1+R_2} \times \frac{C_1}{C_1+C_2}U_0 \tag{4-21}$$

输出电压峰值 U_m 与 U_0 之比称为冲击电压发生器的利用系数。图 4 - 32（b）的利用系数高于图 4 - 32（a）的，称为高效率回路，图 4 - 32（a）称为低效率回路。在实际的冲击电压发生器中，常采用高效率回路。

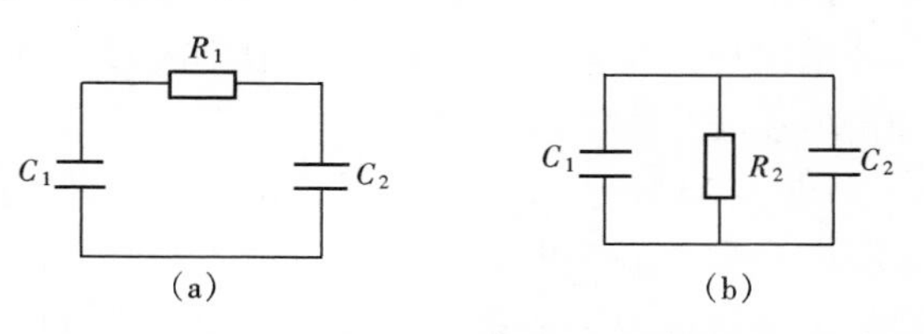

图 4 - 33　决定冲击波波形的等值电路图

（a）决定波前时间；（b）决定半峰值时间

冲击波的波前时间和半峰值时间可根据图 4 - 33 的等值电路来确定。它是由图 4 - 32 简化而来的，在决定波前时间时忽略了 R_2 的作用，而在决定半峰值时间时忽略了 R_1 的作用。在冲击波的波前部分，C_2 上的电压可表示为

$$u(t) = U_m(1 - e^{-\frac{t}{\tau_1}}) \tag{4-22}$$

式中　τ_1——由图 4 - 33（a）决定的时间常数，$\tau_1 = R_1\dfrac{C_1C_2}{C_1+C_2}$。

根据冲击波视在波前 T_1 的定义，令 $t=t_1$ 时，$u(t_1) = 0.3U_m$；$t = t_2$ 时，$u(t_2) = 0.9U_m$，则有

$$0.3U_m = U_m(1 - e^{-\frac{t_1}{\tau_1}}) \tag{4-23}$$

$$0.9U_m = U_m(1 - e^{-\frac{t_2}{\tau_1}}) \tag{4-24}$$

联解以上两式得

$$t_2 - t_1 = \tau_1 \ln 7 \tag{4-25}$$

于是波前时间 T_1 为

$$T_1 = 1.67(t_2 - t_1) = 1.67\tau_1 \ln 7 = 3.24R_1\frac{C_1C_2}{C_1+C_2} \tag{4-26}$$

在冲击波的波尾部分，C_2 上的电压可表达为

$$u(t) = U_m e^{-\frac{t}{\tau_2}} \tag{4-27}$$

式中　τ_2——由图 4-33（b）决定的时间常数，$\tau_2 = R_2(C_1 + C_2)$。

根据半峰值时间 T_2 的定义，可得

$$0.5U_m = U_m e^{-\frac{T_2}{\tau_2}} \tag{4-28}$$

由此得

$$T_2 = \tau_2 \ln 2 = 0.7\tau_2 = 0.7R_2(C_1 + C_2) \tag{4-29}$$

式（4-26）和式（4-29）是在忽略许多影响因素（如回路电感、测量设备电容等）后近似推出的，根据较详细的分析计算和在实际装置上测量校验的经验，推荐使用下面的修正公式

$$T_1 = (2.3 \sim 2.7)R_1 \frac{C_1C_2}{C_1 + C_2} \tag{4-30}$$

$$T_2 = (0.7 \sim 0.8)R_2(C_1 + C_2) \tag{4-31}$$

当回路电感较大时，上两式中的系数取较小的值。这两个公式可以用来计算冲击电压发生器的参数和调整冲击电压发生器的输出电压。

以上为单级冲击电压发生器的工作原理。由于受到整流器和电容器额定电压的限制，单级冲击电压发生器的最高电压一般不超过 200～300kV。如需更高的冲击电压，可采用多级冲击电压发生器。

图 4-34 所示为一种常用的高效率多级冲击电压发生器。其工作原理概括说来就是利用多级电容器并联充电，然后通过球隙串联放电，从而产生高幅值的冲击电压。冲击电压发生器的第一级球隙一般是一个点火球隙，在其中一个球内安放有另外一个电极，当球隙上的电压小于球隙的击穿电压时，利用点火装置给该电极上施加合适的脉冲电压，可使球隙点火击穿。通电前先调整各球隙的距离，使它们的击穿电压稍大于电容 C'_1 以后充电时的最大电压 U'_0，然后由整流电源经充电电阻 R_0、隔离电阻 R 等对各个并联电容器 C'_1 充电。充电完成后，各电容 C'_1 上的电压都达到 U'_0。启动点火装置使点火球隙 F1 击穿，a 点电位由零迅速升高到 U'_0，b 点电位则由原来的 U'_0 迅速升高到 $2U'_0$。由于 a 点的电位变化要影响到 d 点的话，必须经过 R'_2 对 d 点的杂散对地电容 C_e 充电，因 R'_2 较大，对 C_e 的充电需要一定的时间，故在 b 点的电位达到 $2U'_0$ 时，d 点基本上仍保持零电位。这样，在球隙 F2 上就出现了接近等于 $2U'_0$ 的电压，从而导致 F2 击穿。同理，其他球隙也相继很快击穿，结果使原来并联充电到 U'_0 的各个电容串联起来向 C_2 放电。放电时的等值电路与图 4-32（b）相同，其中 $U_0 = nU'_0$，$C_1 = C'_1/n$，$R_1 = nR'_1$，$R_2 = nR'_2$，n 为冲击电压发生器的级数。电阻 R 在放电过程中主要起隔离作用，C'_1 经 R 的放电不应显著影响输出电压波形，为此要求 R 要比 R'_2 大得多。

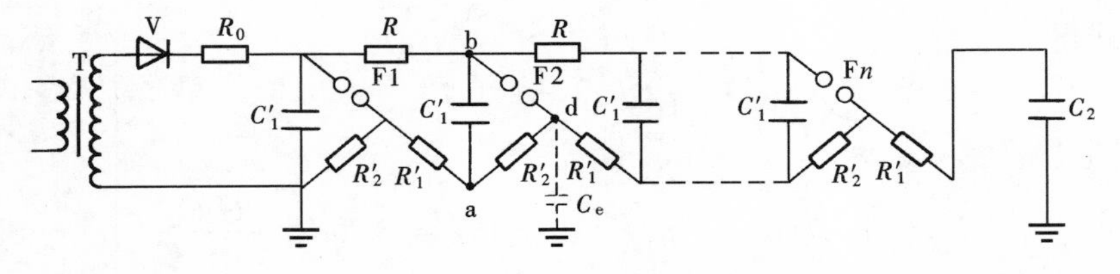

图 4-34　高效率多级冲击电压发生器电路图

2. 操作冲击电压的产生

利用冲击电压发生器产生操作冲击电压的原理与产生雷电冲击电压的原理是一样的，只不过操作冲击电压的波前和半峰值时间比雷电冲击电压的长得多，要求发生器的放电时间常数比产生雷电冲击电压时的长得多。增大发生器放电回路中的各种电容（主电容、波前电容）和各种电阻（波前电阻、波尾电阻和隔离电阻），即可获得满足要求的操作冲击电压波形。

操作冲击电压还可以利用冲击电压发生器和变压器联合产生，即用一个小型的冲击电压发生器向变压器低压绕组放电，在变压器高压绕组感应出幅值很高的操作冲击电压波。其原理接线图如图 4 - 35 所示。图中被试品就是变压器。小型冲击电压发生器可在现场组装，因此这种方法便于现场使用。

图 4 - 35 可简化为图 4 - 36 所示的等值电路。图中 C_1 是冲击电压发生器的主电容，L_1 和 L_2 分别为变压器低压绕组和高压绕组的漏感；L_m 为变压器的励磁电感；C_2 为变压器高压侧对地电容。以上各量均折算到低压侧。由于高压绕组的对地电容折算到低压侧后远大于低压绕组的对地电容，故忽略低压绕组的对地电容。

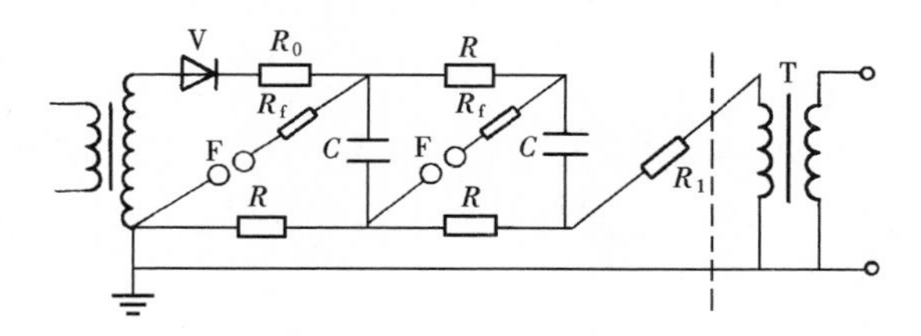

图 4 - 35　利用变压器产生操作冲击电压的原理接线图

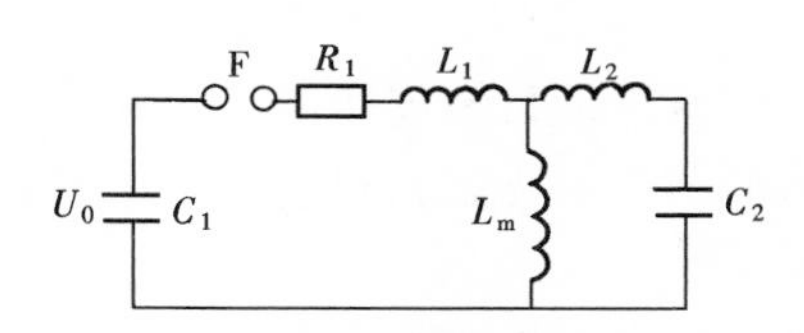

图 4 - 36　利用变压器产生操作冲击电压的等值电路图

当球隙击穿后，已充电的主电容 C_1 通过 R_1、L_1 和 L_2 向 C_2 充电，在 C_2 上形成上升的电压波前；当 C_2 充电达到最大值后，C_1 和 C_2 通过 L_m 缓慢放电，由于铁芯中的磁通一直在增加，时间增长到某一时刻时，磁通达到饱和，L_m 变得很小，电容 C_1 和 C_2 的放电电流急剧增大，C_2 上的电压也就急剧降为零，形成操作冲击电压的波尾。电压过零后，L_m 储存的能量向 C_1 和 C_2 反向充电形成振荡，由于电阻和铁芯的损耗，电压很快衰减到零，如图 4 - 37 所示。

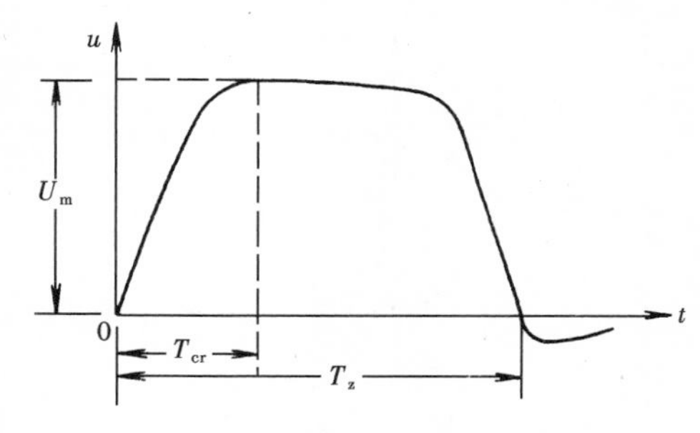

图 4 - 37　操作冲击电压波形

二、冲击高电压的测量

冲击电压的持续时间短，变化速度快，这就要求测量仪器和测量系统具有良好的瞬变响应特性。常用的测量装置有球隙和分压器测量系统。球隙只能测量冲击电压的峰值。分压器测量系统中的低压仪表可以是示波器或峰值电压表。如果是峰值电压表，则只能测量峰值；如果是示波器，则不仅能指示峰值，还能显示冲击电压的波形。

1. 用球隙测量

用球隙测量冲击电压时，除球隙的有关结构、布置等符合规定外，还应注意以下特点。

（1）由于在冲击电压作用下球隙的放电具有分散性，球隙测量时所确定的电压应为球隙的 50%放电电压。调节球隙距离至加上 10 次被测的冲击电压，能有 4～6 次使球隙击穿，此时根据球隙距离查球隙放电电压表并进行大气条件校正后，所得的电压值就是被测冲击电压的峰值。

（2）球隙放电电压表中的冲击放电电压值是标准雷电冲击全波或长波尾冲击电压下球隙的 50%放电电压。由于规定测量球隙为稍不均匀电场，所以操作冲击电压下球隙的放电电压与雷电冲击电压下的相同。又由于球隙的伏秒特性在放电时间大于 1μs 时几乎是一条直线，故用球隙实际上可测量波前时间不小于 1μs，半峰值时间不小于 5μs 的任意冲击全波或波尾截断的截波的峰值。

（3）在小间隙中为加速有效电子的出现，使放电电压稳定，凡所用球径小于 12.5cm，不论测量何种电压，或使用任何球径来测量峰值小于 50kV 的任何电压时，都必须用短波光源照射球隙。

（4）测量冲击电压时，与球隙串联的保护电阻的作用是减小球隙击穿时加在被试品上的截波电压陡度，同时减小阻尼回路内可能发生的振荡。由于球隙击穿前通过它的电容电流较大，所以其阻值不能太大，否则会引起不允许的测量误差。一般要求不超过 500Ω，且其本身的电感不超过 30μH。

2. 用分压器测量系统测量

分压器测量系统包括：①从被试品接到分压器高压端的高压引线；②分压器；③连接分压器输出端与示波器的同轴电缆；④示波器。如果只要求测量冲击电压的峰值，则可用峰值电压表代替示波器。

（1）测量系统的方波响应。冲击测量系统性能的优劣通常用方波响应来衡量。在测量系统的输入端施加一个单位方波电压时，在理想的情况下，输出电压也应该是方波，只是幅值按分压器的分压比缩小而已。但由于系统的测量误差，实际的输出并非方波，而是一个按指数规律平缓上升或衰减振荡的波形。为便于比较，将输出的电压按分压器稳态时的分压比归算到输入端，则此时输出端的稳态电压也为 1。归算后的输出电压称为单位方波响应，指数型和衰减振荡型单位方波响应分别如图 4-38（a）和（b）所示。

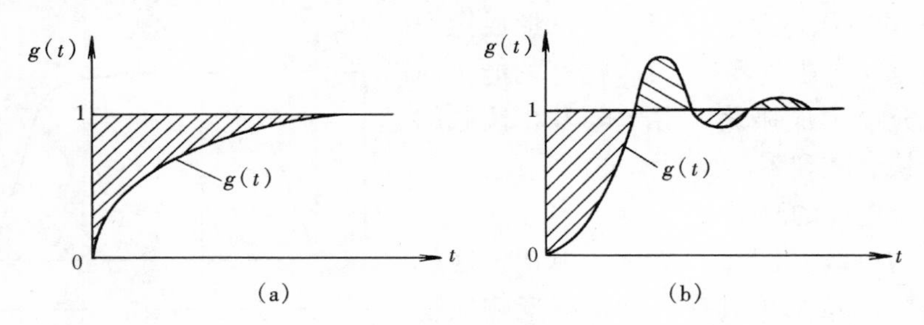

图 4-38 冲击测量系统的单位方波响应

（a）指数型；（b）衰减振荡型

方波响应的重要参数之一是它的响应时间 T。单位方波和单位方波响应 $g(t)$ 之间包围的面积称为方波响应时间，即

$$T=\int_0^{\infty}[1-g(t)]\mathrm{d}t \tag{4-32}$$

响应时间 T 的大小反映了测量系统误差的大小。

（2）测冲击电压用的分压器。冲击分压器按其结构可分为电阻分压器、电容分压器、串联阻容分压器和并联阻容分压器，它们的原理电路如图4-39所示。

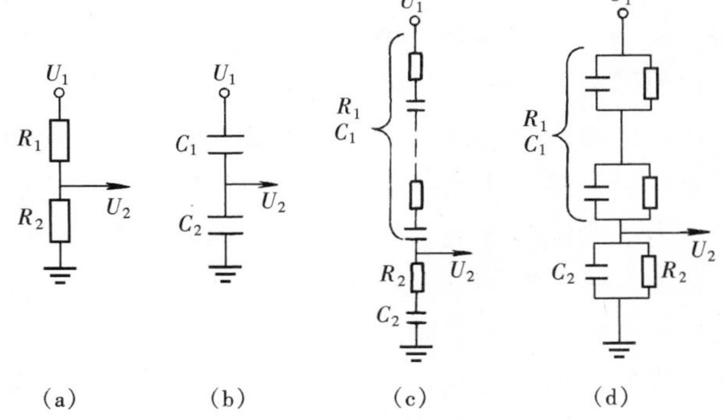

图4-39　不同类型冲击分压器的原理电路图

（a）电阻分压器；（b）电容分压器；（c）串联阻容分压器；（d）并联阻容分压器

电阻分压器高低压臂均为电阻，为使阻值稳定，电阻通常用康铜电阻丝等以无感绕法绕制。与测量直流电压的同种分压器相比，其阻值要小得多。电阻分压器的误差主要是由于分压器各部分的对地杂散电容引起的，这些杂散电容对变化速度很快的冲击电压来说，会形成不可忽略的电纳分支，而且电纳值与被测电压中各谐波频率有关，这将使输出波形失真，并产生幅值误差。电阻分压器在测量1MV左右及1MV以下的冲击电压时，采取一定的措施可以达到较高的准确度，故使用很普遍。

电容分压器高低压臂均为电容，各部分对地也存在杂散电容，会在一定程度上影响分压比，但因分压器本体也是电容，故只要周围环境不变，这种影响将是恒定的，不随被测电压的波形、幅值而变，因此电容分压器不会使输出波形发生畸变。对分压器进行准确校验，则幅值误差也可消除。用电容分压器可测量数兆伏的冲击电压。

并联阻容分压器和串联阻容分压器是作为上述两种分压器的改进型而发展起来的。并联阻容分压器在测量快速变化过程时，沿分压器各点的电压按电容分布，它像电容分压器，大大减小了对地杂散电容对电阻分压波形的畸变，避免了电阻分压器的主要缺点。测慢速变化过程时，沿分压器各点的电压主要按电阻分布，它又像电阻分压器，避免了电容器的泄漏电阻对分压比的影响。如果使高压臂和低压臂的时间常数相等，则可实现分压比不随频率而变。但这种分压器结构比较复杂，而且和电容分压器一样，在电容量较大时会妨碍获得陡波前的波形，高压引线中需串接阻尼电阻。

电容分压器本体的电容与整个测量回路的电感配合，会产生主回路振荡，分压器本体各级电容器中的寄生电感与对地杂散电容相配合，还会形成寄生振荡，在各级电容器中串接电阻可衰减这两种振荡，但串接电阻后将使分压器的响应时间增大。如果在低压臂中也按比例地串入电阻，则可保持响应时间不变。这样就产生了串联阻容分压器，它可以用来测量雷电冲击、操作冲击和交流高电压，电压可达数兆伏。在串联阻容分压器的基础上，再加上高值并联电阻，还可测量直流高电压，构成所谓的通用分压器，故串联阻容分压器的应用较为广泛。

（3）测量冲击电压用的示波器和峰值电压表。冲击电压是变化速度很快的单次过程，要把这样的信号在示波管的荧光屏上清楚地显示出来，用普通的示波器是做不到的。因为普通示波器的加速电压一般只有2～3kV，其电子射线的能量不够。高压示波器的加速电压可达20～40kV（热阴极管）及20～100kV（冷阴极管），适合于记录这种快速变化的单次过程。由于高压示波器电子射线的能量很高，长时间射到荧光屏上会损坏屏上的荧光层，故电子射线平时是闭锁的，只有在被测信号到达前的瞬间，通过启动示波器的释放装置才能射到荧光屏上。被测信号消失后，电子射线将被自动闭锁。

要显示被测信号的波形，电子射线除了要按被测信号作垂直偏转外，还应按时间基轴作水平偏转，所以示波器的水平偏转板上必须有扫描电压。普通示波器中采用重复的锯齿形扫描，而高压示波器则采用与被测信号同步触发的可调单次扫描。

为了显示一个完整的冲击电压波形，首先应启动示波器的释放装置使电子射线到达荧光屏，其次启动示波器的扫描装置使射线作水平偏转，然后使被测电压作用到示波器的垂直偏转板上。上述三步动作必须在极短的时间内按所需时间差顺序完成，这称为示波器的同步。

为了确定被测电压的幅值和波形，一个完整的示波图上，除应有被测电压的波形外，还应有中性线、校幅电压线和时标，这些都可由示波器本身的电路产生。由于荧光屏上显示的被测电压瞬间即逝，所以普通的高压示波器上都带有照相装置。将被测信号、中性线、校幅电压线分别拍在同一张底片上（需启动示波器四次），即可得到完整的示波图。

如果只需要测量冲击电压的峰值，可以使用冲击峰值电压表代替示波器，这种电压表的原理是：被测电压上升时，通过整流元件将电容器充电到电压峰值；被测电压下降时，整流元件闭锁，电容上的电压保持不变，由指示仪表稳定指示出来。使用时应注意其输入阻抗和最小波前时间。

第九节　绝缘在线监测

电气设备绝缘的预防性试验是定期将设备停电进行试验，而绝缘在线监测是在设备运行过程中对其绝缘的某些特征参数进行测量。预防性试验只能周期性地检查绝缘的状况，试验合格的设备在进行下次试验的间隔期内仍可能发生绝缘事故。绝缘在线监测可连续随时地监测绝缘的状态，能及时发现绝缘中潜伏的缺陷，因此能大大降低绝缘运行过程中的事故率。

一、在线监测系统的组成

绝缘在线监测系统一般由以下几部分构成。

（1）信号的变送。信号的变送由相应的传感器来完成，传感器从电气设备上监测出反映绝缘状态的物理量，统一转换为合适的电信号后送至后续单元。

常用的传感器有温度传感器、电流传感器、振动传感器和气体传感器等。

（2）信号的预处理。对传感器变送来的信号进行滤波等预处理，称为信号的预处理。它可对混叠在信号中的噪声进行抑制，以提高信噪比。

（3）数据采集。对经过预处理后的信号进行采集，并将其转换为数字信号后送往数据处理单元。数据采集单元主要由采样保持电路和模数转换器组成。

（4）信号的传输。对便携式监测与诊断系统，由于是就地监测和诊断，不需要将信号传输到远离被监测设备的地方，故只需对信号进行适当的变换和隔离即可。对于固定式的监测和诊断系统，因其数据处理单元一般远离被监测的设备，故需配置专门的信号传输单元。

为避免长距离传送电信号时受到外界电磁干扰，一般采用光纤信号传输系统。其特点是先将电信号转换为光信号，用光纤将光信号传送到目的地后再转换为电信号。

（5）数据处理。对所采集的数据进行处理和分析，如进行平均处理、数字滤波、时域或频域分析等，其目的是进一步抑制噪声，提高信噪比，以获得真实可靠的数据。

（6）诊断。对处理后的数据和历史数据、判据及其他信息进行比较、分析后，对设备绝缘的状态或故障部位作出诊断。

变电站存在许多需要监测的设备，各设备的数据采集和存储通常由各自监测系统的单片机完成，各单片机分散在现场各被测设备的附近，并通过信号传输系统与主控室的微机相连，各设备的数据处理和诊断由微机完成，这样整个变电站的在线监测系统就成为一个以单片机为下位机和以微机为上位机的计算机分级管理系统。

二、电流的在线监测

电容型设备（如电流互感器、电容式套管、耦合电容器等）的绝缘由多层介质串联而成，正常时的等值电路如图 4-40（a）、（b）所示。当其中某一层存在缺陷时，该层的等值电阻和电容将由原来的 R_1、C_1 分别改变为 R'_1、C'_1，此时的等值电路如图 4-40（c）所示。该层的介质损失角由 $\tan\delta$ 增大为 $\tan\delta'$ 后，随着 $\tan\delta'$ 的增大，整个绝缘的电容变化（$\Delta C/C_0$）、电流变化（$\Delta I/I_0$）、介质损失角正切变化（$\Delta\tan\delta$）如图 4-41 所示。由图可见，在缺陷发展的过程中，测量 $\Delta I/I_0$ 将比测另两个参数更灵敏些。

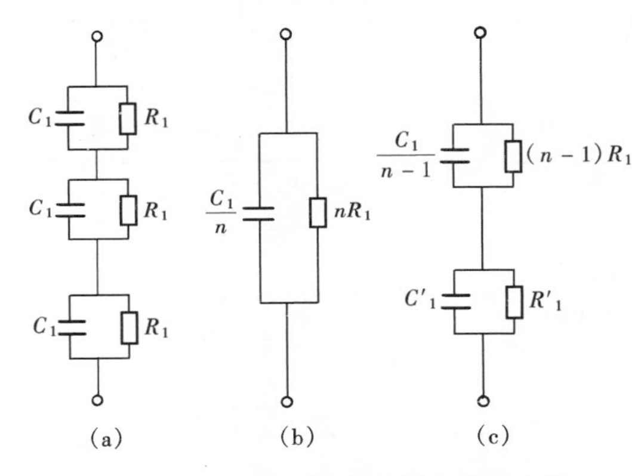

图 4-40　电容型设备绝缘的等值电路
(a)、(b) 正常时的等值电路；
(c) 有一层缺陷（C'_1，R'_1）的等值电路

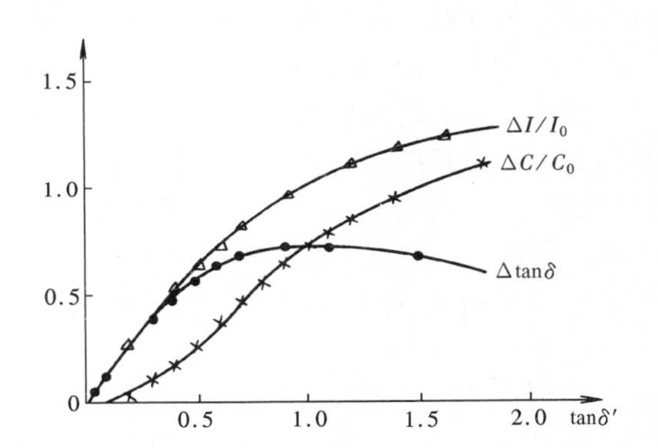

图 4-41　$\Delta C/C_0$、$\Delta I/I_0$ 及 $\Delta\tan\delta$ 测量值随局部缺陷 $\tan\delta'$ 的变化

对于对称三相系统中分别接于不同相的三个同类设备，由于原始状态下三者的绝缘特性差异很小，流过它们的电流之和近似为零。当其中某一设备有了绝缘缺陷后，流过该设备绝缘的电流将增大，从而导致流过三台设备的电流之和也增大，通过监测该电流和的变化 ΔI，可以获得比监测单台设备更高的灵敏度。

监测单台电容型设备绝缘的电流变化时，可利用环形铁芯结构的电流互感器套在设备接地线上来抽取流过绝缘的电流信号。这种抽取信号的方法既不改变设备原有的接线方式，同时也使测量电路与主电路分开，避免了主电路中危险的过电压损坏测量设备。若要监测三台同类设备绝缘的电流和，可将电流互感器套于三台设备中性点与地的连线上，如图 4-42 所示。将电流互感器的输出接入计算机监测系统的信号预处理单元，经信号采集、数据处理等程序后，即可实现对电流变化的在线监测。

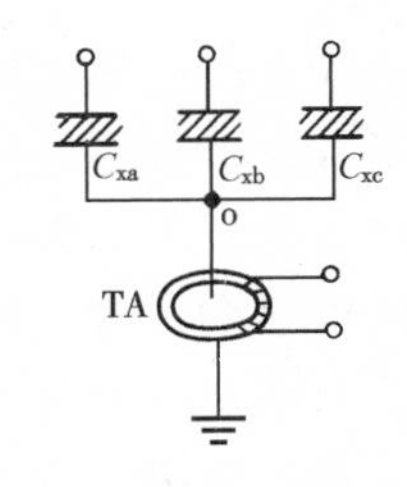

图 4-42　测中性点不平衡电流原理图

除电容型设备外，氧化锌避雷器也可通过监测流过其阀片的阻性电流和总电流来了解它的运行状况。当氧化锌阀片老化或由于结构不良、密封不严而使避雷器内部构件或阀片受潮时，流过阀片的阻性电流和总电流都将增大，特别是阻性电流能更灵敏地反映阀片的状况。

在避雷器的对地引下线中套以环形铁芯的电流互感器并配以计算机监测系统，即可监测流过避雷器阀片的总电流。如果再利用互感器抽取避雷器上的电压信号，并利用谐波分析技术，则可从总电流中分离出阻性电流。

三、tanδ 的在线监测

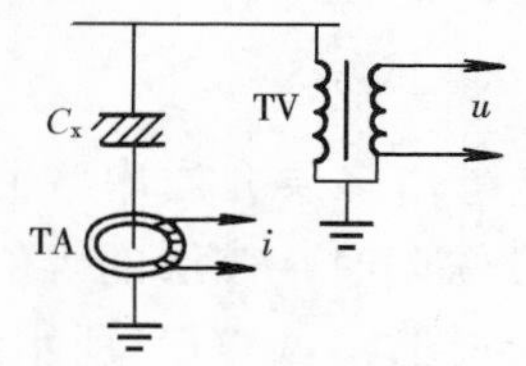

图 4-43 在线监测 tanδ 的原理接线图

tanδ 的在线监测是通过抽取流过被试品的电流和被试品两端的电压信号，比较这两种波形的相位差，然后求出介质损失角 δ，从而求出 tanδ。其原理接线图如图 4-43 所示。

在求取 tanδ 时有多种方法，如方波比较法、谐波分析法等。方波比较法是将抽取的电压、电流信号（u、i）分别用过零转换的方法先转变为方波 a、b，然后将这两个方波相“与”得到方波 c，即反映了这两种波形的相位差（φ），如图 4-44 所示。利用计算机的时钟脉冲可测得方波 c 所含的时钟脉冲数，如果再测出电压信号半个周期（π 弧度）内的时钟脉冲数，则由 $\delta=\pi/2-\varphi$ 可求出对应于 δ 的时钟脉冲数，进而求出 δ 的大小。

谐波分析法是将抽取的电压和电流波形同步地转换为数字波形并存储，然后用傅氏变换求出两个信号的基波，再根据基波的初相角差求出 δ。由于 δ 一般很小，所以 $\tan\delta\approx\delta$。谐波分析法不受高次谐波的影响，也不受测量系统所产生的零漂的影响。因此可以达到比较高的稳定性和测量准确度。

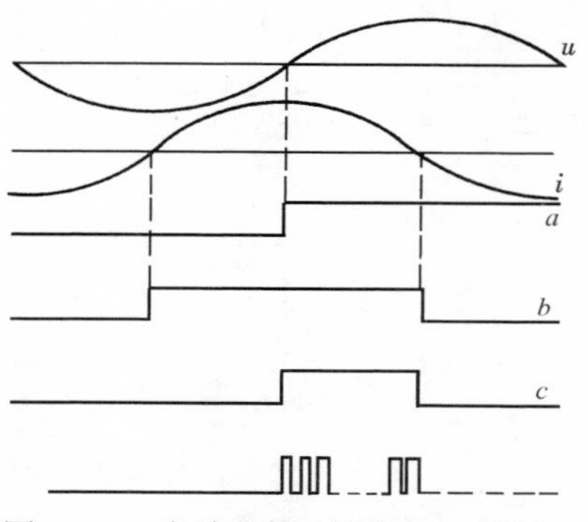

图 4-44 方波比较法测量 tanδ 的原理

在线检测时，电压信号可由电压互感器的二次侧再经分压后获得，但由于电压互感器存在角误差，二次侧电压并不能真实地反映一次侧电压，所以利用这种方法抽取电压信号会给 tanδ 的测量带来误差，特别在 δ 很小时误差可能很显著，故应特别注意电压互感器的角差；电流信号的抽取一般也用前述的环形铁芯电流互感器，为保证测量 tanδ 的准确度，要求该电流互感器的角差要小，且温度稳定性好。

四、局部放电的在线监测

局部放电是一种窄的脉冲信号，其频谱范围很宽，而幅值又很小，各种频率的干扰，如架空线上的电晕干扰、无线电干扰和高频通信干扰等，都会对局部放电的在线监测产生严重的影响。特别是电晕放电、电弧放电等脉冲性放电干扰，其波形和频谱与变压器等设备的局部放电的波形和频谱很相似，很难用一般的方法加以抑制和消除。因此，如何从具有较强干扰的信号中有效地提取局部放电信号，是实现局部放电在线监测的关键。

目前局部放电的在线监测大多采用脉冲电流检测法和超声波检测法相结合。以变压器为例，局部放电产生的电脉冲可由装于变压器外壳接地引下线上的电流传感器获得，如图 4-45 所示。为抑制干扰，图中利用干扰接收天线和干扰传感器采集干扰信号，并将其与含有干扰的电脉冲一并送入差分回路，以减小外来的电磁干扰，同时采用了电子开窗电路，即在某些固定干扰到来之时，电子开关瞬时闭合，以消除固定相位的干扰。此外，利用多次测量结果进行平均化处理，可削弱那些一次性的电磁干扰。

在电气设备发生局部放电时，除产生电气信号外还有超声波信号向四周传播。在检测脉冲电流信号的过程中，同时检测放电产生的超声波信号，不仅有助于区分内部放电和外界干扰，还可对设备内部的局部放电进行大致定位。图 4-46 为利用电—声联合法进行局部放电定位的原理图。利用分布于箱壳上 3～4 个超声波传感器所测得信号的先后，就能确定局部放电发生的位置。

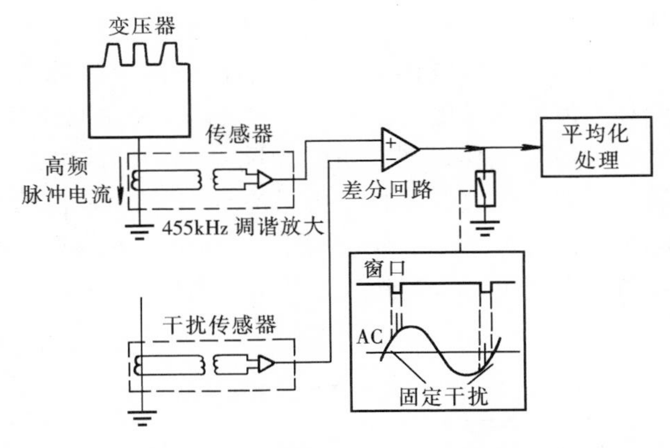

图 4-45　变压器局部放电测量时电磁干扰的抑制

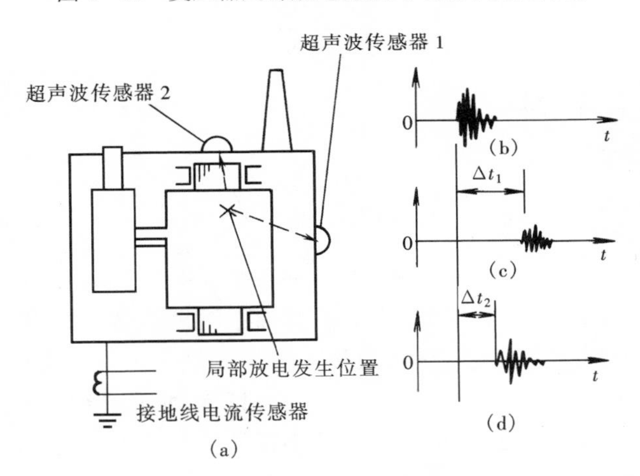

图 4-46　电—声联合法进行局部放电定位的原理图
(a) 传感器的安装位置；(b) 电流传感器检出的信号；
(c) 超声传感器 1 检出的信号；(d) 超声传感器 2 检出的信号

近年来，许多新的信号处理技术和检测方法不断应用于局部放电在线监测系统，如数字滤波、小波分析、超高频检测法等，这将使局部放电信号的提取更加有效。

五、油中气体含量的在线监测

变压器、互感器等充油设备的内部缺陷大体上可分为两大类，即过热性的和放电性的。在热和局部放电的作用下，油或固体绝缘材料会分解产生 CH_4（甲烷）、C_2H_6（乙烷）、C_2H_4（乙烯）、C_2H_2（乙炔）、H_2、CO 和 CO_2 等气体。在故障不太严重、产气量较少时，所产生的气体大部分溶解于油中。故障的性质、程度及发生故障的绝缘材料不同时，所产生的气体的种类、含量等也不相同。通过分析油中溶解气体的组成成分、含量及其随时间而增长的规律，从而判断设备内部隐藏的缺陷的性质、程度及发展情况，这种试验称为油中溶解气体的气相色谱分析。该试验的特点是能够发现充油设备中的一些用 $\tan\delta$ 等方法不易发现的局部性缺陷（如局部过热、局部电弧放电等），且设备不需停电，还可实现在线监测。

进行油中溶解气体的气相色谱分析时，一般先需取得运行中的设备的油样，然后经脱气装置将其中溶解的气体脱出，再经气相色谱仪进行分析，即可得到油中溶解气体的组成和含量。

在油中溶解的气体中，CH_4、C_2H_6、C_2H_4、C_2H_2 统称为烃类气体，其含量总和称为总烃。这四种气体及 H_2、CO、CO_2 气体对判断充油设备内部故障有价值，统称为特征气体。在正常温度下，油和固体绝缘老化过程所产生的气体主要是 CO 和 CO_2；存在过热性缺陷时将产生大量的烷烃和烯烃类气体；弱放电性缺陷（如局部放电）将使 H_2 和 CH_4 的含量增高；而强放电性缺陷（如电弧放电）的特征则是 C_2H_2 和 H_2 的含量大增；当缺陷涉及固体绝缘时，则会引起 CO 和 CO_2 的含量明显增大。不同的故障类型产生的主要特征气体和次要特征气体见表 4-1，据此可初步判断故障类型。这种根据特征气体推断故障类型的方法称为特征气体法。

表 4-1　不同故障类型产生的气体组分

故障类型	主要气体组分	次要气体组分
油过热	CH_4，C_2H_4	H_2，C_2H_6
油和纸过热	CH_4，C_2H_4，CO，CO_2	H_2，C_2H_6
油纸缘缘中局部放电	H_2，CH_4，C_2H_2，CO	C_2H_6，CO_2
油中火花放电	C_2H_2，H_2	
油中电弧	H_2，C_2H_2	CH_4，C_2H_4，C_2H_6
油和纸中电弧	H_2，C_2H_2，CO，CO_2	CH_4，C_2H_4，C_2H_6
进水受潮或油中气泡	H_2	

除特征气体法外，DL/T 722—2000《变压器油中溶解气体分析和判断导则》还推荐采用改良的三比值法作为判断充油电气设备故障类型的主要方法。这种方法是将五种特征气体含量的三对比值（C_2H_2/C_2H_4、CH_4/H_2、C_2H_4/C_2H_6）按不同的比值范围以不同的编码来表示（见表 4-2），再根据测试结果把三对比值组成一个编码组合，然后按该标准中给出的结果即可判断出故障的类型和大体部位。

表 4-2　不同特征气体体积分数比的编码规则

比值的范围	C_2H_2/C_2H_4	CH_4/H_2	C_2H_4/C_2H_6
$k<0.1$	0	1	0
$0.1\leqslant k<1$	1	0	0
$1\leqslant k<3$	1	2	1
$k\geqslant 3$	2	2	2

应该注意的是，在判断故障类型之前，应先判断故障是否存在。因为对于正常的充油设备也可以定出三比值，但比值没有意义。判断的方法是将总烃、C_2H_2、H_2、CH_4 的含量及产气速率和规定的注意值相比较，若两者均超过注意值，可判断为内部有故障；若组分含量未超过注意值，但短期内各种气体含量迅速增加，产气速率高于注意值，也可判断为内部有异常状况；有的设备因某种原因使气体含量基值较高，超过了注意值，但产气速率低于注意

值，仍可判断为正常设备。

对油中溶解气体进行在线监测，有利于随时监视油中溶解气体的含量。在线监测的方法是在设备上加装脱气装置，并用气体传感器将气体浓度转化为电信号进行监测。目前的在线监测仪根据测量对象可分为三种类型：测氢气、测总可燃气（H_2、CO、总烃之和）和测烃类各组分。在线监测远不如在实验室用气相色谱分析仪分析得全面。

在线监测仪的关键部件是气体传感器，应用较广泛的主要有接触燃烧式和半导体式等。这里重点介绍接触燃烧式传感器。图 4-47（a）是这种传感器的结构图。其工作原理是当可燃性气体（如 H_2、C_2H_2、CO、CH_4 等）与传感器表面加热用铂丝上的催化剂接触时，由于催化剂的作用会引起氧化反应，使气体燃烧而导致传感器温度升高，铂丝电阻变大，铂丝电阻与气体浓度成正比，故铂丝电阻反映了气体的浓度。利用图 4-47（b）的电桥式电路可测定铂丝电阻。图中 F1 是气敏元件，F2 是温度补偿元件，均为铂电阻丝。存在可燃性气体时，F1 电阻上升，电桥失衡，此时即输出与可燃性气体浓度成比例的电信号。

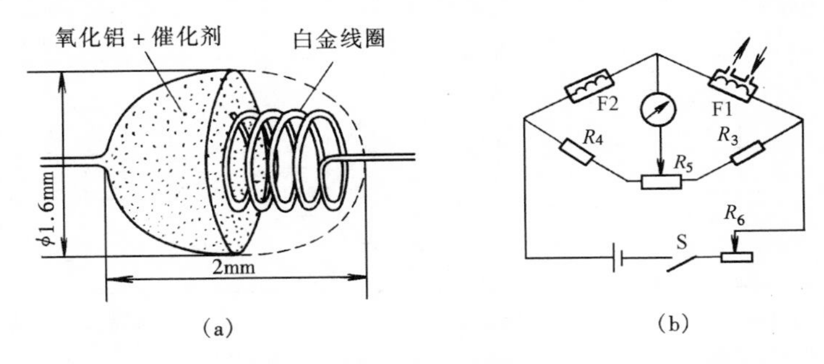

图 4-47　接触燃烧式气体传感器结构图及原理电路图

（a）结构图；（b）原理电路图

第十节　绝缘状态的综合分析和判断

对电气设备的绝缘进行完各种特性试验以后，先应根据试验结果对绝缘状态进行综合分析。在判定绝缘正常的情况下，才能进行耐压试验。待所有试验项目进行完毕后，才能最终对绝缘的状况作出判断。

由于电气设备缺陷的种类很多，各种试验项目所能反映的绝缘状态和缺陷性质各不相同，故同一设备往往要进行多项试验，才能较准确地判断其绝缘状态。表 4-3 为 DL/T 596—1996《电力设备预防性试验规程》中所规定的主要电气设备的绝缘预防性试验项目。该规程中同时规定了各种电气设备每项试验结果的最低性能指标，这是对绝缘状态进行综合判断的主要依据。

在对绝缘的状态进行判断时，除将试验结果与规程规定的相比较外，还应将试验结果与该设备的历次试验结果相比较，与同类设备的试验结果相比较，参照相关的试验结果，根据变化规律和趋势，进行全面的分析。例如设备绝缘的各项非破坏性试验结果均符合规程的要求，但某项试验结果变化迅速，说明绝缘内可能存在比较严重的缺陷，这时应判断为绝缘不合格；某项试验结果虽然超过了标准，但与历年试验结果相比，变化不显著，并且该设备通过了耐压试验的检验，则可判断为对绝缘有怀疑；若各项试验结果都满足规程的要求，并且与历年试验结果相比没有明显的变化，耐压试验中也没有发现任何异常情况，则可判断为绝缘合格。对绝缘不合格者，应及时进行检修；对绝缘有怀疑但一时不易确定是否合格的设备，应采取缩短试验周期的措施，监视绝缘变化的趋势。表 4-4 为几个综合分析和判断的实例。

表 4-3　各种电气设备的绝缘预防性试验项目

序号	电气设备	试验项目											
		测量绝缘电阻	测量绝缘电阻和吸收比	测量泄漏电流	直流耐压试验并测泄漏电流	测量介质损耗角正切	测量局部放电	油的介质损耗角正切	油中含水量分析	油中溶解气体分析	油的电气强度	测量电压分布	交流耐压试验
1	同步发电机和调相机		✓		✓	✓	✓						✓
2	交流电动机		✓		✓								✓
3	油浸电力变压器		✓	✓		✓	✓	✓	✓	✓	✓		✓
4	电磁式电压互感器	✓				✓	✓	✓	✓	✓	✓		✓
5	电流互感器	✓				✓		✓	✓	✓	✓		✓
6	油断路器	✓		✓		✓		✓	✓	✓	✓		✓
7	悬式和支柱绝缘子	✓										✓	✓
8	电力电缆	✓			✓			✓			✓		

注　设备的绝缘预防性试验项目与额定电压等级、绝缘类别等多种因素有关，具体试验项目应参照有关规程的规定执行。

表 4-4　电气设备绝缘试验结果的综合分析和判断实例

序号	设备名称	相序	绝缘特性				规程要求值	绝缘油介电强度（kV）	绝缘变化趋势	综合分析结论	原因分析及检查情况
			绝缘电阻（MΩ）	泄漏电流（μA）	tanδ 上年（%）	tanδ 本年（%）					
1	66kV 电流互感器	A	10 000		0.213	0.96	tanδ 值不大于 3%		A 相 tanδ 值为 0.96%，比上年测值增长约 4.1 倍，比 B、C 相增长约 7.4 倍	绝缘不合格	（1）A 相电流互感器的 tanδ 值虽未超过规定值，但增长速度异常 （2）打开 A 相电流互感器端盖检查，上端盖内明显有水锈迹，说明已进水
		B	10 000		0.128	0.125					
		C	10 000		0.152	0.713					
2	SW2—60 型少油断路器	A	800	7			泄漏电流值一般不大于 10μA		A 相断路器的绝缘电阻值较低；且泄漏电流值异常，比 B、C 相明显增大	绝缘不合格	（1）缩短试验周期，5 个月后再次测试为 42μA，说明绝缘继续劣化 （2）解体检查发现油中有水；对绝缘拉杆干燥处理并换油后，绝缘正常
		B	5000	1							
		C	5000	1							

续表

序号	设备名称	相序	绝缘特性				规程要求值	绝缘油介电强度(kV)	绝缘变化趋势	综合分析结论	原因分析及检查情况
			绝缘电阻(MΩ)	泄漏电流(μA)	tanδ 上年(%)	tanδ 本年(%)					
3	SW6—220型少油断路器	A	10 000	2			泄漏电流值一般不大于10μA		B相绝缘电阻值较低；泄漏电流值异常，较A、C相明显增大；油的电气强度低，且有水	绝缘不合格	(1) 认为未超过规定值，可投运，10个月后，B相断路器爆炸 (2) 油的电气强度降低至18.8kV，且油中有水，说明密封不良
		B	5000	7				18.8(油中有水)			
		C	10 000	2							
4	66kV电流互感器	A	10 000		0.58	2.98	tanδ值不大于3%	50	tanδ值比上年测值增长约4.1倍	绝缘不合格	(1) tanδ值未超过规定值，判断合格；投运10个月后，互感器爆炸 (2) 绝缘受潮
		C	10 000		0.58	7.4		50	tanδ值比上年测值增长约11.8倍，超过规定值1.5倍		绝缘受潮，当即停止运行，进行检修
5	LCLWD3—220型电流互感器		10 000		0.41	1.4	(1) tanδ值不大于1.5% (2) 与上年相比，C_x增长率不大于±10%	30、35(从电流互感器中先放出400ml水，再放出部分水和油后的测量值)	(1) tanδ值比上年增长约2.4倍 (2) C_x值比上年增长10% (3) 油的气相色谱分析不合格，乙炔为34×10^{-6}(规定为3×10^{-6}以下)	绝缘不合格	(1) tanδ值未超过规定值，判断合格；投运10h后，互感器爆炸 (2) 原因分析： 1) 互感器端部密封结构设计不良，进水 2) C_x增长率为10%，说明有一对电容屏间的绝缘击穿

近年来，在线监测和诊断技术在电力系统中得到了较大发展，这对及早发现绝缘缺陷起到了重要的作用。但由于该技术还不很成熟，不能仅根据在线监测和诊断的结果了解绝缘状态，而且在线监测和诊断也不具备耐压试验的功能。所以通常当在线监测系统发现绝缘缺陷后，再停电进行各种试验和故障检修，这样可避免设备在运行中发生突发性停电事故。

习　　题

4-1　电气设备绝缘的预防性试验分为哪两类？各有什么特点？

4-2　兆欧表的屏蔽端子有何作用？画出利用屏蔽端子测量支柱绝缘子绝缘电阻的原理接线图。

4-3　什么叫绝缘的吸收比？绝缘干燥和受潮时的吸收现象有什么特点？为什么可以通过测量吸收比来发现绝缘的受潮？

4-4　画出被试品一极接地和两极都不接地两种情况下进行直流泄漏电流测试的原理接线图，并说明各元件的作用。

4-5　画出进行泄漏电流测试时微安表的保护电路，并分析其保护原理。

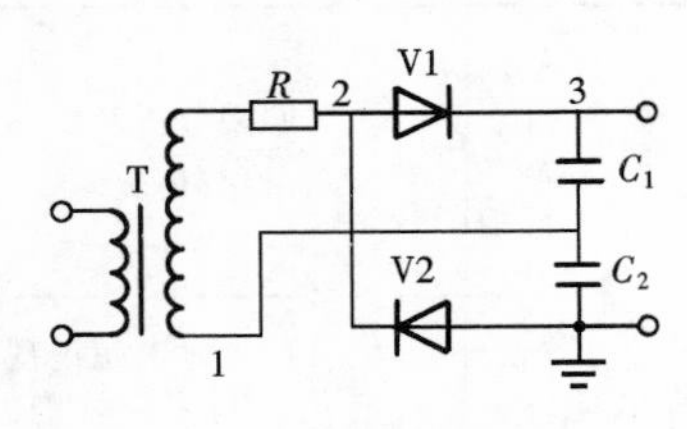

图 4-48　倍压整流电路

4-6　画出图 4-48 所示的倍压整流电路稳态时各点电压随时间的变化波形。说明各整流元件上的最大反向电压及各电容器上的直流电压分别为多大。

4-7　用 QS1 西林电桥测量 $\tan\delta$ 时有几种接线方式？各适用于什么场合？

4-8　在现场测量电气设备的 $\tan\delta$ 时存在哪几种干扰？各用何种方法加以消除？

4-9　对某一被试品，在有电场干扰的情况下按图 4-9 所示接线测量其 $\tan\delta$。用倒相法时，第一次测得 $R_3=302\Omega$，$C_4=0.01\mu F$；反相后第二次测得 $R_3=278\Omega$，$C_4=0.005\mu F$，问被试品的真实电容及 $\tan\delta$ 是多少？（已知 QS1 电桥的 $R_4=10^4/\pi\Omega$，$C_N=50pF$）

4-10　测量电气设备的 $\tan\delta$ 能发现绝缘的局部缺陷吗？为什么？

4-11　测量电气设备绝缘局部放电的原理是什么？测量的基本方法有哪几种？

4-12　试验变压器有何特点？进行工频交流耐压试验时，对试验变压器的容量有什么要求？

4-13　什么是电容效应？工频高电压为什么要在被试品两端直接测量而不在试验变压器低压侧测量？

4-14　工频高电压主要有哪几种测量方法？用静电电压表测量工频电压时，测出的是电压的有效值还是最大值？

4-15　能否用棒—板间隙来测量工频高电压？为什么？

4-16　球隙的保护电阻有何作用？测量不同波形的电压时，保护电阻可否取同样的数值？

4-17　进行感应高压试验时，电压的频率为什么必须增大？感应高压试验能考核绕组的匝间绝缘吗？

4-18　发电机、电缆等交流设备为什么要进行直流耐压试验？和工频耐压试验相比，直流耐压试验有什么特点？

4-19　直流高电压可否用电容分压器配低压仪表进行测量？为什么？

4-20　什么是冲击电压发生器的利用系数？简述冲击电压发生器的工作原理？

4-21　绝缘的在线监测有何优点？

第五章　线路和绕组中的波过程

电力系统中的电气设备，除电源外都可以用 R、L、C 三个典型元件的不同组合来表示，其中输电线路、变压器和电机的绕组等一般需用分布参数电路来表示。所以电力系统的等值电路是一个由储能元件（L、C）和耗能元件（R）构成的复杂振荡回路。当有能量突然加入到系统中或由于操作、故障使电路的参数或结构发生变化时，系统内将出现过渡过程。过渡过程中因储能元件电磁能量的相互转化或传递，将使系统内产生比最高运行电压高得多的电压，称为过电压。

电力系统中的过电压可分为两大类：一类是由于雷电放电引起的，称为雷电过电压或大气过电压；另一类是由于系统内的操作或故障引起的，称为内部过电压。

任何电气设备的绝缘，其耐受电压是有限的，当作用到其上的过电压超过耐受电压时，设备的绝缘将遭到破坏。因此对系统中的过电压必须采取合理的措施加以限制。既然过电压是在系统的过渡过程中产生的，为了解过电压的产生和发展过程，必须对系统的过渡过程加以分析。

在输电线路、绕组等分布参数电路中，过电压是以波的形式出现的，其过渡过程也就是波传播或变化的过程。

在电路课程里，已经学习了集中参数电路过渡过程的分析方法。本章主要介绍分布参数电路过渡过程的分析方法，即线路和绕组中的波过程。

第一节　无损单导线线路中的波过程

一、波动方程及其通解

输电线路在雷电冲击或操作冲击电压作用下，由于作用电压的频率很高，导线应按分布参数电路处理。即使在工频的情况，对那些长度达数百千米以上的高压远距离输电线路也宜用分布参数电路来研究。就均匀单导线线路而言，将整个线路分成许多个无穷小段，因每小段的长度 dx 很短，在忽略一切损耗（包括导线电阻、地电阻、导线与地间的漏电导）时，每小段导线可用其集中的电感和对地电容来表示。将每小段级联起来，即得到以大地为回路的无损单导线线路的等值电路，如图 5-1 所示。设线路单位长度的电感和对地电容分别为 L_0 和 C_0，则图中每小段导线的电感和对地电容为 $L_0 dx$ 及 $C_0 dx$。对架空单导线，L_0 和 C_0 的计算式为

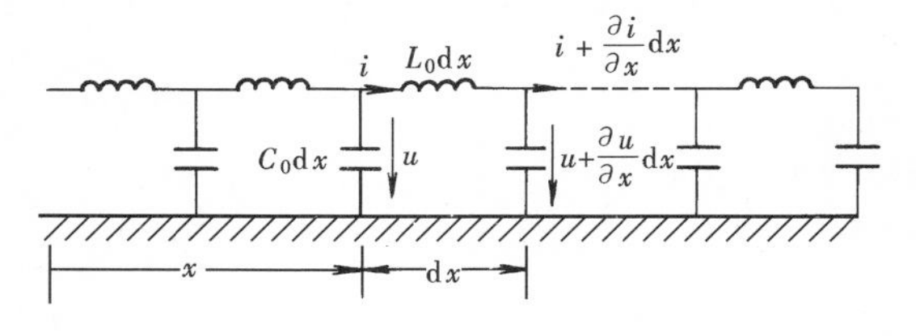

图 5-1　无损单导线线路的等值电路

$$L_0 = \frac{\mu_0}{2\pi}\ln\frac{2h}{r} \quad (\mathrm{H/m}) \tag{5-1}$$

$$C_0 = \frac{2\pi\varepsilon_0}{\ln\frac{2h}{r}} \quad (\mathrm{F/m}) \tag{5-2}$$

式中　μ_0——空气的导磁系数，$\mu_0=4\pi\times10^{-7}$ H/m；

ε_0——空气的介电常数，$\varepsilon_0=1/36\pi\times10^{-9}$ F/m；

h——导线的平均对地高度，m；

r——导线的半径，m。

以单导线首端作为计算距离的起点，即 x 的正方向由首端指向末端，电流的参考方向规定为与 x 方向一致，电压的参考方向规定为由导线指向大地。设距始端 x 处的电压和电流分别为 u、i（u、i 既与距离 x 有关，也与时间 t 有关，均为 x 和 t 的函数），同一时刻 $x+\mathrm{d}x$ 处的电压和电流分别为 $u+\frac{\partial u}{\partial x}\mathrm{d}x$ 和 $i+\frac{\partial i}{\partial x}\mathrm{d}x$，其中 $\frac{\partial u}{\partial x}$ 为沿 x 方向电压的增加率，$\frac{\partial i}{\partial x}$ 为沿 x 方向电流的增加率。根据基尔霍夫第一和第二定律，并略去二阶无穷小项，可得一组偏微分方程，即

$$\left.\begin{aligned}-\frac{\partial u}{\partial x}&=L_0\frac{\partial i}{\partial t}\\-\frac{\partial i}{\partial x}&=C_0\frac{\partial u}{\partial t}\end{aligned}\right\}\tag{5-3}$$

式（5-3）表示导线上电压的变化是由于导线上的电感压降引起的，导线上电流的变化是由于导线对地电容的分流引起的。

将式（5-3）第一个方程对 x 再求导数，第二个方程对 t 再求导数，然后消去 i 可得

$$\frac{\partial^2 u}{\partial x^2}=L_0C_0\frac{\partial^2 u}{\partial t^2}\tag{5-4}$$

同理，消去 u 可得

$$\frac{\partial^2 i}{\partial x^2}=L_0C_0\frac{\partial^2 i}{\partial t^2}\tag{5-5}$$

式（5-4）和式（5-5）称为无损单导线线路的波动方程。由于这两式的形式完全相同，故 u 和 i 有形式相同的解。

应用拉氏变换和延迟定理，可求得波动方程在时域内的通解为

$$u(x,t)=u_{\mathrm{q}}\left(t-\frac{x}{v}\right)+u_{\mathrm{f}}\left(t+\frac{x}{v}\right)\tag{5-6}$$

$$\begin{aligned}i(x,t)&=\frac{1}{Z}\left[u_{\mathrm{q}}\left(t-\frac{x}{v}\right)-u_{\mathrm{f}}\left(t+\frac{x}{v}\right)\right]\\&=i_{\mathrm{q}}\left(t-\frac{x}{v}\right)+i_{\mathrm{f}}\left(t+\frac{x}{v}\right)\end{aligned}\tag{5-7}$$

式中　u_{q}，i_{q}——前行电压油和电流波；

u_{f}，i_{f}——反行电压波和电流波。

其中

$$v=\frac{1}{\sqrt{L_0C_0}}\tag{5-8}$$

$$Z=\sqrt{\frac{L_0}{C_0}}\tag{5-9}$$

u_{q}、u_{f} 的具体形式要由线路的边界条件和初始条件来决定。

二、通解的物理意义

从式（5-6）和式（5-7）可以看出：无论电压还是电流都由两部分组成，一部分为$(t-x/v)$的函数，另一部分为$(t+x/v)$的函数。可以证明，以$(t-x/v)$为自变量的函数所代表的波形随时间的增大是向前推进的。以电压$u_q(t-x/v)$为例，设在$t=t_1$时，u_q沿线的分布$u_q(t_1-x/v)$的波形如图5-2所示，线路上某一点x_1处在该时刻的电压为$u_a=u_q(t_1-x_1/v)$，当时间t由t_1增大至t_2时，电压仍为u_a的点假定位于x_2处，此时$u_a=u_q(t_2-x_2/v)$，因$u_q(t_1-x_1/v)$与$u_q(t_2-x_2/v)$相等，故

$$t_1-x_1/v=t_2-x_2/v$$

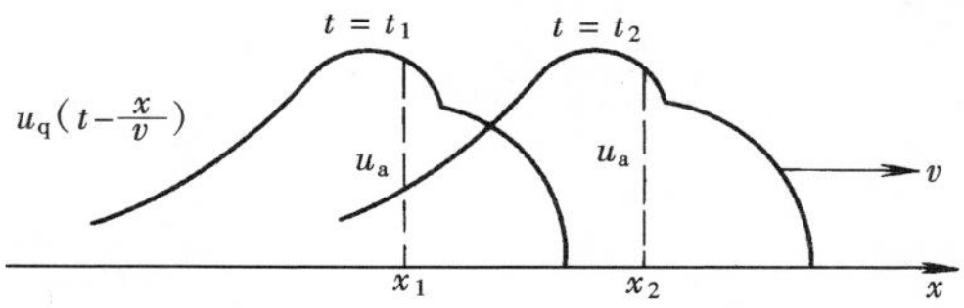

又因$t_2>t_1$，所以$x_2>x_1$，这说明波形上电压为u_a的点是随着时间的增大而向前（即x的正方向）运动的，且运动的速度为

图5-2　前行电压波$u_q\left(t-\frac{x}{v}\right)$移动的示意图

$$\frac{x_2-x_1}{t_2-t_1}=v$$

所以v称为波速，其值可按式（5-8）计算。

同理可知，电压波形上的各点都是随着时间的增大而向前运动的。这就说明以$(t-x/v)$为自变量的函数所代表的波形是向前运动的，称为前行波。其中$u_q(t-x/v)$称为前行电压波，$i_q(t-x/v)$称为前行电流波。

用同样的方法可以说明，以$(t+x/v)$为自变量的函数所代表的波形运动的方向与x的方向相反，称为反行波，$u_f(t+x/v)$称为反行电压波，而$i_f(t+x/v)$称为反行电流波。

由以上分析可知，线路上任意一点的电压是由该点的前行波电压和反行波电压叠加而成的，任意一点的电流也由该点的前行波电流和反行波电流叠加而成，且由式（5-7），前行的电压波与电流波、反行的电压波与电流波间存在如下关系

$$i_q\left(t-\frac{x}{v}\right)=\frac{1}{Z}u_q\left(t-\frac{x}{v}\right) \tag{5-10}$$

$$i_f\left(t+\frac{x}{v}\right)=-\frac{1}{Z}u_f\left(t+\frac{x}{v}\right) \tag{5-11}$$

式中　Z——波阻抗，Z具有电阻的性质，单位为Ω，其值可由式（5-9）求得。

由式（5-10）、式（5-11）可见，前行波电压与前行波电流的比值为一正的波阻抗，反行波电压与反行波电流的比值为一负的波阻抗，而波阻抗对一定的线路而言为一正的定值，这说明电压行波与电流行波的波形相同，且前行波电压与前行波电流的极性相同，反行波电压与反行波电流的极性相反。这可从物理意义上解释如下：假定前行波电压为正，相当于正电荷向x正方向运动，形成的电流方向与电流的参考方向相同，故前行波电流为正；若前行波电压为负，相当于负电荷向x正方向运动，形成的电流方向与x正方向相反，故前行的电流波为负。对反行波来说，假定反行电压波为正，相当于正电荷向x的负方向运动，形成的电流方向与x正方向相反，故反行电流波为负；若反行电压波为负，相当于负电荷向x的负方向运动，形成的电流方向与x正方向相同，故此时反行电流波为正。

虽然通解中包含着前行波和反行波，但这并不意味着它们必须同时存在，有时可能只有前行波而没有反行波。例如将一电压为U的直流电源突然合闸于线路首端，假定线路的末端开路，如图5-3所示，此时将有一与电源电压相同的前行电压波自线路首端向末端运动，

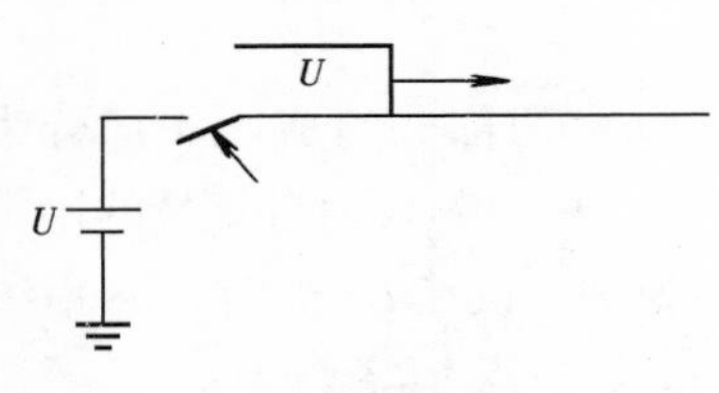

图 5-3 直流电源 U 合闸于线路

在该电压波到达末端之前，线路上将只有前行波电压，而无反行波。

当行波在无损导线上传播时，在行波到达处的导线周围空间就建立了电场和磁场，所以行波在导线上的运动过程（波过程），实质上就是电磁波的传播过程。将式（5-1）和式(5-2)代入式（5-8）可求得行波在架空线中的传播速度为

$$v=\frac{1}{\sqrt{\mu_0\varepsilon_0}}=3\times10^8\quad(\text{m/s})$$

即 v 等于空气中的光速。对电缆来说，因其单位长度对地电容 C_0 较大，故波在电缆中的传播速度一般为$\frac{1}{2}\sim\frac{2}{3}$倍光速。

需要强调指出的是，当线路上既有前行波又有反行波时，它们是分别按自己的方向沿导线传播的，二者互相独立，互不干扰。两个波在导线上相遇时，可以把它们算术地相加起来。导线上某点既有前行波又有反行波时，该点的电压与电流的比值并不等于波阻抗 Z。

综上所述，无损单导线线路中波过程的基本规律由下面四个方程决定

$$\left.\begin{aligned}u&=u_{\mathrm{q}}+u_{\mathrm{f}}\\i&=i_{\mathrm{q}}+i_{\mathrm{f}}\\u_{\mathrm{q}}&=Zi_{\mathrm{q}}\\u_{\mathrm{f}}&=-Zi_{\mathrm{f}}\end{aligned}\right\}\tag{5-12}$$

从这四个基本方程出发，加上边界条件和初始条件，求得导线上的前行波和反行波后，就可以求出导线上任意一点的电压和电流了。

三、波传播过程中的能量关系

电压波和电流波的传播必然伴随着能量的传播，因为电压波使导线对地电压升高的过程也就是电场能在导线对地电容上储存的过程，电流波通过导线的过程也就是磁场能在导线电感中储存的过程。假定线路上有一前行波电压 u_{q}，相应的前行波电流为 i_{q}，在行波所在的范围内，线路单位长度获得的电场能和磁场能分别为$\frac{1}{2}C_0u_{\mathrm{q}}^2$ 和$\frac{1}{2}L_0i_{\mathrm{q}}^2$，这些能量实际上是储存在线路单位长度的介质中。由于 $u_{\mathrm{q}}=Zi_{\mathrm{q}}=\sqrt{\frac{L_0}{C_0}}i_{\mathrm{q}}$，故 $\frac{1}{2}C_0u_{\mathrm{q}}^2=\frac{1}{2}L_0i_{\mathrm{q}}^2$，即单位长度导线获得的电场能和磁场能相等。单位长度导线获得的总能量为 $\frac{1}{2}C_0u_{\mathrm{q}}^2+\frac{1}{2}L_0i_{\mathrm{q}}^2=C_0u_{\mathrm{q}}^2=L_0i_{\mathrm{q}}^2$。已知波传播的速度为 $v=\frac{1}{\sqrt{L_0C_0}}$，因此单位长度导线获得 $C_0u_{\mathrm{q}}^2$ 或 $L_0i_{\mathrm{q}}^2$ 的能量所需的时间为$\frac{1}{v}=\sqrt{L_0C_0}$，故导线单位时间内所获得的能量即导线吸收的功率为

$$vC_0u_{\mathrm{q}}^2=vL_0i_{\mathrm{q}}^2=\frac{u_{\mathrm{q}}^2}{Z}=i_{\mathrm{q}}^2Z$$

由此可见，从功率的观点来看，波阻抗与一数值相等的集中参数电阻相当，但其物理意义与电阻不同。首先，电阻要消耗能量，波阻抗则不消耗能量，行波通过波阻抗为 Z 的导线时，能量是以电场能和磁场能的形式储存在周围介质中，而不是被消耗掉。其次，波阻抗表示向同一方向传播的电压波和电流波大小的比值，当导线上同时存在前行波和反行波时，

总电压和总电流的比值不再等于波阻抗，而电阻两端的电压与流过它的电流的比值则等于电阻值。再者，波阻抗只和线路单位长度的电感 L_0 和电容 C_0 有关，与线路的长度无关，而电阻则一般与物体的长度有关。

波阻抗是分布参数电路的一个重要参数。将式（5-1）和式（5-2）代入式（5-9）可求得架空输电线路的波阻抗为

$$Z = 60\ln\frac{2h}{r} \quad (\Omega)$$

对单导线架空线路而言，波阻抗一般为 400～500Ω。分裂导线和电缆的波阻抗较小，我国 500kV 线路采用四分裂，波阻抗约为 260Ω，电缆的波阻抗为 30～80Ω。

如果已知波速和波阻抗，也可反过来求出线路单位长度的电感和电容，即

$$C_0 = \frac{1}{vZ} \quad (\text{F/m})$$

$$L_0 = \frac{Z}{v} \quad (\text{F/m}) \tag{5-13}$$

第二节　行波的折射和反射

当行波沿无损线路传播时，如果线路的波阻抗保持不变，则行波将一直传播下去，且波形和大小也保持不变。但如果行波在传播的过程中遇到不同波阻抗的线路，例如架空线末端与电缆相连、线路末端接有电阻等，此时在连接点上将发生波的折射和反射现象。

一、折射波和反射波的计算

图 5-4（a）表示波阻抗分别为 Z_1 和 Z_2 的两条线路相连于 A 点。波阻抗为 Z_1 的线路首端突然合闸于内阻为零、电压为 U_0 的直流电源上，则合闸后在波阻抗为 Z_1 的线路上将产生前行电压波 $u_{1q}=U_0$ 和相应的前行电流波 i_{1q}，这些前行波向 A 点传播，常称为节点 A 的入射波。在它们到达 A 点之前，波阻抗为 Z_1 的线路上只有前行波。而无反行波。当前行波到达 A 点后，由于节点前后波阻抗不同，线路单位长度的电感和对地电容不同，而波在节点前后必须保持单位长度的电场能和磁场能相等的规律，故在 A 点必然要发生电压和电流的变化，即要发生行波的折射和反射。反射电压波 u_{1f} 和反射电流波 i_{1f} 自节点 A 沿波阻抗为 Z_1 的线路反向传播，它们就是波阻抗为 Z_1 的线路上的反行波。折射电压波 u_{2q} 和折射电流波 i_{2q} 自节点 A 沿波阻抗为 Z_2 的线路继续向前传播，它们也就是波阻抗为 Z_2 的线路上的前行波。

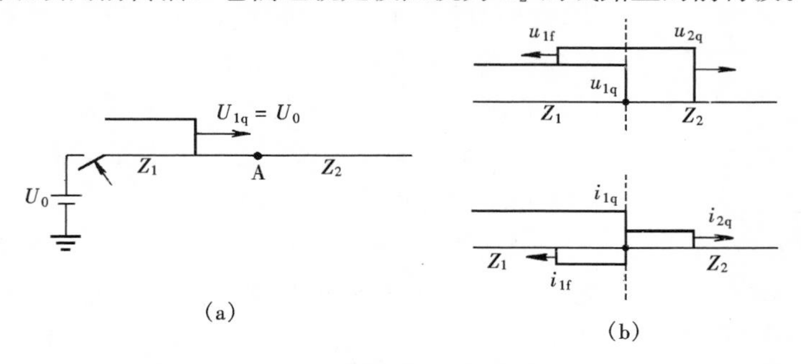

图 5-4　行波在线路连接点的折射和反射（$Z_2>Z_1$）
（a）行波到达连接点前；（b）行波到达连接点后

假设 u_{2q}、i_{2q}尚未到达波阻抗为 Z_2 的线路的末端，或已到达末端但在末端产生的反行波尚未到达 A 点，由于在 A 点处只能有一个电压值和一个电流值，即 A 点左侧和右侧的电压及电流在 A 点必须连续，故有

$$u_{1q}+u_{1f}=u_{2q} \tag{5-14}$$

$$i_{1q}+i_{1f}=i_{2q} \tag{5-15}$$

考虑到 $i_{1q}=\frac{u_{1q}}{Z_1}, i_{1f}=-\frac{u_{1f}}{Z_1}, i_{2q}=\frac{u_{2q}}{Z_2}$，将其代入式（5 - 15）可得

$$\frac{u_{1q}}{Z_1}-\frac{u_{1f}}{Z_1}=\frac{u_{2q}}{Z_2}$$

或

$$u_{1q}-u_{1f}=\frac{Z_1}{Z_2}u_{2q} \tag{5-16}$$

联解式（5 - 14）和式（5 - 16）可得

$$u_{2q}=\frac{2Z_2}{Z_1+Z_2}u_{1q}=\alpha u_{1q} \tag{5-17}$$

$$u_{1f}=\frac{Z_2-Z_1}{Z_1+Z_2}u_{1q}=\beta u_{1q} \tag{5-18}$$

$$\alpha=\frac{2Z_2}{Z_1+Z_2} \tag{5-19}$$

$$\beta=\frac{Z_2-Z_1}{Z_1+Z_2} \tag{5-20}$$

式中 α——折射电压波与入射电压波的比值，称为电压折射系数；

β——反射电压波与入射电压波的比值，称为电压反射系数。

折射系数的值永远是正的，说明折射电压波 u_{2q}总是和入射电压波 u_{1q}同极性，当 $Z_2=0$ 时，$\alpha=0$；当 $Z_2\to\infty$时，$\alpha\to 2$，因此 $0\leqslant\alpha\leqslant 2$。反射系数可能为正也可能为负，决定于 Z_1 和 Z_2 的相对大小，当 $Z_2=0$ 时，$\beta=-1$，当 $Z_2\to\infty$时，$\beta\to 1$，因此$-1\leqslant\beta\leqslant 1$。折射系数和反射系数满足

$$\alpha=1+\beta \tag{5-21}$$

图 5 - 4（b）为 $Z_2>Z_1$ 时波的折、反射情况，此时 $\alpha>1$，$\beta>0$，折射电压波大于入射电压波，反射电压波为正。电流波在 A 点发生折、反射时，其折射电流波和反射电流波也可按式（5 - 14）和式（5 - 15）求得，但应注意，电流波的折射系数和反射系数与电压波的是不相同的。实际上，在求出折射电压波和反射电压波后，相应的折射电流波和反射电流波完全可以根据电压行波和电流行波间的关系求出，而不必计算电流的折射系数和反射系数。

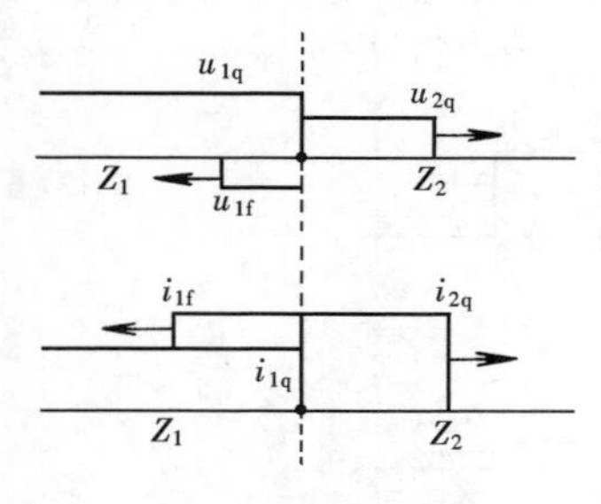

图 5 - 5 行波在线路连接点的折射和反射（$Z_2<Z_1$）

当 $Z_2<Z_1$ 时，由于 $\alpha<1$，$\beta<0$，折射电压波将小于入射电压波，反射电压波为负，此时的折、反射情况如图 5 - 5 所示。

二、几种特殊条件下的折、反射

虽然波的折射系数和反射系数是由两段波阻抗不同的导线推导出来的，但它同样适合于

导线末端接有不同阻值的电阻的情况，因为在图 5-4 中，当波阻抗为 Z_2 的线路上没有反行波或反行波未到达 A 点时，该线路就相当于一个 $R=Z_2$ 的电阻。以下就线路末端开路、短路和接有与波阻抗相等的电阻三种情况的波的折、反射作进一步讨论。

1. 线路末端开路

如图 5-6 所示，波阻抗为 Z_1 的线路末端开路相当于 $Z_2\to\infty$ 的情况，波形为无限长直角波的入射波 u_{1q} 传播到 A 点时，将发生波的折、反射。由式（5-19）和式（5-21）可求得 $\alpha=2$，$\beta=1$，故折射电压波 $u_{2q}=2u_{1q}$，反射电压波 $u_{1f}=u_{1q}$。同时还可求得反射电流波 $i_{1f}=-\dfrac{u_{1f}}{Z_1}=-\dfrac{u_{1q}}{Z_1}=-i_{1q}$，折射电流波 $i_{2q}=i_{1q}+i_{1f}=0$。这说明入射波 u_{1q} 到达开路的末端后将发生全反射，全反射的结果是使线路末端电压上升到入射波电压的 2 倍，且随着反射电压波的反行，导线上的电压将逐点上升到入射电压波的 2 倍。同时，电流波在末端则发生了负的全反射，电流负反射的结果是使线路末端的电流为零，而随着负反射电流波的反行，导线上的电流将逐点下降为零。

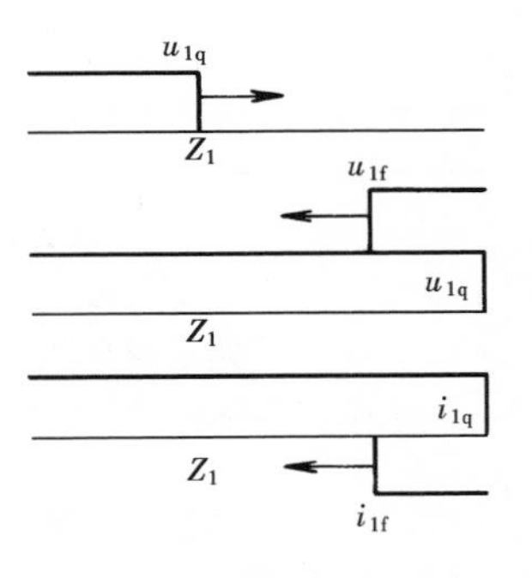

图 5-6　线路末端开路时的折、反射

线路末端开路时电压之所以升高也可以从能量的角度加以解释。由于线路末端开路，末端的电流只能为零，由此造成了电流的负反射，在反射波到达的范围内导线上的电流处处为零，磁场能全部转化为电场能，使电场能变为原来的 2 倍。同时来自线路首端的能量继续沿线路传向末端，所以实际上电场能将增加为原来值的 4 倍，即 $4\times\dfrac{1}{2}C_0u_{1q}^2=\dfrac{1}{2}C_0(2u_{1q})^2$，这就说明了为什么全反射使电压升高为原来的 2 倍。

2. 线路末端短路

如图 5-7 所示，线路末端短路相当于 $Z_2=0$ 的情况。此时可求得 $\alpha=0$，$\beta=-1$，故 $u_{2q}=0$，$u_{1f}=-u_{1q}$。同时还可求得 $i_{1f}=-\dfrac{u_{1f}}{Z_1}=\dfrac{u_{1q}}{Z_1}=i_{1q},i_{2q}=i_{1q}+i_{1f}=2i_{1q}$。这说明入射电压波到达短路的末端后将发生负的全反射，而入射电流波到达短路的末端后将发生正的全反射。反射的结果是使线路末端的电压下降为零，而电流上升为入射电流波的 2 倍。随着反射波向首端反行，末端的这种状态也跟着向首端发展。

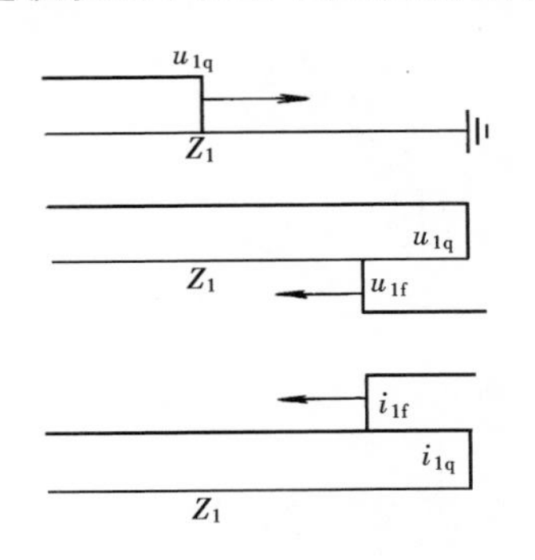

图 5-7　线路末端短路时的折、反射

线路末端短路时电流之所以增大也可以从能量的角度加以解释。显然这也是电磁能从末端返回而且全部转化为磁场能的结果。

3. 线路末端接有电阻 $R=Z_1$

如图 5-8 所示，线路末端接有负载电阻 $R=Z_1$ 的情况与末端接波阻抗为 $Z_2=Z_1$ 的情况一样，此时 $\alpha=1$，$\beta=0$，$u_{2q}=u_{1q}$，$u_{1f}=0$，$i_{1f}=-\dfrac{u_{1f}}{Z_1}=0$，$i_{2q}=i_{1q}+i_{1f}=i_{1q}$。无论入射电压波还是入射电流波，到达末端 A 点时都不产生反射，和均匀导线的折、反射情况相同。但从能量的观点看，两种情况下的物理意义是不同的，末端接 $R=Z_1$ 的电阻负载时，电磁

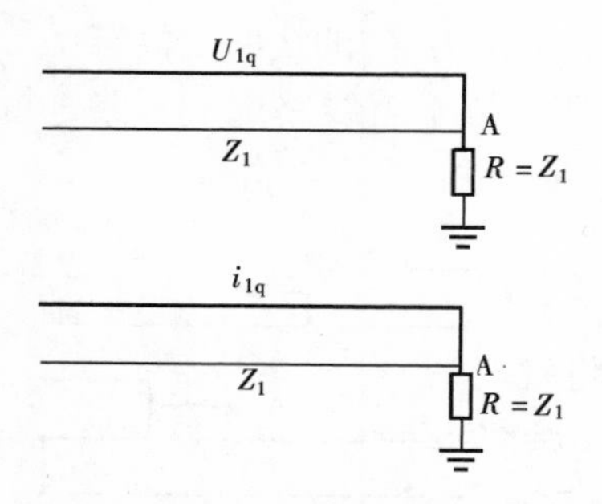

图 5 - 8 线路末端负载电阻 $R=Z_1$ 时的电压波和电流波

波传输到 A 点的电磁能全部消耗在 R 中，而末端接 $Z_2=Z_1$ 的线路时，传输到 A 点的电磁能将储存在波阻抗为 Z_2 的导线周围的介质中。

应该特别注意的一点是，波只有沿着分布参数电路入射时，才有可能发生反射，即从分布参数电路到分布参数电路、从分布参数电路到集中参数电路，在其连接点上满足 β 不为零时才会产生反射。从集中参数电路到分布参数电路及集中参数电路之间是没有反射的概念的。

三、计算折射波的等值电路

在波阻抗分别为 Z_1 和 Z_2 的两条线路相连的情况下，波阻抗为 Z_1 的线路上有一电压行波 u_{1q}（假定为无限长直角波电压）向连接点 A 传播，如图 5 - 9（a）所示，为了求在 A 点发生折、反射后 A 点的电压或电流（即波阻抗为 Z_2 的线路上的折射电压 u_{2q}或折射电流 i_{2q}），可将 A 点左边的电路用一等值电压源来代替，等值电源的电动势为入射电压波 u_{1q}的 2 倍，等值电源的内阻为 A 点左边线路的波阻抗 Z_1。而对 A 点右边的电路，因为 A 点的电压与电流的比值等于 Z_2，可用一个数值等于其波阻抗 Z_2 的集中电阻来代替，这样，可以把图 5 - 9（a）的分布参数电路的折、反射用图 5 - 9（b）的集中参数电路来计算。由图 5 - 9（b）很容易求出

$$u_{2q}=\frac{2Z_2}{Z_1+Z_2}u_{1q},\quad i_{2q}=\frac{u_{2q}}{Z_2}=\frac{2u_{1q}}{Z_1+Z_2}$$

这与用折、反射规律求出的结果完全一致，说明等值电路是正确的。这个计算折射波的等值电路法则称为彼得逊法则。

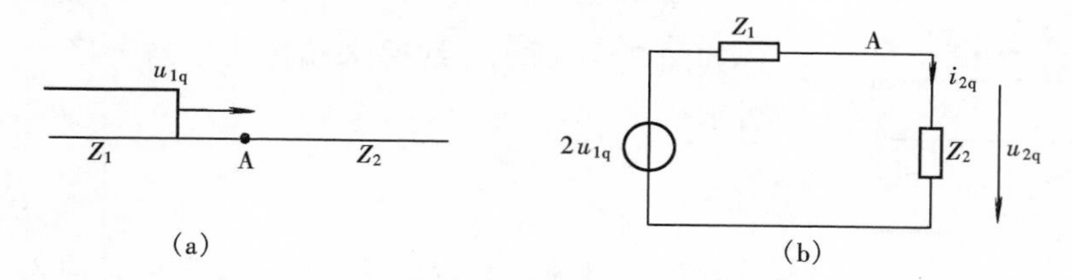

图 5 - 9 计算折射波的等值电路（电压源）

彼得逊法则实际上就是行波计算时的戴维南定理，因为在波阻抗为 Z_1 的线路上存在流动波时，A 点的开路电压即为流动电压波的 2 倍，而由 A 点向左测得的阻抗即为左侧线路的波阻抗。

考虑到实际计算中常遇到电流源的情况，也可以采用等值电流源来替代 A 点左边的电路，如图 5 - 10 所示。

在应用彼得逊法则时应注意两点：①波必须从分布参数的线路入射，并且必须是流动的；②A 点两边的线路为无限长或者虽为有限长，但来自其另一端的反射波尚未到达 A 点。如果不满足这些条件，则彼得逊法则就不成立。

在等值电路中，入射电压波 u_{1q}或电流波 i_{1q}可以是任意波形，A 点右边可以是任意阻抗，故利用彼得逊法则可以把分布参数电路中波过程的许多问题，简化为集中参数电路的暂态计算，使问题简化。

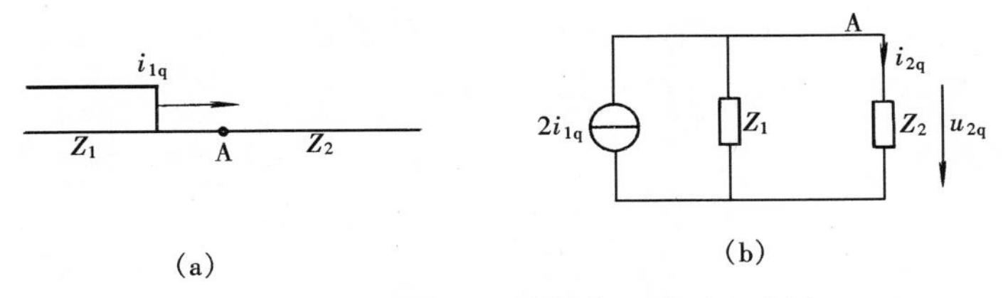

图 5-10　计算折射波的等值电路（电流源）

【例 5-1】　某变电站母线上接有 n 条线路，每条线路的波阻抗为 Z，其中某一线路落雷，电压幅值为 U_0 的雷电波自该线路侵入变电站，如图 5-11（a）所示，求母线上的电压。

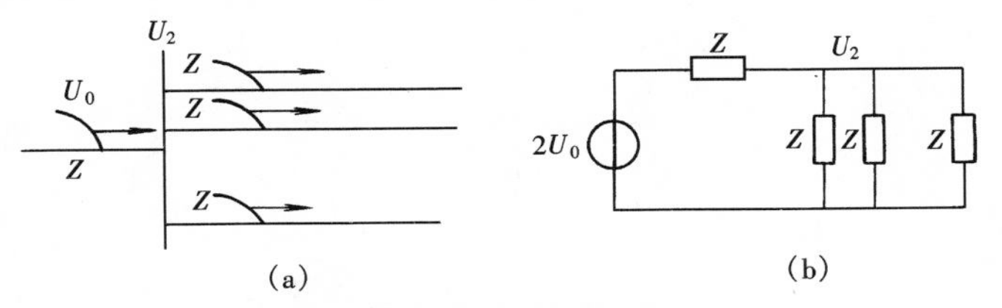

图 5-11　雷电波入侵变电站的接线图和等值电路

（a）接线图；（b）等值电路

解　变电站母线上共接有 n 条线路，未受雷击的线路数为 $n-1$ 条，并联后的等值波阻抗为$\dfrac{Z}{n-1}$，在这些线路上的反行波尚未到达母线时，根据彼得逊法则可画出如图 5-11（b）所示的等值电路，其中回路的电流 I_2 为

$$I_2=\frac{2U_0}{Z+\dfrac{Z}{n-1}}$$

母线上的电压幅值为

$$U_2=I_2\frac{Z}{n-1}=\frac{2}{n}U_0$$

由此可知，连接在母线上的线路越多则母线上的电压就越低。

【例 5-2】　如图 5-12（a）所示，n 根相互之间没有耦合、波阻抗分别为 Z_1、Z_2、…、Z_n 的线路连接于 x 点，x 点经阻抗 Z_x 接地。设沿着线路各有任意形状的电压波 u_{1x}、u_{2x}、…、u_{nx}向 x 点入射，求 x 点的电压。

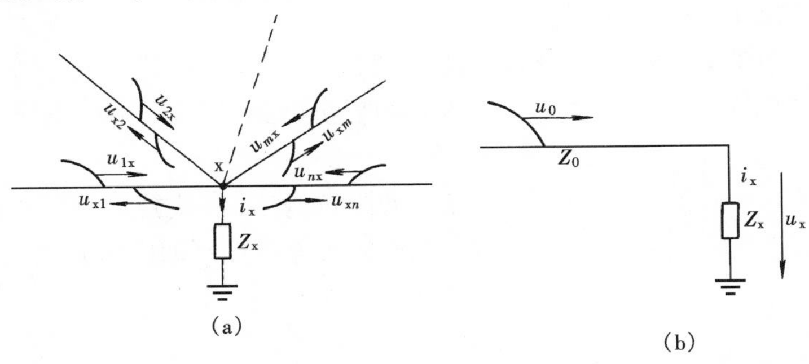

图 5-12　连接于同一点的多根导线同时有波入侵时的接线图和等值电路

（a）接线图；（b）等值电路

解 假定在x点发生折、反射后，由x点流向各线路的电压波为u_{x1}、u_{x2}、…、u_{xn}，则根据x点只能有一个电压值和电流值的原则，可得

$$u_x = u_{1x} + u_{x1} = u_{2x} + u_{x2} = \cdots = u_{mx} + u_{xm} = \cdots = u_{nx} + u_{xn} \tag{5-22}$$

$$i_x = \sum_{m=1}^{n}(i_{mx} + i_{xm}) \tag{5-23}$$

$$u_{mx} = Z_m i_{mx} \quad (m = 1,2,\cdots,n) \tag{5-24}$$

$$u_{xm} = -Z_m i_{xm} \quad (m = 1,2,\cdots,n) \tag{5-25}$$

将式（5-24）和式（5-25）代入式（5-23）得

$$i_x = \sum_{m=1}^{n}\frac{u_{mx}}{Z_m} - \sum_{m=1}^{n}\frac{u_{xm}}{Z_m}$$

再利用式（5-22）可求得

$$i_x = \sum_{m=1}^{n}\frac{u_{mx}}{Z_m} - \sum_{m=1}^{n}\frac{u_x - u_{mx}}{Z_m} = 2\sum_{m=1}^{n}\frac{u_{mx}}{Z_m} - u_x\sum_{m=1}^{n}\frac{1}{Z_m} \tag{5-26}$$

令

$$Z_0 = \frac{1}{\sum_{m=1}^{n}\frac{1}{Z_m}} \tag{5-27}$$

则Z_0就是所有连接在x点上的线路的波阻抗的并联值。

将式（5-27）代入式（5-26）可得

$$u_x + i_x Z_0 = 2\sum_{m=1}^{n}\frac{Z_0}{Z_m}u_{mx} \tag{5-28}$$

再令

$$u_0 = \sum_{m=1}^{n}\frac{Z_0}{Z_m}u_{mx} \tag{5-29}$$

代入式（5-28）整理后得

$$u_x = 2u_0 - i_x Z_0 \tag{5-30}$$

这与将连接于一点的n条线路等值为一条线路然后按彼得逊法则求得的结果具有完全相同的形式。故多根没有耦合的导线连接于一点时，为计算连接点的电压，可将这个多导体系统用一条等值的单导线来代替，等值导线的波阻抗为各导线波阻抗的并联值，沿等值导线传播的电压波为由式（5-29）决定的等值电压波，如图5-12（b）所示。这称为多导体系统的等值波规则。利用等值波规则将多导体系统简化为单导线后再利用彼得逊法则可求出连接点的电压或电流。

【例5-3】 波阻抗为Z_1的线路已被充电到U_0，$t=0$时将其末端合闸于波阻抗为Z_2的未充电长线上，如图5-13（a）所示，试求合闸后折射到Z_2线路上的电压及在Z_1线路上产生的反射电压。

解 开关S在$t=0$合上后，即从A点向波阻抗为Z_2的线路上发出折射波u_2，同时向波阻抗为Z_1的线路上发出反射波u_f。根据A点的边界条件（即电压和电流连续）可得

$$u_2 = U_0 + u_f \tag{5-31}$$

$$i_A = i_2 = i_f \tag{5-32}$$

因$i_2 = \frac{u_2}{Z_2}$，$i_f = -\frac{u_f}{Z_1}$，故式（5-32）又可写为

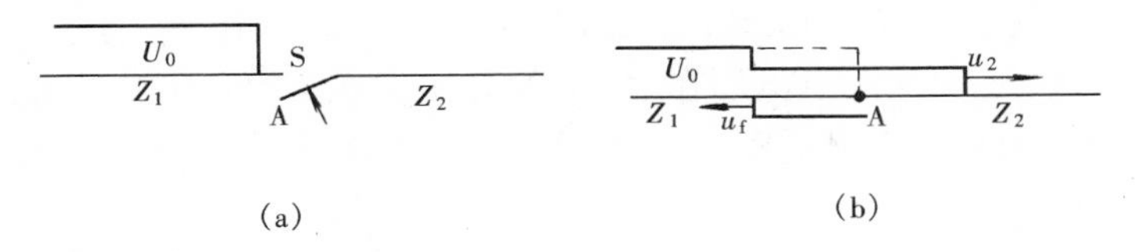

图 5 - 13　已充电长线路 Z_1 合闸于未充电长线路 Z_2

(a) 接线图；(b) 折、反射流动波

$$\frac{u_2}{Z_2}=-\frac{u_f}{Z_1} \tag{5-33}$$

联立式（5 - 31）和式（5 - 33）求解可得

$$u_2=\frac{Z_2}{Z_1+Z_2}U_0，\ u_f=-\frac{Z_1}{Z_1+Z_2}U_0$$

折、反射流动波如图 5 - 13（b）所示。

由式（5 - 31）和式（5 - 32）可知，$u_2=U_0-i_2Z_1$，由此可见，当 U_0 为线路 Z_1 上已充电的稳态电压而非流动的入射波电压时，不能直接应用彼得逊法则。由于 U_0 相当于$\frac{U_0}{2}$的入射波在开路的末端反射后产生的电压，所以如要应用彼得逊法则求 u_2 的话，等值的入射电压波应为$\frac{U_0}{2}$，而非 U_0。

【例 5 - 4】　假定一无损耗线路在稳定运行下的对地电压为 U_0，线路中流过的电流为 I，线路的波阻抗为 Z，现将线路中部的开关 S 断开，如图 5 - 14 所示，求断开后线路首、末端的反射波未到达开关处时开关两侧的对地电位。

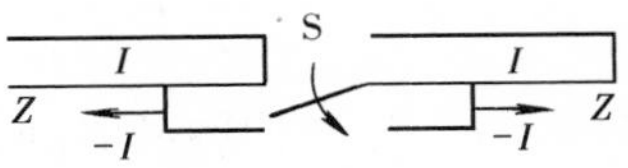

图 5 - 14　稳定运行的线路从中间开断

解　开关 S 断开后将有电压和电流行波自开关处向线路首端和末端发出，因开断后流过开关的电流为零，故向首端传播的电流波 $i_f=-I$，对开关左边的线路来说，i_f 为反行波，故相应的反行电压波 $u_f=-Zi_f=ZI$，开关左边反行波所到达的线路上的电压为 $u_1=U_0+u_f=U_0+ZI$。向线路末端传播的电流波也应为 $i_q=-I$，这样才能满足电流为零的条件，i_q 对开关右边的线路而言为前行波，其相应的前行波电压为 $u_q=i_qZ=-IZ$，故开关右边由于开关的开断所产生的前行波所到之处线路上的电压为 $u_2=U_0+u_q=U_0-IZ$。

第三节　行波通过串联电感和并联电容

在电力系统中常会遇到线路和电感或电容相连的情况，尤其是在线路上串联电感和并联电容的方式更为常见。与电阻不同，电感中的电流和电容上的电压不能突变，因而行波遇到串联电感和并联电容时，在不同的时刻折、反射系数是变化的，故行波通过它们时将发生波形的改变。

一、无限长直角波通过串联电感

图 5 - 15（a）所示为一无限长直角波 u_{1q} 侵入到具有串联电感 L 的线路上的情况。L 前后两线路的波阻抗分别为 Z_1 及 Z_2。当 u_{1q} 到达 Z_1 和 L 的连接点 A 时将产生折、反射，因 L

为集中参数元件，在其上只有电压降落而无波过程，所以在 L 和 Z_2 的连接点 B 上没有反射过程，折射到 Z_2 的电压波为 A 点电压在 Z_2 上的分压。在 Z_1 线路首端和 Z_2 线路末端的反射波未到达 A 点时，根据彼得逊法则可得如图 5-15（b）所示的等值电路，由此可写出如下回路方程

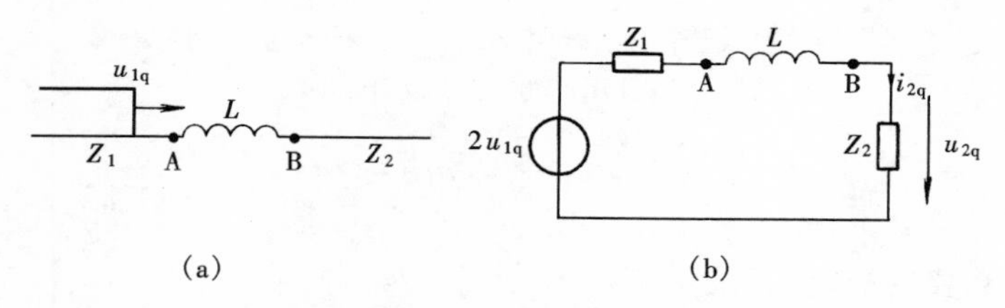

图 5-15 无限长直角波通过串联电感

（a）接线图；（b）等值电路

$$2u_{1q}=i_{2q}(Z_1+Z_2)+L\frac{\mathrm{d}i_{2q}}{\mathrm{d}t}$$

解之得，线路 Z_2 中的前行电流波 i_{2q} 为

$$i_{2q}=\frac{2u_{1q}}{Z_1+Z_2}(1-\mathrm{e}^{-\frac{t}{T}}) \tag{5-34}$$

沿线路 Z_2 传播的折射电压波 u_{2q} 为

$$u_{2q}=i_{2q}Z_2=\frac{2Z_2}{Z_1+Z_2}u_{1q}(1-\mathrm{e}^{-\frac{t}{T}})=\alpha u_{1q}(1-\mathrm{e}^{-\frac{t}{T}}) \tag{5-35}$$

式中 T——该回路的时间常数，$T=\dfrac{L}{Z_1+Z_2}$；

α——Z_1 和 Z_2 直接相连时的电压折射系数，$\alpha=\dfrac{2Z_2}{Z_1+Z_2}$。

从式（5-35）可知，u_{2q} 是随时间按指数规律上升的。如图 5-16 所示，当 $t=0$ 时，$u_{2q}=0$，当 $t\to\infty$ 时，$u_{2q}\to\alpha u_{1q}$，说明无限长直角波通过电感后变为一指数波头的行波，串联电感起了降低来波上升陡度的作用。u_{2q} 的稳态值与线路 Z_1 和 Z_2 直接相连时一样，说明串联电感对 u_{2q} 的稳态值没有影响。

由式（5-35）可求得折射电压波 u_{2q} 的陡度为

$$\frac{\mathrm{d}u_{2q}}{\mathrm{d}t}=\frac{2u_{1q}Z_2}{L}\mathrm{e}^{-\frac{t}{T}}$$

最大陡度出现在 $t=0$ 时，即

$$\left.\frac{\mathrm{d}u_{2q}}{\mathrm{d}t}\right|_{\max}=\frac{2Z_2}{L}u_{1q} \tag{5-36}$$

式（5-36）表明，最大陡度与 Z_1 无关，而仅由 Z_2 和 L 决定，L 越大，则陡度降低越多。作用到电气设备上的雷电波的陡度越大，则电气设备上的过电压也越高，故降低入侵波的陡度对电力系统的防雷保护具有很重要的意义。

由式（5-35）还可求出 A 点的反射电压波 u_{1f}。因线路 Z_1 与 Z_2 串联，故线路 Z_1 中的电流 i_1 与线路 Z_2 中的电流 i_{2q} 相等，即

$$i_1=\frac{u_{1q}}{Z_1}-\frac{u_{1f}}{Z_1}=i_{2q}=\frac{u_{2q}}{Z_2}$$

由此可解得

$$u_{1f}=\frac{Z_2-Z_1}{Z_1+Z_2}u_{1q}+\frac{2Z_1}{Z_1+Z_2}u_{1q}e^{-\frac{t}{T}} \tag{5-37}$$

从式（5－37）可知，当 $t=0$ 时，$u_{1f}=u_{1q}$，即在这一时刻电压行波发生了正的全反射，这是由于电感中的电流不能突变，电感在这一瞬间相当于开路的缘故。随后 u_{1f}按指数规律衰减，$t\to\infty$时，$u_{1f}\to\beta u_{1q}$，β 为线路 Z_1 和 Z_2 直接相连时的反射系数，这是由于入射波为无限长直角波，稳态时 L 相当于短路的缘故。u_{1f}的波形也示于图 5－16 中。

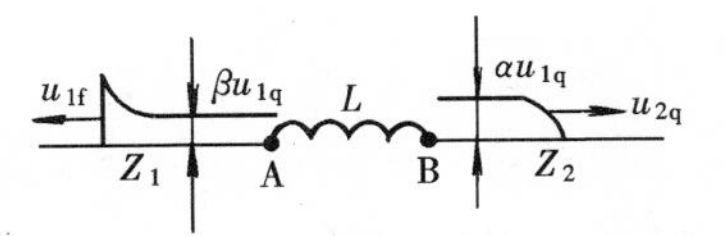

图 5－16　行波通过串联电感时的折射波和反射波

二、无限长直角波通过并联电容

图 5－17（a）所示为无限长直角波 u_{1q}投射到接有并联电容 C 的线路上的情况。当波阻抗为 Z_2 的线路中的反行波尚未到达两线路连接点时，其等值电路如图 5－17（b）所示，由此可得

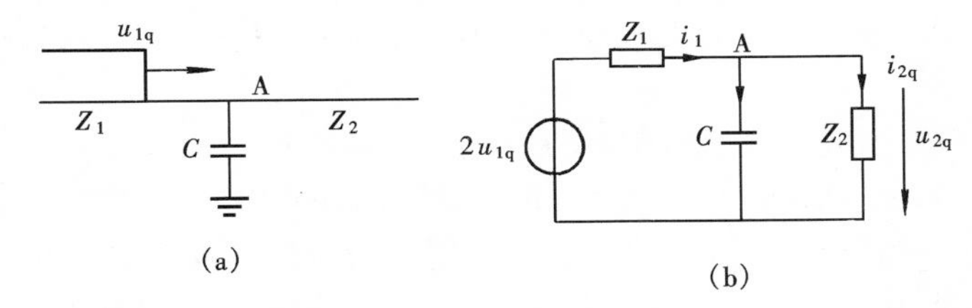

图 5－17　无限长直角波通过并联电容
（a）接线图；（b）等值电路

$$2u_{1q}=i_1Z_1+i_{2q}Z_2$$

$$i_1=i_{2q}+C\frac{du_{2q}}{dt}=i_{2q}+CZ_2\frac{di_{2q}}{dt}$$

由上两式可解得

$$i_{2q}=\frac{2u_{1q}}{Z_1+Z_2}(1-e^{-\frac{t}{T}}) \tag{5-38}$$

$$u_{2q}=i_{2q}Z_2=\frac{2Z_2}{Z_1+Z_2}u_{1q}(1-e^{-\frac{t}{T}})=\alpha u_{1q}(1-e^{-\frac{t}{T}}) \tag{5-39}$$

式中　T——该回路的时间常数，$T=\frac{Z_1Z_2}{Z_1+Z_2}C$；

α——C 不存在时的电压折射系数，$\alpha=\frac{2Z_2}{Z_1+Z_2}$。

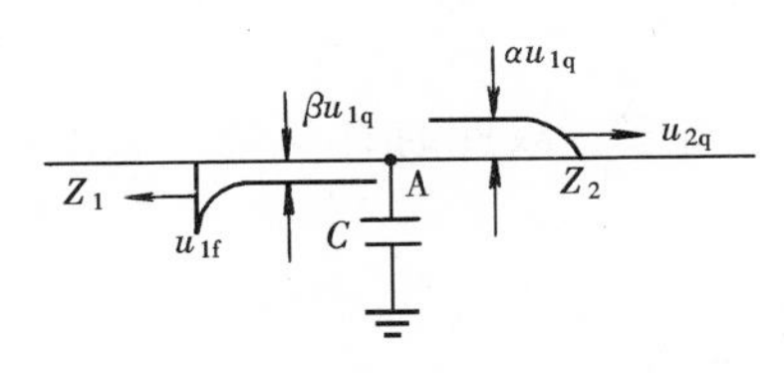

图 5－18　行波通过并联电容时的折射波和反射波

折射到波阻抗为 Z_2 中的电压 u_{2q}随时间按指数规律上升，如图 5－18 所示。当 $t=0$ 时，$u_{2q}=0$，当 $t\to\infty$时，$u_{2q}\to\alpha u_{1q}$，这表明并联电容也有降低雷电波陡度的作用，且它的存在对折射电压波的稳态值没有影响。

由式（5－39）可求得无限长直角波通过并联电容后的陡度为

$$\frac{du_{2q}}{dt}=\frac{2}{Z_1C}u_{1q}e^{-\frac{t}{T}} \tag{5-40}$$

最大陡度出现在 $t=0$ 时，即

$$\left.\frac{du_{2q}}{dt}\right|_{max}=\frac{2}{Z_1C}u_{1q} \tag{5-41}$$

式（5 - 41）表明，最大陡度取决于电容 C 和波阻抗 Z_1，而与波阻抗 Z_2 无关，电容 C 越大，最大陡度越小。

由式（5 - 39）可进一步求得两线路连接点的反射波。根据连接点电压连续，可得

$$u_1=u_{1q}+u_{1f}=u_{2q}$$

故

$$u_{1f}=u_{2q}-u_{1q}=\frac{Z_2-Z_1}{Z_1+Z_2}u_{1q}-\frac{2Z_2}{Z_1+Z_2}u_{1q}e^{-\frac{t}{T}} \tag{5-42}$$

从式（5 - 42）可知，当 $t=0$ 时，$u_{1f}=-u_{1q}$，即电压行波发生了负的全反射，这是由于电容上的电压不能突变，初始瞬间电容相当于短路。当 $t\to\infty$ 时，$u_{1f}\to\beta u_{1q}$，β 为 C 不存在时的反射系数，这是由于入射波为无限长直角波，稳态时 C 相当于开路。反射波 u_{1f} 的波形也示于图 5 - 18 中。

综上所述，串联电感或并联电容都可以降低入侵波陡度，但在实际中到底采用哪种措施还应根据 Z_1 和 Z_2 的大小而定。当 Z_2 较大时，显然用并联电容更经济一些。

【例 5 - 5】　有一幅值为 100kV 的无限长直角波沿波阻抗为 50Ω 的电缆线路向波阻抗为 800Ω 的发电机绕组入侵，已知绕组每匝长度为 3m，匝间绝缘允许承受的电压为 600V，绕组中波的传播速度为 6×10^7m/s，求为保护发电机绕组匝间绝缘所需串联的电感或并联的电容的数值。

解　允许进入发电机绕组中的入侵波的空间最大陡度为

$$\left.\frac{du_{2q}}{dx}\right|_{max}=\frac{600}{3}=200(\text{V/m})$$

将其转换为时间上的陡度，则有

$$\left.\frac{du_{2q}}{dt}\right|_{max}=\left.\frac{du_{2q}}{dx}\right|_{max}\frac{dx}{dt}=200\times6\times10^7=12\times10^9(\text{V/s})$$

当用串联电感时，所需的电感值为

$$L=\frac{2Z_2}{\left.\frac{du_{2q}}{dt}\right|_{max}}u_{1q}=\frac{2\times800}{12\times10^9}\times10^5=13.3\times10^{-3}(\text{H})$$

当用并联电容时，所需的电容值为

$$C=\frac{2}{Z_1\left.\frac{du_{2q}}{dt}\right|_{max}}u_{1q}=\frac{2}{50\times12\times10^9}\times10^5=0.33\times10^{-6}(\text{F})$$

显然，0.33μF 的电容器比 13.3mH 的电感线圈的成本低得多，故此时宜采用并联电容的方案，并联电容值为 0.33μF。

第四节　行波的多次折、反射

在实际电网中，由于线路的长度是有限的，线路的两端又连有不同波阻抗的线路或不同

阻抗的集中参数元件，因而行波会在线路的两个端点间发生多次折、反射。例如两架空线中间加一段电缆，或用一段电缆将发电机连到架空线上，当有雷电波沿架空线向电缆段传播时，电缆段上将会出现多次反射波。本节介绍用网格法进行行波多次折、反射计算的方法。

一、三导线串联时波过程的计算

如图 5－19（a）所示，长度为 l_0、波阻抗为 Z_0 的线段连接于波阻抗为 Z_1 和 Z_2 的线路之间，假设波阻抗为 Z_1 和 Z_2 的线路为无限长。现有一幅值为 U_0 的无限长直角波电压沿波阻抗为 Z_1 的线路向中间线段传播，下面用网格法来求连接点的电压。

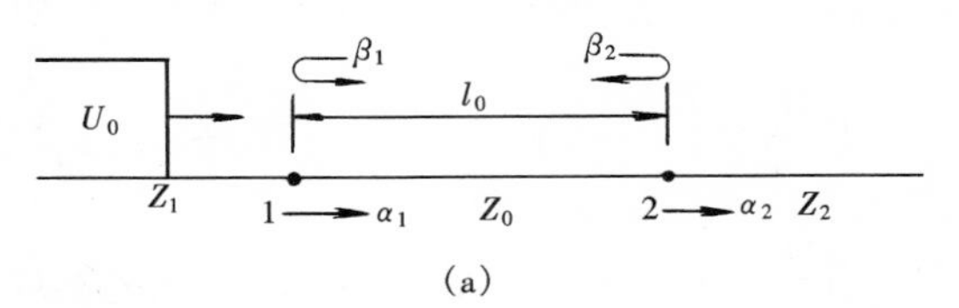

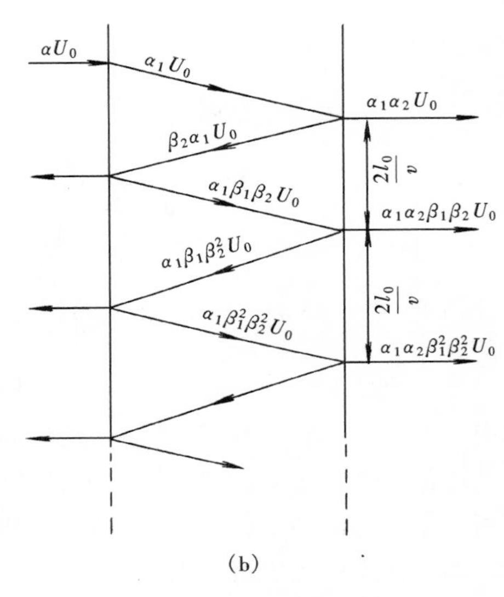

图 5－19　行波的多次折、反射

（a）接线图；（b）行波网格图

所谓网格法是用网格图把波在连接点上的各次折、反射情况，按照时间的先后逐一表示出来，然后根据网格图来计算连接点的电压值。图 5－19（a）所示接线的网格图如图 5－19（b）所示，入射电压波 U_0 沿阻抗为 Z_1 的线路传播到连接点 1 时，在 1 点将发生折、反射。设波由线路 Z_1 向线路 Z_0 折射的折射系数为 α_1，则在 1 点产生的折射电压波为 $\alpha_1 U_0$。$\alpha_1 U_0$ 沿中间线段 Z_1 继续向连接点 2 传播，而在 1 点产生的反射波则自 1 点沿线路 Z_1 返回并传向远方。经 l_0/v（v 为波在中间线路上的传播速度）时间后 $\alpha_1 U_0$ 到达连接点 2，在 2 点又发生折、反射。设波由线段 Z_0 向线路 Z_2 传播时在 2 点的折射系数为 α_2，反射系数为 β_2，则在 2 点产生的折射电压波为 $\alpha_1\alpha_2 U_0$，反射电压波为 $\alpha_1\beta_2 U_0$。折射电压波自 2 点沿线路 Z_2 继续向前传播，而反射电压波则自 2 点沿线路 Z_0 返回。经 l_0/v 时间后，来自 2 点的反射电压波 $\alpha_1\beta_2 U_0$ 又传播到 1 点，在 1 点又发生折、反射。设波由线路 Z_0 向线路 Z_1 传播时在 1 点的反射系数为 β_1，则在 1 点产生的反射电压波为 $\alpha_1\beta_1\beta_2 U_0$。反射电压波自 1 点又向 2 点传播，而在 1 点产生的折射电压波则自 1 点沿线路 Z_1 传向远方。再经 l_0/v 时间，来自 1 点的反射波又入射到 2 点，在 2 点产生第二次折、反射，新产生的折射电压波为 $\alpha_1\alpha_2\beta_1\beta_2 U_0$，反射电压波为 $\alpha_1\beta_1\beta_2^2 U_0$，反射电压波又向 1 点传播……如此 1 点和 2 点的折、反射不断发生。

根据折射和反射系数的计算公式，不难写出

$$\alpha_1 = \frac{2Z_0}{Z_1 + Z_0}，\alpha_2 = \frac{2Z_2}{Z_0 + Z_2}$$

$$\beta_1 = \frac{Z_1 - Z_0}{Z_1 + Z_0}，\beta_2 = \frac{Z_2 - Z_0}{Z_2 + Z_0}$$

以入射波 U_0 到达连接点 1 作为时间的起点，根据网格图可写出连接点 2 在不同时刻的折射电压波为：

当 $0 \leqslant t < \frac{l_0}{v}$ 时，$u_{2q}=0$；

当 $\frac{l_0}{v} \leqslant t < \frac{3l_0}{v}$ 时，$u_{2q}=\alpha_1\alpha_2U_0$（第 1 次折、反射后）；

当 $\frac{3l_0}{v} \leqslant t < \frac{5l_0}{v}$ 时，$u_{2q}=\alpha_1\alpha_2U_0+\alpha_1\alpha_2\beta_1\beta_2U_0$（第 2 次折、反射后）；

当 $\frac{5l_0}{v} \leqslant t < \frac{7l_0}{v}$ 时，$u_{2q}=\alpha_1\alpha_2U_0+\alpha_1\alpha_2\beta_1\beta_2U_0+\alpha_1\alpha_2\beta_1^2\beta_2^2U_0$（第 3 次折、反射后）；

……

当经过 n 次折、反射后，即当 $\frac{(2n-1)l_0}{v} \leqslant t < \frac{(2n+1)l_0}{v}$ 时，有

$$\begin{aligned} u_{2q} &= \alpha_1\alpha_2U_0[1+\beta_1\beta_2+(\beta_1\beta_2)^2+\cdots+(\beta_1\beta_2)^{n-1}] \\ &= \alpha_1\alpha_2U_0\frac{1-(\beta_1\beta_2)^n}{1-\beta_1\beta_2} \end{aligned} \tag{5-43}$$

当 $t \to \infty$，即 $n \to \infty$ 时，2 点的折射电压波将为

$$u_{2q} = \alpha_1\alpha_2U_0\frac{1}{1-\beta_1\beta_2} = \frac{2Z_2}{Z_1+Z_2}U_0 = \alpha U_0 \tag{5-44}$$

式中　α——线路 Z_1 和 Z_2 直接相连时的折射系数。

这就表明，中间线路只影响折射电压波 u_{2q} 波形的起始部分，不影响其稳态部分，稳态时相当于中间线路不存在，而线路 Z_1 和线路 Z_2 直接相连。

如果在网格图中将 1 点的各次折、反射电压波表示出来，则用类似的方法可求出 1 点在不同时刻的电压值。

二、三导线串联时波过程的特点

从前面的分析已知，三导线串联时，中间导线对折射电压波 u_{2q} 的起始部分会产生影响，影响的结果决定于 Z_0 与 Z_1 和 Z_2 的相对大小。

1. $Z_1 > Z_0$，$Z_2 > Z_0$ 时的情况

此情况下 β_1 和 β_2 皆为正，2 点的各个折射电压波也均为正值，因此 u_{2q} 将按 $\frac{2l_0}{v}$ 的时间间隔逐级增大，最终趋于稳态值 αU_0，其波形如图 5 - 20 所示。由图可见，线路 Z_0 的存在降低了 Z_2 中的折射电压波 u_{2q} 的上升陡度，可以近似认为，u_{2q} 的最大陡度等于第一个折射电压 $\alpha_1\alpha_2U_0$ 除以时间间隔 $\frac{2l_0}{v}$，即

$$\begin{aligned} \left.\frac{\mathrm{d}u_{2q}}{\mathrm{d}t}\right|_{\max} &= \frac{\alpha_1\alpha_2U_0}{\frac{2l_0}{v}} = U_0\frac{2Z_0}{Z_1+Z_0}\times\frac{2Z_2}{Z_0+Z_2}\times\frac{v}{2l_0} \\ &= U_0\frac{2Z_2}{(Z_1+Z_0)(Z_0+Z_2)}\times\frac{1}{C_0l_0} \end{aligned} \tag{5-45}$$

式中　C_0——中间线路单位长度的对地电容。

若 $Z_1 \gg Z_0$，$Z_2 \gg Z_0$，则由式（5 - 45）可得

$$\left.\frac{\mathrm{d}u_{2q}}{\mathrm{d}t}\right|_{\max}\approx\frac{2U_0Z_2}{Z_1Z_2}\times\frac{1}{C_0l_0}=\frac{2U_0}{Z_1C} \tag{5-46}$$

式中　C——中间线路总的对地电容。

式（5-46）与计算波通过并联电容时的最大陡度计算式完全相同，故在此情况下，中间线路 Z_0 的作用相当于在线路 Z_1 与 Z_2 的连接点上并联一电容，电容的值即为中间线路的总的对地电容。

2. $Z_1<Z_0$，$Z_2<Z_0$ 时的情况

此情况下 β_1 和 β_2 皆为负，但 $\beta_1\beta_2$ 为正值，u_{2q}的波形与图 5-20 相同。

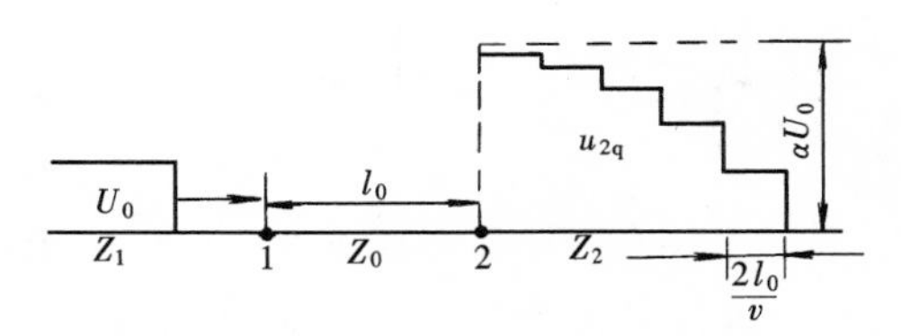

图 5-20　中间线路 Z_0 对 Z_2 上折射波 u_{2q}的影响
（$Z_1>Z_0<Z_2$ 或 $Z_1<Z_0>Z_2$ 时的折射波 u_{2q}）

如果 $Z_1\ll Z_0$，$Z_2\ll Z_0$，根据式（5-45）可得

$$\left.\frac{\mathrm{d}u_{2q}}{\mathrm{d}t}\right|_{\max}\approx\frac{2U_0Z_2}{Z_0^2}\times\frac{1}{C_0l_0}=\frac{2U_0Z_2}{L_1l_0}=\frac{2U_0Z_2}{L} \tag{5-47}$$

式中　L_1——中间线路单位长度的电感；

L——中间线路的总电感。

式（5-47）与计算波通过串联电感时的最大陡度计算式相同。可见在此条件下，中间线路 Z_0 的作用相当于在线路 Z_1 和 Z_2 之间串联一电感，电感的值就等于中间线路的总电感。

3. $Z_1>Z_0>Z_2$ 或 $Z_1<Z_0<Z_2$ 的情况

此时 β_1 与 β_2 异号，波在连接点 2 处的第 1、3、5、…次折射产生正的折射电压波，而第 2、4、6、…次折射则产生负的折射波，因此 u_{2q}为一振荡波，振荡周期为 $4l_0/v$，振荡围绕其最终值 αU_0 进行，逐渐衰减，如图 5-21 所示。

综上所述，当中间线路的波阻抗处于两侧线路的波阻抗之间时，中间线路的存在将使折射到线路 Z_2 上的前行波发生振荡，产生过电压。增大中间线路的波阻抗使其大于两侧线路的波阻抗，或者减小中间线路的波阻抗使其小于两侧线路的波阻抗，均可消除 Z_2 上前行波的振荡，降低前行波的平均陡度。

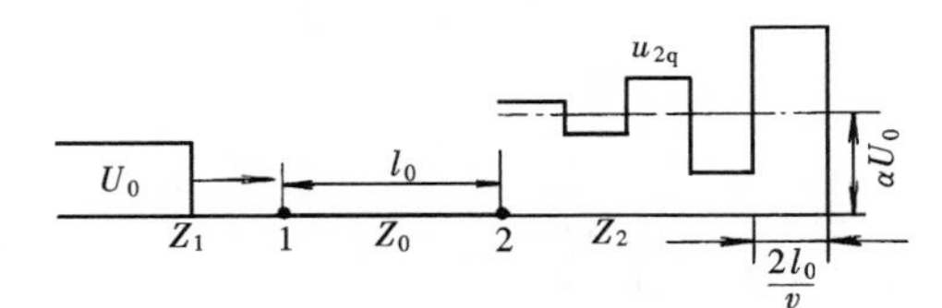

图 5-21　中间线路 Z_0 对 Z_2 上折射波 u_{2q}的影响
（$Z_1>Z_0>Z_2$ 或 $Z_1<Z_0<Z_2$ 时的折射波 u_{2q}）

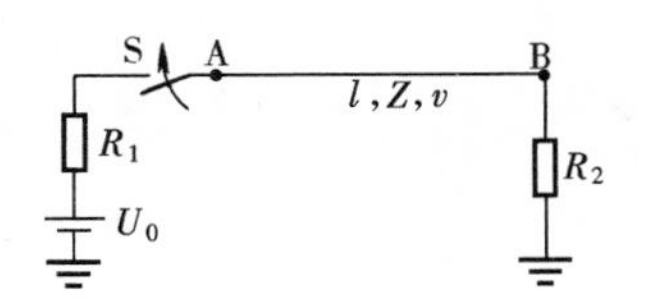

图 5-22　直流电源合闸于末端接有电阻负载的线路

【例 5-6】　如图 5-22 所示，将电压为 U_0、内阻为 R_1 的直流电源突然合闸于长为 l，波阻抗为 Z，末端 B 处接有电阻负载 R_2 的线路首端 A，已知波在线路上传播的速度为 v，试求合闸后线路末端的电压。

解　以合闸后瞬间作为时间的起点。$t=0$ 时，线路首端的电压为

$$U_1=\frac{Z}{R_1+Z}U_0$$

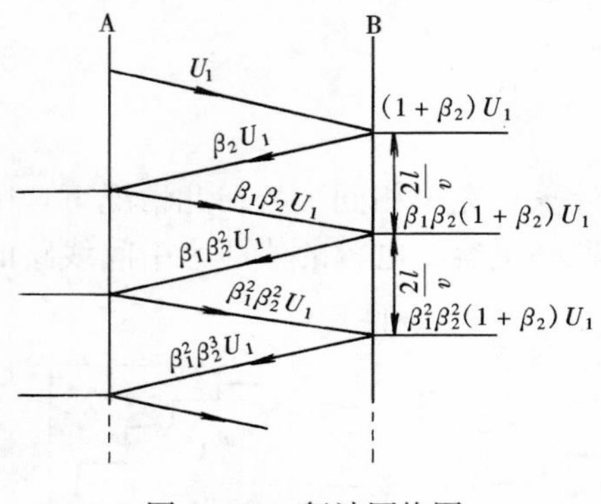

图 5 - 23 行波网格图

故从 $t=0$ 开始，线路首端将有一幅值为 U_1 的电压行波沿线路向末端方向传播。设波由线路首端向末端传播时在末端的反射系数为 β_2，而波由线路末端向首端传播时在首端的反射系数为 β_1，则根据反射系数计算公式可得

$$\beta_1=\frac{R_1-Z}{R_1+Z},\ \beta_2=\frac{R_2-Z}{R_2+Z}$$

从 A 点出发的前行波 U_1 经 l/v 时间后到达线路末端 B 点，在 B 发生反射后产生的反射电压波为 $\beta_2 U_1$，在 B 点造成的电压为 $U_1(1+\beta_2)$。又经 l/v 时间后，从 B 点返回的反射波到达 A 点，在 A 点发生反射后又产生向 B 点传播的前行波，其幅值为 $\beta_1\beta_2 U_1$。该前行波经 l/v 时间后又到达 B 点，在 B 点发生反射后又产生幅值为 $\beta_1\beta_2^2 U_1$ 的向 A 点传播的反行波，此时在 B 点又造成的电压为 $\beta_1\beta_2 U_1(1+\beta_2)$ ……如此线路两端的反射过程不断进行。上述过程的网格图如图 5 - 23 所示，根据网格图可写出不同时刻 B 点的电压：

当 $0\leqslant t<\frac{l}{v}$ 时，$u_B=0$；

当 $\frac{l}{v}\leqslant t<\frac{3l}{v}$ 时，$u_B=U_1(1+\beta_2)$（第 1 次反射后）；

当 $\frac{3l}{v}\leqslant t<\frac{5l}{v}$ 时，$u_B=U_1(1+\beta_2)+\beta_1\beta_2 U_1(1+\beta_2)$（第 2 次反射后）；

当 $\frac{5l}{v}\leqslant t<\frac{7l}{v}$ 时，$u_B=U_1(1+\beta_2)+\beta_1\beta_2 U_1(1+\beta_2)+\beta_1^2\beta_2^2 U_1(1+\beta_2)$（第 3 次反射后）；

……

当经过 n 次反射后，即当 $\frac{(2n-1)l}{v}\leqslant t<\frac{(2n+1)l}{v}$ 时 B 点的电压为

$$\begin{aligned}u_B&=U_1(1+\beta_2)+\beta_1\beta_2 U_1(1+\beta_2)+\cdots+\beta_1^{n-1}\beta_2^{n-1}U_1(1+\beta_2)\\&=U_1(1+\beta_2)[1+\beta_1\beta_2+\cdots+(\beta_1\beta_2)^{n-1}]\\&=U_1(1+\beta_2)\frac{1-(\beta_1\beta_2)^n}{1-\beta_1\beta_2}\end{aligned}$$

当 $t\to\infty$ 时，即 $n\to\infty$ 时，B 点的电压为

$$u_B=U_1(1+\beta_2)\frac{1}{1-\beta_1\beta_2}=\frac{R_2 U_0}{R_1+R_2}$$

第五节 无损平行多导线系统中的波过程

前面分析的都是波沿单导线线路传播的情况，实际上输电线路都是由多根平行导线组成的，此时波沿一根导线传播时空间的电磁场将作用到其他平行导线上，使其他导线上出现相应的耦合波。本节介绍波在平行于地面的无损多导线系统中的传播情况。

一、无损平行多导线系统中波的传播规律

在假定线路无损耗的情况下，导线中波的运动过程可以看成是平面电磁波的传播过程。这种波的特点是导线周围空气中的电场矢量 $\boldsymbol{E}$ 和磁场矢量 $\boldsymbol{H}$ 相互垂直且处于垂直于导线轴

线的平面内。在平面电磁波的情况下，只需引入波速的概念就可以将麦克斯韦静电场方程应用到平行多导线波过程的计算中。

根据静电场的概念，当单位长度导线上有电荷 Q_0 时，其对地电压 $u=Q_0/C_0$，C_0 为单位长度导线的对地电容。如 Q_0 以波速 v 沿导线运动，则在导线上将有一个以速度 v 传播的电流波 i，同时伴随有电压波 u，它们之间的关系为

$$i = Q_0 v = u/Z$$

式中 Z——线路的波阻抗。

故导线上的波过程可以看作是电荷 Q_0 运动的结果。

现在来求平行多导线系统中波过程的基本方程。设有 n 根平行于地面的导线（见图 5-24），各导线单位长度上的电荷分别为 Q_1、Q_2、…、Q_k、…、Q_n，各导线的对地电压分别为 u_1、u_2、…、u_k、…、u_n 可用下列麦克斯韦方程决定

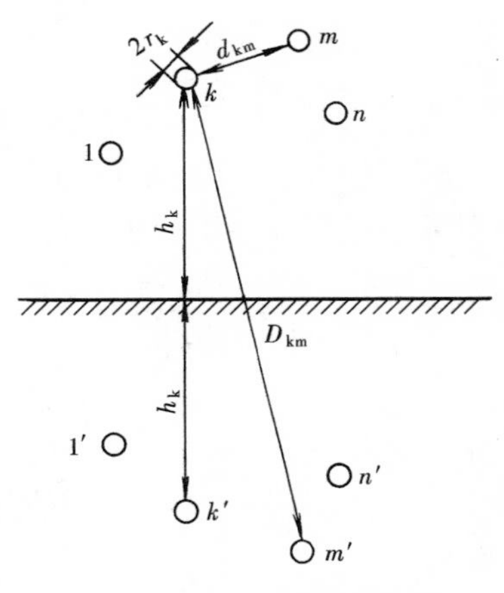

图 5-24 平行多导线系统

$$\left.\begin{aligned} u_1 &= \alpha_{11}Q_1 + \alpha_{12}Q_2 + \cdots + \alpha_{1k}Q_k + \cdots + \alpha_{1n}Q_n \\ u_2 &= \alpha_{21}Q_1 + \alpha_{22}Q_2 + \cdots + \alpha_{2k}Q_k + \cdots + \alpha_{2n}Q_n \\ &\cdots \\ u_k &= \alpha_{k1}Q_1 + \alpha_{k2}Q_2 + \cdots + \alpha_{kk}Q_k + \cdots + \alpha_{kn}Q_n \\ &\cdots \\ u_n &= \alpha_{n1}Q_1 + \alpha_{n2}Q_2 + \cdots + \alpha_{nk}Q_k + \cdots + \alpha_{nn}Q_n \end{aligned}\right\} \tag{5-48}$$

式（5-48）中 α_{kk}（$k=1, 2, \cdots, n$）为导线 k 的自电位系数，α_{km}（$m=1, 2, \cdots, n$；$m\neq k$）为导线 k 与导线 m 间的互电位系数，它们的值决定于导线的几何尺寸和布置，计算式为

$$\left.\begin{aligned} \alpha_{kk} &= \frac{1}{2\pi\varepsilon_r\varepsilon_0}\ln\frac{2h_k}{r_k} \quad (\text{m/F}) \\ \alpha_{km} &= \frac{1}{2\pi\varepsilon_r\varepsilon_0}\ln\frac{D_{km}}{d_{km}} \quad (\text{m/F}) \end{aligned}\right\} \tag{5-49}$$

式中 h_k，r_k——导线 k 的离地平均高度和导线半径；

d_{km}，D_{km}——导线 k 与导线 m 间的距离和导线 k 与导线 m 的镜像 m' 间的距离。

将式（5-48）右边乘以 v/v，并以 $i=Qv$ 代入，可得

$$\left.\begin{aligned} u_1 &= Z_{11}i_1 + Z_{12}i_2 + \cdots + Z_{1k}i_k + \cdots + Z_{1n}i_n \\ u_2 &= Z_{21}i_1 + Z_{22}i_2 + \cdots + Z_{2k}i_k + \cdots + Z_{2n}i_n \\ &\cdots \\ u_k &= Z_{k1}i_1 + Z_{k2}i_2 + \cdots + Z_{kk}i_k + \cdots + Z_{kn}i_n \\ &\cdots \\ u_n &= Z_{n1}i_1 + Z_{n2}i_2 + \cdots + Z_{nk}i_k + \cdots + Z_{nn}i_n \end{aligned}\right\} \tag{5-50}$$

式中 Z_{kk}——导线 k 的自波阻抗；

Z_{km}——导线 k 与导线 m 间的互波阻抗。

在空气中 Z_{kk}、Z_{km} 可由式（5-51）计算，即

$$\left.\begin{aligned}Z_{kk}&=\frac{\alpha_{kk}}{v}=60\ln\frac{2h_k}{r_k}(\Omega)\\Z_{km}&=\frac{\alpha_{km}}{v}=60\ln\frac{D_{km}}{d_{km}}(\Omega)\end{aligned}\right\}\tag{5-51}$$

由式（5-51）不难看出，Z_{km}一般总是小于Z_{kk}，而且有$Z_{km}=Z_{mk}$。

式（5-50）仅考虑了线路上只有前行波时的情况，若导线上既有前行波又有反行波时，则对n根平行导线系统中的每一根导线（如第k根导线）可以列出如下方程

$$\left.\begin{aligned}u_k&=u_{kq}+u_{kf},i_k=i_{kq}+i_{kf}\\u_{kq}&=Z_{k1}i_{1q}+Z_{k2}i_{2q}+\cdots+Z_{kk}i_{kq}+\cdots+Z_{kn}i_{nq}\\u_{kf}&=-(Z_{k1}i_{1f}+Z_{k2}i_{2f}+\cdots+Z_{kk}i_{kf}+\cdots+Z_{kn}i_{nf})\end{aligned}\right\}\tag{5-52}$$

式中　u_{kq}，u_{kf}——导线k上的前行电压波和反行电压波；

i_{kq}，i_{kf}——导线k中的前行电流波和反行电流波。

n根导线就可以列出n个方程组，再加上边界条件，就可以分析无损平行多导线系统中的波过程。

二、典型例子分析

【例5-7】　两平行多导线系统（见图5-25），其中1为避雷线，2为对地绝缘的导线。假定雷击杆塔塔顶，由于雷击引起的电压波u_1自雷击点沿导线1向两侧运动，求导线2上的耦合波。

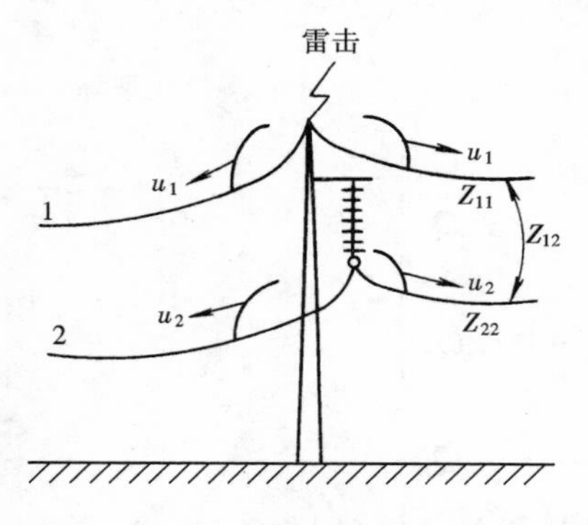

图5-25　两平行多导线系统

解　根据式（5-50）可列出如下方程

$$u_1=Z_{11}i_1+Z_{12}i_2$$
$$u_2=Z_{21}i_1+Z_{22}i_2$$

零初始状态下的导线只有受到外部激励源的作用时，其上才会既有电压波又伴随有电流波。导线1在杆塔塔顶处受雷击，相当于在雷击点与地间接入一个电压为u_1的电压源，故导线1上既有电压波又有电流波。导线2未受雷击，其上的电压波和电流波是由导线1上行波所产生的电磁场的感应而引起的，因导线2对地绝缘，故导线2上只感应形成电压波而无电流波，即$i_2=0$，代入方程中可得

$$u_2=\frac{Z_{21}}{Z_{11}}u_1=k_{12}u_1\tag{5-53}$$

式（5-53）中$k_{12}=Z_{21}/Z_{11}$称为导线1对导线2的耦合系数，其值仅由导线1及导线2间的相对位置及几何尺寸所决定。因$Z_{21}<Z_{11}$，故耦合系数k_{12}小于1。

式（5-53）表明，导线1上有电压波u_1传播时，在导线2上将被感应出一个极性和波形与u_1相同但幅值比u_1低的电压波u_2，此时导线1和导线2间的电位差为

$$u_1-u_2=u_1(1-k_{12})$$

可见，耦合系数越大，导线间的电位差越小。这也就意味着雷击避雷线时，相线与避雷线之间的绝缘上所承受的电压值与耦合系数有很大关系，所以耦合系数对线路的防雷保护有较大的影响。

【例5-8】　如图5-26所示，一条装有两根避雷线的输电线路，避雷线经金属杆塔彼此相连，试求雷击杆塔塔顶时避雷线对导线的耦合系数。

解　因导线3、4、5对地绝缘，故$i_3=i_4=i_5=0$，根据式（5-50）可列出以下方程

$$u_1 = Z_{11}i_1 + Z_{12}i_2$$
$$u_2 = Z_{21}i_1 + Z_{22}i_2$$
$$u_3 = Z_{31}i_1 + Z_{32}i_2$$
$$u_4 = Z_{41}i_1 + Z_{42}i_2$$
$$u_5 = Z_{51}i_1 + Z_{52}i_2$$

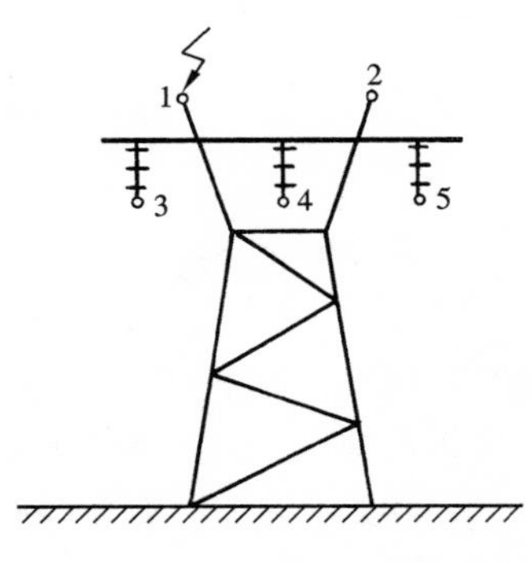

图 5-26　雷击有两根避雷线的线路

两根避雷线经杆塔相连，且对地高度和半径均相同，故 $u_1=u_2$，$i_1=i_2$，$Z_{11}=Z_{22}$，于是可解得避雷线 1、2 对边相导线 3 的耦合系数为

$$k_{1,2-3} = \frac{u_3}{u_1} = \frac{Z_{13}+Z_{23}}{Z_{11}+Z_{12}} = \frac{Z_{31}/Z_{11}+Z_{32}/Z_{11}}{1+Z_{12}/Z_{11}} = \frac{k_{13}+k_{23}}{1+k_{12}} \tag{5-54}$$

式中　k_{13}，k_{23}——避雷线 1 对导线 3 及避雷线 2 对导线 3 的耦合系数；

k_{12}——避雷线 1 对避雷线 2 的耦合系数。

同理可求得两避雷线对导线 4 或 5 的耦合系数，显然两避雷线对导线 5 的耦合系数与式（5-54）相同。

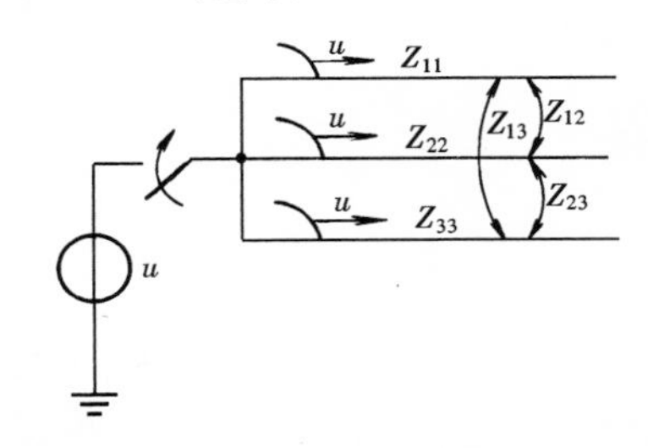

图 5-27　波沿三相导线同时入侵

【例 5-9】　如图 5-27 所示，一对称三相系统，三相同时有雷电波 u 入侵，求三相的等值波阻抗。

解　三相平行导线同时侵入雷电波 u 时，相当于三根导线并接于一个电源 u 上，由此可列出如下方程

$$u_1 = Z_{11}i_1 + Z_{12}i_2 + Z_{13}i_3$$
$$u_2 = Z_{21}i_1 + Z_{22}i_2 + Z_{23}i_3$$
$$u_3 = Z_{31}i_1 + Z_{32}i_2 + Z_{33}i_3$$

因三相导线对称分布，故 $u_1=u_2=u_3=u$，$i_1=i_2=i_3=i$，$Z_{11}=Z_{22}=Z_{33}=Z$，$Z_{12}=Z_{23}=Z_{13}=Z'$，代入上式方程后可解得

$$u = Zi + 2Z'i = (Z+2Z')i = Z_s i$$

其中 $Z_s=Z+2Z'$ 为三相同时进波时每相导线的等值波阻抗。

Z_s 比单相进波时的要大，从物理意义上讲，这是由于相邻导线的电流通过互波阻抗在本导线中产生感应电压，使导线的等值波阻抗增大了。

三根导线并联后的等值波阻抗为

$$Z_{s3} = \frac{u}{3i} = \frac{Z+2Z'}{3}$$

【例 5-10】　某输电线路，仅在进入变电站前的一段上装设有避雷线（见图 5-28），当雷电波由无避雷线的线路部分向有避雷线的部分传播时，求有避雷线的线路部分的等值波阻抗。

解　对有避雷线的线路部分，可列出如下方程

$$u_1 = Z_{11}i_1 + Z_{12}i_2$$
$$u_2 = Z_{21}i_1 + Z_{22}i_2$$

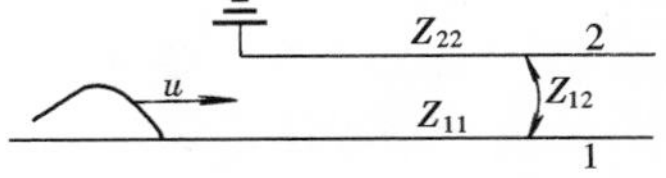

图 5-28　波由线路的无避雷线部分向有避雷线部分传播

由于避雷线是接地的，故 $u_2=0$，代入上式得

$$i_2 = -\frac{Z_{21}}{Z_{22}} i_1 = -\frac{Z_{12}}{Z_{22}} i_1$$

$$u_1 = i_1 \left(Z_{11} - \frac{Z_{12}^2}{Z_{22}} \right)$$

可见，有避雷线的线路部分的等值波阻抗为

$$Z_s = Z_{11} - \frac{Z_{12}^2}{Z_{22}}$$

Z_s 比无避雷线的线路部分的波阻抗 Z_{11} 要小，其原因是避雷线 2 上的感应电流产生了反向磁场，使导线 1 的电感有所减小，而避雷线的存在又使导线 1 的对地电容增大，这样就使导线 1 的等值波阻抗变小。

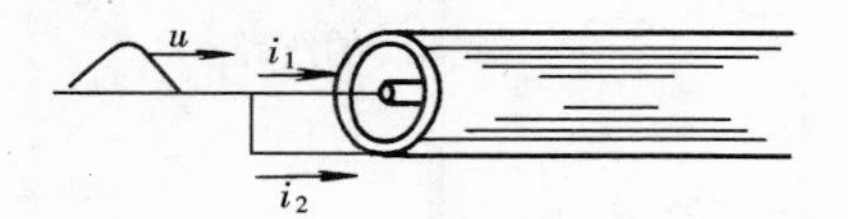

图 5-29　行波沿电缆芯与电缆皮传播

【例 5-11】　如图 5-29 所示，电缆的缆芯和缆皮短接，一电压为 u 的雷电波自连接点外向电缆传播，求流过缆芯的电流。

解　缆芯 1 与缆皮 2 构成一平行导线系统，对此可列出如下方程

$$u_1 = Z_{11} i_1 + Z_{12} i_2$$

$$u_2 = Z_{21} i_1 + Z_{22} i_2$$

因 $u_1 = u_2 = u$，故有

$$Z_{11} i_1 + Z_{12} i_2 = Z_{21} i_1 + Z_{22} i_2$$

或写为

$$(Z_{11} - Z_{21}) i_1 = (Z_{22} - Z_{12}) i_2$$

因缆皮电流 i_2 产生的磁通全部与缆芯交链，故电缆皮的自波阻抗 Z_{22} 等于缆皮与缆芯间的互波阻抗 Z_{12}（即缆皮对缆芯的耦合系数等于 1），而缆芯电流 i_1 产生的磁通只部分与缆皮交链，故缆芯与缆皮间的互波阻抗 Z_{21} 小于缆芯的自波阻抗 Z_{11}。这样上式右端为零，左端也必须为零，因 $Z_{11} > Z_{21}$，所以 i_1 必为零。这就是说，缆芯和缆皮短接时，电流将沿缆皮流动，而流过缆芯的电流为零。这种现象就像交流电流流过导线时的集肤效应一样，其物理含义是，当电流在缆皮上传播时，缆芯上就被感应出与缆皮电压相等的反电动势，从而阻止了缆芯中电流的流通。这一结果在直配电机的防雷保护中得到了广泛的应用。

第六节　冲击电晕对线路波过程的影响

前几节关于波过程的分析忽略了线路中的一切损耗，认为线路为均匀无损的，波在传播过程中没有能量损失，不发生衰减和变形。实际上由于导线和大地都有电阻，导线与大地间还有漏电导，行波在传播过程中，总要在这些电阻、电导上消耗掉本身的一部分能量。此外，线路参数随频率而变的特性、线路上的电晕等都会引起行波的衰减和变形。实际测量表明，使波沿架空线传播过程中发生衰减和变形的决定因素是线路上过电压波引起的冲击电晕，故本节主要讨论冲击电晕对线路波过程的影响。

一、冲击电晕的形成和特点

当作用到线路上的雷电冲击电压或操作冲击电压超过线路的电晕起始电压时，线路上将发生电晕，这种由冲击电压形成的电晕称为冲击电晕。冲击电晕形成的时间极短，可

以认为冲击电晕的发生只与电压的瞬时值有关，而无时延。但冲击电压的极性对冲击电晕的发展有很大的影响。正极性冲击电晕时，形成电晕放电的电子崩是向着导线发展的，当电子崩头部的电子进入导线后，导线周围只有正极性的空间电荷，它们使距导线较远处的电场得到加强，有利于游离继续发展。负极性冲击电晕时，电子崩是由导线表面附近向外面电场强度弱的地方发展的，电子运动到强场区之外后将与中性分子结合为负离子，这样在靠近导线的空间分布的是正离子，而在外面电场较弱的空间中分布的是负离子，正离子减弱了距导线较远处的电场强度，故电晕不易继续发展。因此，在同样大小的冲击电压下，正极性时的冲击电晕要比负极性时的强烈得多，即正极性时冲击电晕对波的衰减和变形的影响比负极性时的要大得多。雷击大部分是负极性的，所以过电压保护一般只考虑负极性冲击电晕的影响。

二、冲击电晕对导线上波过程的影响

1. 使导线间的耦合系数增大

当导线上出现电晕后，相当于增大了导线的半径，因而与其他导线间的耦合系数增大了。前述的不考虑电晕时的耦合系数，只决定于导线的几何尺寸及其相互位置，所以又称为几何耦合系数 k_0，出现电晕以后，耦合系数由 k_0 增大为 k，可以表示为

$$k=k_1k_0 \tag{5-55}$$

式中　k_1——电晕效应校正系数。

电压越高，电晕的作用越大，k_1 值也越大。DL/T 620—1997《交流电气装置的过电压保护和绝缘配合》建议，雷击杆塔塔顶时导线和避雷线间耦合系数的校正系数按表 5 - 1 选取；而雷击避雷线档距中央时，因导线和避雷线的电位较高，校正系数 k_1 取 1.5。

表 5 - 1　雷击塔顶时的校正系数 k_1

线路额定电压（kV）	20～35	60～110	154～330	500
两条避雷线	1.1	1.2	1.25	1.28
一条避雷线	1.15	1.25	1.3	—

2. 使导线的波阻抗和波速减小

出现电晕后导线对地电容增大，导线波阻抗和波速将下降，建议，雷击杆塔时，单根导线和避雷线的波阻抗取 400Ω，两根避雷线的波阻抗取 250Ω，考虑到此时导线和避雷线的电位较低，电晕作用较小，波速可近似取为光速。由于雷击避雷线档距中央时的电位比雷击杆塔时的高许多，电晕的作用较大，故雷击避雷线档距中央时单根避雷线的波阻抗可取 350Ω，波速可取为光速的 75%。

3. 使波在传播过程中发生衰减和变形

由于电晕要消耗能量，消耗掉的能量的大小又与电压的瞬时值有关，故电晕不仅使行波发生衰减，还会引起行波的波形发生畸变，其结果是使行波的幅值降低，波头时间变大，陡度减小。由冲击电晕引起的行波衰减和变形的典型波形如图 5 - 30 所示。图中曲线 1 表示原始波形，曲线 2 表示行波传播距离 l 后的波形。从图中可以看出，当电压高于电晕起始电压 u_k 后，波形开始剧烈衰减和变形，可以把这种变形看

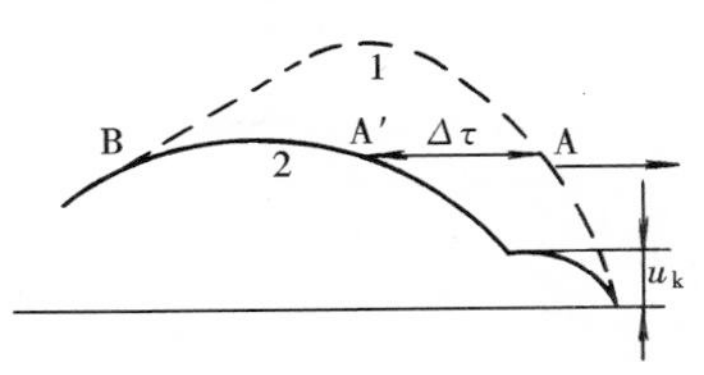

图 5 - 30　由冲击电晕引起的行波衰减和变形的典型波形图

成是电压高于 u_k 的各点由于电晕使线路的对地电容增大从而以不同的波速向前运动所产生的结果。如图中低于 u_k 的部分，由于不发生电晕而仍以光速前进，而电压大于 u_k 的 A 点由于产生了电晕，它就以比光速小的速度 v_k 前进，在行经距离 l 后它就落后了 $\Delta\tau$ 时间而变成图中 A′点，因电晕的强烈程度与电压的瞬时值 u 有关，故 v_k 是电压 u 的函数。显然 $\Delta\tau$ 是行波传播距离 l 和电压 u 的函数，可按下面的经验公式计算

$$\Delta\tau=l\left(0.5+\frac{0.008u}{h}\right) \tag{5-56}$$

式中 l——行波传播距离，km；

u——行波电压值，kV；

h——导线平均对地高度，m。

按式（5-56）求出的 $\Delta\tau$ 的单位为 μs。如果原始行波的波头时间为 τ_0，则经过 l 距离后其波头时间 τ 将变为

$$\tau=\tau_0+\Delta\tau=\tau_0+l\left(0.5+\frac{0.008U_m}{h}\right) \tag{5-57}$$

式中 U_m——行波电压的幅值，kV。

式（5-57）说明，冲击电晕使行波的波头拉长了。变电站的进线段保护就是利用冲击电晕的这一作用来降低侵入变电站的雷电波的陡度的。

第七节　单相变压器绕组中的波过程

电力变压器在运行的过程中经常会受到雷电或操作过电压的侵袭，这时在绕组内将出现极复杂的电磁振荡过程，使绕组各点对地绝缘和绕组各点之间的绝缘（如匝间、层间或盘间）上出现很高的过电压。为了决定变压器的绝缘结构，分析其内部应采取的限制过电压的措施，需要了解在不同波形的冲击电压作用下，变压器绕组内各点对地电压和各点间电位差的变化规律，就必须研究变压器绕组中的过渡过程（波过程）。考虑到变压器绕组中波过程的复杂性，本节主要讨论直流电压 U_0 突然合闸于绕组简化等值电路时的情况。

一、变压器绕组的简化等值电路

单相变压器绕组除了和输电线路一样具有分布的自电感和分布的对地电容外，还有各匝之间分布的互电感和匝间互电容。此外，绕组还具有代表铜损耗和铁损耗的有效电阻，以及代表绝缘损耗的漏电导。假定绕组是均匀的，略去匝间的互感和绕组的损耗，可以得到变压器绕组的简化等值电路，如图 5-31 所示。图中 K_0、C_0、L_0 分别为绕组单位长度的纵向（段间）电容、对地电容和电感；l 是绕组长度（不是导线长度）。绕组末端（中性点）可能接地，也可能开路，可用图中开关 S 的不同位置来表示。

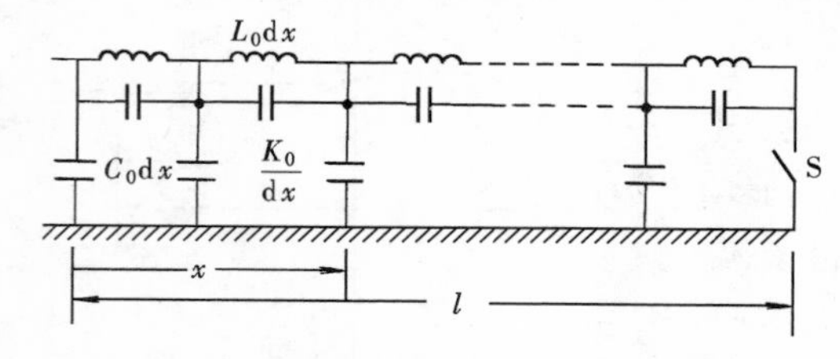

图 5-31　单相变压器绕组的简化等值电路

因为波过程属于高频过程，故等值电路中 K_0、C_0 不能忽略。显然图 5-31 的等值电路与线路的不同，这里增加了一个新的参数 K_0。由于 K_0、C_0 所组成的电容链的作用，当在绕组的首端加上冲击电压后，会立即在绕组的各点

上出现一定的电压分布，故变压器绕组中波过程的分析方法与线路的不同。通常将变压器绕组作为一个复杂的多频率振荡电路来处理，在这样的电路中，先求出电容上电压的初始分布和稳态分布，然后就可根据二者之差分析振荡过程。

二、绕组中的初始电压分布

当直流电压 U_0 突然合闸于图 5-31 所示的等值电路时，由于电感中电流不能突变，故在合闸后瞬间（$t=0$）电感相当于开路。此时图 5-31 可简化为如图 5-32 所示的等值电路。在图 5-32 中，所有 $C_0\mathrm{d}x$ 和 $K_0/\mathrm{d}x$ 的充电过程都将在瞬间完成，各个 $C_0\mathrm{d}x$ 上的电压就决定了绕组中的初始电压分布。

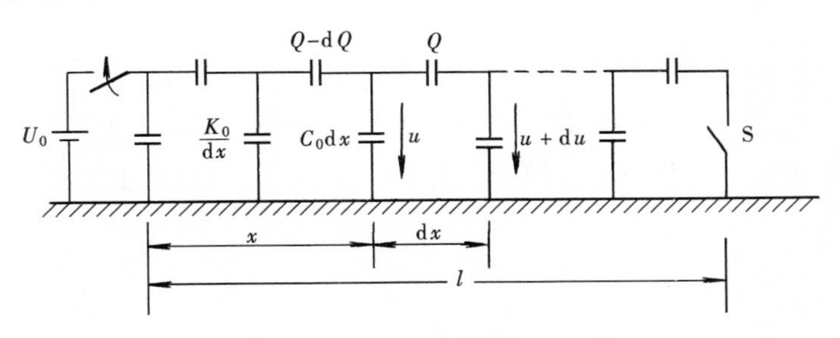

图 5-32　$t=0$ 瞬间变压器绕组的等值电路

设距离绕组首端 x 处的电压为 u，x 点右端微分段纵向电容 $K_0/\mathrm{d}x$ 上的电荷为 Q，微分段内沿 x 方向电压和电荷的增量分别为 $\mathrm{d}u$ 和 $\mathrm{d}Q$。由于在微分段内沿 x 方向的电压和电荷实际上都是减小的，其中电压减小的部分降落在 $K_0/\mathrm{d}x$ 上，而电荷减小的部分储存在 $C_0\mathrm{d}x$ 中，故有

$$-\mathrm{d}u=\frac{Q}{\dfrac{K_0}{\mathrm{d}x}} \tag{5-58}$$

$$-\mathrm{d}Q=uC_0\mathrm{d}x \tag{5-59}$$

从上两式中消去 Q 得

$$\frac{\mathrm{d}^2u}{\mathrm{d}x^2}-\frac{C_0}{K_0}u=0 \tag{5-60}$$

其通解为

$$u=A\mathrm{e}^{\alpha x}+B\mathrm{e}^{-\alpha x} \tag{5-61}$$

$$\alpha=\sqrt{\frac{C_0}{K_0}}$$

式中 A、B 由边界条件决定。

当绕组末端接地时，在绕组首端（$x=0$）处，$u=U_0$；在绕组末端（$x=l$）处，$u=0$，代入式（5-61）可解得

$$A=-\frac{U_0\mathrm{e}^{-\alpha l}}{\mathrm{e}^{\alpha l}-\mathrm{e}^{-\alpha l}},\quad B=\frac{U_0\mathrm{e}^{\alpha l}}{\mathrm{e}^{\alpha l}-\mathrm{e}^{-\alpha l}}$$

此时绕组的初始电压分布为

$$u=\frac{U_0}{\mathrm{e}^{\alpha l}-\mathrm{e}^{-\alpha l}}\left[\mathrm{e}^{\alpha(l-x)}-\mathrm{e}^{-\alpha(l-x)}\right] \tag{5-62}$$

或

$$u=U_0\frac{\mathrm{sh}\alpha(l-x)}{\mathrm{sh}\alpha l} \tag{5-63}$$

当绕组末端开路时，绕组首端（$x=0$）处，$u=U_0$；在绕组末端（$x=l$）处，$K_0/\mathrm{d}x$ 上的电荷为零，由式（5-58）可知，此时$\left.\frac{\mathrm{d}u}{\mathrm{d}x}\right|_{x=l}=0$，由此可求得

$$A=U_0\ \frac{\mathrm{e}^{-\alpha l}}{\mathrm{e}^{\alpha l}+\mathrm{e}^{-\alpha l}},\ B=U_0\ \frac{\mathrm{e}^{\alpha l}}{\mathrm{e}^{\alpha l}+\mathrm{e}^{-\alpha l}}$$

此时绕组的初始电压分布为

$$u=\frac{U_0}{\mathrm{e}^{\alpha l}+\mathrm{e}^{-\alpha l}}\ \left[\mathrm{e}^{\alpha(l-x)}+\mathrm{e}^{-\alpha(l-x)}\right] \tag{5-64}$$

或

$$u=U_0\ \frac{\mathrm{ch}\alpha(l-x)}{\mathrm{ch}\alpha l} \tag{5-65}$$

由式（5-63）和式（5-65）可见，绕组中的初始电压分布与 αl 有关。图 5-33（a）、（b）分别为绕组末端接地和末端开路两种情况下不同的 αl 值时绕组初始电压的分布曲线。由图可知，αl 越大，初始电压分布越不均匀，因 $\alpha l=\sqrt{\frac{C_0 l}{\frac{K_0}{l}}}$，故也可以说绕组全部对地电容 $C_0 l$ 与全部纵向电容$\frac{K_0}{l}$的比值越大。初始电压分布就越不均匀。

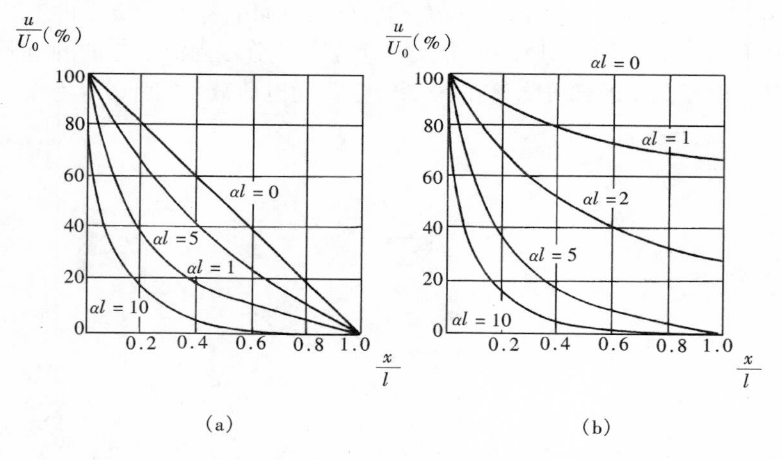

图 5-33　绕组中的初始电压分布

（a）绕组末端接地；（b）绕组末端开路

对于普通连续式绕组，如不采取特殊措施，αl 值通常在 5～15 的范围内，此时 $\mathrm{sh}\alpha l\approx\mathrm{ch}\alpha l$，式（5-63）和式（5-65）可近似简化为同一表达式，即

$$u=U_0\mathrm{e}^{-\alpha x} \tag{5-66}$$

也就是说，不论绕组的末端是接地还是开路，绕组上的初始电压都是按式（5-66）的指数规律衰减的。对式（5-66）求导数，可求得绕组上的电位梯度为

$$\frac{\mathrm{d}u}{\mathrm{d}x}=-\alpha U_0\mathrm{e}^{-\alpha x}$$

显然，最大电位梯度出现在 $x=0$ 处，其值为

$$\left.\frac{\mathrm{d}u}{\mathrm{d}x}\right|_{\max}=-\alpha U_0=-\alpha l\ \frac{U_0}{l} \tag{5-67}$$

可见，由于初始电压分布不均匀，绕组各点的电位梯度也不相同，首端附近电位梯度较大，绕组上的电压大部分降落在首端附近。特别在绕组的首端，电位梯度达到平均电位梯度 U_0/l 的 αl 倍，这将会大大危及绕组首端的匝间绝缘。因此，对绕组首端的匝间绝缘需要采取一定的保护措施。

从初始电压分布可以看出，在 $t=0$ 时绕组各点对地的电压都不会超过 U_0，故此时绕组的主绝缘一般不会有什么危险。

试验表明，当很陡的冲击波作用于变压器绕组时，绕组中的电磁振荡一般在 10μs 以内尚未发展起来，在此期间，流过绕组电感中的电流很小，可以忽略。因此在分析变电站的防雷保护时，不论绕组末端是接地还是开路，变压器对于变电站中波过程的影响皆可用一集中电容 C_T 来代替。C_T 的值等于图 5-32 的电容链从首端看进去的等效电容值，C_T 称为变压器的入口电容。不难求出，入口电容与绕组的纵向电容和对地电容间存在下列关系

$$C_T=\sqrt{C_0K_0}=\sqrt{C_0l\frac{K_0}{l}} \tag{5-68}$$

即入口电容等于绕组单位长度对地电容 C_0 和单位长度纵向电容 K_0 的几何平均值，或等于绕组的全部对地电容 C_0l 和全部纵向电容 K_0/l 的几何平均值。变压器的入口电容与其额定电压及容量大小有关。对连续式绕组，各种电压等级的变压器的入口电容值可参考表 5-2；对纠结式绕组，其入口电容要比表中所列的数值增大 2～4 倍。

表 5-2　变压器的入口电容

额定电压（kV）	35	110	220	330	500
入口电容（pF）	500～1000	1000～2000	1500～3000	2000～5000	4000～6000

三、绕组中的稳态电压分布

在直流电压 U_0 作用下，当绕组的末端接地时，其稳态（$t\to\infty$）电压分布将按绕组的电阻分布，由于绕组的电阻是均匀的，所以其稳态电压分布也是均匀的，即

$$u=U_0\left(1-\frac{x}{l}\right)$$

如图 5-34（a）中曲线 2 所示。

当绕组末端开路时，达到稳态（$t\to\infty$）情况下绕组各点的对地电压相同，均为 U_0，此时的稳态电压分布为

$$u=U_0$$

如图 5-34（b）中曲线 2 所示。

四、绕组中的振荡过程

将绕组末端接地和开路时的初始电压分布也分别画于图 5-34（a）、（b）中（图中曲线 1），由于初始电压分布和稳态电压分布不同，因此从初始分布到稳态分布必然有一过渡过程。又因绕组的等值电路为电感和电容构成的复杂回路，过渡过程中电场能和磁场能的相互转换使过渡过程具有振荡的性质。振荡过程中的不同时刻，绕组各点的对地电压分布不同，将振荡过程中绕组各点出现的最大对地电压记录下来并连起来就成为最大电位包络线，见图 5-34（a）、（b）中曲线 4。作为定性分析，通常将稳态分布与初始分布的差值分布［见图 5-34（a）、（b）中曲线 3］叠加在稳态分布上［见图 5-34（a）、（b）中曲线 5］，以此近似

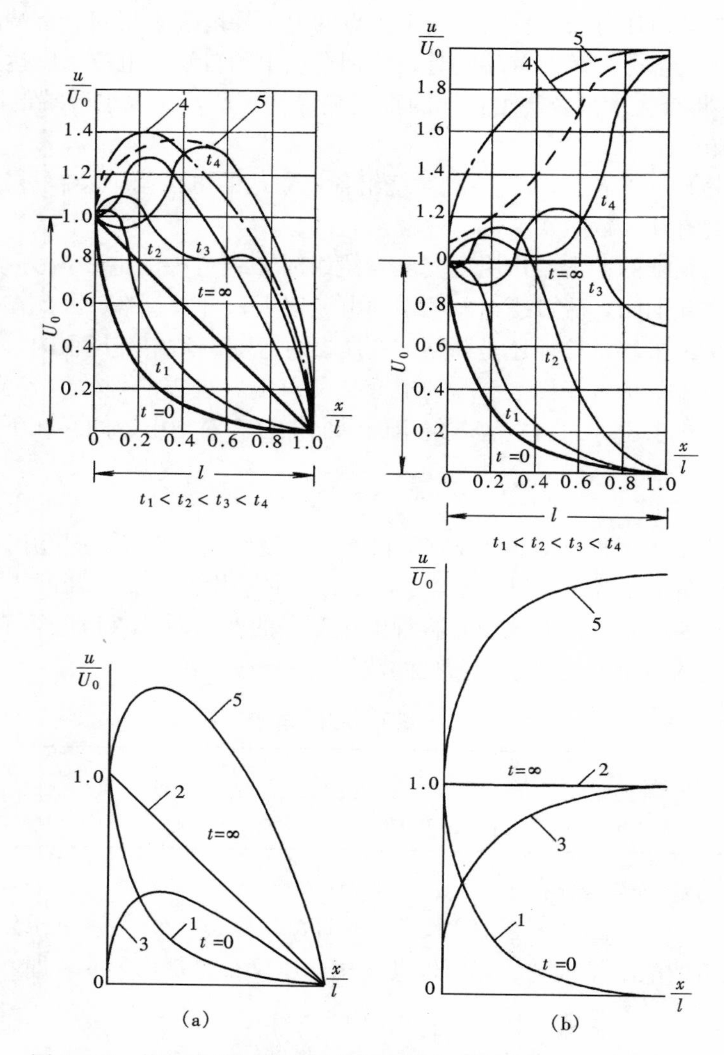

图 5-34 绕组中的初始电压分布、稳态电压分布、振荡过程中的电压分布、最大电位包络线及近似的最大电位包络线

(a) 绕组末端接地；(b) 绕组末端开路

作为绕组中各点最大电位包络线，即绕组上任意一点的最大电位为

$$u_{max} = (u_{\infty} - u_0) + u_{\infty} = 2u_{\infty} - u_0 \tag{5-69}$$

式中 u_{∞}，u_0——所求点的稳态和初始电压。

以后就利用式（5-69）来分析绕组中各点的最大对地电压并由此作出绕组中各点的最大电位包络线。最大电位包络线反映了绕组上的最大对地电压值及出现的位置。如从图5-34可以看出，当绕组末端接地时，最大对地电压出现在绕组首端附近，其值达 $1.4U_0$ 左右；当绕组末端开路时，最大对地电压则出现在绕组末端，其值达 $2.0U_0$ 左右。实际上由于绕组内存在损耗，绕组中的最大对地电压要比上述值低。

从式（5-69）可以看出，振荡过程中绕组上各点的最大对地电压与稳态电压分布和初始电压分布的差值直接相关。差值越大，振荡过程就越激烈，绕组上的最大对地电压也就越大。由于绕组上的最大对地电压直接作用于绕组与地的绝缘上，因而它会大大危及变压器绕组的主绝缘。

进一步的分析表明，随着振荡过程的发展，绕组最大电位梯度的出现点将由绕组首端向绕组深处传播，以致使绕组各点将在不同时刻出现最大电位梯度［式（5-67）］，故对绕组纵绝缘的保护不能仅限于绕组首端附近。

五、冲击电压波形对振荡过程的影响

以上讨论了直流电源突然合闸于绕组首端的情况，此时作用电压的波前陡度无穷大，波尾无限长。实际作用到绕组上的电压为雷电冲击电压或操作冲击电压，其波形与无限长直角波不同，因而绕组中的振荡过程也有差别。当冲击电压的波前陡度较小时，电压上升速度较慢，绕组上的初始电压分布由于受电感分流的影响将与稳态电压分布较为接近，振荡过程的发展就比较缓和，绕组各点对地的最大对地电压和纵向电位梯度也就较低。反之，当冲击电压的波前陡度很大时，绕组内的振荡过程将很激烈。所以，减小入侵冲击电压波的陡度对保护绕组的主绝缘和纵绝缘具有很重要的意义。此外，冲击电压波的波尾对振荡过程也有影响。如果波尾较短，则在绕组中的振荡过程尚未充分发展时，冲击电压已有较大衰减，故绕组各点对地的最大对地电压较低。

在运行中，变压器绕组还可能受到截波的作用。如图5-35（a）所示，在入侵雷电波的作用下变压器上的电压升高，当电压升高到U时，假定变压器附近其他设备的绝缘发生击穿或闪络，使入侵的冲击电压波发生截断，此时原已充电至U的变压器入口电容将经线段l的电感放电，因放电回路的电感和电容都很小，故振荡频率极高，这样变压器上的电压将由U很快变为$-U$，在变压器上形成如图5-35（b）所示的冲击截波波形。这样的波形可视为两个分量u_1和u_2的叠加。u_2的幅值高达$2U$，且陡度很大，将在绕组内造成比冲击全波作用时更大的最大电位梯度，从而危及绕组的纵绝缘。

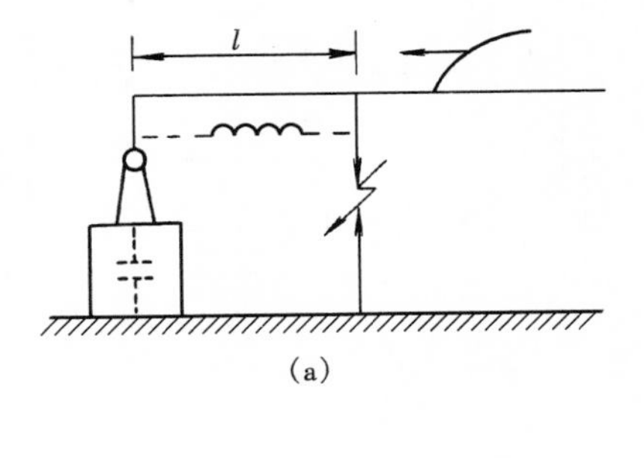

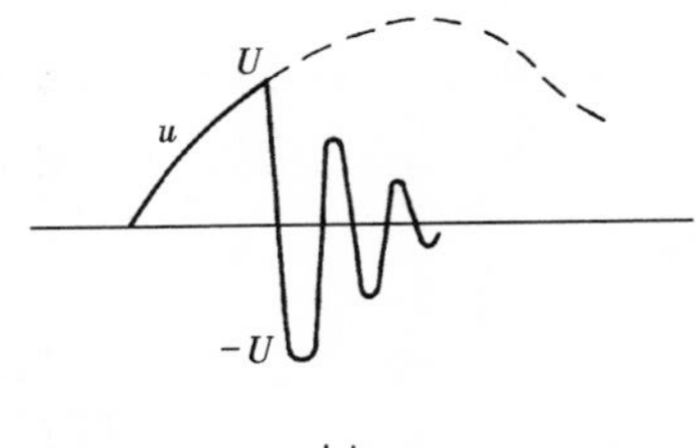

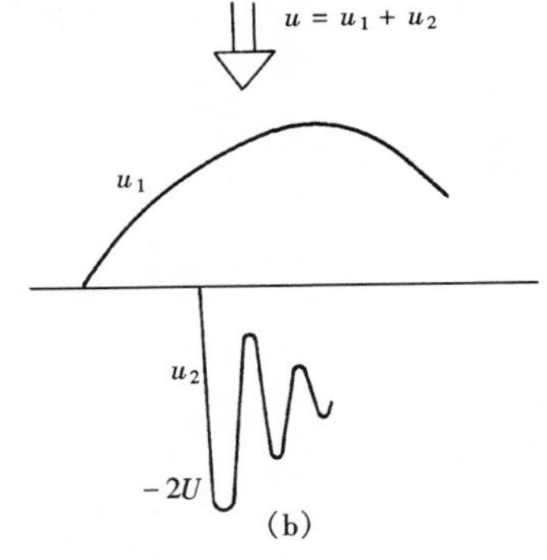

图5-35　截波的形成
（a）变压器附近设备绝缘闪络；
（b）截波波形

六、改善绕组中电压分布的方法

由以上分析可知，初始电压分布与稳态电压分布的不同是绕组内产生振荡从而产生过电压的根本原因。改变初始电压分布，使之接近稳态电压分布，就可以降低绕组各点在振荡过程中出现的最大对地电压和最大电位梯度。常用的方法有以下两种。

1. 静电补偿

造成初始电压分布和稳态电压分布不一致的主要原因是绕组对地电容的分流作用。在绕组首端装设电容环和电容匝，并将其与绕组首端相连，如图5-36（a）所示。此时绕组的简化等值电路如图5-36（b）所示。由于电容环和电容匝与高压绕组间存在电容$C_b\mathrm{d}x$，流经

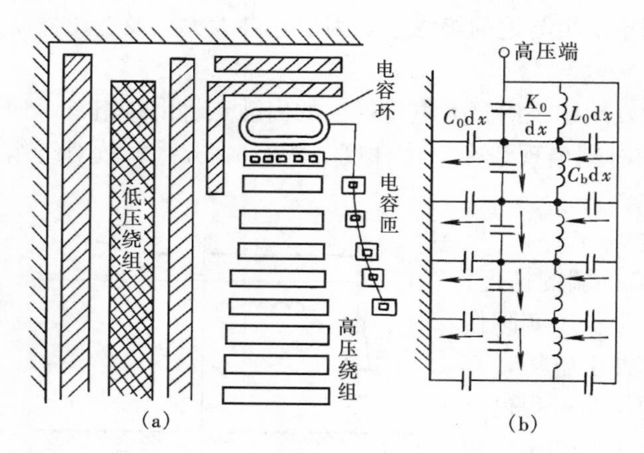

图 5-36 变压器绕组中的电容环和电容匝
（a）结构示意图；（b）绕组的等值电路

$C_b dx$ 的电流部分地补偿了由绕组流经对地电容 C_0dx 的电流，从而使流过各纵向电容 K_0/dx 上的电流趋于均匀，初始电压分布也趋于均匀并接近了稳态电压分布。

2. 采用纠结式绕组

采用纠结式绕组可以增大绕组的纵向电容 K_0/dx，使绕组对地电容 C_0dx 的影响相对减小，从而使初始电压分布接近于稳态电压分布。

图 5-37 为纠结式绕组和普通连续式绕组的电气接线和等值电容链比较图。若 K 为相邻两匝间的电容，则对连续式绕组，第 1 匝至第 10 匝间的总纵向电容为 $K/8$；而对纠结式绕组，相同匝间的总纵向电容为 $K/2$。可见纠结式绕组的纵向电容比普通连续式绕组的大得多。

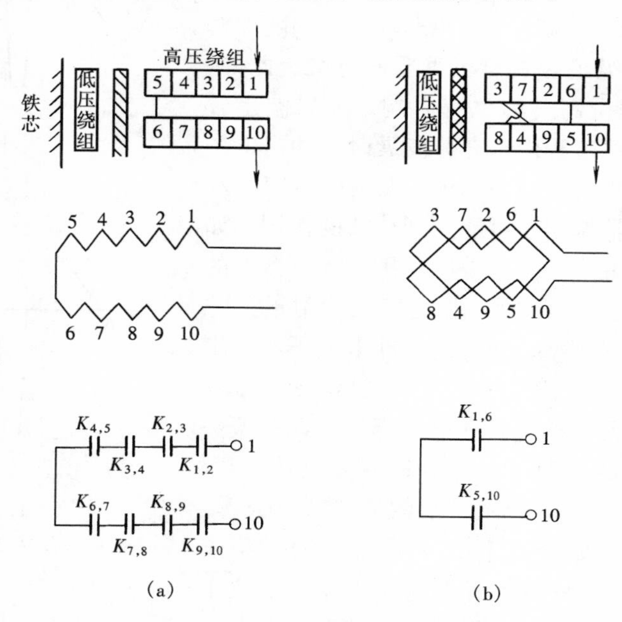

图 5-37 连续式绕组和纠结式绕组的电气接线和等值匝间电容结构图
（a）连续式绕组；（b）纠结式绕组

以上两种方法从本质来说都是相对地减小对地电容的影响，即减小 αl 值，从而使初始电压分布接近稳态电压分布。理想的情况下（$\alpha l=0$ 时），起始电压分布将与稳态电压分布重合，但这是很难实现的。由于在较高电压等级下，采用电容环和电容匝时会使变压器的体积和重量显著增大，故高电压大容量变压器的绕组普遍采用纠结式结构，其 αl 值一般仅为 1.5 左右。

第八节　三相变压器绕组中的波过程

三相变压器绕组中波过程的基本规律与单相绕组的相同，只不过由于绕组接线方式和进波方式的不同，各相绕组中将会出现不同的初始电压分布和稳态电压分布以及变换过程中激烈程度不同的振荡过程。

1. 中性点接地的星形接线

对中性点接地的星形接线，三相绕组可看成是三个独立的绕组，此时不论一相、两相或三相进波，进波相的波过程均与末端接地的单相绕组相同。

2. 中性点不接地的星形接线

如图 5-38（a）所示，假定 A 相单相进波，由于 B、C 两相与架空线相连，故 B、C 两相绕组的出线端可看成是经线路的波阻抗接地。又因绕组对冲击波的阻抗远大于线路的波阻抗，故可认为在冲击波作用下 B、C 两相绕组的出线端直接接地。这样，B、C 两相绕组可以看成是直接并联后接地。绕组中的初始电压分布、稳态电压分布如图 5-38（b）中曲线 1 和曲线 2 所示，振荡过程中绕组各点对地的最大电位包络线如图中曲线 3 所示，其中中性点的稳态电压为 $1/3U_0$（U_0 为 A 相绕组首端进波电压），因此在振荡过程中中性点的最大对地电压将不超过 $2/3U_0$。

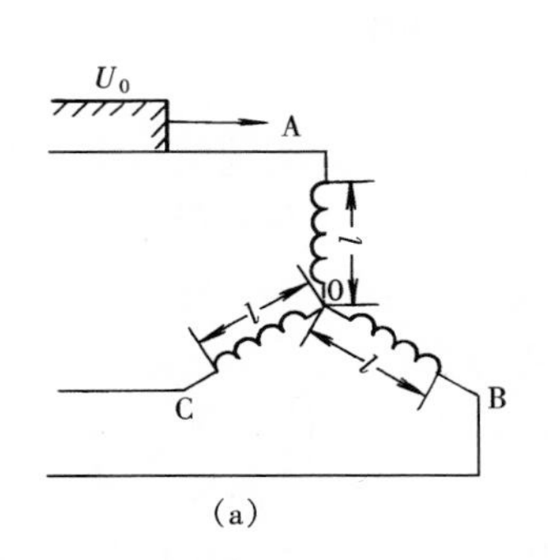

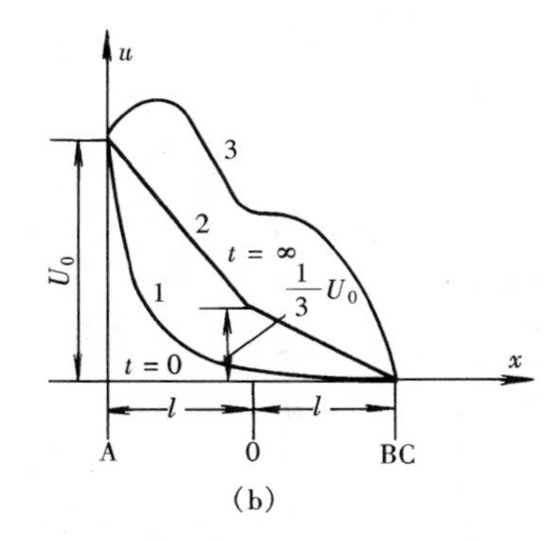

图 5-38　中性点不接地星形接线单相进波时的接线图和电压分布图

（a）接线图；（b）电压分布图

1—初始电压分布；2—稳态电压分布；3—最大电位包络线

当冲击电压波沿两相侵入时，可用叠加法来估算绕组各点的最大对地电压。对中性点而言，此时的最大对地电压将达单相进波时的 2 倍，即 $4/3U_0$。同理，三相进波时中性点的最大对地电压将达单相进波时的 3 倍，即 $2U_0$，此时各相绕组中的波过程与末端开路的单相绕组相同。

3. 三角形接线

三角形接线时，假定 A 相单相进波，同样因为绕组对冲击波的阻抗远大于线路的波阻抗，故 B、C 两相绕组出线端相当于直接接地，如图 5-39（a）所示。此时 AB、AC 绕组的波过程与末端接地的单相绕组相同，BC 绕组两端接地，其上无波过程发生。

两相和三相进波时绕组上的电压分布可用叠加法求得。图 5-39（b）为三相进波时的接线图及绕组上的对地电压分布图，此时各相绕组上的波过程完全相同，任一绕组上的初始电

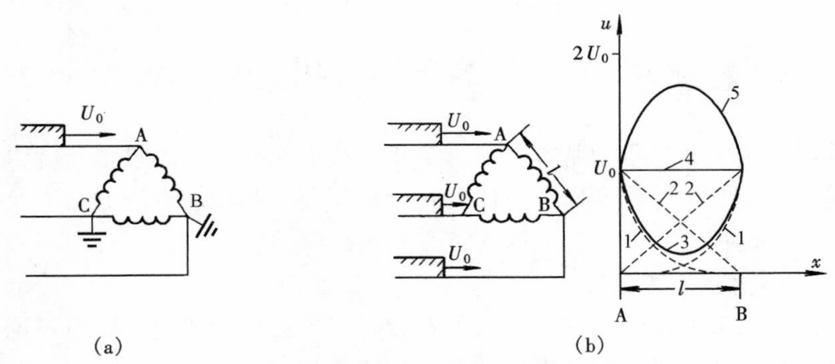

图 5 - 39　三角形接线单相和三相进波时的接线图和电压分布图

（a）单相进波时；（b）三相进波时

1—初始电压分布；2—稳态电压分布；3—叠加后的初始电压分布；

4—叠加后的稳态电压分布；5—最大电位包络线

压分布［图 5 - 39（b）中曲线 1］可看作是绕组两端的冲击电压单独作用时在绕组上产生的初始电压分布的叠加，稳态电压分布［图 5 - 39（b）中曲线 2］也如此，根据叠加后的稳态电压分布和初始电压分布即可得到振荡过程中绕组各点对地的最大电位包络线［图 5 - 39（b）中曲线 3］，可见此时绕组中部的对地电压最大，约为绕组两端进波电压 U_0 的 2 倍。

第九节　冲击电压在绕组间的传递

当变压器的某一绕组受到冲击电压的作用时，在该变压器的其他绕组上也会由于绕组间的耦合而出现电压，这就是冲击电压在绕组间的传递。传递电压包括两个分量：其一为静电分量，由绕组间的静电感应所产生；其二为电磁分量，由绕组间的电磁感应所引起。

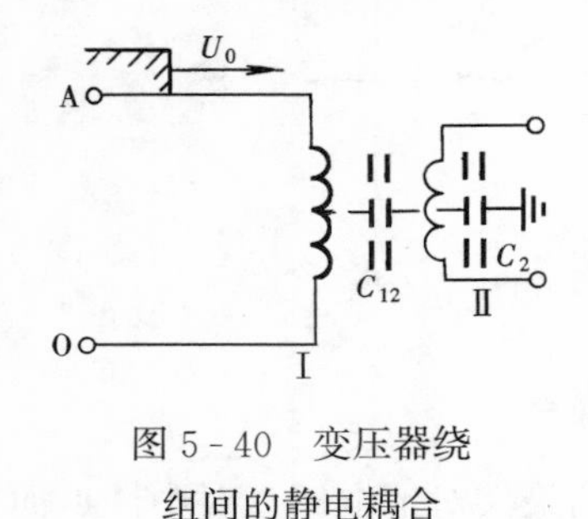

图 5 - 40　变压器绕组间的静电耦合

一、传递电压的静电分量

以图 5 - 40 所示的双绕组变压器为例，当冲击电压加到一次绕组的最初瞬间，因电感中电流不能突变，一、二次绕组的等值电路都是由其纵向电容和对地电容构成的电容链，且两电容链又通过绕组间的电容联系在一起，形成更加复杂的电容链形回路，两绕组上的初始电压分布可由该链形回路求得。作为定性分析，二次绕组上传递电压的最大静电分量通常由下面的简化公式估算

$$u_2=\frac{C_{12}}{C_{12}+C_2}U_0 \tag{5-70}$$

式中　U_0——绕组Ⅰ首端所加冲击电压幅值；

C_{12}——绕组Ⅰ、Ⅱ间的电容；

C_2——绕组Ⅱ的对地电容（包括与绕组Ⅱ相连的设备和线路的对地电容）。

由于初始瞬间绕组Ⅰ上的最大对地电压出现在绕组的首端，故传递到绕组Ⅱ上的电压的最大静电分量也出现在绕组Ⅱ的首端。

由式（5 - 70）可知，传递电压的静电分量只与电容 C_{12} 和 C_2 有关，而与绕组的变比无关。所以当变压器高压绕组进波而低压绕组开路时，就有可能在低压绕组上出现危及其绝缘的过电压，而且变压器的变比越大，低压绕组上传递电压的静电分量也越大。这是因为变压器低压绕组的电压等级一定时，随着高压绕组电压等级的增大，出现在高压绕组首端的进波电压幅值 U_0 也将增大，故低压绕组上的静电分量也就越大。如果低压绕组处于运行状态，且与许多线路特别是电缆线路相连时，因 C_2 远大于 C_{12}，所以低压绕组上的静电分量较小，其绝缘一般没有危险。

显然，如果变压器的低压绕组进波，因为低压绕组首端的进波电压幅值 U_0 较低，而高压绕组的绝缘水平又高，传递到高压绕组的电压的静电分量不会对高压绕组的绝缘形成威胁。

二、传递电压的电磁分量

传递电压的静电分量是在冲击电压开始作用的短暂瞬间出现的，此后绕组中会逐渐通过电流，所产生的磁通将在未受冲击电压入侵的绕组中产生感应电压，这就是传递电压的电磁分量。电磁分量按绕组的变比传递，在三相绕组中又与绕组的连接方式及进波方式有关。现以 Yd 接线的变压器单相进波为例进行分析。

Yd 接线中，一般 Y 侧为高压侧接线，d 侧为低压侧接线。假定 Y 侧 A 相进波，其端点对地电压为 U_0，如图 5-41 所示。因在冲击电压作用下变压器绕组的阻抗远大于线路的波阻抗，故 B、C 两相端点相当于直接接地。这样，在绕组 AO 上的压降为 $\frac{2}{3}U_0$，绕组 OB、OC 上的压降为 $\frac{1}{3}U_0$，故低压绕组 ac、ab、bc 中的电磁分量分别为

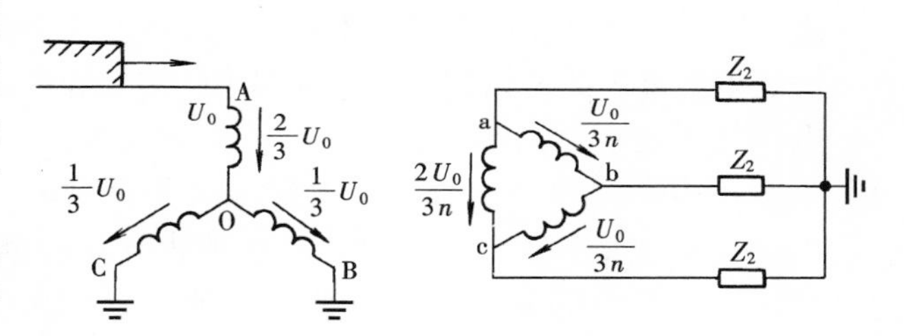

图 5-41　Yd 接线的变压器单相进波时的电磁分量

Z_2—低压侧线路波阻抗

$$u_{ac}=\frac{2}{3}\frac{U_0}{n}$$

$$u_{ab}=u_{bc}=\frac{1}{3}\frac{U_0}{n}$$

式中　n——绕组 AO 与 ac，BO 与 ba，CO 与 cb 间的变比。

若取高低压线电压的变比为 k，则 $k=\sqrt{3}n$。由于上下两部分电路对称，故 b 点的电位为零，此时 a 点和 c 点对地电压的绝对值相等，均为

$$u_2=\frac{1}{3}\frac{U_0}{n}=\frac{1}{\sqrt{3}}\frac{U_0}{k} \tag{5-71}$$

用同样的方法可求得 Yd 接线的变压器高压侧两相进波时在低压侧传递电压的电磁分量，其结果与式（5-71）相同。若高压侧为三相同时进波，由于高压绕组中性点不接地，故在低压侧不会出现电磁分量。

YNd 接线的变压器高压侧单相或两相进波时，低压侧的电磁分量与 Yd 接线时的相同；三相进波时相当于加了一组零序电压，由于低压侧的三角形对零序电压形成了短路，故在低压侧也不会出现电磁分量。

由于变压器低压绕组的绝缘裕度比高压绕组的大得多，因此凡是高压绕组可以耐受的电

压按变比传递至低压侧时，对低压绕组本身的绝缘是没有什么危害的，但对低压侧所连的其他绝缘相对较弱的设备可能构成威胁。如果冲击电压直接作用于变压器的低压绕组，那么传递到高压绕组的电磁分量相对较高，对高压绕组的绝缘是很不利的。

第十节 旋转电机绕组中的波过程

旋转电机（包括发电机、调相机和大型电动机）绕组的等值电路在形式上和变压器绕组的相同，但由于电机的绕组是深嵌在定子铁芯槽中的，对于不处在同一槽中的各线圈及各匝来说，它们之间的纵向电容是比较小的，特别是对于大容量的单匝电机，其绕组的纵向电容将更小。此外由于电机一般是经变压器与架空线相连，若直接与架空线相连时其母线上又接有限制入侵波陡度的并联电容器，故作用到电机绕组上的冲击电压的陡度也不大。这样，通过电机绕组纵向电容上的电流通常很小，纵向电容的影响可忽略不计，此时电机的等值电路在形式上和线路的相同。也就是说，分析电机绕组中的波过程时可将电机绕组看作是具有一定波阻抗的导线，波在电机绕组中将按一定的波速传播。

一、电机绕组的波阻抗及波在绕组中的传播速度

电机绕组是由槽内部分及端接部分交替连成的，槽内部分的导线离接地的定子铁芯很近，而频率很高的冲击波所产生的磁通又不能穿入定子铁芯，所以电机槽内部分的单位长度电感要比端接部分小。此外，电机槽内导线与铁芯之间充满介电常数为 2.5～3.5 的电介质，所以槽内部分绕组单位长度对地电容要比端接部分大得多，故槽内部分绕组的波阻抗要比端接部分的波阻抗小得多，同时冲击波在槽内部分的速度也比端接部分的小得多。

在电机波过程近似计算中通常采用平均波阻抗 Z 及平均波速 v，可根据下式计算

$$Z=\sqrt{\frac{L_i+L_0}{C_i+C_0}} \tag{5-72}$$

$$v=\frac{l_w}{\sqrt{(L_i+L_0)(C_i+C_0)}} \tag{5-73}$$

式中 l_w——电机绕组每匝长度；

L_i，C_i，L_0，C_0——电机每匝槽内部分及端部的全部电感和对地电容。

Z 和 v 与电机的额定容量、额定电压等有关。同样的电压等级下，电机的容量越大，导线的半径也越大，每槽的匝数则越少，从而使绕组单位长度的对地电容增大而电感减小，波阻抗随之降低。但因电感减小的速度没有对地电容增大的快，所以波速也随容量的增大而降低。当电机的容量相同时，波阻抗将随额定电压的增高而增大，因为电压越高，绝缘越厚，对地电容就越小，同时电机每槽匝数也会随电压的增高而增多，使电感增大。

二、电机绕组中的波过程

冲击波在电机绕组中的传播过程与在线路中的传播过程相同。设陡度为 a 的斜角波作用于电机绕组首端，绕组每匝线圈的长度为 l_w，波在电机绕组中的平均传播速度为 v，则由图 5-42 不难求出作用在匝间绝缘上的电压 u_w 为

$$u_w=a\frac{l_w}{v} \tag{5-74}$$

从式（5-74）可知，作用在匝间绝缘上的电压与入侵波的陡度 a 成正比，如果 a 很大，则匝间电压将会超过匝间绝缘的冲击耐压值，使匝间绝缘击穿。试验结果表明，为了保护匝间绝缘，必须将入侵波的陡度限制在 5kV/μs 以下。

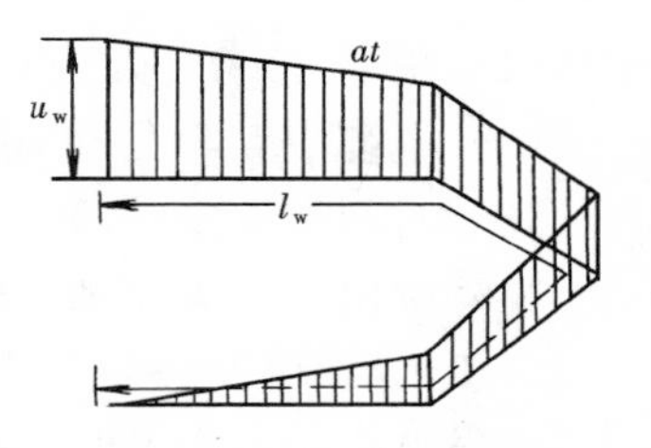

图 5-42　电机绕组匝间绝缘上的电压分布

降低入侵波的陡度还可降低电机主绝缘上的过电压，如直角波电压沿中性点不接地的三相绕组入侵时，中性点的最大对地电压可达首端对地电压的 2 倍，但随着入侵波陡度的降低，入侵波将在到达峰值之前在绕组中发生多次折、反射，从而使中性点的最大对地电压也降低。当入侵波陡度降至 2kV/μs 时，中性点的最大对地电压将不超过首端最大对地电压。

以上分析均未考虑波沿电机绕组传播时的衰减和变形，由于波沿电机绕组传播时存在铁损耗、铜损耗和介质损耗（主要是铁损），实际上波在传播过程中幅值和陡度都会降低，因而绕组上的实际电压值要比理论分析得到的结果低。

习　　题

5-1　分析波阻抗的物理意义及其与电阻的不同点。

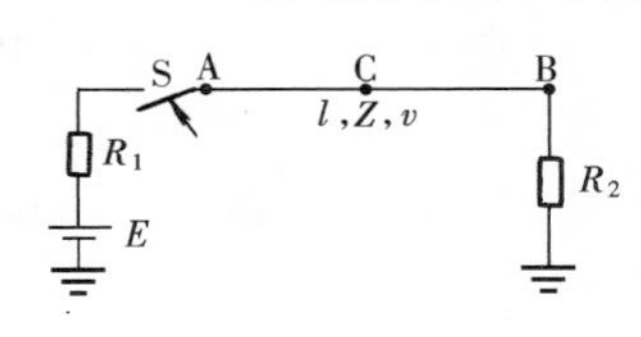

图 5-43　直流电源合闸于线路首端

5-2　图 5-43 所示电动势为 E、内阻为 R_1 的直流电源，在 $t=0$ 时突然合闸于长度为 l、波阻抗为 Z 的导线首端，导线的末端经电阻 R_2 接地，波沿导线的传播速度为 v。试求：

（1）$R_1=R_2=Z$ 时，线路末端与线路中点的电压波形；

（2）$R_1=Z/2$，$R_2\to\infty$ 时，线路末端与线路中点的电压波形；

（3）$R_1=Z/2$，$R_2=0$ 时，线路末端与线路中点的电流波形。

5-3　某变电站母线上接有三路出线，其波阻抗均为 500Ω，试求：

（1）峰值为 1000kV 的冲击电压波沿其中一路线路侵入变电站时，母线上的电压峰值；

（2）上述冲击电压波同时沿两路线路侵入，母线上的电压峰值。

5-4　如图 5-44 所示，波阻抗分别为 Z_1 和 Z_2 的线路经集中参数电阻 R 相连，连接点分别为 A 点和 B 点，现有幅值为 1000kV 的无限长直角波电压 U_0 沿波阻抗为 Z_1 的线路向 Z_2 方向传播，已知波阻抗为 Z_1 和 Z_2 的线路为无限长，且 $Z_1=100\Omega$，$Z_2=50\Omega$，$R=10\Omega$，求入射波到达 A 点时 A 点和 B 点的电压值及导线 Z_1 上的反射电压波。

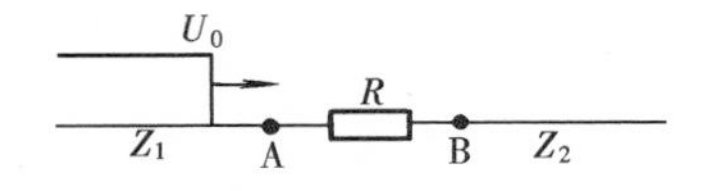

图 5-44　两线路经电阻相连

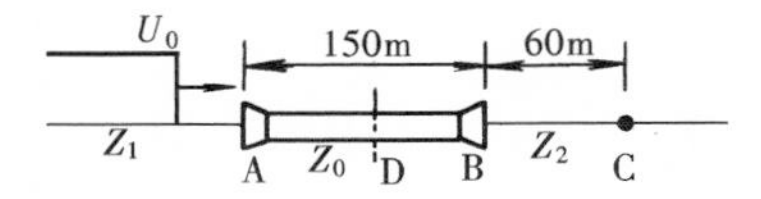

图 5-45　两线路经电缆段相连

5-5　图 5-45 所示长度为 150m 的电缆两端串联波阻抗为 400Ω 的架空线，一幅值为 $U_0=500$kV 的无限长直角波沿波阻抗为 Z_1 的线路入侵，已知 $Z_1=Z_2$，$Z_0=50\Omega$，波在电缆中的传播速度为 150m/μs，在架空线中的传播速度为 300m/μs，若以波到达 A 点作为时间的起点，试求：

（1）距B点60m处的C点在$t=1.5\mu s$，$t=3.5\mu s$时的电压和电流；

（2）电缆中点D处在$t=2\mu s$时的电压和电流；

（3）时间很长以后，B点的电压和电流；

（4）画出B点电压随时间的变化曲线。

5-6　某10kV发电机直接与架空线路相连。有一幅值为80kV的直角波沿线路三相同时进入发电机时，为了保证发电机入口处的冲击电压上升速度不超过5kV/μs，接电容器进行保护。设线路三相总的波阻抗为280Ω，发电机绕组三相总的波阻抗为400Ω，求电容C值。

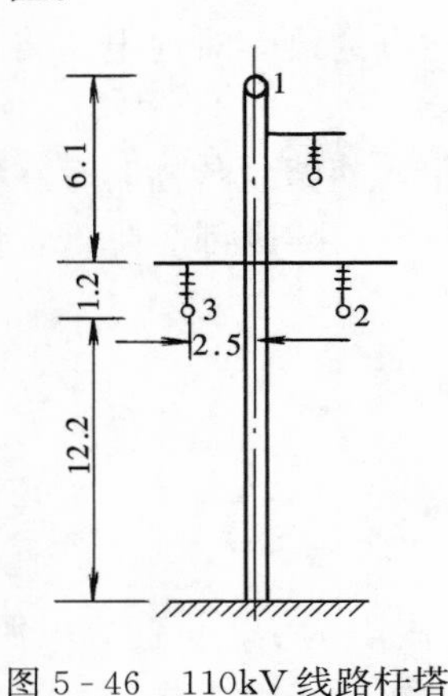

图5-46　110kV线路杆塔结构图（单位：m）

5-7　110kV单回路架空线路，杆塔布置如图5-46所示。导线直径为21.5mm，地线直径为7.8mm，导线弧垂为5.3m，地线弧垂为2.8m，导线（地线）的平均对地高度等于其悬挂高度与2/3弧垂之差。求：

（1）地线1、导线2的自波阻抗和它们之间的互波阻抗；

（2）地线1对导线2的耦合系数。

5-8　当冲击电压作用于变压器绕组时，在变压器绕组内将出现振荡过程，试分析出现振荡的根本原因，并由此分析冲击电压波形对振荡的影响。

5-9　为什么冲击截波比冲击全波对变压器绕组的影响更严重？

5-10　Yd接线的变压器低压侧A相单相进波，已知进波电压为U_0，变压器高低压侧线电压之比为k，试求高压侧传递电压的电磁分量。

第六章　雷电及防雷设备

雷电是大自然中最宏伟壮观的气体放电现象，它从远古以来就一直吸引人类的关注，因为它危及人类及动物的生命安全、引发森林大火、毁坏各种建筑物，然而关于雷电的大部分科学知识还是20世纪以来获得的。随着科技的发展，雷电及其防护问题的研究日趋完善，高速摄影、记录示波器、雷电定向定位仪等现代化测量技术用于雷电实测研究取得的成果，大大丰富了人们对雷电的认识。

雷电放电所产生的雷电流高达数十、甚至数百千安，从而引起巨大的电磁效应、机械效应和热效应。从电力工程的角度看，雷电放电在电力系统中引起很高的雷电过电压，它是造成电力系统绝缘故障和停电事故的主要原因之一。此外雷电放电所产生的巨大电流，也会造成设备的损坏。

为了预防或限制雷电的危害，在电力系统中采用着一系列防雷措施和防雷保护设备。

本章主要介绍雷电放电的基本过程、与雷电过电压计算和防雷设计有关的雷电参数以及各种防雷设备的结构、工作原理等。

第一节　雷电的放电过程

雷电放电是由雷云引起的放电现象。地面的水分在太阳的照射下受热化为水蒸气，形成上升的热气流。由于太阳几乎不能直接使空气变热，所以每上升1km，空气温度约下降10℃。热气流上升到一定的高度后，因温度降低使水蒸气凝结成水滴，在足够冷的高空，水滴会进一步冷却成冰晶。水滴和冰晶中复杂的电荷分离过程及强烈气流的作用便会形成带电的雷云。

关于雷云带电的机理有多种解释，但至今仍无统一的定论。比较有代表性的理论主要有冻结起电、水滴分裂起电等。前者认为，水滴冻结时先从表面开始，表面形成冰壳后，内部在温差的作用下，水中的正离子移向水滴的表面层而使其带正电，留在水滴中心部分的则为负离子。当水滴的中心部分也结冰时，因结冰时的膨胀会使早先已结冰的表层破裂，带正电的碎片被气流带到云的上部，带负电的核心部分则留在云的中、下部。水滴分裂理论认为，强气流使云中水滴吹裂时，较大的水滴带正电，而较小的水滴带负电，小水滴同时被气流所携走。雷云的带电过程可能是综合性的。实测表明，在5～10km的高度主要是正电荷的云层，在1～5km的高度主要是负电荷的云层，但在云的底部也往往有一块不大区域的正电荷聚积，如图6-1所示。雷云中的电荷一般不是在云中均匀分布的，而是形成多个电荷密积区。

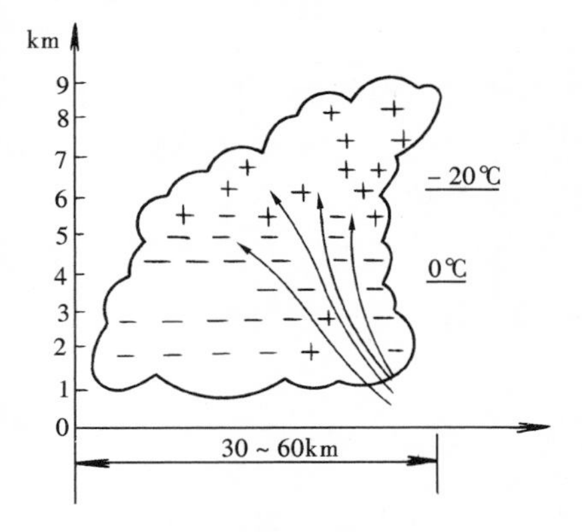

图6-1　雷云中的电荷分布

雷电放电可能在雷云之间、雷云与地面之间及同一雷云内部发生，这里主要介绍雷云对地的放电，它是造成雷害的主要因素。从本质上讲，雷电放电是一种超长间隙的火花放电，在许多方面与金属电极间的长空气间隙的放电是相似的。但雷云的物理性质毕竟与金属电极不同，雷电放电有其自身的特点，例如雷电放电可自上而下发展（称为下行雷），也可自下而上发展（称为上行雷），放电还可能具有重复性等。雷电的极性是指自雷云下行到大地的电荷的极性。由于雷云的下部主要是负电荷的密积区，故绝大多数（约 90%）的雷击是负极性的。

用高速摄影机拍摄到的负雷云下行雷放电过程的光学照片如图 6-2（a）所示。相应的雷电流变化示于图 6-2（b）中。由图可见，雷云对地的放电通常包含若干次重复的放电过程，每次放电一般都由先导、主放电和余光三个主要阶段组成。第一次从雷云向大地发展的先导不是连续向下发展的，而是逐级向下推进的，其平均发展速度较慢，相应的电流也较小（数十至数百安）。先导通道导电性能良好，因此带有与雷云同极性的多余电荷。雷云与先导在地面上感应出异号电荷。当先导接近地面时，会从地面较突出的部分发出向上的迎面先导。当迎面先导与下行先导相遇时便开始主放电过程，出现极大的电流（数十至数百千安），并伴随着雷鸣和闪光。主放电存在的时间极短，为 50～100μs，速度要比先导的发展速度快得多。主放电过程是逆着负先导的通道由下向上发展的，主放电到达云端时主放电过程就结束了，然后云中的残余电荷经过主放电通道继续流向大地，称为余光放电。余光阶段对应的电流不大（约数百安），但持续的时间却较长（0.03～0.15s）。

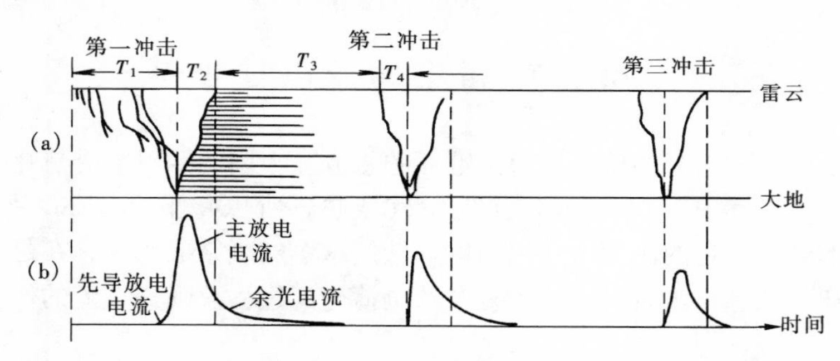

图 6-2 雷电放电的发展过程

（a）放电的光学照片；（b）雷电流的变化情况

雷电放电的重复性可能是因为云中存在多个电荷密积中心所造成的。第一个电荷密积中心完成上述放电过程之后，可能会引起其他的电荷密积中心放电。第二次及以后的放电通常沿第一次放电的通道进行，由于该通道在下一次放电前没有充分去游离，所以第二次及以后的放电中先导是连续发展的。第二次及以后的主放电电流一般较小，但电流的上升速度要比第一次的快。

以上为负雷云下行雷的放电发展过程，正雷云下行雷的放电过程与此基本相同，但下行正光导的逐级发展不明显。

第二节 雷电放电的计算模型和雷电参数

一、雷电放电的计算模型

雷击地面物体时，在雷电的主放电过程中，将有幅值很高的雷电流 i_z 流过被击物。若被击物的阻抗（指雷击点与大地零电位参考点之间的阻抗）为 Z，则雷击点的电位升高为 $u=i_zZ$。所以雷电的主放电过程相当于在雷击点与大地零电位参考点之间突然接入了一个电流源。

研究表明，雷电通道具有分布参数的特征，其波阻抗用 Z_0 表示。设被击物的阻抗为零时通过被击物的电流为 i，则被击物的阻抗为任意值 Z 时通过被击物的电流 i_z 可由图 6-3（a）的等值电路求得，即

$$i_z = i\frac{Z_0}{Z_0+Z} \tag{6-1}$$

在雷电流的实际测量中，雷击点的阻抗 Z 一般不超过 30Ω，而雷电通道的波阻抗 Z_0 通常取为 300Ω，即 $Z \ll Z_0$，故国际上都习惯把雷击于低接地阻抗物体时，流过该物体的电流 i_z 定义为雷电流。可见定义的雷电流 $i_z \approx i$，它也就是图 6-3（a）电路中等值电流源的电流值。

图 6-3（a）所示的等值电流源电路也可转化为图 6-3（b）所示的等值电压源电路。

从实际效果来看，雷击物体的过程可以看作是一数值为雷电流之半（$i/2$）的电流波沿着一条波阻抗为 Z_0 的通道向被击物传播的过程，如图 6-3（c）所示，其彼得逊等值电路与图 6-3（a）完全相同。应特别注意的是，以后所提到的雷电流，均指定义的雷电流。

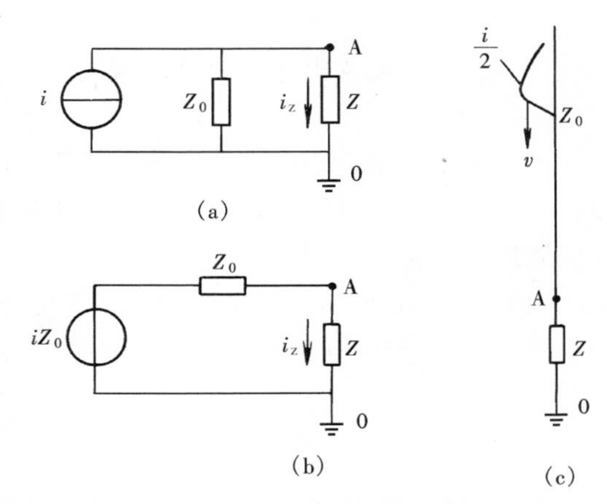

图 6-3　计算雷击的等值电路及计算模型
（a）电流源等值电路；（b）电压源等值电路；（c）计算模型

二、雷电参数

（一）雷电流的幅值、波头、波长和陡度

对于脉冲波形的雷电流，需要三个主要参数来表征，即幅值、波头（波前时间）和波长（半峰值时间）。幅值和波头又决定了雷电流随时间上升的变化率，称为雷电流的陡度。雷电流的陡度对过电压有较大影响，它也是常用的一个重要参数。

1. 雷电流幅值的概率分布

DL/T 620—1997 推荐的雷电流幅值概率计算式为

$$\lg P = -\frac{I}{88} \tag{6-2}$$

式中　I——雷电流幅值，kA；

P——雷电流幅值超过 I 的概率。

例如幅值超过 50kA 的雷电流，计算可得概率为 33%。

我国西北地区、内蒙古等雷电活动较弱的少雷区（年平均雷暴日在 20 日以下），雷电流幅值概率计算式为

$$\lg P = -\frac{I}{44} \tag{6-3}$$

2. 雷电流的波头和波长

据统计，波头长度大多在 1～5μs 的范围内，平均为 2～2.5μs。我国在防雷保护设计中

建议采用 2.6μs 的波头长度。

至于雷电流的波长，实测表明在 20～100μs 范围之内，平均约为 50μs，大于 50μs 的仅占 18%～30%。

根据以上分析，在防雷保护计算中，雷电流的波形可以采用 2.6/50μs。

3. 雷电流陡度

由于雷电流的波头长度变化范围不大，所以雷电流陡度和幅值必然密切相关。我国采用 2.6μs 的固定波头长度，认为雷电流的平均陡度 a 和幅值线性相关，即

$$a=\frac{I}{2.6}\quad(\text{kA}/\mu\text{s})\tag{6-4}$$

也就是幅值较大的雷电流同时具有较大的陡度。

（二）波形

实测结果表明，雷电流的幅值、陡度、波头、波长虽然每次不同，但都是单极性的脉冲波，电力系统防雷计算中，要求将雷电流波形典型化，可用公式表达，以便于计算。常用的等值波形有三种，如图 6-4 所示。

图 6-4（a）所示为标准冲击波，它可表示为 $i=I_0(\mathrm{e}^{-\alpha t}-\mathrm{e}^{-\beta t})$ 的双指数函数波形。式中 I_0 为某一大于雷电流幅值 I 的电流值，α、β 是两个常数，t 为作用时间。

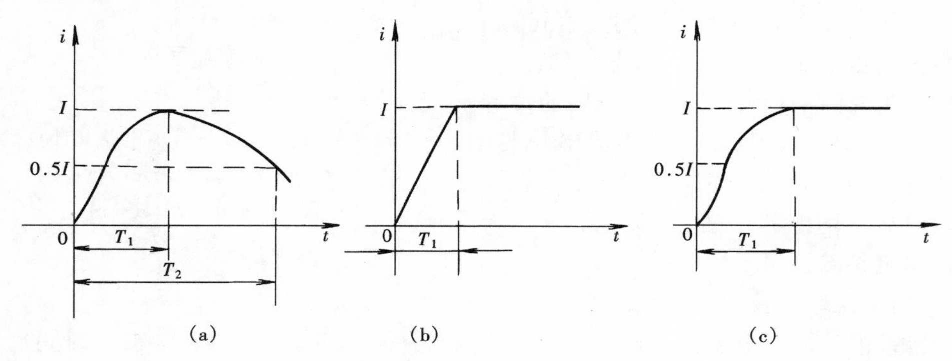

图 6-4　雷电流的等值计算波形

（a）双指数波；（b）斜角平顶波；（c）半余弦波

图 6-4（b）所示为斜角平顶波，其陡度 a 可由给定的雷电流幅值 I 和波头时间决定，$a=\frac{I}{T_1}$，在防雷保护计算中，雷电流波头 T_1 采用 2.6μs。这样 a 可取为 $I/2.6$（kA/μs）。

图 6-4（c）所示为半余弦波，雷电流波形的波头部分的表达式为

$$i=\frac{I}{2}(1-\cos\omega t)\tag{6-5}$$

式中　I——雷电流幅值，kA；

ω——角频率，由波头时间 T_1 决定，$\omega=\pi/T_1$。

这种等值波形多用于分析雷电流波头的作用，因为用半余弦函数波头计算雷电流通过电感支路时所引起的压降比较方便。此时最大陡度出现在波头中间，即 $t=T_1/2$ 处，其值为

$$a_{\max}=\left(\frac{\mathrm{d}i}{\mathrm{d}t}\right)_{\max}=\frac{I\omega}{2}\tag{6-6}$$

对一般线路杆塔来说，用半余弦波头计算雷击塔顶电位与用斜角波计算的结果非常接

近，因此，只有在设计特殊大跨越、高杆塔时，才用半余弦波头来计算。

（三）雷暴日与雷暴小时

由于地理条件及气象条件等因素的不同，各地区雷电活动的强烈程度不同，因此在进行防雷设计和采取防雷措施时，必须从该地区的雷电活动情况具体出发。为了表征不同地区雷电活动的频繁程度，通常采用年平均雷暴日作为计量单位。雷暴日是指该地区一年四季中有雷电放电的天数，一天中只要听到一次及以上雷声就是一个雷暴日。

为了区别不同地区每个雷暴日内雷电活动持续时间的差别，也有用雷暴小时数作为雷电活动频度的统计单位。一小时以内听到一次及以上雷声就算一个雷暴小时。我国的统计表明，对大部分地区来说，一个雷暴日大致折合为三个雷暴小时。

各个地区的雷暴日数或雷暴小时数可能有很大差别，我国长江流域与华北地区雷暴日数为40左右，而西北地区仅为15左右。在防雷设计中，应根据雷暴日的多少因地制宜。

（四）地面落雷密度

雷云对地放电的频繁程度由地面落雷密度γ表示，γ是指每个雷暴日每平方千米地面上的平均落雷次数。实际上，γ值与年平均雷暴日数T_d有关，一般T_d较大的地区的γ值也较大。DL/T 620—1997规定，对$T_d=40$的地区取$\gamma=0.07$［次/（雷暴日·km^2）］。

第三节　避雷针和避雷线的保护范围

避雷针（线）的保护原理是，当雷云放电接近地面时会使地面电场发生畸变，在避雷针（线）的顶端形成局部电场强度集中的空间，以影响雷电先导放电的发展方向，引导雷电向避雷针（线）放电，再通过接地引下线和接地装置将雷电流引入大地，从而使被保护物体免遭雷击。虽然避雷针（线）的高度比较高（必须高于被保护物体，一般为20～30m），但在雷云—大地这个高达几千米、方圆几十千米的大电场内的影响却是很有限的。雷云在高空随机飘移，先导放电的开始阶段随机地向任意方向发展，不受地面物体的影响，如图6-5（a）所示。当先导放电向地面发展到某一高度H以后，才会在一定范围内受到避雷针（线）的影响，如图6-5（b）所示，从而向避雷针（线）放电。H称为定向高度，它与避雷针的高度h有关。据模拟试验，当$h\leqslant 30$m时，$H\approx 20h$；当$h>30$m时，$H\approx 600$m。

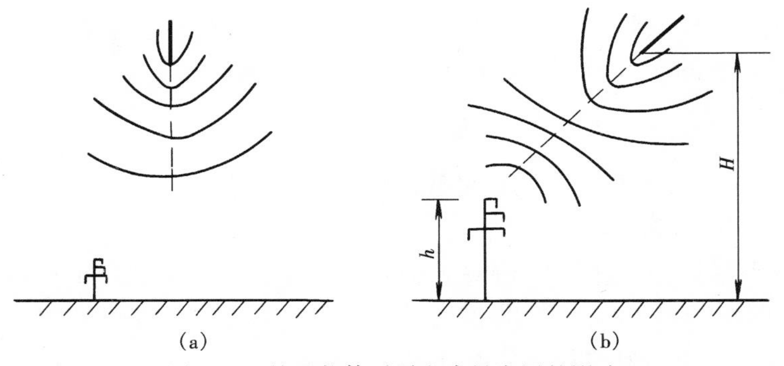

图6-5　接地物体对雷电先导发展的影响

避雷针一般用于保护发电厂和变电站，可根据不同情况或装设在配电构架上，或独立架设。避雷线主要用于保护线路，也可用于保护发、变电站。

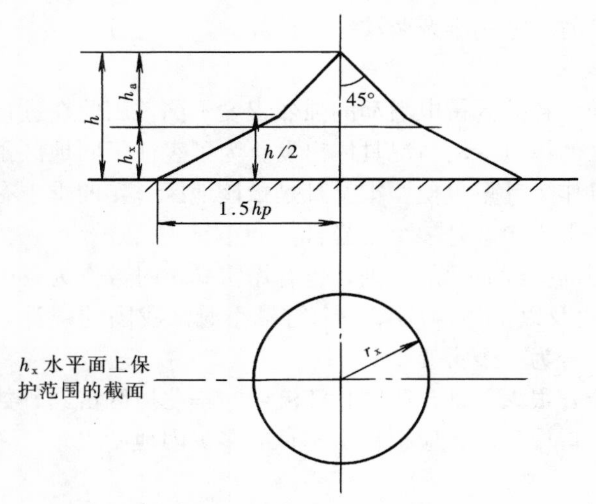

图 6 - 6　单支避雷针的保护范围

避雷针（线）的保护范围是指被保护物在此空间范围内不致遭受雷击。我国标准使用的避雷针（线）保护范围的计算方法，是根据雷电冲击小电流下的模拟试验研究确定的，并以多年运行经验做了校验。其保护范围是按保护概率99.9%确定的。实践证明，此雷击概率是可以接受的。

一、避雷针的保护范围

（一）单支避雷针

单支避雷针的保护范围如图 6 - 6 所示。在被保护物高度 h_x 水平面上的保护半径应按下列方法确定。

（1）当 $h_x \geqslant \frac{h}{2}$ 时

$$r_x = (h - h_x)p = h_a p \tag{6 - 7}$$

式中　r_x——避雷针在 h_x 水平面上的保护半径，m。

h——避雷针的高度，m。

h_x——被保护物的高度，m。

h_a——避雷针的有效高度，m。

p——高度影响系数，$h \leqslant 30$m，$p=1$；30m$<h \leqslant 120$m，$p=\frac{5.5}{\sqrt{h}}$；当 $h>120$m 时，按 120m 计算。

（2）当 $h_x < \frac{h}{2}$ 时

$$r_x = (1.5h - 2h_x)p \tag{6 - 8}$$

（二）两支等高避雷针的保护范围

（1）两针外侧的保护范围应按单支避雷针的计算方法确定。

（2）两针间的保护范围应按通过两针顶点及保护范围上部边缘最低点 O 的圆弧确定，圆弧的半径为 R_0，如图 6 - 7 所示，O 点的高度的计算式为

$$h_0 = h - \frac{D}{7p} \tag{6 - 9}$$

式中　h_0——两针间保护范围上部边缘最低点高度，m；

D——两避雷针间的距离，m。

两针间 h_x 水平面上保护范围的一侧最小宽度 b_x 应按图 6 - 8 确定。当 $b_x > r_x$ 时，取 $b_x = r_x$。求得 b_x 后，可按图 6 - 7 绘出两针间的保护范围。

（三）双支不等高避雷针的保护范围

（1）两支不等高避雷针外侧的保护范围按单支避雷针的计算方法确定。

（2）两支不等高避雷针间保护范围按图 6 - 9 确定，先按单支避雷针的方法确定较高避雷针的保护范围，然后由较低避雷针 2 的顶点，作水平线与避雷针 1 的保护范围相交于

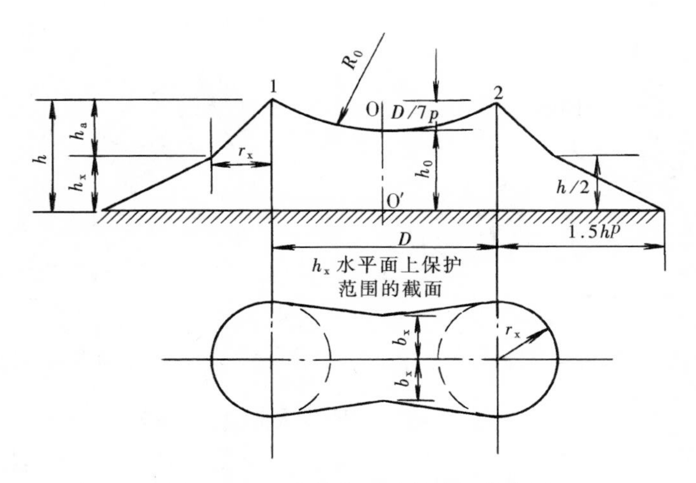

图 6-7　两支等高避雷针的保护范围

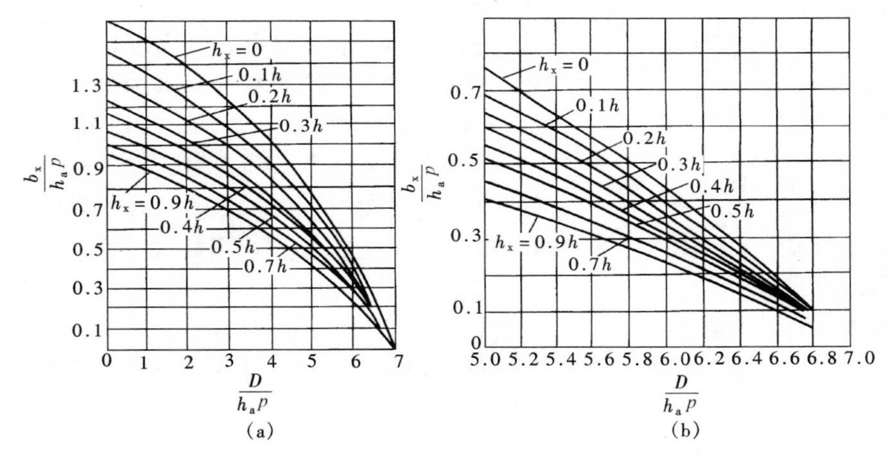

图 6-8　两支等高 (h) 避雷针间保护范围的一侧最小宽度 (b_x) 与 $D/h_a p$ 的关系

(a) $D/h_a p=0\sim7$; (b) $D/h_a p=5\sim7$

点 3，取点 3 为一假想的等高避雷针的顶点，再按两支等高避雷针的计算方法确定避雷针 2 和 3 的保护范围。通过避雷针 2、3 顶点及保护范围上部边缘最低点的圆弧，其弓高的计算为

$$f=\frac{D'}{7p} \tag{6-10}$$

式中　f——圆弧的弓高，m；

　　D'——避雷针 2 和假想避雷针 3 间的距离，m。

（四）多支等高避雷针的保护范围

（1）三支等高避雷针所形成的三角形的外侧保护范围分别按两支等高避雷针的方法确定。如在三角形内被保护物最大高度 h_x 水平面上，各相邻避雷针间保护范围的一侧最小宽度 $b_x \geqslant 0$ 时，则全部面积受到保护，如图 6-10 所示。

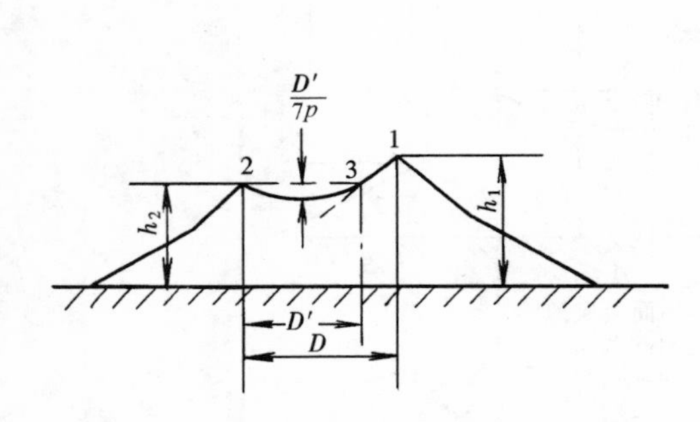

图 6-9　两支不等高避雷针的保护范围

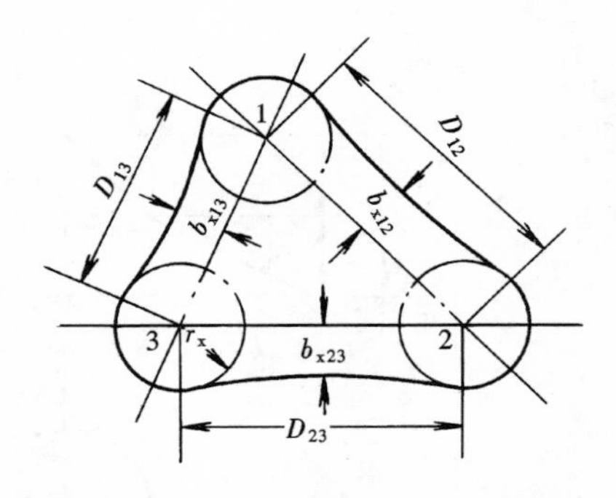

图 6-10　三支避雷针的保护范围

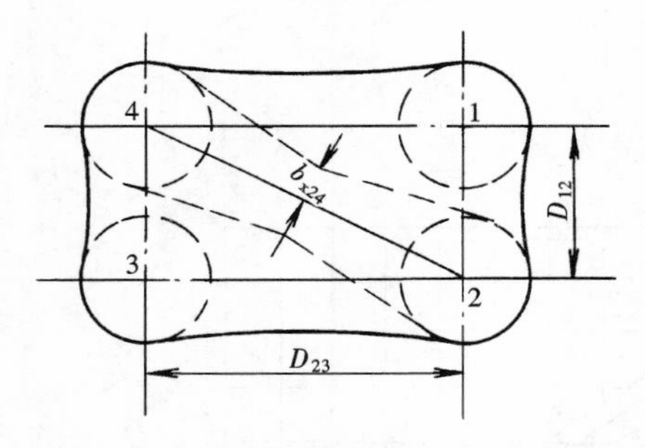

图 6-11　四支避雷针的保护范围

(2) 四支及以上等高避雷针所形成的四角形或多角形，分别按三支等高避雷针的方法计算。如各边的保护范围一侧最小宽度 $b_x \geqslant 0$ 时，则全部面积受到保护，如图 6-11 所示。

被保护物可能有多种，其高度各不相同，应注意的是针对哪一个保护高度而得到的保护范围，以便使所设计的避雷针能发挥全面的保护作用。

实际中大多数是已知被保护物的高度、宽度和位置，要求确定避雷针的根数、位置和高度。这时还需要考虑避雷针与被保护物体的允许距离（见第八章），然后提出多种设计方案，经过反复计算比较得出最优方案。

二、避雷线的保护范围

避雷线（架空地线）的保护原理与避雷针基本相同，但因其对雷云与大地间电场畸变的影响比避雷针小，所以其引雷作用和保护宽度比避雷针要小。

（一）单根避雷线的保护范围

单根避雷线的保护范围如图 6-12 所示。保护范围一侧的宽度 r_x 计算如下：

当 $h_x \geqslant \frac{h}{2}$ 时

$$r_x = 0.47(h - h_x)p \tag{6-11}$$

式中　r_x——每侧保护范围的宽度，m。

当 $h_x < \frac{h}{2}$ 时

$$r_x = (h - 1.53h_x)p \tag{6-12}$$

（二）两根等高避雷线的保护范围

两根等高避雷线的保护范围如图 6-13 所示，确定方法如下：

(1) 两避雷线外侧的保护范围按单根避雷线的计算方法来确定。

(2) 两避雷线间各横截面保护范围由通过两避雷线 1、2 点及保护范围边缘最低点 O 的圆弧确定。O 点的高度的计算式为

$$h_0 = h - \frac{D}{4p} \tag{6-13}$$

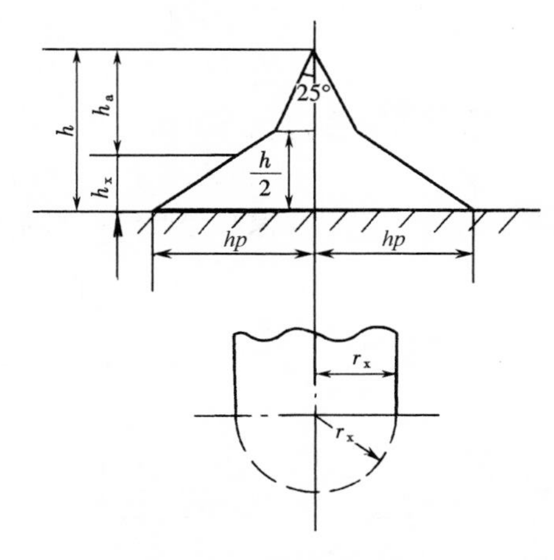

图 6-12　单根避雷线的保护范围

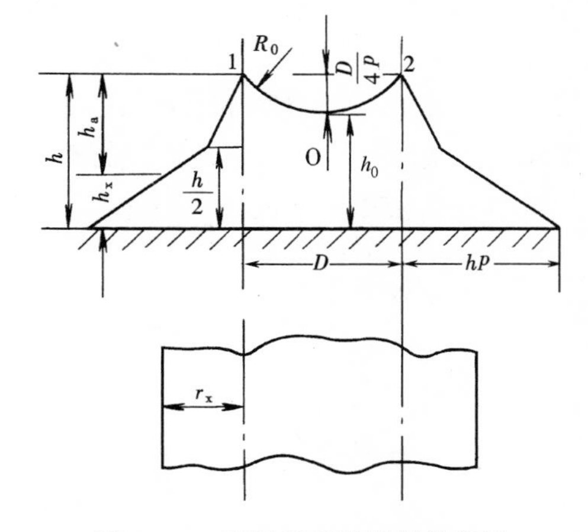

图 6-13　两根避雷线的保护范围

式中　h_0——两避雷线间保护范围上部边缘最低点高度，m；

D——两避雷线间距离，m；

h——避雷线的高度，m。

用避雷线保护输电线路时，常用保护角来表示避雷线的保护程度。保护角是避雷线和外侧导线的连线与避雷线和地面的垂线之间的夹角，如图 6-14 中的角 α。高压输电线路的设计，保护角一般取 20°～30°即可认为导线已处于避雷线的保护范围之内。220～330kV 双避雷线线路，一般采用 20°左右，500kV 一般不大于 15°；山区宜采用较小的保护角。杆塔上两根避雷线的距离不宜超过导线与避雷线垂直距离的 5 倍。

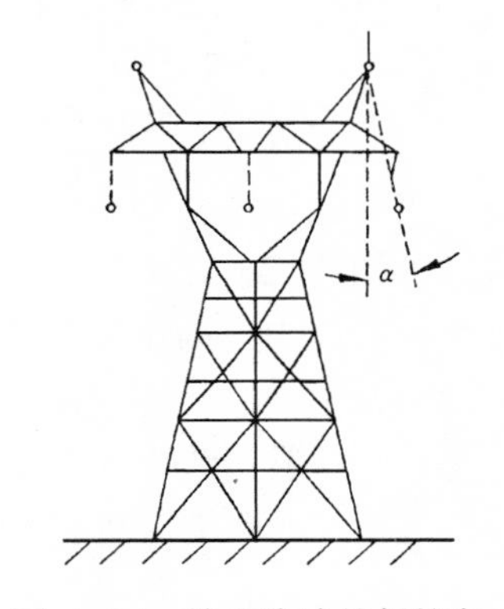

图 6-14　输电线路的保护角

第四节　避　雷　器

在发电厂、变电站用避雷针保护后，电气设备几乎可以免受直接雷击。而在长达数十、数百千米的输电线路上，虽然有避雷线保护，但由于雷电的绕击和反击，在输电线路上还是会产生向变电站入侵的雷电过电压波，它将直接危及变压器等电气设备的绝缘。为限制入侵波过电压，需要装设另外一类过电压保护装置，通称避雷器。

目前使用的避雷器主要有四种类型：①保护间隙；②排气式避雷器（管式避雷器）；③阀式避雷器；④氧化锌避雷器。保护间隙和排气式避雷器主要用于配电系统、线路和发、变电站进线段保护，以限制入侵的雷电过电压；阀式避雷器和氧化锌避雷器用于发电厂和变电站的保护。在 220kV 及以下系统主要用于限制雷电过电压，在超高压系统中还用来限制内部过电压或作为内部过电压的后备保护。

一、保护间隙和排气式避雷器

常用的角形保护间隙如图 6-15 所示。它是由主间隙 1 和辅助间隙 2 串联而成。辅助间隙是为了防止主间隙被外物（如小鸟）短路误动而设的。主间隙的两个电极成角形，可以使工频续流电弧在自身电动力和热气流作用下易于上升而自动熄灭。

保护间隙的主要缺点是灭弧能力低，只能熄灭中性点不接地系统中不大的单相接地电流，因此在我国只用于 10kV 以下的配电网中。

排气式避雷器的原理结构如图 6 - 16 所示。它有两个间隙串联，一个在大气中称为外间隙，其作用是隔离工作电压以避免产气管被泄漏电流烧坏；另一个间隙装在产气管内称为内间隙，其电极一端为棒形，另一端为环形。产气管由纤维、塑料或橡胶等产气材料制成。

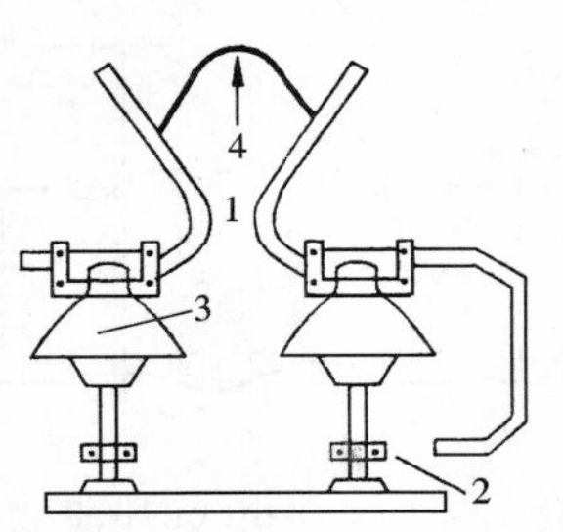

图 6 - 15　角形保护间隙

1—主间隙；2—辅助间隙；3—绝缘子；4—工频续流电弧运动方向

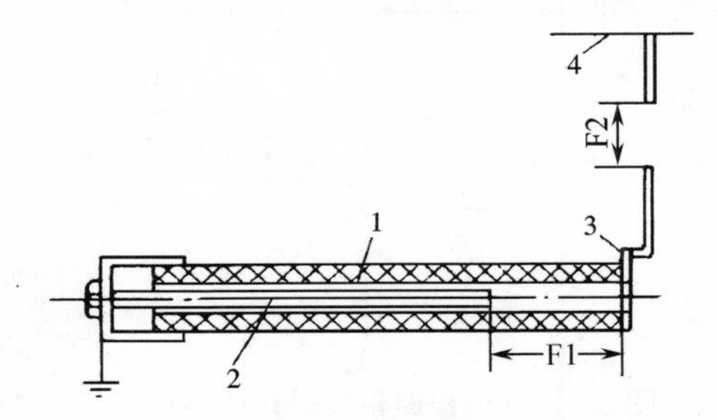

图 6 - 16　排气式避雷器原理结构图

1—产气管；2—棒形电极；3—环形电极；4—导线；F1—内间隙；F2—外间隙

当雷电冲击波袭来时，间隙 F1 与 F2 均被击穿，使雷电流入地。冲击电流消失后间隙流过工频续流。在工频续流电弧的高温作用下，产气管内分解出大量气体，形成数十甚至上百个大气压力。高压气体从环形电极中心孔口急速喷出，对电弧产生强烈的纵吹作用，使工频续流在第一次过零时熄灭。

排气式避雷器的灭弧能力与工频续流的大小有关。续流太大，产气过多，会使管子爆炸；续流过小产气不足，则不能可靠灭弧。这些特性数据在产品规格中都有说明。例如排气式避雷器的型号中记有$\frac{U_N}{I_{min}-I_{max}}$，其中$U_N$（有效值）是额定工作电压，$I_{max}$、$I_{min}$是灭弧电流的上、下限。使用时要根据排气式避雷器安装地点的运行条件，使单相接地电流不超过灭弧电流的范围。

排气式避雷器的主要缺点是：①伏秒特性太陡，而且分散性较大，难于和被保护电气设备实现合理的绝缘配合；②放电间隙动作后工作导线直接接地，形成幅值很高的冲击截波，危及变压器绝缘；③运行维护也较麻烦。因此排气式避雷器目前只用于输电线路个别地段的保护，例如大跨距和交叉档距处，或变电站的进线段保护。

二、阀式避雷器

阀式避雷器由火花间隙和阀片两个基本部件串联组成。它具有较平的伏秒特性和较强的灭弧能力，同时可以避免截波发生，这与排气式避雷器相比，在保护性能上是一重大改进。阀式避雷器分为普通型和磁吹型两大类。普通型有 FS 和 FZ 型，磁吹型有 FCZ 和 FCD 型。

（一）普通型阀式避雷器

1. 火花间隙

普通型阀式避雷器的火花间隙由许多如图 6 - 17（a）所示的单个间隙串联而成。图 6 - 17（b）为若干火花间隙组成的标准组合件，把几个标准组合件串联在一起，就构成了避雷器的总间隙。间隙的电极由黄铜材料冲压成小圆盘状［见图 6 - 17（a）中 1］，中间以云母垫圈相隔开，间隙距离为 0.5～1.0mm。由于间隙电场接近均匀电场，而且在过电压作用下，云母垫圈与电极之间的空气缝隙还会发生局部放电，对间隙放电提供照射作用，因此火花间隙放电的分散性小，伏秒特性平缓，冲击系数可下降到 1.1 左右，有利于绝缘配合。单个间隙的工频放电电压为 2.7～3.0kV（有效值）。

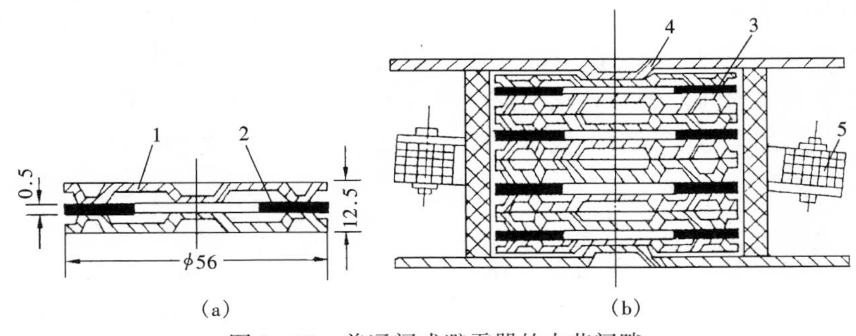

(a)　(b)

图 6-17　普通阀式避雷器的火花间隙

(a) 单个火花间隙；(b) 标准火花间隙组

1—黄铜电极；2—云母垫片；3—单个火花间隙；4—黄铜盖板；5—半环形分路电阻

这种结构的火花间隙除了伏秒特性较平缓外，还有易于切断工频续流的优点。在避雷器动作后，工频续流被许多单个间隙分割成许多短弧，利用短间隙的自然灭弧能力使电弧熄灭。短弧还具有工频电流过零后不易重燃的特性，所以提高了避雷器间隙绝缘强度的恢复能力。试验表明，对 FZ 型阀式避雷器，其间隙工频续流需限制在 80A 以下，以避免电极产生热电子发射，此时单个间隙的绝缘强度可达 250V。

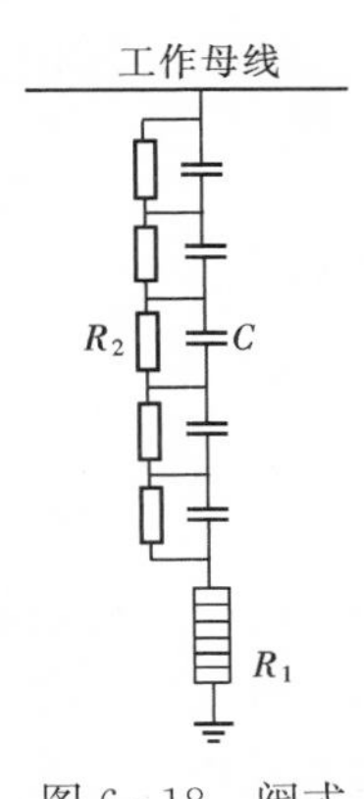

图 6-18　阀式避雷器的原理电路图

阀式避雷器的间隙由许多单个间隙串联后将形成等值电容链。由于间隙各电极对地和对高压端存在寄生电容，故电压在间隙上的分布是不均匀的，这会使每个火花间隙的作用得不到充分发挥，从而减弱避雷器的熄弧能力。此外，避雷器的工频放电电压也会降低。为了解决这个问题，可在每组间隙上并联一个非线性分路电阻，如图 6-18 所示。在工频电压和恢复电压作用下间隙电容阻抗很大，而分路电阻阻值较小，故间隙上的电压分布将主要由分路电阻决定，因分路电阻阻值相等，故间隙上的电压分布均匀，从而提高了灭弧电压和工频放电电压。在冲击电压作用下，由于冲击电压的等值频率很高，电容的阻抗小于分路电阻，间隙上的电压分布主要取决于电容分布。又由于间隙对地和瓷套寄生电容的存在，使火花间隙电压分布很不均匀，因此其冲击放电电压较低，冲击系数一般为 1 左右，甚至小于 1。这样就改善了避雷器的保护性能。

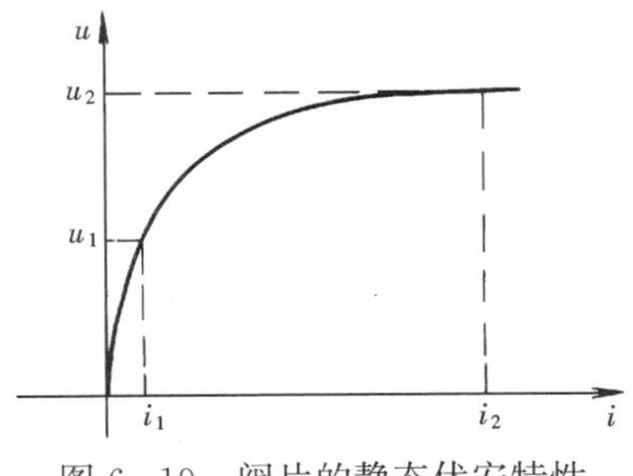

图 6-19　阀片的静态伏安特性

i_1—工频续流；i_2—雷电流；u_1—工频电压；u_2—残压

2. 阀片

避雷器的阀片为一非线性电阻。普通阀式避雷器的阀片是碳化硅（SiC，亦称金刚砂）加结合剂（水玻璃等）在 300～350℃ 的低温下烧结而成的圆饼形电阻片。阀片的电阻值随流过电流的大小呈非线性变化，通常用伏安特性曲线表示，如图 6-19 所示，也可用下式表示

$$u = Ci^{\alpha} \tag{6-14}$$

式中　C——常数，与阀片的材料和尺寸有关。

α——非线性系数，与阀片是高温焙烧还是低温焙烧有关。普通型避雷器为低温阀片，一般$\alpha \approx 0.2$。

阀片电阻的非线性特性正符合对避雷器的要求。如前所述，如果避雷器只有火花间隙，在冲击电压作用下动作时，将会出现对绝缘不利的截波，而且工频续流就是单相接地电流，幅值较大，难于自行灭弧。若在火花间隙中串入普通电阻（线性），虽然可以限制工频续流以利于灭弧，但是如果电阻过大，残压（指雷电流通过避雷器时阀片电阻上产生的电压降）也很大，幅值很高的残压作用在电气设备上当然就会破坏其绝缘。采用非线性电阻有助于解决这一矛盾。在雷电流作用下由于电流很大，阀片工作在低阻值区域，可使残压降低。在工频续流流过时，由于电压相对较低，阀片工作在高阻值区域，因而限制了续流。阀片电阻的非线性程度越高，保护性能越好。

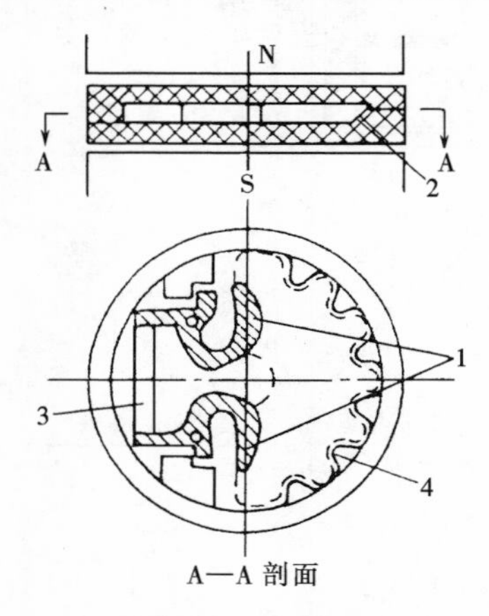

图 6-20 磁吹式火花间隙
1—间隙电极；2—灭弧盒；
3—并联电阻；4—灭弧栅

（二）磁吹型阀式避雷器（磁吹避雷器）

磁吹型阀式避雷器的基本原理和结构与普通阀式避雷器相同，主要区别在于后者采用了磁吹式火花间隙。它也是由许多单个间隙串联而成的，单个间隙如图 6-20 所示。火花间隙是一对羊角形电极，在磁场对电弧的作用下会产生电动力，使电弧拉长，电弧最终进入灭弧栅中，可达起始长度的数十倍。灭弧栅由陶瓷或云母玻璃制成，电弧在其中受到强烈的去游离作用而熄灭，使间隙绝缘强度迅速恢复。

由于电弧被拉长，电弧电阻明显增大，可以起到限制工频续流的作用，因而这种间隙又称限流间隙。计入电弧电阻的限流作用就可以适当减少阀片电阻的数目，这样又能降低避雷器的残压。

磁吹型阀式避雷器的原理结构如图6-21 所示。间隙串联回路中增加磁吹线圈 3 以后，在等值频率很高的冲击电流作用下，线圈感抗上会出现较大的电压，从而增大避雷器的残压。为了避免这种情况，将磁吹线圈 3 并以辅助间隙 2，当冲击电流流过时线圈两端的电压会使辅助间隙击穿，磁吹线圈被短路，于是放电电流流过辅助间隙 2、主间隙 1 和阀片电阻 4 流入大地，使避雷器仍然保持较低的残压；而当工频续流流过时，磁吹线圈的压降较低，不足以维持辅助间隙放电，电流仍自线圈中流过并发挥磁吹作用。

由于磁吹式火花间隙能够切断的工频续流很大，所以磁吹型阀式避雷器采用通流能力较大的阀片电阻。该阀片是在 1350～1390℃的高温下焙烧而成的，所以称为高温阀片，其通流容量大，能通过 20/40μs、10kA 的冲击电流和 2000μs、800A～1000A 的方波各 20 次；不易受潮，但非线性系数较高（$\alpha \approx 0.24$）。

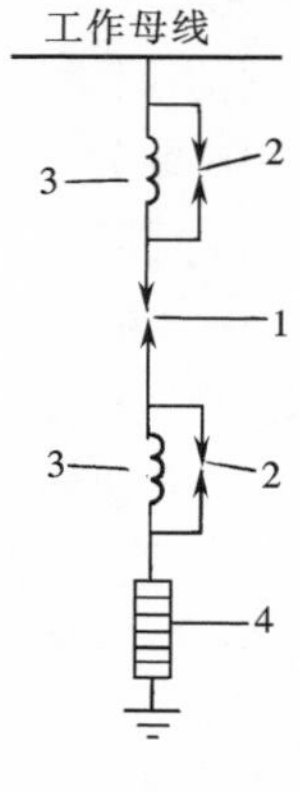

图 6-21 磁吹型阀式避雷器的原理结构图
1—主间隙；2—辅助间隙；3—磁吹线圈；4—阀片电阻

（三）阀式避雷器的电气参数

国产各类阀式避雷器的主要电气参数见附表 C-1、附表 C-2、附表 C-3。现就这些参数的意义和选用作一些说明。

1. 额定电压

额定电压指正常工作时加在避雷器上的工频工作电压，它应与避雷器安装地点系统的额定电压等级相同。

2. 灭弧电压

灭弧电压指保证避雷器能够在工频续流第一次过零值时灭弧的条件下，允许加在避雷器上的最高工频电压。灭弧电压应当大于避雷器工作母线上可能出现的最高工频电压，否则避雷器可能因不能灭弧而爆炸。

工作母线上可能出现的最高工频电压，与系统的运行方式有关。根据实际运行经验，并从安全的角度考虑，系统中可能出现已经存在单相接地故障而非故障相避雷器又动作的情况。因此，单相接地故障时非故障相的电压升高，就成为可能出现的最高工频电压。

相关计算表明，发生单相接地故障时非故障相的电压，在中性点直接接地系统中可达线电压的80%，在中性点不接地（包括经消弧线圈接地）的系统中分别可达线电压的100%～110%（参阅第九章第五节）。所以选用避雷器时，对35kV及以下的中性点不接地系统，灭弧电压取为最大工作线电压的100%～110%；对110kV及以上的中性点直接接地系统，灭弧电压取为系统最大工作线电压的80%。

3. 工频放电电压

工频放电电压指在工频电压作用下，避雷器发生放电的电压值。由于间隙击穿的分散性，工频放电电压都是给出一个上、下限。

指明避雷器工频放电电压的上限（不大于）值，可使用户了解工频电压超过这个数值时避雷器将会击穿放电；指明工频放电电压的下限值，可使用户了解工频电压低于此值避雷器就不会击穿放电。普通避雷器不允许在内过电压下动作，因此通常规定其工频放电电压的下限应不低于该系统可能出现的内过电压值。35kV及以下的系统和110kV及以上的高压系统，此值一般分别取3.5和3.0倍的相电压。

4. 冲击放电电压

冲击放电电压指在冲击电压作用下避雷器放电的电压值（幅值），通常给出的是上限（不大于）值。其伏秒特性应当低于被保护设备绝缘的冲击击穿电压伏秒特性，才能起到保护作用。我国生产的避雷器其冲击放电电压与5kA（对330kV及以上的电网为10kA）下的残压基本相同。

5. 残压

由于避雷器所用的阀片电阻的非线性系数$\alpha \neq 0$，所以残压仍会随电流幅值的增大而有些升高，为此在规定残压的上限（不大于）时，必须同时规定所对应的冲击电流幅值。我国相关标准对此所作的规定为，5kA（220kV及以下的避雷器）和10kA（330kV及以上的避雷器），电流波形则统一取8/20μs。避雷器的残压直接影响着出现在保护设备上的过电压水平。由避雷器的工作原理可知，避雷器放电后就相当于以残压突然作用在被保护设备上，因此避雷器的残压越低保护性能越好。

除上述参数以外，还有几个常用的评价阀式避雷器性能的技术指标，亦一并在此加以说明。

（1）阀式避雷器的保护水平。其是指在该避雷器上可能出现的最大冲击电压的幅值。我国和国际相关标准都规定以残压、标准雷电冲击（1.2/50μs）放电电压及陡波放电电压除以

1.15 后所得电压值三者之中最大值作为该避雷器的保护水平。

（2）阀式避雷器的冲击系数。其是指避雷器冲击放电电压与工频放电电压幅值之比。一般希望它接近于 1，这样避雷器的伏秒特性就比较平坦，有利于绝缘配合。

（3）切断比。其是指避雷器的工频放电电压（下限）与灭弧电压之比。这是表示火花间隙灭弧能力的一个技术指标，切断比越小，说明该火花间隙灭弧能力越强。

（4）保护比。其是指避雷器的残压与灭弧电压之比。保护比越小，表明残压低或灭弧电压越高，意味着绝缘上受到的过电压较小，而工频续流又能很快被切断，因而该避雷器的保护性能越好。

三、氧化锌避雷器

氧化锌避雷器也称为金属氧化物避雷器，是 20 世纪 70 年代出现的一种全新的避雷器。其阀片以氧化锌（ZnO）为主并掺以微量的氧化铋、氧化钴、氧化锰等添加剂制成，具有极其优异的非线性特性。在正常工作电压下，其阻值很大（电阻率高达 10^{10}～$10^{11}\Omega\cdot cm$），通过的漏电流很小（μA 级）；而在过电压的作用下，阻值会急剧变小。其伏安特性仍可用公式 $u=Ci^{\alpha}$ 表示，非线性系数 α 与电流大小有关，α 一般只有 0.01～0.04，即使在大冲击电流（如 10kA）下，α 也不会超过 0.1，可见其非线性要比碳化硅（SiC）阀片好得多，已接近理想（$\alpha=0$）。在图 6-22 中将二者的伏安特性绘在一起作比较，可以看出：如果在 $I=10^{4}$A 时二者在一定范围内残压基本相等，那么在相电压下，SiC 阀片将流过幅值达数百安的电流，因而必须用火花间隙加以隔离；而 ZnO 阀片在相电压下流过的电流的数量级只有 10^{-5}A，所以用这种阀片制成的避雷器可以省去串联的火花间隙，成为无间隙避雷器。

不过有些氧化锌避雷器内仍存在间隙，如跨接在部分阀片上的并联间隙。这是因为 ZnO 阀片在大电流时伏安特性有上翘的趋势（α 变大），如图 6-22 所示。为了进一步降低大电流下的残压，我国和国外某些产品采用均匀电场短间隙并联在一部分 ZnO 阀片上，一旦残压超过容许值，这个并联间隙立即放电而短接了部分阀片，如图 6-23 所示。正常运行时，由 R_1 和 R_2 共同承担工作电压，可以将泄漏电流限制到足够低的数值；而在遇到冲击放电电流过大，残压可能超过应有的保护水平时，并联间隙 F 立即放电，短接 R_2，所以残压将仅由 R_1 决定，大大降低。

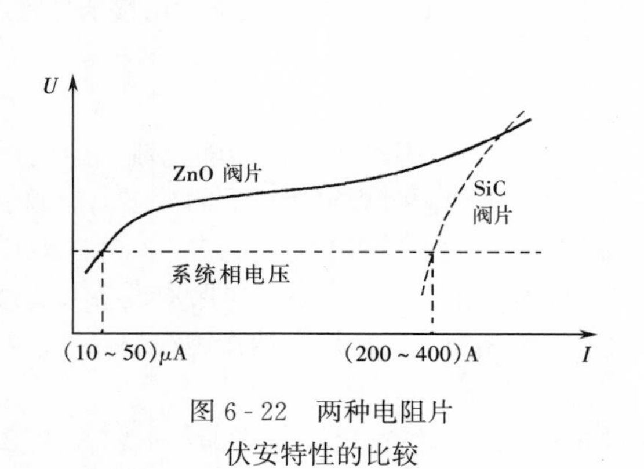

图 6-22 两种电阻片伏安特性的比较

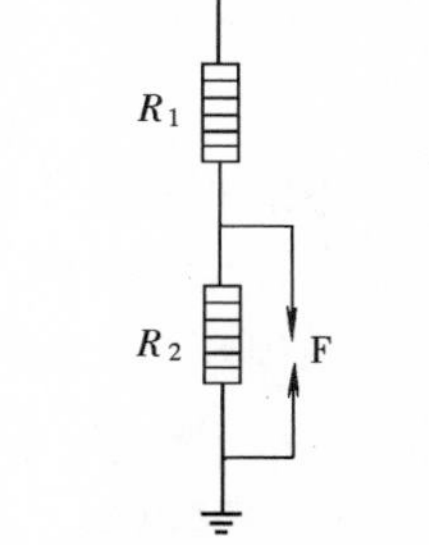

图 6-23 并联间隙氧化锌避雷器的原理图

与传统的有串联间隙的 SiC 避雷器相比，无间隙 ZnO 避雷器具有一系列优点：

（1）保护性能优越。由于 ZnO 阀片具有优异的非线性伏安特性，进一步降低其保护水平的潜力很大。特别是它不需要间隙动作，电压稍微升高，即可迅速吸收过电压的能量，抑制过电压的发展，实际保护效果好。

氧化锌避雷器还有优越的陡波响应特性。它没有间隙的放电时延，只需考虑陡波头下伏安特性上翘，而其上翘又比碳化硅避雷器低得多，所以对陡波头过电压保护效果大大提高，这一效益对于具有平坦伏秒特性的 SF_6 气体绝缘变电站（GIS）的保护尤为合适，易于绝缘配合，增加安全裕度。

（2）无续流、动作负载轻、耐重复动作能力强。氧化锌避雷器的续流为微安级，实际上可视为无续流。所以在雷电或操作冲击作用下，只需吸收过电压能量，不需要吸收续流能量，因而动作负载轻；再加上它的通流容量大，所以具有耐受多重雷击和重复发生的操作冲击过电压的能力。

（3）通流容量大。氧化锌避雷器的容许能量吸收，没有串联间隙烧伤的制约，仅与氧化锌电阻片本身的强度有关。同碳化硅电阻片比较，氧化锌电阻片单位面积的通流能力大 4～4.5 倍，完全可以用来限制操作过电压，也可耐受一定持续时间的暂时过电压。同时由于氧化锌电阻片的残压特性分散性小，电流分布特性均匀，可以通过并联电阻片或整只避雷器并联的方法提高避雷器所需的通流能力，因此易于设计制造特殊用途的重载避雷器，如用于保护长电缆系统或大电容器组等。

（4）适于大批量生产，造价低廉。氧化锌避雷器，元件单一通用，结构简单，特别适合于大规模自动化生产；尺寸小，质量轻，造价低；变电站采用氧化锌避雷器，可减少变电站面积，节省建设投资。

由于氧化锌避雷器具有上述重要优点，因而发展潜力很大，是避雷器发展的主要方向。

既然氧化锌避雷器没有串联火花间隙，也就无所谓灭弧电压、冲击放电电压等特性参数，但它有自己某些独特的电气参数及含义，分述如下：

（1）额定电压。额定电压指避雷器两端之间允许施加的最大工频电压有效值。在系统发生短时工频过电压时因避雷器无间隙，将此电压直接施加在氧化锌电阻片上，避雷器仍能正常地工作（完成规定的雷电及操作过电压动作负载，特性基本不变，不发生热崩溃）。它相当于碳化硅避雷器的灭弧电压，但其含义不同，只是作为决定避雷器各种特性的基准参数。

（2）持续运行电压。其是指允许长期连续施加在避雷器两端的工频电压有效值。避雷器吸收过电压能量后温度升高，在此电压作用下能正常冷却，不发生热击穿。避雷器的持续运行电压一般应等于系统最高工作相电压。

（3）起始动作电压（或参考电压）。其大致位于氧化锌电阻片伏安特性曲线由小电流区域上升部分进入大电流区域平坦部分的转折处。从这一电压开始，认为避雷器已进入限制过电压的工作范围，所以也称为转折电压。通常把通过 1mA 直流电流或工频电流阻性分量幅值时的避雷器两端电压幅值 U_{1mA} 定义为起始动作电压（或参考电压）。

（4）残压。其是指放电电流通过 ZnO 避雷器时，其端子间出现的电压峰值，此时存在三个残压值。

雷电冲击电流下的残压 $U_{r(l)}$：电流波形为 7～9/18～22μs，标称放电电流为 5kA，10kA，20kA；

操作冲击电流下的残压 $U_{r(s)}$：电流波形为 30～100/60～200μs，电流峰值可为 0.5（一般避雷器）、1（330kV 避雷器）、2kA（500kV 避雷器）；

陡波冲击电流下的残压 $U_{r(st)}$：电流波前时间为 1μs，峰值与标称（雷电冲击）电流相同。

（5）压比。其是指氧化锌避雷器通过波形 8/20μs 的额定冲击放电电流时的残压与起始动作电压之比。例如 10kA 压比为 U_{10kA}/U_{1mA}。压比越小，表明通过冲击大电流时残压越低，氧化锌避雷器的保护性能越好，目前的产品制造水平所能达到的压比为 1.6～2.0。

（6）荷电率。其是指容许最大持续运行电压幅值与起始动作电压的比值。它是表示阀片上电压负荷程度的一个参数。合理的荷电率，必须考虑阀片特性的稳定性、泄漏电流的大小、温度对伏安特性的影响、阀片预期寿命等因素，一般选用 45%～75%或更大。在中性点非有效接地系统中，因一相接地时健全相上的电压会升至线电压，所以一般选较小的荷电率。

（7）保护比。其是指额定冲击放电电流下的残压与持续运行电压（幅值）的比值，也等于压比与荷电率之比。因此，降低压比或提高荷电率均可降低氧化锌避雷器的保护水平。

氧化锌避雷器的电气特性参数见附表 C-4。

第五节 接 地 装 置

电气设备需要接地的部分与大地的连接是靠接地装置来实现的，它由接地极和接地引下线组成。接地装置的功用是减小接地电阻，以降低雷电流通过避雷针（线）或避雷器上的过电压。输配电系统中出自正常运行和人身安全等考虑，也要求装设接地装置以减小接地电阻，所以接地方式可分为防雷接地、工作接地和保护接地等。本节主要介绍防雷接地。但接地的基本概念，三者是共同的，所以本节也涉及工作接地和保护接地。

一、接地和接地电阻的基本概念

大地是个导电体，当其中没有电流流过时是等电位的，通常认为大地具有零电位。如果接地引下线与大地牢固连接，在没有电流流过的情况下，接地引下线与大地之间没有电位差，该物体也就具有了大地的电位——零电位。

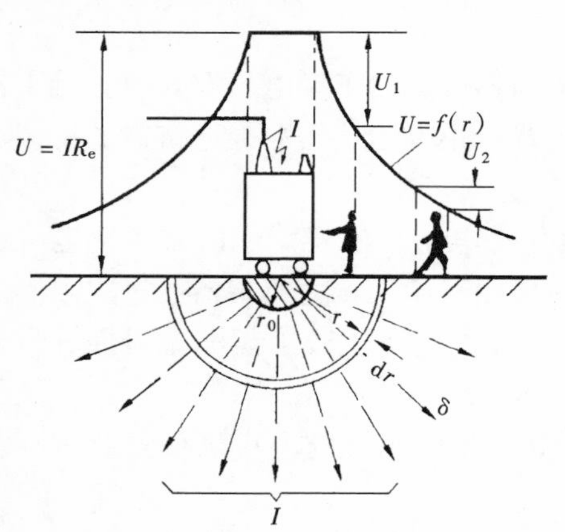

图 6-24 接地装置原理图

U_1—接触电位差；U_2—跨步电位差

实际上，大地并不是理想导体，它具有一定的电阻率，如果有电流流过，则大地就不再保持等电位。被强制流进大地的电流是经过接地导体注入的，进入大地以后的电流以电流场的形式向周围远处扩散，如图 6-24。设土壤电阻率为 ρ，地中某点电流密度为 δ，则该点的电场强度为 $E=\rho\delta$。离电流注入点越远，地中电流密度就越小，因此可以认为在相当远（或者叫无穷远）处，地中电流密度 δ 已接近零，电场强度 E 也接近零，该处的电位为零电位。由此可见，当接地点有电流流入大地时该点相对于远处的零电位来说，将具有确定的电位升高，图 6-24中画出了设备发生接地故障时地表面的电位分布 $U=f(r)$。

接地电阻的数值等于接地装置上电位的幅值与通过接地装置电流的幅值的比值。当流过接地装置的电流为工频时求得的电阻，称为工频接地电阻 R_e，它也等于接地装置上电位的有效值 U 与流过接地装置的电流的有效值 I 之比；当流过接地装置的电流为冲击电流时求得的电阻，称为冲击接地电阻 R_i。更确切地说，接地电阻应定义为接地阻抗。接地电阻是大地阻抗效应的总和。当接地电流为定值时，接地电阻越小，接地点的电位越低；反之则越高，此时地面上的接地物体（如变压器）也具有较高的电位，不利于电气设备绝缘和人身安全。这就是为什么力求降低接地电阻的原因。

最简单的接地装置就是埋入地中的单独的金属管、金属板或金属带。由于金属的电阻率远小于土壤电阻率，所以接地体本身的电阻在接地电阻计算中可以忽略不计。接地电阻的数值与接地装置的形状与尺寸有关，当然也与大地电阻率直接有关。

二、工作接地、保护接地与防雷接地

（一）工作接地

工作接地是根据电力系统正常运行的需要而进行的接地，例如将系统的中性点接地。其作用是稳定电网的对地电位，以降低电气设备的绝缘水平，并且有利于实现电网的继电保护等。工作接地的接地电阻一般为 0.5～10Ω。

（二）保护接地

为了保证人身安全，而将高压电气设备的金属外壳接地，这样就可以保证金属外壳经常固定为地电位，一旦设备绝缘损坏而使外壳带电时不致有危险的电位升高造成人员触电伤亡。在正常情况下接地点没有电流入地，金属外壳为零电位，但当设备发生故障而有接地电流流入大地时，和接地点相连的金属外壳和附近地面的电位都会升高，并形成一定的地表电位分布。当人站立于电极附近的地面上用手去接触电气设备外壳时，人的手和脚将具有不同的电位，地面上离设备水平距离为 0.8m 处与设备外壳离地面高 1.8m 处两点间的电位差，称为接触电位差，如图 6-24 中的 U_1。当人在接地极附近走动时，人的两脚将处于大地表面不同电位点上，人两脚跨距产生的电位差（取跨距 0.8m），称为跨步电位差，如图 6-24 中的 U_2。接触电位差和跨步电位差都可能达很高数值使通过人体的电流超过危险值（一般规定为 10mA），减小接地电阻或改进接地装置的结构形状可以降低它们的数值。高压设备要求保护接地电阻为 1～10Ω。

对于 1kV 以下的低压电气设备，一般应将其金属外壳接在电源线的中性线上，称为“接零保护”。这样，设备绝缘损坏时，单相短路电流较大，易使熔断器等保护动作，不致使外壳长期带电以保证人身安全。

（三）防雷接地

防雷接地是针对防雷保护的需要而设置的，目的是减小雷电流通过接地装置时的地电位升高。

从物理过程看，防雷接地与前两种接地有两点区别：一是雷电流的幅值大，二是雷电流的等值频率高。雷电流的幅值大，就会使地中电流密度 δ 增大，因而提高了土壤中的电场强度（$E=\rho\delta$），在接地体附近尤为显著。若地中电场强度超过土壤击穿场强时，会发生局部火花放电，使土壤电导增大，结果是使接地装置的冲击接地电阻小于工频电流下的数值，这种效应称为火花效应。雷电流的等值频率高，会使接地极本身呈现明显的电感作用，阻碍电流向接地体远方流通。对于长度较大的接地体这种影响更为显著，结果使接地体得不到充分利用，冲击接地电阻值大于工频接地电阻，这一现象称为电感效应。

由于上述原因，同一接地装置具有不同的冲击接地电阻，它与工频接地电阻值的比值，称为冲击系数 α，即

$$\alpha=\frac{R_i}{R_e} \tag{6-15}$$

冲击系数 α 与接地体的几何尺寸、雷电流幅值和波形以及土壤电阻率等因素有关，多靠试验确定。一般情况下由于火花效应大于电感效应，故 $\alpha<1$；但对电感效应明显的情况，则可能有 $\alpha\geqslant1$。冲击接地电阻值一般要求小于 10Ω。

三、工程实用的接地装置

工程实用的接地装置主要由扁钢、圆钢、角钢或钢管组成，埋于地表面下 0.6～0.8m 处。水平接地体多用扁钢，宽度一般为 20～40mm，厚度不小于 4mm；或者用直径不小于 6mm 的圆钢。垂直接地体一般用 20mm×20mm×3mm～50mm×50mm×5mm 的角钢或钢管，长度取 2.5m 以上。根据接地装置的敷设地点不同，又分为输电线路接地和发电厂、变电站接地。

（一）典型接地体的接地电阻

1. 垂直接地体

如图 6 - 25 所示，当 $l\gg d$ 时，工频接地电阻为

$$R_e=\frac{\rho}{2\pi l}\left(\ln\frac{8l}{d}-1\right)\quad(\Omega) \tag{6-16}$$

式中 ρ——土壤电阻率，Ω·m。

l——接地体的长度，m。

d——接地体的直径，m［当用其他型式钢材时，如为等边角钢：$d=0.84b$（b 为每边宽度）；如为扁钢：$d=0.5b$（b 为扁钢宽度）］。

2. 多根垂直接地体

当单根垂直接地体的接地电阻不能满足要求时，可用多根垂直接地体并联的办法来解决，但 n 根并联后的接地电阻并不等于$\frac{R_e}{n}$，而是要大一些，这是因为它们溢散的电流相互之间存在屏蔽影响的缘故，如图 6 - 26 所示。此时工频接地电阻为

$$R_e'=\frac{R_e}{n\eta}\quad(\Omega) \tag{6-17}$$

式中 η——利用系数，$\eta=0.65\sim0.8$。

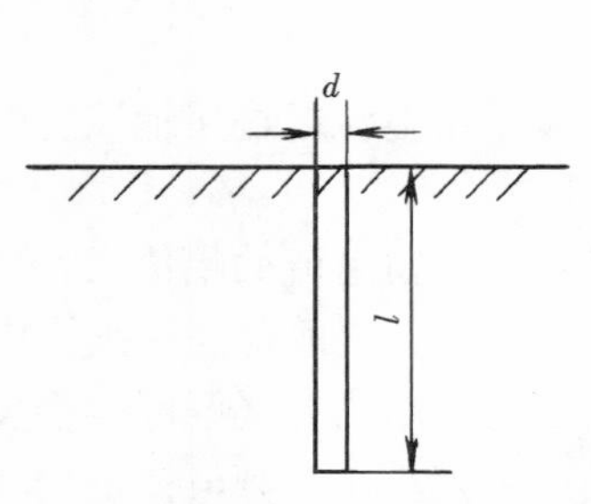

图 6 - 25 单根垂直接地体

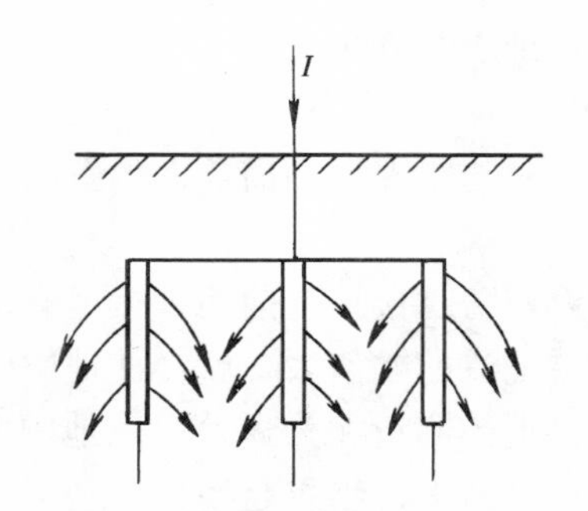

图 6 - 26 多根垂直接地体的屏蔽效应

3. 水平接地体

工频接地电阻为

$$R_e = \frac{\rho}{2\pi L}\left(\ln\frac{L^2}{hd} + A\right)\quad(\Omega) \tag{6-18}$$

式中　L——水平接地体的总长度，m；

h——水平接地体的埋深，m；

d——接地体的直径，m；

A——形状系数，反映各水平接地极之间的屏蔽影响，其值可以从表6-1查得。

表6-1　水平接地体的形状系数

序号	1	2	3	4	5	6	7	8
接地体形式	—	└	人	○	＋	□	＊	米
形状系数 A	−0.6	−0.18	0	0.48	0.89	1	3.03	5.65

由表6-1可见，总长L相同时，由于形状不同，A值会有显著差别。如其中序号7、8两种形状，接地体利用很不充分，不宜采用。

由以上公式计算出的工频接地电阻值，计算雷电流作用下的冲击接地电阻，只需要乘以冲击系数α即可。α的数值根据计算分析和试验得到。

4. 伸长接地体

在土壤电阻率较高的岩石地区，为了减少接地电阻，有时需要加大接地体的尺寸，主要是增加水平接地体的长度，通常称这种接地体为伸长接地体。由于雷电流等值频率很高，接地体自身的电感将会产生很大影响，此时接地体将表现出具有分布参数的传输线的阻抗特性，加之火花效应的出现将使伸长接地体的电流通过时成为一个很复杂的过程。一般是在简化的条件下通过理论分析，并结合试验得到工程应用的依据。通常，伸长接地体只是在40～60m的范围内有效，超过这一范围接地电阻阻抗基本上不再变化。

（二）输电线路的防雷接地

高压输电线路在每一杆塔下一般都设有接地装置，并通过接地引下线与避雷线相连。其目的是当雷击避雷线或塔顶时的雷电流通过较低的接地电阻而进入大地。

高压线路杆塔都有混凝土基础，它也起着散流的作用，具有一定的接地电阻，称为自然接地电阻。大多数情况下单纯依靠自然接地电阻是不能满足要求的，需要装设人工接地装置。对于杆塔工频接地电阻的要求列于表6-2。表中采用工频接地电阻作标准，是为了便于检查和测量。

表6-2　杆塔的工频接地电阻

土壤电阻率（Ω·m）	≤100	100～500	500～1000	1000～2000	>2000
接地电阻（Ω）	≤10	≤15	≤20	≤25	≤30

（三）发电厂和变电站的防雷接地

发电厂和变电站内需要有良好的接地装置以满足工作接地、保护接地和防雷接地的要求。一般作法是根据保护接地和工作接地要求敷设一个统一的接地网，然后再在避雷针和避雷器与地网的连接点增加接地体以满足防雷接地的要求。

接地网常用 4mm×40mm 的扁钢或 ϕ20mm 的圆钢水平敷设，排列成长孔形或方孔形，埋入地下，深度不宜小于 0.6m，其面积大体与发电厂和变电站的面积相同，如图 6-27 所示。两水平接地带的间距约 3～10m，需按接触电位差和跨步电位差的要求确定。

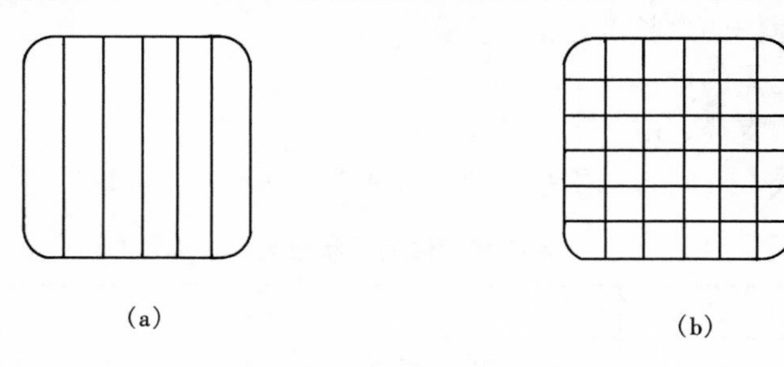

图 6-27 接地网示意图

(a) 长孔形地网；(b) 方孔形地网

接地网的总工频接地电阻 R_e 可按下式估算

$$R_e=\frac{0.44\rho}{\sqrt{S}}+\frac{\rho}{L}\approx\frac{0.5\rho}{\sqrt{S}}\quad(\Omega)\tag{6-19}$$

式中 L——接地体（包括水平和垂直的）总长度，m；

S——接地网的总面积，m^2；

ρ——土壤电阻率，Ω·m。

发电厂和变电站接地网的工频接地电阻值一般在 0.5～5Ω 的范围内，这主要是为了满足工作接地和保护接地的需求。

习　　题

6-1 试论雷电流的定义。

6-2 试述雷击地面时，被击点电位的计算模型。设雷电流 $I=100$kA，被击点 A 对地电阻 $R=30\Omega$，试求 A 点的电位 U_A（雷电通道波阻抗 $Z_0=300\Omega$）。

6-3 雷电流有哪几种常用的等值波形？设实测雷电流的幅值 $I=200$kA，最大陡度 $a_{max}=50$kA/μs，如果分别用斜角平顶波和半余弦波等值，其波头 T_1 各是多少？

6-4 电力系统中的防雷保护有哪些基本措施？并简述其原理。

6-5 某电厂原油罐直径为 10m，高出地面 10m，现采用单根避雷针保护，针距罐壁最少 5m，试求该避雷针的高度应是多少？

6-6 设有 4 根高度均为 17m 的避雷针，布置在边长为 40m 的正方形的 4 个顶点上，试画出它们对 10m 高的物体的保护范围。

6-7 试述阀式避雷器各电气特性参数的意义。

6-8 设土壤电阻率 $\rho=100\Omega\cdot m$，用一根 3m 长、40mm×40mm×4mm 的角钢做成接地体，试计算并比较垂直埋设与水平埋设时的接地电阻值（水平埋设深度为 0.5m）。

第七章　输电线路的防雷保护

输电线路纵横延伸，地处旷野，往往又是地面上最为高耸的物体，因此极易遭受雷击。根据运行经验，电力系统中停电事故几乎有一半之多是雷击线路造成的。同时，雷击线路时产生的自线路入侵变电站的雷电波也是威胁变电站设备绝缘的主要因素。因此，对线路的防雷保护应予以充分重视。

根据过电压形成的物理过程，输电线路上的雷电过电压可以分为两种：①直击雷过电压，是由雷电直接击中杆塔、避雷线或导线引起的过电压；②感应雷过电压，是由雷击线路附近大地，由于电磁感应在导线上产生的过电压。运行经验表明，直击雷过电压对电力系统的危害最大，感应雷过电压只对35kV及以下的线路有威胁。

输电线路防雷性能的优劣主要用耐雷水平及雷击跳闸率来衡量。雷击线路时线路绝缘不发生闪络的最大雷电流幅值称为“耐雷水平”，以kA为单位。耐雷水平越高，线路的防雷性能越好。每100km线路每年由雷击引起的跳闸次数称为“雷击跳闸率”，它是衡量线路防雷性能的综合指标。

本章主要介绍线路上雷电过电压的形成过程、线路防雷的工程简化计算方法及防雷的基本措施。

第一节　输电线路的感应雷过电压

一、感应雷过电压的产生

当雷击线路附近大地时，由于雷电通道周围空间电磁场的急剧变化，会在线路上产生感应雷过电压，它包括静电分量和电磁分量。

在雷电放电的先导阶段，线路处于雷云及先导通道与大地构成的电场之中，如图7-1(a)所示。由于静电感应，导线轴线方向上的电场强度 E_x 将正电荷（与雷云电荷异号）吸引到最靠近先导通道的一段导线上，成为束缚电荷，导线上的负电荷则被排斥而向两侧运动，经由线路泄漏电导和系统中性点进入大地。因为先导放电发展的平均速度较低，导线束缚电荷的聚集过程也较缓慢，由此而呈现出的导线电流很小，相应的电压波 $u=iZ$ 也可忽略不计（Z 是导线波阻抗）。因此，在先导放电阶段尽管导线上有了束缚电荷，但它们在导线上各点产生的电场与先导通道负电荷所产生的电场相平衡

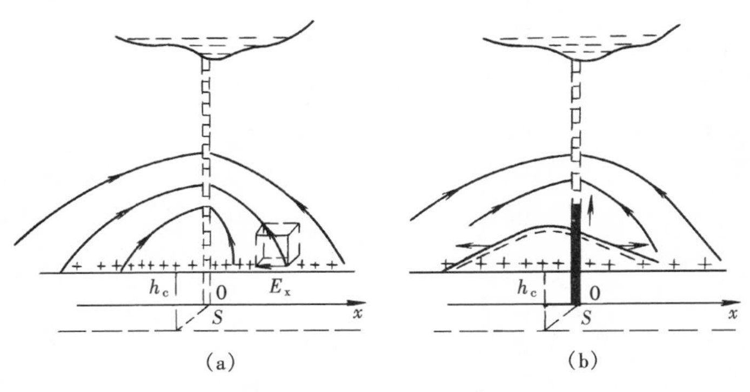

图7-1　感应雷过电压形成示意图

(a) 先导放电阶段；(b) 主放电阶段

而被抵消，结果导线上电位将与远离雷云处导线电位相同。

主放电开始以后，先导通道中的负电荷自下而上被迅速中和，相应电场迅速减弱，使导线上的正束缚电荷迅速释放，形成电压波向两侧传播，如图 7 - 1（b）所示。由于主放电的平均发展速度很高，导线上束缚电荷的释放过程也很快，所以形成的电压波 $u=iZ$ 幅值很高。这种过电压就是感应过电压的静电分量。

在主放电过程中，雷电通道中雷电流在周围空间建立了强大的磁场，此磁场的变化也将使导线感应出很高的电压，这种由于雷电流所产生的磁场变化而引起的感应电压称为感应雷过电压的电磁分量。

实际上，感应雷过电压的静电分量和电磁分量，都是在主放电过程中由统一的电磁场的突变而同时产生的。由于主放电速度比光速小得多，主放电通道和导线差不多互相垂直，互感不大，电磁感应较弱，因此电磁分量要比静电感应分量小得多，所以在导线的总的感应过电压幅值中，静电分量将起主要的作用。

二、感应雷过电压的计算

1. 导线上方无避雷线

当雷击点离开线路的距离 S（水平距离）大于 65m 时，导线上的感应雷过电压最大值 U_i 可按下式近似计算

$$U_i \approx 25\frac{Ih_c}{S} \quad (\text{kV}) \tag{7-1}$$

式中 S——雷击点与线路的水平距离，m；

h_c——导线悬挂的平均高度，m；

I——雷电流的幅值，kA。

从产生静电分量的角度看，雷电流幅值大，是因为先导通道的电荷密度 σ 大，或者是由于主放电速度 v 高。σ 越大，其电场强度越强，导线上的束缚电荷越多。v 越高，一定时间间隔内被释放的束缚电荷越多，这都使静电分量加大。导线平均高度越高，则导线对地电容越小，释放出同样束缚电荷所呈现的电压就越高。雷击点至导线距离越近，导线上的束缚电荷越多，产生的过电压越高。

由于先导通道形成的电场，在导线上感应出与先导极性相反的电荷，所以感应雷过电压的极性与雷云电荷也即与雷电流的极性相反。

由于雷击地面时，被击点的自然接地电阻较大，式（7 - 1）中最大雷电流幅值一般不会超过 100kA。实测表明，感应雷过电压的幅值一般为 300～400kV，这可能引起 35kV 及以下电压等级的线路闪络，而对 110kV 及以上电压等级的线路，则一般不至于引起闪络。

感应雷过电压同时存在于三相导线，故相间不存在电位差，只能引起对地闪络。

2. 导线上方挂有避雷线

对有避雷线的线路，因接地避雷线的电磁屏蔽作用，会使导线上的感应雷过电压降低。可作如下解释：避雷线与大地相连保持地电位，可以看作将一部分“大地”引入导线近区。对于静电感应，其影响是增大了导线对地电容，从而使导线对地电位降低。

设导线和避雷线的平均高度分别为 h_c 和 h_g，如果避雷线没有接地，则根据式（7 - 1）可知导线和避雷线上的感应雷过电压 U_i 和 U_g 分别为

$$U_i = 25\frac{Ih_c}{S}$$

$$U_g = 25\frac{Ih_g}{S} = U_i\frac{h_g}{h_c}$$

但避雷线实际上是接地的，其电位为零。为了满足这一条件，可以设想避雷线上又叠加上一个$-U_g$的感应电压，而它又将在导线上产生耦合电压$k_0(-U_g)$，k_0为避雷线和导线之间的几何耦合系数。

于是，线路上有避雷线时，导线上的实际感应雷过电压U_i'为

$$U_i' = U_i - k_0U_g = U_i\left(1 - k_0\frac{h_g}{h_c}\right) \approx U_i(1-k_0) \quad (\text{kV}) \tag{7-2}$$

式（7-2）表明，避雷线使导线上的感应雷过电压下降至$1-k_0$倍。耦合系数越大，导线上的感应雷过电压越低。

3. 雷击线路杆塔时，导线上的感应雷过电压

式（7-1）只适用于雷击线路附近大地$S\geqslant 65$m的情况。更近的落雷事实上将因线路的引雷作用而击于线路。当雷击杆塔或线路的避雷线时，由于雷电通道所产生的电磁场的迅速变化，将在导线上感应出与雷电流极性相反的过电压。

标准建议对一般高度的线路，感应雷过电压的最大值为

$$U_i = ah_c \quad (\text{kV}) \tag{7-3}$$

式中　a——感应过电压系数，其值等于以kA/μs计的雷电流陡度值。

有避雷线时，由于其屏蔽作用，导线上的感应雷过电压将降低为

$$U_i' = (1-k_0)U_i = ah_c(1-k_0) \quad (\text{kV}) \tag{7-4}$$

与直击雷过电压相比，感应雷过电压的波形较平缓，波头由几微秒到几十微秒，而波长可达数百微秒。

第二节　输电线路的直击雷过电压和耐雷水平

输电线路遭受直击雷一般有三种情况：

（1）雷击杆塔塔顶；

（2）雷击避雷线档距中央；

（3）雷绕过避雷线击于导线，称为“绕击”。

下面以中性点直接接地系统中有避雷线的线路为例进行分析，其他线路分析原则相同。

一、雷击杆塔塔顶

1. 雷击塔顶时雷电流的分布

如前所述，在雷击塔顶的先导阶段，导线、避雷线和杆塔上虽然都会感应出异号束缚电荷，如图7-2（a）所示，但是由于先导放电的发展速度较慢，如果不计工频工作电压，导线上的电位仍为零，避雷线和杆塔电位也是零，因此线路绝缘上不

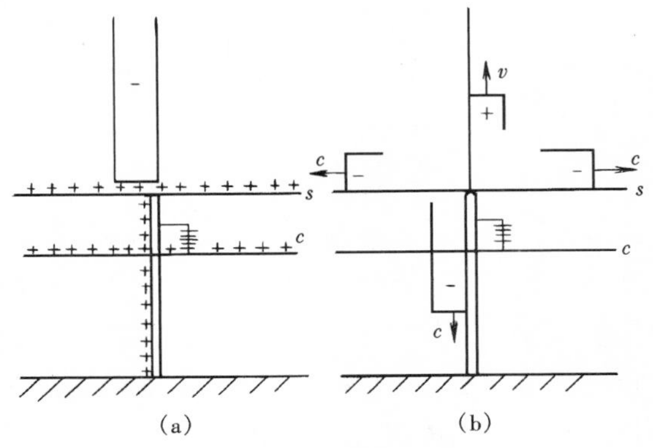

图7-2　雷击塔顶的过程

（a）先导放电阶段；（b）主放电阶段

会出现电位差。在主放电阶段，先导通道中的负电荷与杆塔、避雷线及大地中的正电荷迅速中和，形成雷电冲击电流，如图 7-2（b）所示。图中 v 为主放电速度，c 为光速。一方面负极性的雷电冲击波沿着杆塔向下和沿避雷线向两侧传播，使塔顶电位不断升高，并通过电磁耦合使导线电位发生变化；另一方面由塔顶向雷云迅速发展的正极性雷电波，引起空间电磁场的迅速变化，又使导线上出现正极性的感应雷电波。作用在线路绝缘子串上的电压为横担高度处杆塔电位与导线电位之差。这一电压一旦超过绝缘子串的冲击放电电压，绝缘子串随即发生闪络。

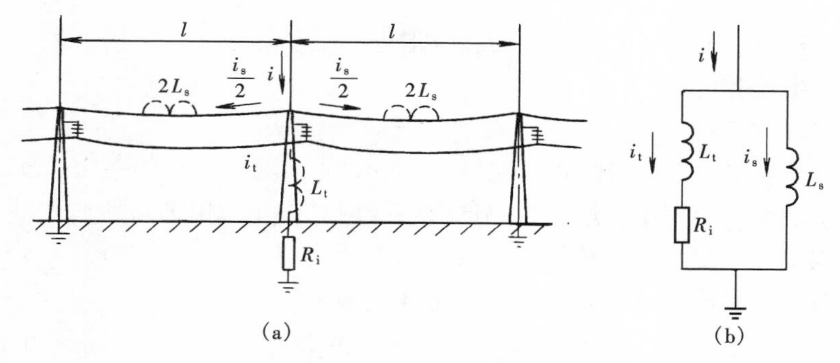

图 7-3　雷击塔顶的示意图和等值电路图

（a）示意图；（b）等值电路图

2. 塔顶电位

雷击杆塔塔顶的示意图如图 7-3（a）所示。对一般高度（约 40m 以下）的杆塔，在工程近似计算中常采用如图 7-3（b）所示的等值电路。图中 L_t 为被击杆塔的等值电感，R_i 为被击杆塔的冲击接地电阻，i_t 为流经杆塔入地的电流，L_s 为杆塔两侧一档避雷线并联的等值电感，i_s 为流过 L_s 的电流。不同类型杆塔的等值电感 L_t 可由表 7-1 查得。单根避雷线的等值电感 L_s 约为 $0.67l$ μH（l 为档距长度，m），双根避雷线的 L_s 约为 $0.42l$ μH。

表 7-1　　杆塔的等值电感和波阻抗的平均值

杆塔型式	等值电感（μH/m）	杆塔波阻（Ω）
无拉线水泥单杆	0.84	250
有拉线水泥单杆	0.42	125
无拉线水泥双杆	0.42	125
铁塔	0.50	150
门型铁塔	0.42	125

考虑到雷击点的阻抗较低，故在计算中可略去雷电通道波阻的影响，认为雷电流 i 直接由雷击点注入。设雷电流具有斜角波头，其幅值为 I，波头为 T_1，波头陡度为 a。在波头部分雷电流可表示为 $i=at$，大部分雷电流通过被击杆塔入地，小部分经避雷线支路入地。近似认为各支路电流也具有斜角波头，则流过杆塔的电流为

$$i_t = \beta i = \beta at \tag{7-5}$$

式中　β——分流系数，对于不同电压等级一般长度档距的杆塔，β 值可由表 7-2 查得。

表 7-2 **一般长度档距的线路杆塔分流系数 β**

线路额定电压（kV）	避雷线根数	β 值	线路额定电压（kV）	避雷线根数	β 值
110	1 2	0.90 0.86	330	2	0.88
220	1 2	0.92 0.88	500	2	0.88

塔顶电位为

$$u_{top}=R_i i_t+L_t\frac{di_t}{dt}=\beta\left(R_i i+L_t\frac{di}{dt}\right) \tag{7-6}$$

式中 $\frac{di}{dt}$——雷电流波前陡度。

将$\frac{di}{dt}=\frac{I}{T_1}$代入式（7-6），则塔顶电位的幅值$U_{top}$为

$$U_{top}=\beta\left(R_i I+L_t\frac{I}{T_1}\right)=\beta I\left(R_i+\frac{L_t}{T_1}\right) \tag{7-7}$$

3. 导线电位和线路绝缘子串上的电压

当塔顶电位为u_{top}时，与塔顶相连的避雷线也有相同的电位u_{top}。由于避雷线与导线之间的电磁耦合作用，在导线上将出现耦合电压ku_{top}，其中k为耦合系数。耦合电压极性与雷电流极性相同。

此外，由上一节知，雷击有避雷线的杆塔塔顶时，在导线上还会出现幅值为$ah_c\left(1-k_0\frac{h_g}{h_c}\right)$的感应雷过电压。感应雷过电压的极性与雷电流极性相反。

导线电位u_c等于其耦合电压与感应雷电压之和，即

$$u_c=ku_{top}-ah_c\left(1-k_0\frac{h_g}{h_c}\right) \tag{7-8}$$

由于雷击塔顶时避雷线上的电位很高，会产生强烈的冲击电晕，使耦合系数变大，因此式（7-8）中第一项的耦合系数k为计及电晕影响的耦合系数。

作用在绝缘子串上的电压$u_{l.i}$为横担高度处的杆塔电位u_a与导线电位u_c之差，即

$$u_{l.i}=u_a-u_c$$

因为

$$u_a=R_i i_t+L_t\frac{h_a}{h_t}\frac{di_t}{dt}=\beta\left(R_i i+L_t\frac{h_a}{h_t}\frac{di}{dt}\right)$$

$$u_c=k\beta\left(R_i i+L_t\frac{di}{dt}\right)-ah_c\left(1-k_0\frac{h_g}{h_c}\right)$$

故

$$u_{l.i}=(1-k)\beta R_i i+\left(\frac{h_a}{h_t}-k\right)\beta L_t\frac{di}{dt}+ah_c\left(1-k_0\frac{h_g}{h_c}\right) \tag{7-9}$$

式中 h_a——杆塔横担高度，m；

h_t——杆塔高度，m。

雷击塔顶后绝缘子串上的电压$u_{l.i}$随着雷电流瞬时值也随着时间而增长，当绝缘子串上的作用电压超过其50%冲击放电电压$U_{50\%}$时，绝缘子串就发生闪络。因为此时横担高度处的杆塔电位（绝对值）比导线电位为高，所以通常称为“反击”。

应当指出，实际作用在线路绝缘上的电压还有导线上的工作电压。对220kV及以下的

线路来说，其值所占比重不大，一般可以略去；但对超高压线路，则不可不计，雷击时导线上工作电压的瞬时值及极性应作为一随机变量来考虑。

4. 雷击塔顶时的耐雷水平

在式（7-9）中取 $i=I$，$\frac{di}{dt}=\frac{I}{T_1}=\frac{I}{2.6}$，得绝缘子串上电压幅值为

$$U_{l.i}=\left[(1-k)\beta R_i+\left(\frac{h_a}{h_t}-k\right)\beta\frac{L_t}{2.6}+\left(1-k_0\frac{h_g}{h_c}\right)\frac{h_c}{2.6}\right]I$$

令 $U_{l.i}=U_{50\%}$，即可求得雷击塔顶反击时的耐雷水平 I_1，即

$$I_1=\frac{U_{50\%}}{(1-k)\beta R_i+\left(\frac{h_a}{h_t}-k\right)\beta\frac{L_t}{2.6}+\left(1-k_0\frac{h_g}{h_c}\right)\frac{h_c}{2.6}} \tag{7-10}$$

注意：式（7-10）中应取绝缘子串正极性50%冲击放电电压。因为流入杆塔的电流大多数是负极性的，此时导线相对于塔顶处于正电位，而绝缘子串的 $U_{50\%}$ 在导线为正极性时的较低，所得结果 I_1 值也更偏安全些。此外，因为避雷线对距离较远的导线的耦合系数 k 较小，作用在其绝缘子串上的电压较高，较易闪络，所以在工程计算中常按外侧或下侧导线计算 I_1。

从式（7-10）可以看出，雷击塔顶反击时的耐雷水平与耦合系数 k、杆塔分流系数 β、杆塔冲击接地电阻 R_i、杆塔等值电感 L_t 以及绝缘子串的 $U_{50\%}$ 等因素有关。但实际工程中往往以降低杆塔接地电阻 R_i 和提高耦合系数 k 作为提高线路耐雷水平的主要手段。将单避雷线改为双避雷线或增设耦合地线，不仅可以增强导、地线之间的耦合作用，同时也可增加地线的分流作用。

为了减少反击，必须提高线路的耐雷水平，相关标准中规定，雷击杆塔时的耐雷水平应不低于表7-3中所列数值。

表7-3　有避雷线输电线路的耐雷水平

额定电压（kV）	35	110	220	330	500
一般线路耐雷水平（kA）	20～30	40～75	75～110	110～150	125～175
大跨越档距中央和变电站进线段耐雷水平（kA）	30	75	110	150	175

二、雷击避雷线档距中央

根据模拟试验和实际运行经验，雷击避雷线档距中央约有10%的概率。雷击避雷线档距中央时也会在雷击点产生很高的过电压。不过由于避雷线的半径较小，雷击点离杆塔较远，强烈的电晕衰减作用，使过电压波传播到杆塔时，已不足以使绝缘子串闪络，所以通常只需考虑雷击避雷线对导线的反击问题。

雷击避雷线档距中央如图7-4（a）所示。设档距长度为 l，避雷线波阻抗为 Z_g，雷电流为 i，雷电通道波阻抗为 Z_0，略去导线对避雷线的耦合影响，由第六章第二节知，从A点看，雷电放电可以等值为大小等于 $i/2$ 的电流波沿波阻抗为 Z_0 的雷电通道运动的过程，如图7-4（b）所示。由彼得逊法则可得图7-4（c）的等值电路。

由图7-4（c）可以求得雷击点电位 u_A 为

$$u_A=i\frac{Z_0}{Z_0+\frac{Z_g}{2}}\times\frac{Z_g}{2}=i\frac{Z_0Z_g}{2Z_0+Z_g} \tag{7-11}$$

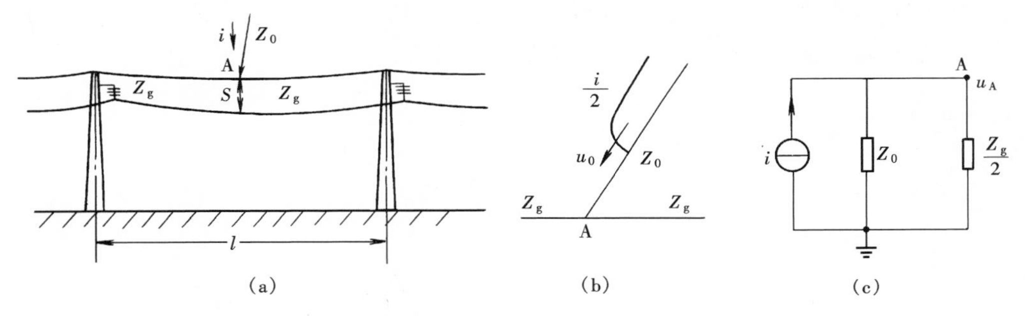

图 7-4　雷击避雷线档距中央示意图及其等值电路图

(a) 示意图；(b) 行波；(c) 等值电路图

电压波 u_A 向两侧避雷线传播，经 $\frac{l}{2v_g}$ 时间到达杆塔，v_g 为避雷线中波速。在杆塔处产生的负反射波又经 $\frac{l}{2v_g}$ 时间返回雷击点，当该负反射波到达雷击点 A 以后，图 7-4 (c) 的等值电路不再成立，u_A 不能再按式 (7-11) 来计算。若此时雷电流尚未到达幅值（一般如此），即 $2\times\frac{l}{2v_g}=\frac{l}{v_g}$ 小于雷电流波头时间 T_1，则雷击点电位自反射波到达 A 点时开始下降。所以雷击点 A 的最高电位 U_A 将出现在 $t=\frac{l}{v_g}$ 时刻。

若雷电流为斜角波头，即 $i=at$，根据式 (7-11)，此时雷击点的最高电位为

$$U_A = a\frac{l}{v_g}\times\frac{Z_0Z_g}{2Z_0+Z_g} \tag{7-12}$$

由于避雷线与导线间的耦合作用，在导线上将耦合出电压 kU_A，所以此时雷击点避雷线与导线间空气间隙 S 上所承受的最高电压 U_S 为

$$U_S=(1-k)U_A=(1-k)a\frac{l}{v_g}\times\frac{Z_0Z_g}{2Z_0+Z_g} \tag{7-13}$$

由此可见，U_S 与耦合系数 k、雷电流陡度 a、档距长度 l 等因素有关。利用式 (7-13) 并依据空气间隙的耐电强度，可以计算出不发生击穿的最小空气距离 S。结合我国线路多年运行经验的统计分析，对一般线路档距中央避雷线与导线间的距离宜按以下经验公式确定

$$S\geqslant 0.012l+1 \quad (\text{m}) \tag{7-14}$$

式中　l——档距长度，m。

对于大跨越档距，若 $\frac{l}{v_g}$ 大于雷电流波头时间，则相邻杆塔来的负反射波到达雷击点 A 时，雷电流已过幅值，所以避雷线雷击点上的最高电位 U_A 由雷电流幅值 I 决定。导、地线间距离 S 将由雷击点的最高电位和间隙平均击穿强度所决定。

三、绕击时的过电压和耐雷水平

装设避雷线的线路，仍然有雷绕过避雷线而击于导线的可能性，如图 7-5 所示。虽然绕击的概率很小，但一旦出现此情况，则往往引起线路绝缘子串闪络。

1. 绕击率

对于一般工程实际问题，往往采用模拟试验和运行经验中得出的经验公式来求取绕击

率。实践证明：绕击率 P_α 与避雷线对外侧导线的保护角 α（度）、杆塔高度 h_t、线路经过地区的地形地貌和地质条件有关，可按以下近似公式计算：

对平原线路
$$\lg P_\alpha = \frac{\alpha\sqrt{h_t}}{86} - 3.9 \tag{7-15}$$

对山区线路
$$\lg P_\alpha = \frac{\alpha\sqrt{h_t}}{86} - 3.35 \tag{7-16}$$

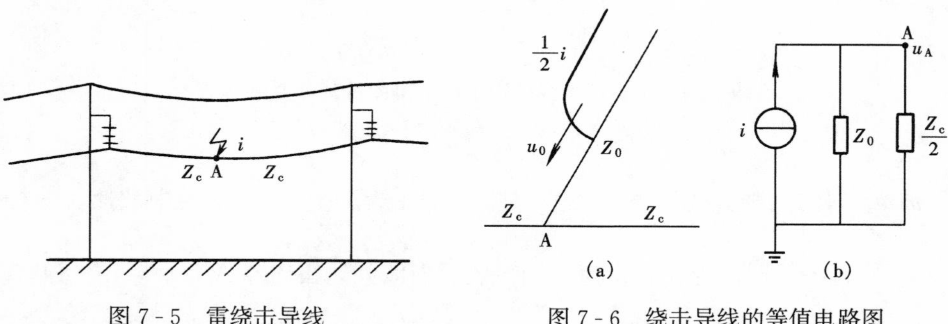

图 7-5　雷绕击导线　　图 7-6　绕击导线的等值电路图

2. 等值电路图及雷击点的电压

设导线为无限长，即不考虑导线远端返回 A 点的反射波，则根据彼得逊法则，可以得到计算 A 点电位的等值电路，如图 7-6 所示。图中 $Z_c/2$ 为导线等值波阻抗，即 A 点两侧导线波阻抗 Z_c 的并联值。

按图 7-6（b）的等值电路很容易求得流经雷击点 A 的雷电流 i_A 为

$$i_A = i\frac{Z_0}{Z_0 + Z_c/2} = i\frac{2Z_0}{2Z_0 + Z_c}$$

雷击点电位为

$$u_A = i_A\frac{Z_c}{2} = i\frac{Z_0 Z_c}{2Z_0 + Z_c}$$

其幅值 U_A 为

$$U_A = I\frac{Z_0 Z_c}{2Z_0 + Z_c} \tag{7-17}$$

在近似计算中，有时假设 $Z_0 \approx Z_c/2$，故

$$U_A = \frac{I}{2} \times \frac{Z_c}{2} = \frac{1}{4}IZ_c$$

若取 $Z_c = 400\Omega$，则上式进一步简化为

$$U_A \approx 100I \tag{7-18}$$

这就是我国现行标准中，用来估算绕击导线的过电压的近似公式。

3. 绕击时的耐雷水平

从式（7-16）可知，绕击时导线上电压幅值 U_A 随雷电流幅值 I 的增加而增加，若超过线路绝缘子串的 $U_{50\%}$，则绝缘子串将闪络。绕击时的耐雷水平 I_2 可令 $U_A = U_{50\%}$ 来计算，即

$$I_2 = U_{50\%}\frac{2Z_0 + Z_c}{Z_0 Z_c} \tag{7-19}$$

我国现行标准建议也可根据式（7-17）近似估算线路绕击时的耐雷水平，则有

$$I_2 = \frac{U_{50\%}}{100} \tag{7-20}$$

由式（7－20）可求出，110、220、500kV 线路绕击时的耐雷水平分别只有 7、12、27.4kA。因此，对于 110kV 及以上中性点直接接地系统的输电线路，一般都要求沿全线架设避雷线，以防止线路频繁发生雷击闪络跳闸事故。

第三节　输电线路的雷击跳闸率

雷击输电线路导致跳闸需要具备两个条件，其一是雷电流超过线路的耐雷水平，引起线路绝缘发生冲击闪络。这时雷电流沿闪络通道入地，但由于时间只有几十微秒，线路开关来不及动作，因此还必须满足第二个条件，即冲击电弧转化为稳定的工频短路电弧，线路才会跳闸。但是并不是每次闪络都会转化为稳定工频电弧，它有一定的统计性，所以还必须研究其建弧的概率，即建弧率的问题。

一、建弧率

在线路冲击闪络的总次数中，可能转为稳定工频电弧的比例，称为建弧率，用 η 表示。建弧率 η 与工频弧道中的平均电场强度［也就是沿绝缘子串或空气间隙的平均运行电压（有效值）梯度］E 有关，也与闪络瞬间工频电压瞬时值和去游离条件等有关。根据实验和运行经验，建弧率 η 的计算式为

$$\eta = (4.5E^{0.75} - 14) \times 10^{-2} \tag{7-21}$$

对中性点有效接地系统，有

$$E = \frac{U_N}{\sqrt{3}l_i} \tag{7-22}$$

对中性点非有效接地系统，有

$$E = \frac{U_N}{2l_i + l_m} \tag{7-23}$$

式中　U_N——系统额定电压，kV（有效值）；

l_i——绝缘子串闪络距离，m；

l_m——木横担线路的线间距离，对铁横担和钢筋混凝土横担线路，$l_m=0$，m。

对于中性点非有效接地系统，单相闪络不会引起跳闸，只有当第二相导线闪络后才会造成相间短路而跳闸，因此在式（7－22）、式（7－23）中应是线电压和相间绝缘长度。

实践证明，当 $E \leqslant 6$kV/m 时，建弧率很小，可近似认为 $\eta=0$。

二、有避雷线线路雷击跳闸率的计算

输电线路的雷击跳闸率常被用作一个综合指标来衡量输电线路的防雷性能。对于 110kV 及以上的输电线路，雷击线路附近地面时感应雷过电压一般不会引起闪络，雷击避雷线档距中央引起的闪络事故也极为罕见。因此在求 110kV 及以上有避雷线线路的雷击跳闸率时，可以只考虑雷击杆塔和雷绕击于导线两种情况下的跳闸率并求其总和。

1. 雷击杆塔时的跳闸率 n_1

设 N 为每 100km 线路每年（40 个雷暴日）遭受雷击的次数，则有

$$N = \gamma \frac{b + 4h_g}{1000} \times 100 \times 40 \quad [1/(100\text{km} \cdot \text{a})] \tag{7-24}$$

式中 γ——地面落雷密度，1/（km^2·a），根据相关标准对每年40个雷电日的地区取$\gamma=0.07$；

b——两根避雷线之间的距离，m；

h_g——避雷线平均高度，无避雷线时为最上层导线的高度，m。

设n_1为N次雷击中，击中杆塔塔顶引起线路跳闸的次数，则n_1的计算式为

$$n_1 = NgP_1\eta \quad [1/(100\text{km}\cdot\text{a})] \tag{7-25}$$

式中 g——击杆率，即雷击杆塔次数与雷击线路总数的比例；

P_1——雷电流幅值超过雷击杆塔耐雷水平I_1的概率，由式（6-2）计算；

η——建弧率。

表7-4 击杆率

地形 \ 避雷线根数	1	2
平原	1/4	1/6
山丘	1/3	1/4

击杆率g与避雷线根数和地形有关。根据模拟试验结果和实际统计分析，标准建议一般可取表7-4所列的数值。

2. 雷绕击导线时的跳闸率n_2

设n_2为线路绕击跳闸率，其计算式为

$$n_2 = NP_\alpha P_2\eta \quad [1/(100\text{km}\cdot\text{a})] \tag{7-26}$$

式中 P_α——绕击率；

P_2——雷电流幅值超过绕击耐雷水平I_2的概率。

3. 输电线路雷击跳闸率n

输电线路总的跳闸率n为雷击杆塔跳闸率n_1与绕击跳闸率n_2之和，即

$$n = n_1 + n_2 = N(gP_1 + P_\alpha P_2)\eta \tag{7-27}$$

【例7-1】 平原地区220kV双避雷线线路（见图7-7）的绝缘子串由13×X-4.5组成，其正极性$U_{50\%}$为1200kV，避雷线半径$r=5.5$mm，导线弧垂12m，避雷线弧垂7m，杆塔冲击接地电阻$R_i=7\Omega$，求该线路的耐雷水平及雷击跳闸率。

解 （1）计算避雷线与导线间耦合系数。避雷线的平均高度为

$$h_g = h - \frac{2}{3}f = (23.4 + 2.2 + 3.5) - \frac{2}{3}\times 7 = 24.5(\text{m})$$

导线的平均高度为

$$h_c = h - \frac{2}{3}f' = 23.4 - \frac{2}{3}\times 12 = 15.4(\text{m})$$

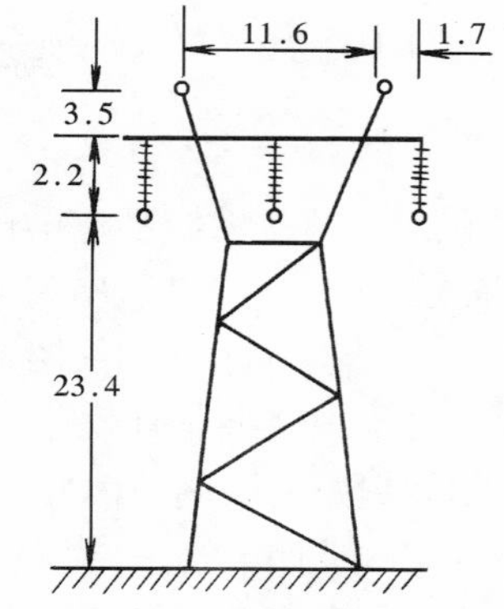

图7-7 ［例7-1］图（单位：m）

与中相导线相比，边相导线更易遭受雷击，而且它与避雷线间的耦合系数比中相导线为小，线路绝缘上所受的过电压更为严重，故取边相导线作为计算条件。双避雷线对外侧导线的耦合系数k_0（参见第五章第五节）为

$$k_0 = \frac{Z_{13} + Z_{23}}{Z_{11} + Z_{12}} = \frac{\ln\dfrac{\sqrt{39.9^2 + 1.7^2}}{\sqrt{9.1^2 + 1.7^2}} + \ln\dfrac{\sqrt{39.9^2 + 13.3^2}}{\sqrt{9.1^2 + 13.3^2}}}{\ln\dfrac{2\times 24.5}{\dfrac{5.5}{1000}} + \ln\dfrac{\sqrt{49^2 + 11.6^2}}{11.6}}$$

$$= 0.237$$

考虑电晕的影响，查表 5-1，电晕修正系数 $k=1.25$，于是校正后的耦合系数为

$$k = k_1 k_0 = 1.25 \times 0.237 = 0.296$$

（2）计算杆塔等值电感及分流系数 β。查表 7-1，铁塔单位长度的电感为 $0.5\mu H$，故杆塔等值电感 L_t 为

$$L_t = 0.5 \times 29.1 = 14.5(\mu H)$$

查表 7-2，可得分流系数 $\beta=0.88$。

（3）计算雷击杆塔时耐雷水平 I_1。由式（7-10）可得

$$I_1 = \frac{1200}{(1-0.296)\times 0.88 \times 7 + \left(\frac{25.6}{29.1} - 0.296\right)\times 0.88 \times \frac{14.5}{2.6} + \left(1 - \frac{24.5}{15.4} \times 0.237\right)\times \frac{15.4}{2.6}}$$

$$= 110 \quad (kA)$$

（4）计算雷绕击于导线时的耐雷水平 I_2。根据式（7-20），代入数据，可得

$$I_2 = \frac{1200}{100} = 12(kA)$$

（5）计算雷电流幅值超过耐雷水平的概率。根据式（6-3），可得雷电流超过 I_1 的概率 $P_1=5.6\%$，超过 I_2 的概率 $P_2=73.1\%$。

（6）计算击杆率 g、绕击率 P_α 和建弧率 η。查表 7-4，得击杆率 $g=1/6$。按式(7-15)，可得绕击率

$$P_\alpha = 0.144\%(\alpha = 16.5°)$$

为了求出建弧率 η，先依据式（7-23）计算 E，可得

$$E = \frac{220}{\sqrt{3} \times 2.2} = 57.235(kV/m)$$

所以，根据式（7-21）得

$$\eta = (4.5 \times 57.735^{0.75} - 14)\% = 80\%$$

（7）计算线路跳闸率 n。

$$n = 0.28 \times (11.6 + 4 \times 24.5) \times 0.8 \times \left(\frac{1}{6} \times \frac{5.6}{100} + \frac{0.144}{100} \times \frac{73.1}{100}\right)$$

$$= 0.25 \quad [次/(100km \cdot a)]$$

以上计算了有避雷线的输电线路的雷击跳闸率。对于无避雷线的输电线路，计算所应考虑的原则和过程与上题基本相同。

第四节　输电线路的防雷措施

输电线路防雷设计的目的是提高线路的耐雷性能，降低线路的雷击跳闸率。在确定输电线路的防雷方式时，应全面考虑线路的重要程度、系统运行方式、线路经过地区雷电活动的强弱、地形地貌的特点、土壤电阻率的高低等条件，结合当地原有线路的运行经验，根据技术经济比较的结果，因地制宜，采取合理的保护措施。

一、架设避雷线

架设避雷线是高压和超高压输电线线路最基本的防雷措施，其主要目的是防止雷直击于导线，同时还有分流作用以减小流经杆塔入地电流，从而降低塔顶电位；通过对导线耦合作

用可以减小线路绝缘承受的电压；对导线还有屏蔽作用，可以降低感应过电压。

在 500kV 及以上的超高压线路上，避雷线的保护角一般取 $\alpha \leqslant 15°$；在 110～220kV 高压线路上，避雷线的保护角 α 大多取 20°～30°。110kV 及以上的线路一般应沿全线架设避雷线；35kV 及以下的线路一般不沿全线架设避雷线，只在进线段架设避雷线。因为 35kV 及以下线路本身的绝缘水平太低，即使装上避雷线，截住直击雷，往往仍难以避免发生反击，并且降低感应雷过电压的效果也不明显；此外，这些线路均属中性点非有效接地系统，一相接地故障的后果，不像中性点有效接地系统中那样严重，因而主要依靠装设消弧线圈和自动重合闸进行防雷保护。

二、降低杆塔接地电阻

对于一般高度的杆塔，降低杆塔冲击接地电阻是提高线路耐雷水平、降低雷击跳闸率的有效措施。相关标准要求的杆塔接地电阻见表 6-2。

在土壤电阻率低的地区，应充分利用铁塔、钢筋混凝土杆的自然接地电阻。在高土壤电阻率的地区，用一般方法很难降低接地电阻时，可采用多根放射形接地体，或连续伸长接地体，或采用某种有效的降阻剂降低接地电阻值。

三、架设耦合地线

在降低杆塔接地电阻有困难时，可以采用在导线下方架设耦合地线的措施，其作用是增加避雷线与导线间的耦合作用，以降低绝缘子串上的电压。此外耦合地线还可以增加对雷电流的分流作用。运行经验表明，耦合地线对减少雷击跳闸率效果是显著的。

四、采用不平衡绝缘方式

在现代高压及超高压线路中，同杆架设的双回线路日益增多，对此类线路在采用通常的防雷措施尚不能满足要求时，还可采用不平衡绝缘方式来降低双回路雷击同时跳闸率，以保证不中断供电。不平衡绝缘原则是二回路的绝缘子串片数有差异，这样雷击时绝缘子串片数少的回路先闪络，闪络后的导线相当于地线，增加了与另一回路导线的耦合作用，提高了另一回路的耐雷水平，使之不发生闪络，以保证另一回路连续供电。一般认为，二回路绝缘水平的差异宜为$\sqrt{3}$倍的相电压（幅值），差异过大会使线路故障率增加。差异究竟为多少，应以各方面技术经济比较来决定。

五、采用消弧线圈接地方式

对于雷电活动强烈，接地电阻又难以降低的地区，可考虑采用中性点不接地或经消弧线圈接地的方式，这样可使绝大多数雷击单相闪络接地故障被消弧线圈消除，不至于发展成持续工频电弧。而当雷击引起二相或三相受雷时，第一相闪络并不会造成跳闸，先闪络的导线相当于一根避雷线，增加了分流和对未闪络相的耦合作用，使未闪络相绝缘上的电压下降，从而提高了线路的耐雷水平。我国消弧线圈接地方式运行效果良好，雷击跳闸率可以降低 1/3 左右。

六、装设自动重合闸

由于雷击造成的闪络大多能在跳闸后自行恢复绝缘性能，所以重合闸成功率较高。据统计，我国 110kV 及以上高压线路重合闸成功率为 75%～90%；35kV 及以下线路为 50%～80%。因此，各级电压的线路应尽量装设自动重合闸。

七、加强绝缘

对于输电线路的个别大跨越高杆塔地段，落雷机会增多；塔高等值电感大，塔顶电位高，感应过电压也高；绕击时的最大雷电流幅值大，绕击率高。这些都增加了线路的雷击跳闸率。为降低跳闸率，可在高杆塔上增加绝缘子串的片数。相关标准规定，全高超过 40m 有避雷线的杆塔，每增高 10m，应增加一片绝缘子。

八、采用排气式避雷器

排气式避雷器不作密集安装，仅用作线路上雷电过电压特别大或绝缘薄弱点的防雷保护。它能免除线路绝缘的冲击闪络，并使建弧率降为零。在现代输电线路上，排气式避雷器仅安装在高压线路交叉点、高压线路与通信线路之间的交叉跨越档、过江大跨越高杆塔、变电站的进线保护段等处。

习　　题

7 - 1　雷击离 35kV 输电线 70m 处的照明塔，记录到雷电流幅值为 80kA。输电线在杆塔上的悬挂点高度是 12m，弧垂是 4.5m，求输电线上的感应雷过电压值。若同样大小雷电流击中杆塔，设波头长度 2.6μs，计算此时导线上的感应雷过电压分量。

7 - 2　某 500kV 输电线档距为 400m，导线水平布置，导线悬挂高度为 28.15m，相间距离 12.5m，弧垂 12.5m，导线为四分裂，半径 11.75mm，分裂距离 0.45m（等值半径为 19.8cm）；两根避雷线半径 5.3mm，相距 21.4m，其悬挂点高度为 37m，弧垂 9.5m；杆塔电感 15.6μH，冲击接地电阻为 10Ω；线路采用 28 片 XP - 16 绝缘子，串长 4.48m，其正极性 50%冲击放电电压为 2.35MV，负极性为 2.74MV。试求该线路的跳闸率。（计算时雷电流波头长度取 2.6μs，冲击电晕对耦合系数校正系数取为 1.35）

7 - 3　全面分析避雷线对提高线路耐雷性能的作用。

第八章　发电厂和变电站的防雷保护

发电厂和变电站发生雷害事故，往往会导致变压器、发电机等重要电气设备损坏，并造成大面积停电。因此发电厂、变电站的防雷保护必须是十分可靠的。

发电厂、变电站遭受雷害一般来自两方面：一是雷直击于发电厂、变电站；二是雷击输电线后产生向发电厂、变电站入侵的雷电波。

对直击雷的保护，一般采用避雷针或避雷线，根据我国的运行经验，凡装设符合相关标准要求的避雷针（线）的发电厂和变电站绕击和反击事故率是非常低的。

因为线路落雷比较频繁，所以沿线路入侵的雷电波是造成发电厂、变电站雷害事故的主要原因。虽然沿线路入侵的雷电波电压受到线路绝缘水平的限制，其峰值不可能超过线路绝缘的闪络电压，但线路绝缘水平比发电厂、变电站电气设备的绝缘水平高，所以必须采取防护措施，削弱来自线路的雷电入侵波幅值和陡度，限制变电站内的过电压，才能避免电气设备发生雷害事故。

对入侵波过电压防护的主要措施是合理确定在发电厂、变电站内装设的避雷器的位置、数量、类型和参数；同时在线路进线段上采取辅助措施，以限制流过避雷器的雷电流幅值和降低侵入波陡度，使发电厂、变电站电气设备上的过电压幅值低于其雷电冲击耐受电压。对于直接与架空线路相连的发电机（一般称为直配发电机），除在发电机母线上装设避雷器外，还应装设并联电容器以降低进入发电机绕组的入侵波陡度，以保护发电机匝间绝缘和中性点绝缘。

第一节　发电厂、变电站的直击雷保护

为了避免发电厂和变电站的电气设备及其他建筑物遭受直接雷击，需要装设避雷针或避雷线，使被保护物体处于避雷针或避雷线的保护范围之内；同时还要求雷击避雷针或避雷线时，不应对被保护物发生反击。

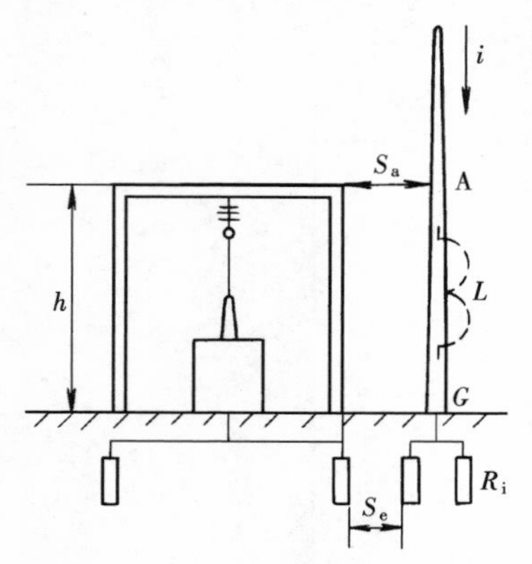

图 8-1　独立避雷针离配电构架的距离

关于避雷针、避雷线防护范围的计算已在第六章作过介绍，这一节里着重讨论如何防止反击的问题。

按安装方式避雷针可分为独立避雷针和构架避雷针两种。

一、独立避雷针

对于 35kV 及以下的配电装置，由于绝缘水平较低，为了避免反击的危险，应架设独立避雷针，其接地装置与主接地网分开埋设。独立避雷针与相邻配电装置构架及其接地装置在空气中及地下应保持足够的距离，如图 8-1 所示。

独立避雷针受雷击时，雷电流流过避雷针和接地装置，

将会出现很高的电位。设避雷针在高度 h 处的电位为 u_a，接地装置上的电位为 u_e，则

$$u_a = iR_i + L_0 h \frac{di}{dt} \quad (kV) \tag{8-1}$$

$$u_e = iR_i \quad (kV) \tag{8-2}$$

式中　R_i——接地装置的冲击接地电阻，Ω；

L_0——避雷针单位高度的等值电感，μH/m；

h——避雷针校验点的高度，m；

i——流过避雷针的雷电流，kA。

若取空气间隙的击穿场强为 E_a（kV/m），为防止避雷针对构架发生反击，避雷针与构架间的空气间隙距离 S_a 应满足

$$S_a \geqslant \frac{U_a}{E_a} \tag{8-3}$$

同理，为了防止避雷针接地装置与被保护设备接地装置之间因土壤击穿造成反击，两者之间地中距离 S_e 也应满足

$$S_e \geqslant \frac{U_e}{E_e} \tag{8-4}$$

式中　E_e——土壤的平均击穿场强，kV/m。

根据以上各式，并考虑实际运行经验，取 i 的幅值为 100kA，$\frac{di}{dt}=\frac{100}{2.6}=38.5\text{kA}/\mu\text{s}$，$L_0=1.55\mu\text{H/m}$，$E_a=500\text{kV/m}$，$E_e=300\text{kV/m}$，相关标准中对 S_a 和 S_e 提出以下要求

$$S_a \geqslant 0.2R_i + 0.1h \tag{8-5}$$

$$S_e \geqslant 0.3R_i \tag{8-6}$$

一般情况下 S_a 不宜小于 5m，S_e 不宜小于 3m。

避雷针或避雷线接地装置的工频接地电阻一般不宜于大于 10Ω。接地电阻过大，将增大 S_a、S_e，经济上不合理。

二、构架避雷针

对于 66、110kV 及以上的配电装置，可以将避雷针架设在配电装置的构架上。但土壤电阻率大于 500Ω·m 地区的 66kV 配电装置，以及土壤电阻率大于 1000Ω·m 地区的 110kV 及以上的配电装置，宜装设独立避雷针保护。这是因为此类电压等级的配电装置的绝缘水平较高，在土壤电阻率较低地区雷击避雷针时，其构架上出现的高电位一般不会造成反击事故，并且可以节约投资、便于布置；但在土壤电阻率超过规定值的地区，则因接地电阻难以降低，雷击避雷针时易发生反击，所以避雷针不应装在构架上。对 35kV 及以下配电装置，因绝缘水平较低，无论土壤电阻率如何，其架构上不宜装避雷针。

装在架构上的避雷针应与接地网连接，并应在其附近装设集中接地装置。装有避雷针的架构上，接地部分与带电部分间的空气中距离不得小于绝缘子串的长度；但在空气污秽地区，如有困难，空气中距离可按非污秽区标准绝缘子串的长度确定。

为了确保变电站中最重要而绝缘又较弱的设备——主变压器的绝缘免受反击的威胁，除水力发电厂外，装设在架构（不包括变压器门型架构）上的避雷针与主接地网的地下连接点至变压器接地线与主接地网的地下连接点之间，沿接地体的长度不得小于 15m。这是因为当雷击避雷针时，在接地装置上出现的电位升高，在沿接地体传播过程中将发生衰减，经 15m

的距离后，一般已不至于对变压器反击。出于相同的考虑，在变压器门型架构上和在离变压器主接地线小于 15m 的配电装置的架构上，当土壤电阻率大于 350Ω·m 时，不允许装设避雷针、避雷线；如不大于 350Ω·m，则应根据方案比较确有经济效益，经过计算采取相应的防止反击措施，并遵守 DL/T 620—1997 中有关规定，方可在变压器门型架构上装设避雷针、避雷线。

至于线路终端杆塔上的避雷线能否与变电站的构架相连，也要由是否发生反击来考虑。110kV 及以上的配电装置可以将线路避雷线引至出线门型构架上，但在土壤电阻率大于 1000Ω·m的地区，应装设集中接地装置。对 35、66kV 配电装置，在土壤电阻率不大于 500Ω·m 的地区，允许将线路的避雷线引接到出线的门型构架上，但应装设集中接地装置；在土壤电阻率大于 500Ω·m 的地区，避雷线应架设到线路终端杆塔为止。从线路终端杆塔到配电装置的一档线路的保护，可采用独立避雷针，也可在线路上终端杆塔上装设避雷针。

第二节　变电站的入侵波保护

变电站中限制雷电入侵波过电压的主要措施是装设避雷器。变压器及其他高压电气设备的绝缘水平就是依据阀式避雷器的特性而确定的，下面分析它的保护作用。

一、阀式避雷器的保护作用分析

1. 变压器和避雷器之间距离为零时的情况

如图 8-2（a）所示，设在 A 点接有变压器和避雷器，雷电入侵波 u 沿线路袭来，通过 A 点后向远处传去，线路波阻抗为 Z。为了简化分析，暂时忽略变压器入口电容，且假定避雷器的伏秒特性 $u_s = f(t)$ 和伏安特性 $u_A = f(i_a)$ 为已知。这样就得到避雷器动作前后的等值电路如图 8-2（b）、（c）所示。避雷器动作前，A 点电压 u_A 与入侵波电压 u 相同。当 u 上升到与避雷器的伏秒特性曲线相交时，避雷器的火花间隙击穿放电。避雷器放电以后的等值电路如图 8-2（c）所示，此时相当于 A 点接入一非线性电阻支路，电压 u_A 可由下列联立方程求出

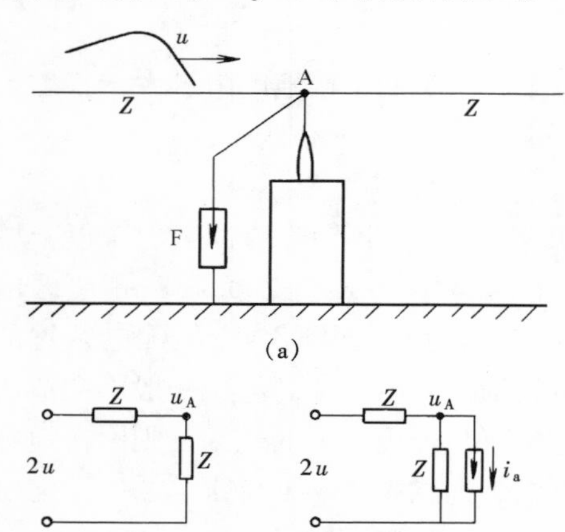

图 8-2　避雷器直接装在变压器旁边
（a）接线图；（b）动作前的等值电路；（c）动作后的等值电路

$$\left.\begin{aligned}2u &= \left(i_a + \frac{u_A}{Z}\right)Z + u_A\\ u_A &= f(i_a)\end{aligned}\right\}$$

即

$$\left.\begin{aligned}u_A + i_a\frac{Z}{2} &= u\\ u_A &= f(i_a)\end{aligned}\right\} \qquad (8-7)$$

这是一个非线性方程组，当 u、$u_A = f(i_a)$ 给定时可用图解法求解如下。

如图 8-3，纵坐标取电压 u，横坐标分别取时间 t 和电流 i。在 u—t 坐标平面内，当入侵波 u 与伏秒特性 $u_s = f(t)$ 相交于 U_d 时避雷器开始放电，放电时间为 t_d。在 u—i 坐标平面内，根据给定的避雷器伏安特性 $u_A = f(i_a)$ 和线路波阻抗 Z，可以画出曲线 $u_A + i_a\frac{Z}{2}$，由

式（8-7）可知，它必须与 u 相等。因此就可以根据给定的 u 的波形，按照图8-3中虚线表示的步骤，逐点求出避雷器上的电压 u_A，这也就是变压器上的电压。

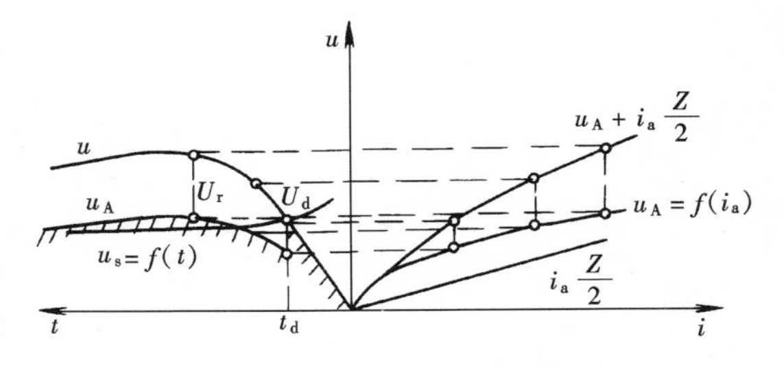

图 8-3　避雷器上电压的图解法

从图 8-3 可知，避雷器上的电压 u_A 具有两个峰值：一个是冲击放电电压 U_d，它决定于避雷器的伏秒特性；另一个是避雷器的残压最高值 U_r，残压与流过的雷电流大小有关，但因阀片的非线性特性，当流过的雷电流在很大范围内变动时，其残压近乎不变。由于在具有正常防雷接线的 110～220kV 变电站中，流经避雷器的雷电流一般不超过 5kA（对 330kV 及以上为 10kA），故残压最大值取为 5kA 下的数值；在一般情况下，避雷器的冲击放电电压与 5kA 下的残压基本相同，这样在以后分析中可以将避雷器上的电压 u_A 近似地视为斜角平顶波，其幅值等于避雷器的残压最高值，而波头长度等于避雷器的放电时间 t_d，t_d 取决于入侵波陡度。若入侵雷电波为斜角波即 $u=at$，则避雷器的动作相当于在 $t=t_d$ 时刻，在避雷器安装处产生了一个负电压波，该负电压波的陡度与避雷器动作前其上的电压陡度相同，在时间上落后 t_d，即 $-a(t-t_d)$，如图 8-4 所示。

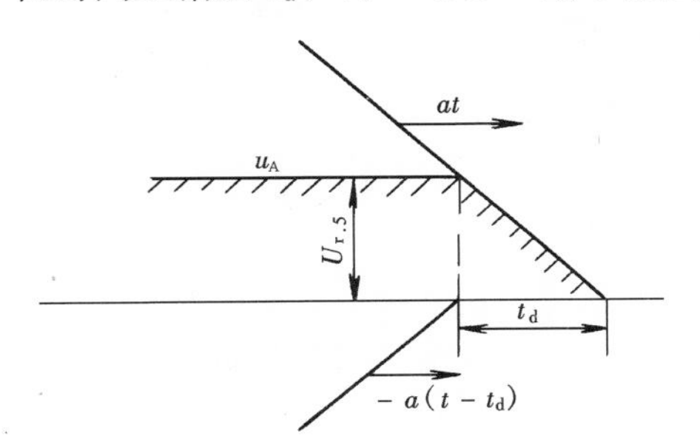

图 8-4　分析用避雷器上电压波形

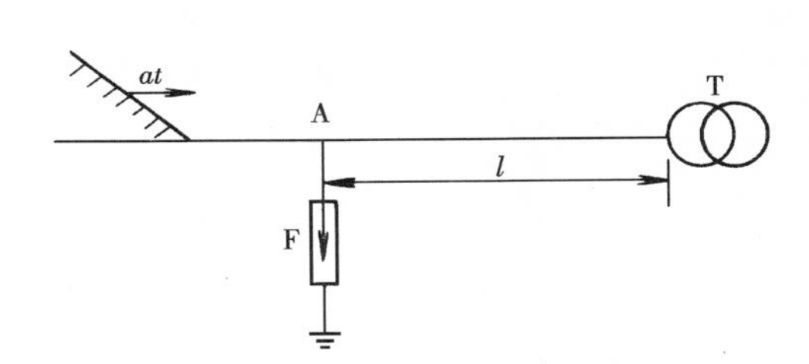

图 8-5　避雷器与变压器分开一定距离

由于避雷器直接接在变压器旁，故变压器上的电压波形与避雷器上的相同，若变压器的冲击耐压大于避雷器的冲击放电电压和 5kA 下的残压，则变压器将得到可靠的保护。

2. 变压器和避雷器之间有一定的距离时的情况

变电站中有许多电气设备，不可能在每个设备旁边装设一组避雷器，一般只在变电站母线上装设避雷器，这样，避雷器与各个电气设备之间就不可避免地沿连接线分开一定的距离，称为电气距离。当入侵波电压使避雷器动作时，由于波在这段距离的传播和发生折、反射，就会在设备绝缘上出现高于避雷器端点的电压。此时，避雷器对变电站所有设备是否都能起到保护作用？为了分析这个问题，以图 8-5 所示接线来分析当雷电波入侵时，避雷器和变压器上的电压。

图 8-5 所示避雷器离开变压器的距离为 l，波的传播速度为 v。为了计算方便，不计变压器的入口电容，变压器相当于开路终端。设入侵波为斜角波 at，根据计算波多次折、反射的网格法可画出网格图，如图 8-6 所示。在计算折、反射波时，不取统一的时间起点，而以各点开始出现电压的时刻为各点的时间起点。

下面先讨论避雷器上的电压 $u_A(t)$：

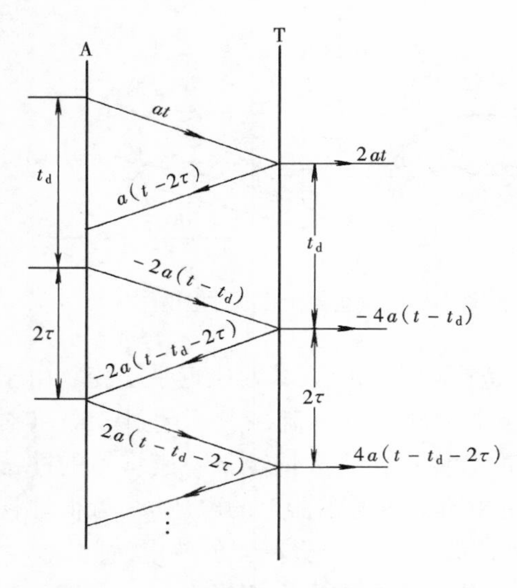

图 8-6　用网格法分析避雷器和变压器上的电压（$\tau=l/v$）

（1）T 点反射波尚未到达 A 点时，有

$$u_A(t)=at$$

（2）T 点反射波到达 A 点以后至避雷器动作以前（设避雷器的动作时间 $t_d>2\tau$，$\tau=\frac{l}{v}$），有

$$\begin{aligned}u_A(t)&=at+a(t-2\tau)\\&=2a(t-\tau)\quad(2\tau\leqslant t<t_d)\end{aligned}$$

（3）在避雷器动作瞬间，即 $t=t_d$ 时，有

$$u_A=2a(t_d-\tau)$$

（4）在避雷器动作以后 $t>t_d$ 时，$u_A(t)=U_{r.5}$，$U_{r.5}$ 为避雷器 5kA 下的残压。根据前面的分析，t_d 出现在避雷器的伏秒特性曲线 $u_s=f(t)$ 与电压 $u_A(t)$ 相交的一点。又认为避雷器动作以后即保持残压，因此 $t>t_d$ 以后，可以看作 A 点又叠加了一个负电压波 $-2a(t-t_d)$，即

$$u_A(t)=2a(t-\tau)-2a(t-t_d)=2a(t_d-\tau)=U_{r.5}$$

电压 $u_A(t)$ 的波形及表达式如图 8-7 及表 8-1 所示。

表 8-1　避雷器上的电压 $u_A(t)$ 的表达式

t	$u_A(t)$
$t<2\tau$	at
$2\tau\leqslant t<t_d$	$at+a(t-2\tau)=2a(t-\tau)$
$t=t_d$	$2a(t_d-\tau)=U_{r.5}$
$t>t_d$	$2a(t-\tau)-2a(t-t_d)=2a(t_d-\tau)=U_{r.5}$

再讨论变压器上的电压 $u_T(t)$：

（1）雷电入侵波到达变压器端点之后，避雷器动作后的来波尚未到达变压器端点，即 $t<t_d$时，有

$$u_T(t)=2at$$

（2）当 $t=t_d$ 时，有

$$u_T(t)=2at_d=2a(t_d-\tau+\tau)=2a(t_d-\tau)+2a\tau=U_{r.5}+2a\tau$$

（3）当 $t_d<t<t_d+2\tau$ 时，有

$$u_T(t)=2at-4a(t-t_d)=-2a(t-2t_d)$$

（4）当 $t=t_d+2\tau$ 时，有

$$\begin{aligned}u_T(t)&=-2a(t_d+2\tau-2t_d)\\&=-2a(2\tau-t_d)=2a(t_d-2\tau)\\&=2a(t_d-\tau)-2a\tau\\&=U_{r.5}-2a\tau\end{aligned}$$

电压 $u_T(t)$ 的波形及表达式如图 8-8 及表 8-2 所示。

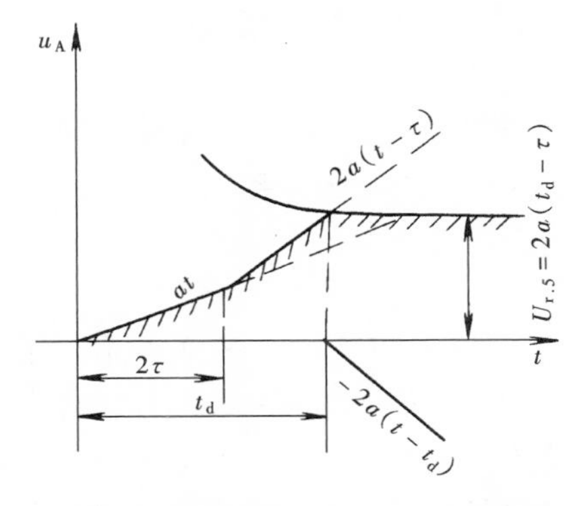

图 8-7　避雷器上电压 $u_A(t)$ 的波形图

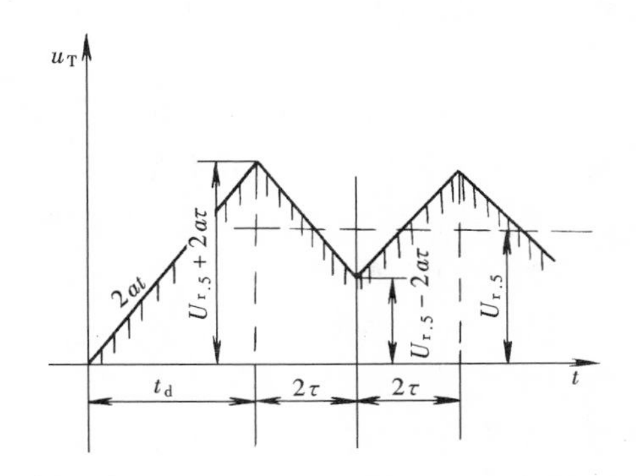

图 8-8　变压器上电压 $u_T(t)$ 的波形图

表 8-2　　变压器上电压 $u_T(t)$ 的表达式

t	$u_T(t)$	t	$u_T(t)$
$t<t_d$	$2a\tau$	$t_d<t<t_d+2\tau$	$-2a(t-2t_d)$
$t=t_d$	$U_{r.5}+2a\tau$	$t=t_d+2\tau$	$U_{r.5}-2a\tau$

从图 8-8 和表 8-2 看出，变压器上的电压具有振荡性质，其振荡轴为避雷器的残压 $U_{r.5}$。这是由避雷器动作后产生的负电压波在点 A 与 T 点之间发生多次反射而引起的。由此可见，只要设备离避雷器有一段距离 l，则设备上所受冲击电压的最大值必然高于避雷器残压 $U_{r.5}$，变电站设备上所受冲击电压的最大值 u_T 可表示为

$$U_T = U_{r.5} + 2a\tau = U_{r.5} + 2a\frac{l}{v} \tag{8-8}$$

由于入口电容的存在，会使变压器上的电压带有余弦振荡的性质，所以引入一个与入口电容 C_T 有关的修正系数 k，可得

$$U_T = U_{r.5} + 2a\frac{l}{v}k \tag{8-9}$$

由以上分析可以看出，变压器等被保护设备上的过电压，与避雷器的保护特性（放电电压、残压）、入侵波的陡度、离避雷器的距离、被保护设备的入口电容等许多因素有关。为了保证变压器和其他设备的安全运行，必须限制避雷器的残压，使其不超过 5kA（220kV 及以下电网）下的值，这就要求流过避雷器的雷电流不得超过 5kA；同时还必须限制入侵波陡度 a 和设备离开避雷器的电气距离 l。限制流经避雷器的雷电流和入侵波陡度的任务由变电站进线段保护来完成，这部分内容将在下节介绍。

二、避雷器的保护距离

装设一组避雷器能够保护多大范围内的电气设备，即避雷器与被保护设备的最大允许电气距离，一直是人们关心的问题。在式（8-9）中令 $U_T=U_p$（U_p 为设备的冲击耐压值），可以导出避雷器最大保护距离 l_m 与入侵波陡度 a 等参数的基本关系为

$$l_m = \frac{U_p - U_{r.5}}{2\times\frac{a}{v}k} \tag{8-10}$$

相关标准中根据某些典型接线进行模拟试验或计算，给出了 35～220kV 变电站避雷器

至变压器的最大允许电气距离，并对其他电气设备的最大允许电气距离可以适当增大作了一些规定。

运行经验证明，对于电压等级较高、规模较大（电气距离长）、接线比较复杂的高压变电站，特别是超高压变电站，并不存在式（8-9）那样简单的定量关系，一般只能根据经验进行设计，然后通过计算机计算或模拟试验检验，确定合理的保护方案。

三、变电站的防雷保护接线

根据以上分析和多年来的设计运行经验，对于220kV及以下的一般变电站，无论变电站的电气主接线形式如何，实际上只要保证在每一段可能单独运行的母线上都有一组避雷器，就可以使整个变电站得到保护。只有当母线或设备连接线很长的大型变电站，或靠近大跨越、高杆塔的特殊变电站，经过计算或试验证明以上布置不能满足要求时，才需要考虑是否在适当位置增设避雷器。

对于500kV的超高压变电站，目前国内主要采用一个半断路器或双母线带旁路母线的电气主接线。500kV敞开式变电站防雷保护接线的重要特点是电气距离长，无论哪种主接线方式，每组避雷器一般只能保护与它靠近的某些电气设备。再加上操作过电压保护的需要，一般500kV敞开式变电站的保护接线，是在每回线路入口的出线断路器的线路侧装一组线路型避雷器，在每台变压器的出口装设一组电站型避雷器；如果线路入口有并联电抗器并且通过断路器进行操作，则在电抗器侧增设一组避雷器。500kV敞开式变电站的典型保护接线如图8-9所示。

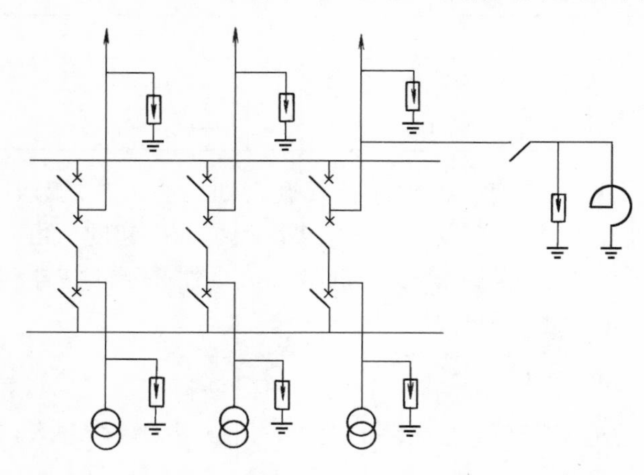

图8-9　500kV敞开式变电站的典型保护接线

至于采用SF_6绝缘全封闭组合电器的气体绝缘变电站（GIS）的保护，因具有某些特点，将在第八章第六节讨论。

第三节　变电站的进线段保护

当雷击35kV及以上变电站附近的线路，产生向变电站入侵的雷电过电压波时，流过避雷器的雷电流可能超过5kA（220kV及以下）或10kV（330kV及以上），而且陡度也可能超过允许值。因此，对靠近变电站1～2km的一段线路（进线段）必须加强防雷保护。具体的做法是：对未沿全线架设避雷线的35～110kV线路，在进线段内架设避雷线；对全线装有避雷线的线路，也将靠近变电站1～2km的线段列为进线保护段。进线保护段应具有较高的耐雷水平，避雷线的保护角一般不宜超过20°。这样，雷击进线段线路时发生反击和绕击的概率将大大减小，可防止或减少在进线段内形成入侵波。若雷击进线保护段以外的线路产生入侵波时，只有经过进线保护段入侵波才能到达变电站，由于冲击电晕的影响，将使进入变电站的入侵波的陡度和幅值降低，同时由于进线段导线本身阻抗的作用，将使流过避雷器的雷电流减小。

一、35kV 以上架空进线段的保护

图 8-10（a）所示为未沿全线装设避雷线时的线路进线段保护的标准接线；图 8-10（b）为全线有避雷线时的进线段保护接线。图中 FE 为排气式避雷器，F 为变电站内的阀式或氧化锌避雷器。下面来求进线段首端落雷时流经避雷器的雷电流及进入变电站的雷电波陡度。

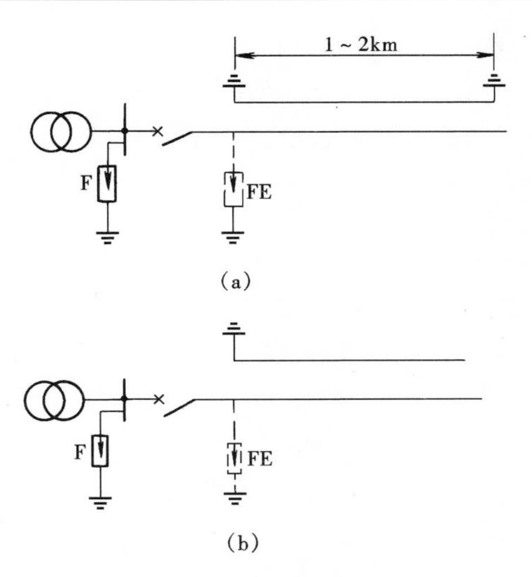

图 8-10　35kV 及以上变电站的进线段保护接线

（a）未沿全线架设避雷线时的进线段保护接线；（b）全线有避雷线时的进线段保护接线

1. 进线段首端落雷，流经避雷器的雷电流计算

最不利的情况是进线段首端落雷，如图 8-11（a）所示。由于受线路绝缘放电电压的限制，入侵电压波的最大幅值为线路绝缘的 50%冲击闪络电压 $U_{50\%}$；行波在 1～2km 的进线段来回一次的时间需要 $2l/v=2(1000\sim2000)/300=6.7\sim13.7\mu s$，入侵波的波头又甚短，故避雷器动作后产生的负电压波折回雷击点在雷击点产生的反射波到达避雷器之前，流经避雷器的雷电流已过峰值，因此可以不计此反射波及其以后过程的影响，只按照原入侵波进行分析计算。

根据 8-11（b）的等值电路图可列出电路方程为

$$\left.\begin{aligned}2u&=iZ+u_a\\u_a&=f(i)\end{aligned}\right\}\qquad(8-11)$$

式中　Z——线路波阻抗；

$u_a=f(i)$——避雷器阀片的非线性伏安特性。

仍可用图解法求出通过避雷器的雷电流幅值 I_a，如图 8-12 所示。

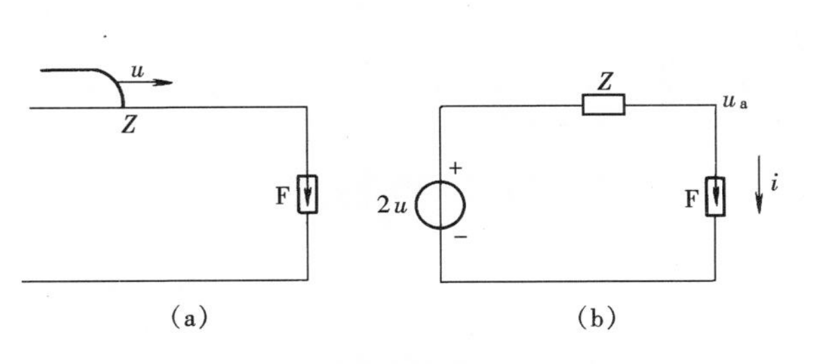

图 8-11　进线段限制流过避雷器雷电流的示意图和等值电路图

（a）示意图；（b）等值电路图

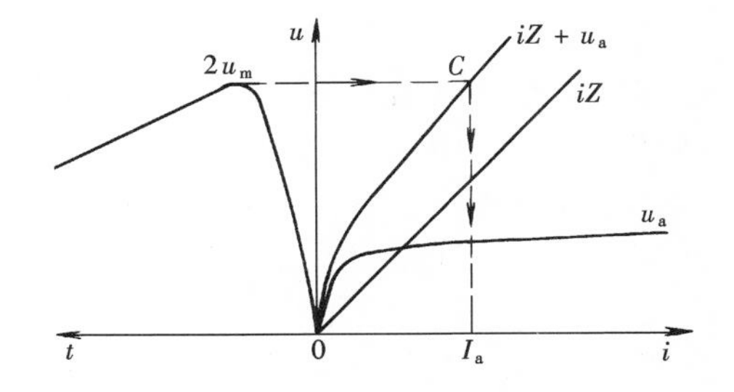

图 8-12　图解法求通过避雷器的雷电流

例如 220kV 线路绝缘的 $U_{50\%}=1200$kV，线路波阻抗 $Z=400\Omega$，采用 FZ-200J 型避雷器，可以算得通过避雷器的最大雷电流不超过 4.5kA。这也就是 220kV 及以下避雷器电气特性一般以 5kA 时的残压作为标准的理由。

2. 进入变电站的雷电波陡度 a 的计算

变电站进线段保护能使入侵波陡度降低的主要原因是线路导线在雷电波作用下发生强烈的冲击电晕。冲击电晕的影响，一方面是增加了电晕能量损耗使幅值衰减，另一方面加大了

导线对地电容而使相速度降低引起了波的变形。工程计算中通常忽略电晕能量损耗的影响，只根据相速度减缓的影响来分析变形。

设进线段首端入侵波为斜角平顶波，因电晕效应变形后的波头长度，相关标准推荐的计算式为

$$\tau=\tau_0+\left(0.5+\frac{0.008U_m}{h_c}\right)l_p$$

式中 τ——进线段末端变形后的斜角波头长度，μs；

τ_0——进线段首端斜角波波头的长度，μs；

l_p——进线段长度，km；

U_m——入侵波的幅值，kV。

当 $\tau_0=0$ 时，入侵波经过进线段长度 l_p 后，相应的雷电波陡度为

$$a=\frac{U_m}{\tau}=\frac{U_m}{l_p\left(0.5+\frac{0.008U_m}{h_c}\right)} \tag{8-12}$$

图 8-10 中的排气式避雷器 FE，对于一般线路不必装设，对于进线的断路器或隔离开关在雷雨季节可能经常处于开路状态，而线路又经常带电（热备用状态）的情况需装设。否则，当沿线路有雷电波入侵时，在开断点将发生全反射使过电压提高一倍，有可能使开路状态的断路器或隔离开关对地闪络。此时由于线路带电，将进一步导致工频短路，有可能烧毁断路器或隔离开关的绝缘部件。但是应使 FE 在断路器和隔离开关处于合闸状态下不会动作，以免产生截波，危害变压器绝缘。若选不到合适参数的排气式避雷器，FE 也可以考虑用阀式避雷器来代替。

二、35kV 及以上电缆进线段的保护

对于变电站 35kV 及以上电缆进线段，在电缆与架空线的连接处，由于波的多次折、反射，可能形成很高的过电压，因而一般都需装设避雷器保护；避雷器的接地端应与电缆金属外皮连接。对三芯电缆，末端的金属外皮应直接接地，如图 8-13（a）所示；对单芯电缆，因为不许外皮流过工频感应电流而不能两端同时接地，又需限制末端形成的过电压，所以应经 ZnO 电缆护层保护器（FC）或保护间隙（FG）接地，如图 8-13（b）所示。

如若电缆长度不长，或虽然较长，但经校验证明装设一组阀式避雷器即能满足要求时，图 8-13 中可只装设 F1 或 F2。

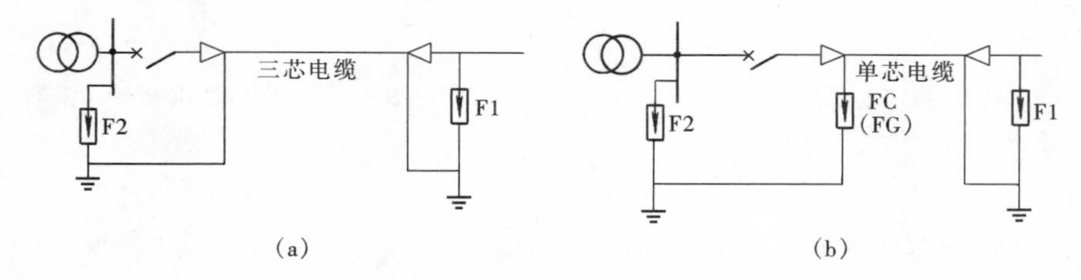

图 8-13　35kV 及以上电缆段的变电站进线保护接线

（a）三芯电缆段的变电站进线保护接线；（b）单芯电缆段的变电站进线保护接线

若电缆长度较长，且断路器在雷雨季节可能经常开路运行时，为了防止开路端全反射形成很高的过电压损坏断路器，应在电缆末端装设排气式或阀式避雷器。

连接电缆进线段前的1km架空线路应架设避雷线。

对全线电缆—变压器组接线的变电站内是否装设避雷器，应根据电缆前端是否有雷电过电压波入侵，经校验确定。

三、35kV小容量变电站进线段的简易保护

对35kV小容量变电站，可根据供电的重要性和当地雷电活动的强弱等具体情况，采用简化的进线段保护。因为35kV小容量变电站接线简单、尺寸小，避雷器距变压器的电气距离一般都在10m以内，允许有较高的入侵波陡度，所以进线段的长度可以缩短。简化保护接线见图8-14，适用于3150～5000kVA的35kV变电站。容量更小的变电站，保护接线还可以进一步简化（参见相关标准的规定）。

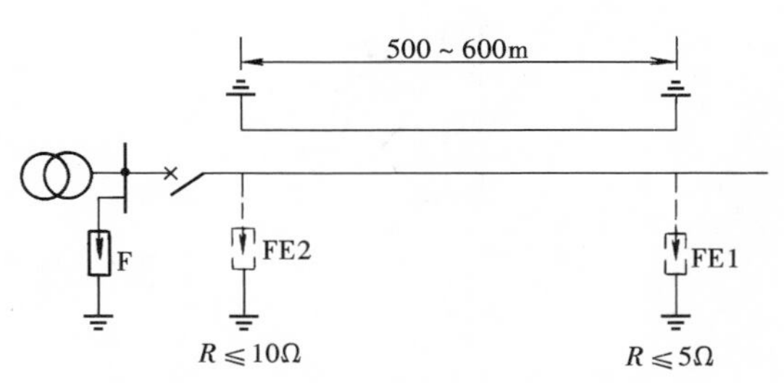

图8-14　3150～5000kVA、35kV变电站的简化保护接线

第四节　变压器防雷保护的几个具体问题

一、三绕组变压器的防雷保护

在第五章第九节中讨论了冲击电压在绕组间的传递问题，就双绕组变压器而言，当变压器高压侧有雷电波入侵时，通过绕组间的静电和电磁耦合，会使低压侧出现过电压。但实际上，双绕组变压器在正常运行时，高压和低压侧断路器都是闭合的，两侧都有避雷器保护，所以一侧来波，传递到另一侧去的电压不会对绕组造成损害。

三绕组变压器在正常运行时，可能出现只有高中压绕组工作而低压绕组开路的情况。这时，当高压或中压侧有雷电波作用，因处于开路状态的低压侧对地电容较小，低压绕组上的静电分量可达很高的数值以致危及低压绕组的绝缘。因此为了限制这种过电压，需在低压绕组出线端加装一组避雷器，但若变压器低压绕组接有25m以上金属外皮电缆时，因对地电容增大，足以限制静电感应过电压，故可不必再装避雷器。

三绕组变压器的中压侧虽然也有开路的可能性，但其绝缘水平较高，所以除了高中压绕组的变比很大以外，一般都不必装设限制静电感应过电压的避雷器。

二、自耦变压器的保护

为了减小系统的零序阻抗和改善电压波形，自耦变压器除了高中压自耦绕组外，还有一个三角形接线的低压绕组。在这个低压绕组上应装设限制静电感应过电压的避雷器。

此外，由于自耦变压器中的波过程有其自己的特点，因此其保护方式与其他变压器也有所不同。

当幅值为U_0的入侵波加在自耦绕组的高压端A上，而中压端开路时，绕组中的初始电压分布、稳态电压分布以及最大电位包络线都和中性点接地的单相绕组相同，如图8-15（a)所示。在开路的中压端A′上出现的最大电压约为高压侧电压U_0的$2/k$倍（k为高压侧与中压侧的变比），这可能使处于开路状态的中压端套管闪络，因此在中压端套管与断路器之间应装设一组避雷器，如图8-16中的F2。

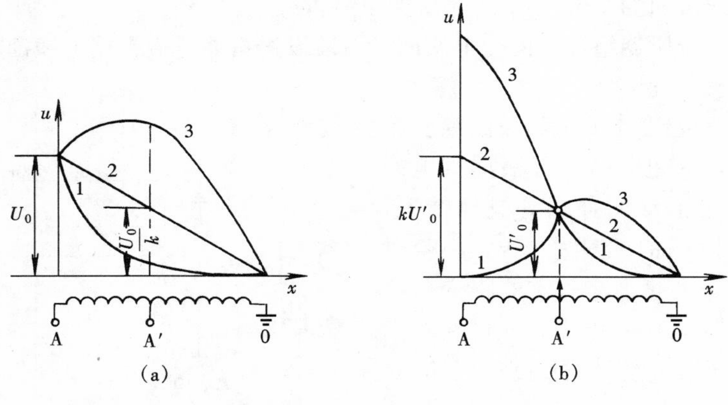

图 8-15　雷电波入侵自耦变压器时的过电压

（a）高压侧进波、中压侧开路；（b）中压侧进波、高压侧开路

1—初始电压分布；2—稳态电压分布；3—最大电位包络线

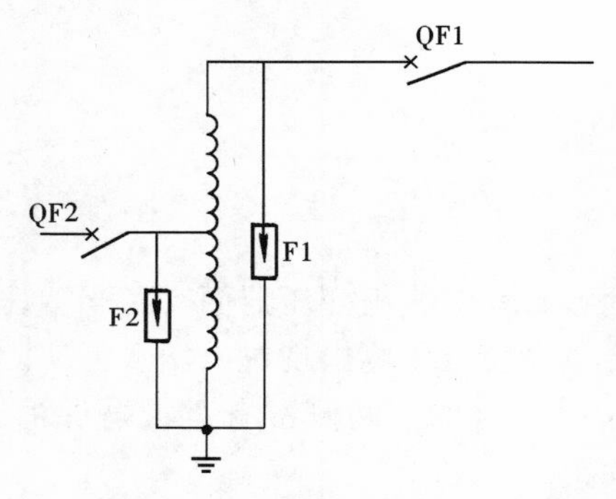

图 8-16　自耦变压器的防雷保护接线

当高压侧开路，中压侧端子 A′上出现幅值为 U'_0 的入侵波时，绕组中的初始电压分布、稳态电压分布和最大电位包络线如图 8-15（b）所示。从图中可见，由 A′到 0 这段绕组的稳态电压分布和末端接地的变压器绕组相同，但由 A′到 A 这段绕组的稳态电压分布因为是由与 A′0 段稳态分布相应的电磁感应所形成，所以高压端 A 的稳态电压上升至 kU'_0。而且在振荡过程中 A 点电压最高可能达 $2kU'_0$，这将危及处于开路状态的高压端的绝缘。因此在高压端和断路器之间也应加装一组避雷器保护，如图8-16中的 F1。

三、变压器中性点的保护

当变压器中性点不接地时，在三相同时进波的情况下，变压器中性点的最大电压理论上可达绕组首端电压 U_0 的两倍，因此需要考虑中性点的防雷保护问题。

变压器中性点绝缘水平有两种情况：①全绝缘，即中性点的绝缘水平与绕组首端绝缘水平相同；②分级绝缘，即中性点的绝缘水平低于绕组首端的绝缘水平。在 110kV 及以上的变压器中，一般采用分级绝缘。

66kV 及以下中性点非有效接地系统中，变压器是全绝缘的，中性点绝缘水平相对较高且绝缘裕度较大，而三相来波的概率小；大多数来波又自线路较远处袭来，陡度也不大；变电站进线往往不止一条，非雷击线路有分流作用等因素使中性点出现高幅值雷电过电压的概率不大，一般不需进行保护。只在多雷区单进线变电站且变压器中性点引出时，或变压器中性点接有消弧线圈且有单进线运行可能时，中性点才装设额定电压不低于系统最高工作线电压的避雷器保护。

110～220kV 中性点有效接地系统中，为了减小单相接地时的短路电流，系统中部分变压器的中性点是不接地的，而变压器有些是全绝缘的，有些则是分级绝缘的。如果变压器为全绝缘，一般不需要采取专门的保护，只在变电站只有一台变压器且为单路进线的情况下，中性点才需装设雷电过电压保护装置。如果变压器为分级绝缘，中性点必须采取保护措施，主要的保护措施有在中性点加装间隙、氧化锌避雷器、间隙与氧化锌避雷器并联等。

当只采用间隙保护时，间隙不仅要能限制中性点的雷电过电压，还应能限制中性点的内部过电压，其放电电压应满足：

（1）工频放电电压低于中性点的工频耐压且高于系统单相接地时中性点电位升高的暂态值；

（2）雷电冲击放电电压应低于中性点的雷电冲击耐压并留有裕度。

间隙通常采用棒—棒间隙，用间隙保护的优点是结构简单、运行维护量小；缺点是放电分散性大，动作不可靠，放电后需由继电保护切断工频续流，会造成停电事故。

当只采用氧化锌避雷器保护时，为限制雷电过电压，避雷器的参数应满足：

（1）避雷器的残压（1.5kA 下的）低于中性点的雷电冲击耐压并留有一定的裕度；

（2）避雷器的额定电压大于中性点可能出现的最大工频电压稳态值。

电网发生单相接地故障时不接地变压器中性点电位将升高，此时如中性点接地的变压器发生跳闸的话，将形成局部孤立的不接地系统，在低压侧有电源的情况下，不接地变压器中性点上将出现与相电压相等的工频过电压。断路器非全相运行和严重不同期合闸时，当变压器单侧有电源时，不接地变压器中性点上会出现与相电压相等的工频过电压；双侧有电源时，则会出现两倍相电压的工频过电压，如再产生铁磁谐振，则会出现更高的过电压。对工频过电压及谐振过电压，避雷器不但不能限制，反而在这些过电压超过其额定电压时可能损坏。所以只靠避雷器保护中性点绝缘是不可靠的。

当采用间隙和氧化锌避雷器并联来保护时，避雷器的作用是限制雷电过电压，间隙的作用是限制工频过电压和谐振过电压。间隙和避雷器理想的配合原则是：当变压器中性点出现雷电过电压时，避雷器动作；当出现内部过电压时，棒间隙动作；在发生单相接地故障且不出现局部孤立的不接地系统时，间隙不动作，避雷器能正常工作。所以避雷器的额定电压要大于间隙的工频放电电压，避雷器的残压要小于间隙冲击耐压。由于有间隙限制中性点的工频过电压，所以避雷器的额定电压只需能耐受单相接地时中性点上电压升高的稳态值即可，一般取为系统最大运行相电压。对避雷器和间隙的其他要求与其单独使用时的相同。

330kV 及以上的超高压系统，变压器的中性点一般全部接地，故中性点不需保护。

四、配电变压器的保护

配电变压器的防雷保护接线如图 8 - 17 所示。其高压侧装设氧化锌或阀式避雷器保护，避雷器应尽可能靠近变压器装设，其接地线应与变压器的金属外壳以及低压侧中性点（变压器中性点绝缘时则为中性点的击穿保险的接地端）连在一起共同接地，并应尽量减小接地线的长度，以减小其上的电压降。这样，避雷器动作时，作用在变压器主绝缘上的电压主要是避雷器的残压，不包括接地电阻的电压降。这种共同接地的缺点是避雷器动作时引起的地电位升高，可能危及低压用户安全，应加强低压用户的防雷措施。

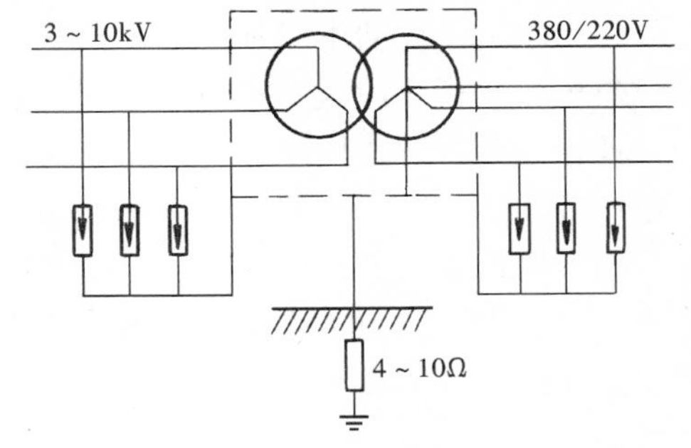

图 8 - 17　配电变压器的防雷保护接线

运行经验证明，如果只在高压侧装设避雷器，还不能免除变压器遭受雷害事故，这是因为：

（1）雷直击于低压线或低压线遭受感应雷时，因低压侧无避雷器，使低压侧绝缘损坏。

（2）雷直击于低压线或低压线遭受感应雷时，通过电磁耦合，在高压侧绕组也出现了与变比成正比的过电压，称为正变换过电压。由于高压侧绝缘的裕度比低压侧小，所以可能造成高压侧损坏。

（3）雷直击于高压线路或高压线遭受感应雷使避雷器动作，接地电阻上流过很大的冲击电流时产生的压降将同时作用在低压绕组上，通过电磁耦合，按变比关系在高压绕组上感应出过电压，称为反变换过电压。由于高压绕组出线端的电位受避雷器固定，在高压绕组上感应出的这种过电压将沿高压绕组分布，在中性点上达到最大值，可能击穿中性点附近的绝缘，也会危及绕组的纵绝缘。

因此，还应在配电变压器低压侧加装避雷器。

第五节　旋转电机的防雷保护

直接与架空线相连的旋转电机（包括发电机、大型电动机等）称为直配电机，在此情况下，因线路上的雷电波可以直接传入旋转电机绕组中，故其防雷保护显得特别突出。

一、旋转电机防雷保护的特点

（1）由于结构和工艺上的特点，在相同电压等级的电气设备中，旋转电机的绝缘水平最低。因为旋转电机不能像变压器等静止设备那样可以利用液体和固体的联合绝缘，而只能依靠固体介质绝缘。在制造过程中可能产生气隙和受到损伤，绝缘质量不均匀，容易发生局部游离等而使绝缘逐渐损坏。试验证明，电机主绝缘的冲击系数接近于1。旋转电机主绝缘的出厂冲击耐压值与变压器冲击耐压值见表8-3。

表8-3　电机和变压器的冲击耐压值　kV

电机额定电压 U_N（有效值）	电机出厂工频耐压值（有效值）	电机出厂冲击耐压估计值（幅值）	同级变压器出厂冲击耐压值（幅值）	FCD型避雷器3kA残压值（幅值）	ZnO避雷器3kA残压值（幅值）
10.5	$2U_n+3$	34	80	31	26
13.8	$2U_n+3$	43.3	108	40	34.2
15.75	$2U_n+3$	48.8	108	45	39

由表8-3可知，旋转电机出厂冲击耐压值仅为变压器的1/2.5～1/4，仅能与磁吹避雷器（FCD型）3kA下的残压相配合。

（2）电机在运动中受到发热、机械振动、臭氧、潮湿等因素的作用绝缘容易老化。电机绝缘损坏的累积效应也比较强，特别在槽口部分，电场极不均匀，在过电压作用下容易受伤，日积月累就可能使绝缘击穿，因此，运行中电机主绝缘的实际冲击耐压将较表8-3中所列数值还低。

（3）保护旋转电机用磁吹避雷器（FCD型）的保护性能与电机绝缘水平的配合裕度小，从表8-3可知，电机出厂冲击耐压值只比磁吹避雷器3kA下的残压高8%～10%，比ZnO避雷器3kA下的残压也仅高出25%～30%；考虑到运行中电机冲击耐压强度的下降，裕度将更小。

（4）由于电机绕组的结构布置特点，其匝间电容很小，起不了改善冲击电压分布的作用，也不能像变压器那样可以采用电容环等改善措施；当冲击波作用时，可以把电机绕组看成是具有一定波阻和波速的导线，波沿导线前进一匝后，匝间所受电压正比于入侵波陡度 a。要使该电压低于电机绕组的匝间耐压，必须把来波陡度降低。试验结果表明，为了保护匝间绝缘 a 必须限制在 5kV/μs 以下。

（5）电机绕组中性点一般是不接地的，三相进波时在直角波头情况下，中性点电压可达进波电压的两倍，因此，必须对中性点采取保护措施。试验证明，入侵波陡度降低时，中性点过电压也随之减小，当入侵波陡度至 2kV/μs 以下时，中性点过电压不会超过进波电压，中性点也就不需另加保护了。

综合上述，旋转电机的防雷保护应同时考虑绕组的主绝缘、匝间绝缘和中性点绝缘的保护。

二、直配电机的防雷保护

直配线的电压等级都在 10kV 以下，绝缘水平较低。雷击线路或邻近大地时产生的直击雷过电压波和感应雷过电压波，都可能沿线路入侵而危害直配电机的绝缘。直配电机的防雷保护，应根据电机的容量、该地区雷电活动强弱和供电可靠性要求来确定。直配电机的防雷保护设备主要有避雷器、电容器、电缆段保护等。利用这些设备可以限制流经避雷器的雷电流，使其小于 3kA；可以限制入侵波陡度 a 和降低雷击线路时的直击雷过电压和雷击邻近线路附近物体时的感应雷过电压。下面分别叙述各种保护元件的作用原理。

1. 避雷器保护

避雷器保护加装于电机母线上，主要功能是降低入侵波幅值以保护电机的主绝缘。由于电机出厂时的冲击耐压仅稍高于相应电压等级的 FCD 型磁吹避雷器和 ZnO 避雷器 3kA 下的残压。所以还需配合进线段保护，以限制流经 FCD 型避雷器中的雷电流使之不超过 3kA。

2. 电容器保护

通常采用在电机母线上装设电容器的办法来限制入侵波陡度，以保护电机的匝间绝缘和中性点绝缘，如图 8-18（a）所示。电容器还可以降低电机母线上的感应雷过电压。若入侵波为幅值 U_0 的直角波，则电机母线上电压可按图 8-18（b）的等值电路计算。计算结果表明，每相电容为 0.25～0.5μF 时，能满足 $a<2$kV/μs 的要求。由于感应雷过电压是由线路导线上的感应电荷转为自由电荷所引起的，故在相同的感应电荷下增加导线对地电容，可以降低感应雷过电压。

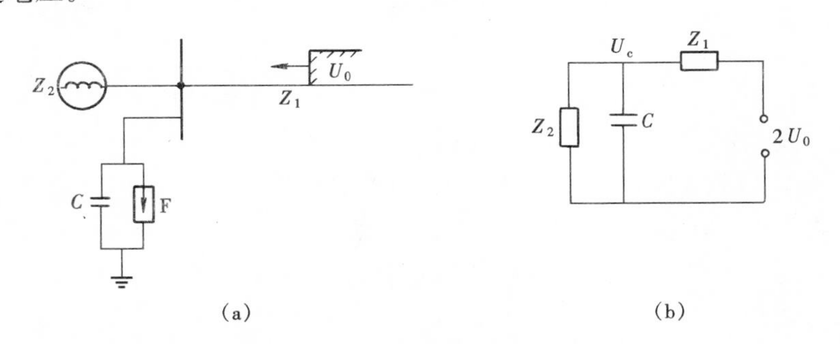

图 8-18　电机母线上装设电容器以限制来波陡度

（a）原理接线图；（b）等值电路图

Z_2—发电机波阻抗

3. 电缆段保护（进线段保护）

采用电缆与排气式避雷器联合作用的典型进线保护段，如图 8-19 所示。当入侵波到达 A 点后，排气式避雷器 FE2 动作，电缆芯线与外皮短接，此时电压降 iR_1 同时加在电缆芯线和外皮上。由于雷电流的等值频率很高，而且电缆外皮与芯线为同心圆柱体，其间的互感 M 就等于外皮的自感 $L_2(M=L_2)$，因此当电缆外皮流过电流 i_2 时，芯线也会产生反电动势 $M\frac{\mathrm{d}i_2}{\mathrm{d}t}=L_2\frac{\mathrm{d}i_2}{\mathrm{d}t}$。此反电动势阻止沿芯线流向电机的电流 i_1，使绝大部分雷电流都从电缆外皮流走，如同高频电流的集肤效应那样。图 8-19（b）画出了避雷器动作以后的等值电路（L_3、L_4 为引线电感，未计入电容 C 和接地电阻 R_2）。减小电缆芯线的电流也就减小了流过避雷器的电流，因而能使残压降低。分析表明，当电缆段长 100m，电缆末端外皮接地引下线长 12m，接地电阻 $R_1=5\Omega$ 时，在电缆首端雷电流为 50kA 时，流过避雷器的雷电流不会超过 3kA。也就是说，这种保护接线的耐雷水平可达 50kA。

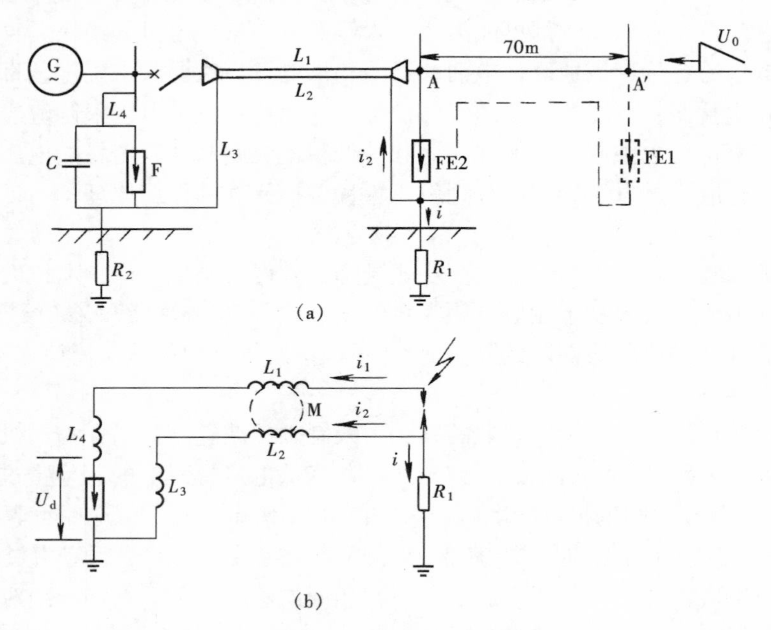

图 8-19 有电缆段的进线保护接线

（a）原理接线；（b）等值电路

由以上分析可知，电缆的限流作用必须以排气式避雷器 FE2 动作为前提。电缆的波阻抗远低于架空线路的波阻抗，入侵波到达图 8-19 中电缆首端 A 点后会产生负反射波，使 A 点电压降低，以致 FE2 可能不动作，因而失去电缆的保护作用。为了避免这种情况的发生，可以将 FE2 沿架空线前移约 70m 至 A′点，如图 8-19（a）虚线 FE1 所示。FE1 的接地端应与电缆首端外皮的接地装置相连，其连接线悬挂在导线下面 2～3m 处，其目的是为了增加两线间的耦合，增大导线上的感应电势以限制流经导线中的电流。当雷电波入侵时，电缆首端 A 点的负反射波尚未到达 FE1 处，FE1 已动作，但由于 FE1 的接地端到电缆首端外皮的连接线上的压降不能全部耦合到导线上去，所以沿导线向电缆芯线流动的电流会增大，遇到强雷时可能超过每相 3kA。为了防止这一情况，应在电缆首端 A 点再加装一组排气式避雷器，当遇强雷时，此避雷器也动作，这样，电缆段的限流作用就可以充分发挥了。

三、直配电机的防雷保护接线

与架空线直接相连的旋转电机的防雷保护接线方式，可利用前面所讲述的保护措施，还要结合电机容量或重要性考虑决定。由于前述各防雷元件对电机的保护还不能认为完全可靠，考虑到60MW以上电机的重要性很大，我国禁止采用直配方式。下面以单机容量为大容量（25～60MW）的直配电机为例，介绍它们的防雷保护接线方式。

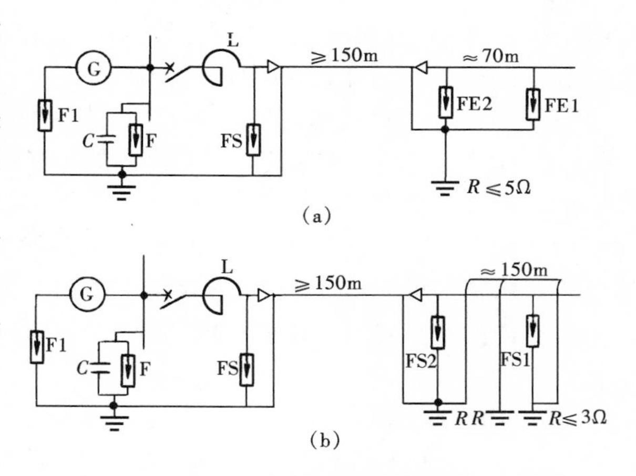

图 8-20　25～60MW 直配电机的保护接线

(a) 使用排气式避雷器 FE；(b) 使用阀式避雷器 FS

图 8-20 画出了大容量（25～60MW）直配电机的防雷保护接线。图 8-20（a）使用排气式避雷器，图 8-20（b）使用 FS 型避雷器。其中 L 是限制工频短路电流的电抗器。此时应加装一组配电型避雷器 FS 以保护电抗器和电缆端部。FS 的动作还可以进一步限制流过避雷器 F 的电流。

在电机中性点引出情况下，需在中性点加装避雷器以保护中性点绝缘。考虑到可能存在单相接地故障（此时中性点电压升高至相电压）的同时又有雷电波入侵的情况，中性点避雷器灭弧电压的选择应高于相电压。若电机中性点不引出，则需将母线并联电容增大至每相 1.5～2.0μF，以进一步降低入侵波陡度至 2kV/μs 以下，使之不至于损坏中性点绝缘。

若无合适的排气式避雷器，也可以用配电阀式避雷器 FS1 和 FS2 代替，如图 8-20（b）所示。但因电缆首端避雷器的残压作用，在电缆芯线与外皮之间会削弱外皮的分流作用，因此将避雷器向前移至 FS1 处，这段架空线用避雷线保护，利用避雷线与导线间的耦合增加限流作用。同时可将电抗器前面和中性点的避雷器均改为旋转电机型避雷器，以增加可靠性。

第六节　气体绝缘变电站的防雷保护

配电装置采用全封闭气体绝缘开关设备（GIS）的变电站称为气体绝缘变电站，或简称为 GIS 变电站。由于 GIS 具有体积小、占地面积小、维护工作量小、不受周围环境条件影响、对环境没有电磁干扰以及运行可靠等优点，在我国 110～220kV 城市高压变电站中得到了广泛应用，在 500kV 及特高压变电站中的应用也日益增多。

一、GIS 变电站防雷保护的特点

（1）GIS 绝缘的伏秒特性比较平坦，且负极性（曲率大的电极为负）击穿电压比正极性低，其绝缘水平主要决定于雷电冲击电压水平，特别是负极性的雷电冲击水平。

在 GIS 变电站中，SF_6 气体绝缘结构都是均匀或稍不均匀电场，其冲击伏秒特性平坦，雷电冲击绝缘水平与操作冲击绝缘水平十分接近，绝缘水平主要取决于雷电过电压。要降低

绝缘水平，首先要降低雷电过电压。因此采用保护性能优异的氧化锌避雷器，限制 GIS 的雷电过电压，特别是陡波过电压具有重要意义。

（2）GIS 变电站的波阻抗在 60～100Ω 之间，远比架空线路的波阻抗低，从架空线进入 GIS 的折射波的幅值和陡度，都比到达 GIS 入口的入侵波的要小得多，这在 GIS 较长或入侵波较陡的情况下，对 GIS 的保护特别有利。

至于 G1S 中波的传播速度，由于 SF_6 气体的 $\varepsilon_r \approx 1$，一般认为其波速等于光速。

（3）GIS 变电站结构紧凑，设备之间的电气距离小，避雷器离被保护设备较近，防雷保护措施比敞开式变电站容易实现。

（4）GIS 绝缘完全不允许发生电晕，一旦发生电晕将立即击穿，而且没有自恢复性能。致命的绝缘损伤可能导致整个 GIS 系统的损坏。此外，GIS 的价格还比较昂贵，因此要求包括母线在内的整套 GIS 装置的过电压保护应有较高的可靠性，在设备绝缘配合上留有足够的裕度。

二、GIS 变电站的过电压防护接线方式

根据以上分析和国内外大量的模拟试验或计算机计算表明，GIS 变电站的雷电冲击过电压比敞开式变电站低，实现过电压保护比较容易。

实际上的 CIS 变电站可能有不同的主接线方式，就架空输电线路与 GIS 变电站的连接来说，有经过电缆段和不经过电缆段的区别。至于与变压器的连接，有直接相连的，也有经一段电缆段或架空线连接的。下面讨论对防雷保护来说问题比较严重的接线，即一条架空线进入 GIS 变电站，GIS 末端连接变压器的情况。

1. 与架空线路直接相连的 GIS 变电站的防雷保护接线

66kV 及以上进线无电缆段的 GIS 变电站，在 GIS 管道与架空线的连接处，应装一组氧化锌避雷器（FMO1），其接地端应与管道金属外壳连接，如图 8 - 21 所示。如变压器或 GIS 一次回路的任何电气部分至 FMO1 间的最大电气距离对 66kV 大于 50m，对 110～220kV 大于 130m，则应在靠近变压器旁装设 FMO2，除非经校验不装 FMO2 也能符合要求。

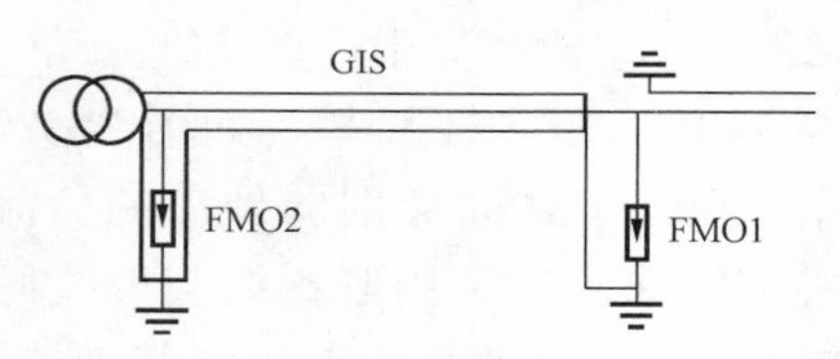

图 8 - 21　与架空线直接相连的 GIS 的保护接线

连接 GIS 管道的架空线的进线保护段长度应不小于 2km，且要符合进线段的要求。

2. 经电缆段进线的 GIS 变电站的防雷接线方式

66kV 及以上进线有电缆段的 GIS 变电站，在电缆与架空线的连接处应装氧化锌避雷器（FMO1），其接地端应与电缆的金属外皮连接。对三芯电缆，末端的金属外皮应与 GIS 管道金属外壳连接接地，如图 8 - 22（a）所示；对单芯电缆，应经金属电缆护层保护器（FC）接地，如图 8 - 22（b）所示。氧化锌避雷器 FMO2 是否需要装设，取决于电缆末端至变压器或 GIS 一次回路的任何电气部分的最大距离，规定与前述的相同。

对连接电缆段的 2km 架空线路应架设避雷线。进线全长为电缆的 GIS 变电站内是否需装设氧化锌避雷器，应视电缆另一端有无雷电过电压侵入的可能，经校验确定。

三、保护 GIS 变电站的避雷器

DL/T 620—1997 中规定，全封闭气体绝缘开关设备（GIS）应该选用氧化锌避雷器。

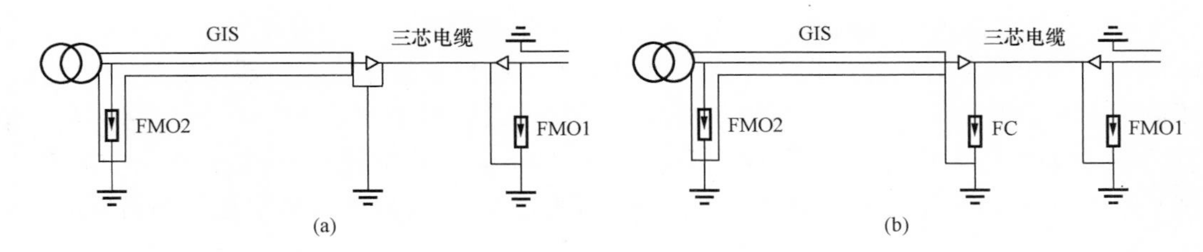

图 8-22　经电缆段进线的 GIS 的保护接线

（a）经三芯电缆段进线；（b）经单芯电缆段进线

其原因是一方面是由于 GIS 的冲击伏秒特性比较平坦，而带间隙的 SiC 避雷器在陡波部分的放电伏秒特性比较陡峭，带间隙的 SiC 避雷器的伏秒特性很难和 GIS 的伏秒特性配合；另一方面是由于 ZnO 避雷器不存在间隙放电特性问题，当冲击电压上升到起始动作电压以上时，ZnO 阀片即开始释放能量抑制过电压的增长，而且 ZnO 避雷器的伏安特性比较平坦，在陡波部分的残压也比 SiC 避雷器低，保护水平低。所以从绝缘配合的角度看，GIS 变电站的保护应采用保护性能优异的 ZnO 避雷器。

此外，如果在 GIS 内部和外部各采用保护性能很不相同的避雷器，由于伏安特性的差异，可能出现避雷器动作后放电电流负担很不均匀的问题。所以，氧化锌避雷器和阀式避雷器不能混用。

习　　题

8-1　变电站的直击雷保护需要考虑什么问题？为防止反击应采取什么措施？

8-2　安装在终端变电站的 220kV 变压器的冲击耐压水平 $U_p=945$kV，220kV 阀式避雷器的冲击放电电压 $U_d=630$kV。设进波陡度 $a=450$kV/μs，求避雷器安装点到变压器的最大允许电气距离 l_{max}。

8-3　说明变电站进线保护段的作用及对它的要求。

8-4　试述变电站进线保护段的标准接线中各元件的作用。

8-5　试述电缆段在旋转电机防雷保护接线中的作用，以及怎样才能充分发挥电缆段的作用。

8-6　试述 GIS 变电站的过电压保护有什么特点？为什么说 GIS 绝缘的耐压水平主要取决于雷电冲击过电压水平？

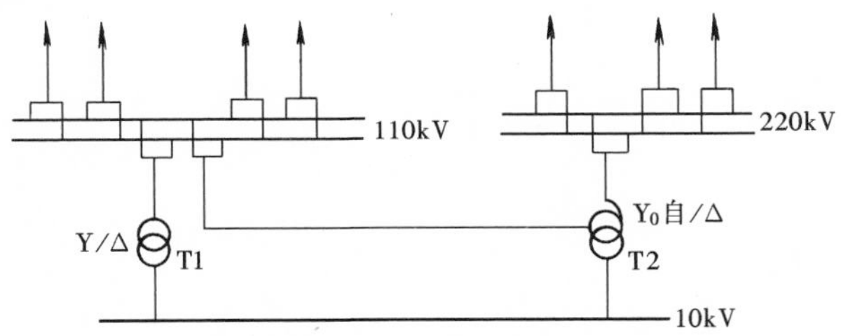

图 8-23　某变电站主接线图

T1—1 号主变压器，SFPL-125000 型；T2—2 号主变压器，SFPSL-120000/120000/30000 型

8-7 某变电站主接线如图8-23所示。110kV有四路出线，有可能出现两路运行方式；220kV有三路出线，有可能出现一路运行方式；2号主变压器有可能出现高低压绕组运行，中压侧开路和中低压绕组运行，高压侧开路的运行方式。变电站中110kV侧只允许有一个中性点接地，1号主变压器为中性点分级绝缘变压器，其中性点绝缘水平为35kV级。110kV和220kV出线全线装有架空地线。试设计变电站110kV和220kV侧的防雷保护方案并作图。

第九章 内 部 过 电 压

在电力系统中，除了雷电过电压以外，还经常出现另一类过电压——内部过电压。它产生的根源在电力系统内部，通常都是因为系统内部电磁能量的积累和转换而引起的。

内部过电压可按其产生原因分为操作过电压和暂时过电压。后者又包括谐振过电压和工频电压升高。一般操作过电压的持续时间在0.1s（5个工频周期）以内，而暂时过电压的持续时间要长得多。

与雷电过电压产生原因的单一性（雷电放电）不同，内部过电压因其产生原因、发展过程、影响因素的多样性而具有种类繁多、机理各异的特点。

操作过电压所指的操作并非狭义的断路器倒闸操作，而应理解为“电网参数的突变”，它可以因倒闸操作，也可以因发生故障而引起。这一类过电压的幅值较大，但可以设法采用某些限压装置和其他技术措施来加以限制。常见的操作过电压有：①空载线路分闸过电压；②空载线路合闸过电压；③切除空载变压器过电压；④电弧接地过电压等。

谐振过电压是由于电力系统中存在大量储能元件（电容和电感），当系统中出现操作或发生故障时，它们就有可能形成各种不同的谐振回路，引起谐振过电压。谐振过电压的持续时间较长，现有的避雷器的通流能力和热容量有限，无法有效地限制这种过电压，只能采用一些辅助措施（如装设阻尼电阻和补偿设备）加以抑制或在谐振出现后设法破坏谐振条件。在设计电力系统时，应考虑各种可能的接线方式和操作方式，力求避免形成不利的谐振回路。

工频电压升高，虽然其幅值不大，但操作过电压是在其基础上发展的，所以仍需加以限制和降低。系统中工频电压升高的原因有：①空载长线路的电容效应；②不对称短路；③发电机突然甩负荷。

前面介绍的雷电过电压是由外部能源（雷电）所产生，其幅值大小与电网的工作电压无直接关系，所以通常均以绝对值（kV）来表示；而内部过电压的能量来自电网本身，所以它的幅值大小与电网额定电压大致上有一定的比例关系。通常工频过电压以系统的最高运行相电压$U_m/\sqrt{3}$（U_m为系统最高运行线电压）为基准来计算过电压的倍数；而谐振过电压和操作过电压是以系统的最高运行相电压幅值$\sqrt{2}U_m/\sqrt{3}$为基准来计算过电压的倍数。过电压倍数与电网结构、系统容量及参数、中性点接地方式、断路器性能、母线的出线回路数以及电网运行接线、操作方式等因素有关，虽然这些因素具有随机性，但大量的计算或模拟试验、系统实测可以给出各个电压等级过电压所处的范围。

本章将着重介绍几种常见的内部过电压的形成原理，过电压幅值的分析、影响因素以及主要的防护措施。

第一节 空载线路的分闸过电压

切除空载线路是电力系统中常见的一种操作。一条线路两端的断路器分闸时间总是存在着一定的差异（一般为 0.01～0.05s），所以无论是正常操作或事故操作，都可能出现切除空载线路的情况。产生过电压的原因是断路器分闸过程中的电弧重燃现象。

切除空载线路时，断路器切断的是较小的容性电流，通常为几十安到几百安，比短路电流小得多。然而，在分闸初期，由于断路器（特别是油断路器）触头间恢复电压上升速度可能超过介质恢复强度的上升速度，造成重燃现象，从而引起电磁振荡，出现过电压。运行经验表明，断路器灭弧能力越差，重燃几率越大，过电压幅值也越高。

一、重燃过程分析

为了简化分析，采用集中参数等值电路。图 9-1（a）所示为线路长度较短（100km 以下）时的集中参数 T 形等值电路。图中 L_S 为电源等值电感，L_T、C_T 为线路电感、电容，为了方便计算，在分析中不考虑母线电容。

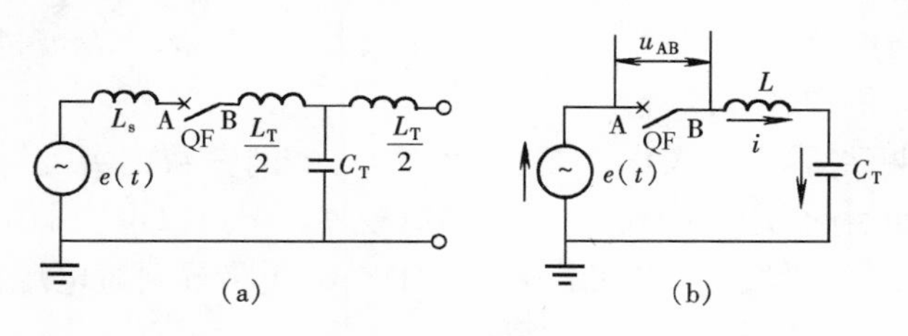

图 9-1 切除空载线路时的等值电路
（a）T 形等值电路；（b）简化后的等值电路

在图 9-1（b）所示的等值计算电路中，设电源电动势

$$e(t) = E_m \cos\omega t$$

则电流

$$i(t) = \frac{E_m}{X_C - X_L}\cos(\omega t + 90^\circ) \tag{9-1}$$

式中 X_C、X_L——电容 C_T 和 $L\left(L = L_S + \frac{L_T}{2}\right)$ 的容抗和感抗。

对空载线路来说，通过断路器的电流乃是线路的电容电流，所以电流 $i(t)$ 超前电源电压 $e(t)$ 90°。

忽略线路电容效应的影响，则在断路器 QF 断开之前，线路电压 $u(t)$（即电容 C_T 上的电压）就等于电源电压。

在空载线路分闸过程中，电弧的熄灭和重燃具有很大的随机性，在以下分析过程中，以产生过电压最严重的情况考虑：

1. $t = t_1$ 时，发生第一次熄弧

如图 9-2 所示，$t = t_1$ 时，$e(t) = -E_m$，由于电流超前电源电压 90°，所以此时流过断路器的工频电流恰好为零。此时断路器分闸，断路器断口 A、B 间第一次断弧。若断路器不在 t_1 时刻分闸，设在 t_1 前工频半周内任何一个时刻分闸，只要不发生电流的突然截断现象，断路器断口间电弧总是等到电流过零，即也在 $t = t_1$ 时才熄灭。

断路器分闸后，线路电容 C_T 上的电荷无处泄漏，使得线路上保持这个残余电压 $-E_m$。即图 9-2 中断路器断口 B 侧对地电压保持 $-E_m$。然而断路器断口 A 侧的对地电压在 t_1 之后仍按电源作余弦规律变化（见图 9-2 中的虚线），断路器触头间（即断口间）的恢复电压 u_{AB} 为

$$u_{AB}=e(t)-(-E_m)=E_m(1+\cos\omega t)$$

$t=t_1$ 时，$u_{AB}=0$，随后恢复电压 u_{AB} 越来越高，在 $t=t_2$ 时达最大 $2E_m$。

在 t_1 之后若断路器触头间去游离能力很强，触头间耐电强度的恢复超过恢复电压的升高，则电弧从此熄灭，线路被真正断开，这样无论在母线侧（即断口 A 侧）或线路侧（即断口 B 侧）都不会产生过电压。但若断路器断口间耐电强度的恢复赶不上断口间恢复电压的升高，断路器触头间（即断口间）可能发生电弧重燃。

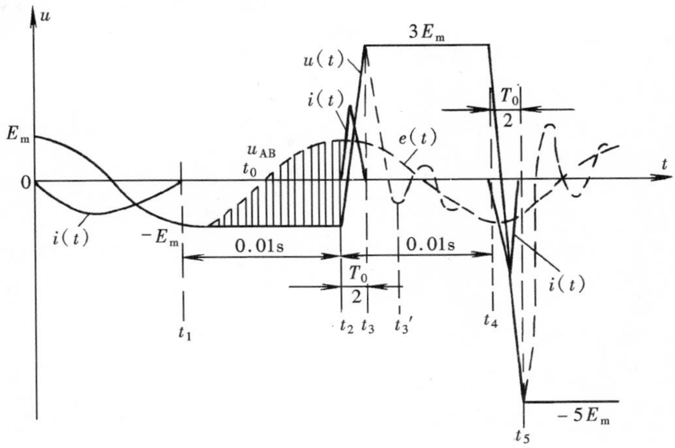

图 9-2　切除空载线路过电压的发展过程

t_1—第一次断弧；t_2—第一次重燃；t_3—第二次断弧；t_4—第二次重燃；t_5—第三次断弧

2. $t=t_2$ 时发生第一次重燃

当考虑过电压最严重的情况时，假定恢复电压 u_{AB} 达到最大时发生电弧重燃，也即在图 9-2 中 $t=t_2$ 时发生第一次电弧重燃，此时 $e(t)=E_m$，$u_{AB}=2E_m$。在电弧重燃瞬间，电源电压 E_m 突然加在电感 L 和具有初始值 $-E_m$ 的电容 C_T 组成的振荡回路上，如图 9-3（a）所示，所以电弧重燃后将产生振荡过程，振荡过程中将会产生过电压。振荡回路的固有频率 $f_0=\dfrac{1}{2\pi\sqrt{LC_T}}$ 要比工频 50Hz 大得多，因而 $T_0=\dfrac{1}{f_0}$ 要比工频周期 0.02s 小得多，这样可以认为在暂态高频振荡期间电源电压 $e(t)$ 保持 t_2 时的值 E_m 不变。振荡过程中线路上的电压（即 C_T 上的电压）波形，如图 9-3（b）所示。若不计及回路损耗所引起的衰减，过渡过程中 C_T 上电压所达的幅值可按下式估算

$$\text{过电压幅值}=\text{稳态值}+(\text{稳态值}-\text{初始值})=E_m+[E_m-(-E_m)]=3E_m$$

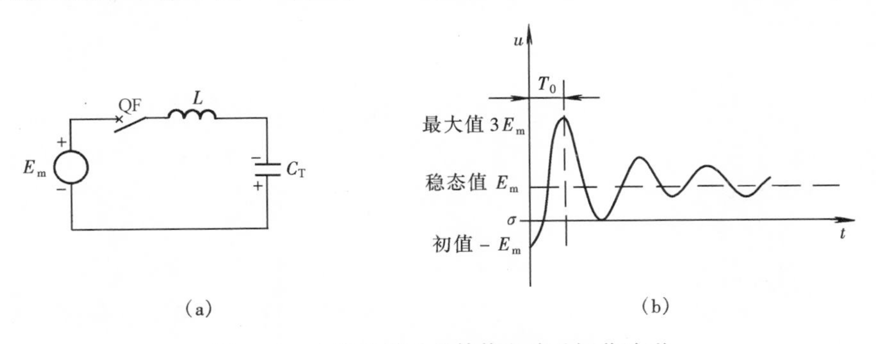

图 9-3　电弧重燃时的等值电路及振荡波形

（a）等值电路；（b）振荡波形

3. $t=t_3$ 时发生第二次熄弧

当线路上的电压振荡达到最大值 $3E_m$ 瞬间，即 t_3 时刻，由于振荡回路中流过的是电容电流，故此瞬间断路器中流过的高频振荡电流恰好为零，电弧第二次熄灭（断路器试验的示

波图表明，电弧几乎全部在高频振荡电流第一次过零瞬间熄灭）。电弧第二次熄灭后，线路对地电压保持$3E_m$，而断路器断口A侧的对地电压在t_3之后继续作余弦规律变化（见图9-2中的虚线），断路器触头间恢复电压u_{AB}越来越高，再经半个工频周期将达最大值（$4E_m$）。

4. $t=t_4$时发生第二次重燃

假定恢复电压达到最大值$4E_m$时发生电弧第二次重燃，由于C_T上电压的初始值为$3E_m$，稳态值为$-E_m$，故电弧重燃后的振荡过程中，C_T上的过电压幅值为

$$稳态值+(稳态值-初始值)=-E_m+(-E_m-3E_m)=-5E_m$$

假定继续每隔半个工频周期电弧重燃一次，则线路上的过电压将按$3E_m$、$-5E_m$、$7E_m$…的规律变化，直到触头间有足够的绝缘强度，电弧不再重燃为止。同样，在母线上也将出现过电压。

二、影响过电压的因素及限制措施

以上分析都是按最严重的条件来进行的，实际上受断路器的灭弧性能、电晕等许多因素的影响，过电压值达不到理论上那么高的数值，而且由于电弧过程的随机性，使这种过电压具有强烈的统计性。

下面介绍影响分闸过电压的主要因素。

1. 断路器的灭弧性能

电弧的重燃和熄灭过程与断路器的灭弧性能直接相关，因而断路器的灭弧性能对这种过电压影响很大。电弧重燃时触头两端的电压越小，过电压越低；重燃的次数越少，过电压也越低。电弧的熄灭过程对过电压也有影响，如果重燃的电弧不是在高频电流首次过零时就立即熄灭，则由于高频分量的衰减将使熄弧后电容C_T上的残余电压降低，从而减少了再次重燃的可能性，也就减少了过电压。采用灭弧能力强的现代断路器，可以防止或减少电弧重燃的次数，因而可使分闸过电压大为降低。

2. 电网中性点接地方式

在中性点有效接地的系统中，各相自成独立的回路，分闸过程与前面讨论的情况相同。但在中性点非有效接地的系统中，三相断路器分闸的不同期性会形成瞬间的不对称电路，中性点将发生位移，可能使某一相的过电压明显增高。一般可估计比中性点有效接地系统中的空载线路分闸过电压高20%左右。

3. 母线上的出线数

当母线上有几回出线时，相当于加大了母线的对地电容，电弧重燃后的一瞬间，断开线路上的残余电荷迅速在各条线路对地电容间重新分配，改变了断开线路上电压的初始值，使得电弧重燃之后暂态过程中稳态值与初始值的差别减小，从而使过电压降低。

4. 线路的电晕损失及电磁式电压互感器

当过电压较高时，线路上将产生强烈的电晕，电晕会消耗过电压的能量，从而限制了过电压的升高。此外，线路侧接有电磁式电压互感器时，线路上的残余电荷将通过互感器泄放，线路上的残余电压很快衰减，从而使重燃后的过电压降低。

限制分闸过电压的主要措施有：

1. 提高断路器的灭弧能力

空载线路分闸过电压产生的根源是断路器中电弧的重燃，提高断路器的灭弧能力和限制触头间的恢复电压是消除或减少重燃次数的两个重要方面。断路器灭弧能力的提高主要通过

采用新的灭弧介质、改善断路器的结构、提高触头的分离速度等措施来实现。空气断路器、SF_6 断路器的灭弧性能很强，开断空载线路时电弧的重燃次数很少。

2. 加装并联电阻

这是降低触头间恢复电压，避免电弧重燃的一个有效措施。如图 9-4（a）所示，在断路器主触头 QF1 上并一分闸电阻 R（1000～3000Ω），然后与辅助触头 QF2 串联，即可实现线路的逐级断开。也可将 QF2 与 R 串联后再与 QF1 并联，如图 9-4（b）所示。分闸时主触头 QF1 先断开，此时 R 就被串联在回路中，抑制了回路中的振荡，而这时 QF1 两端的恢复电压只是电阻 R 上的压降，其值不高，故 QF1 中不易发生电弧的重燃。经 1.5～2 个工频周期，辅助触头 QF2 断开，由于前一阶段回路中的振荡受到了抑制，线路上的残余电压较低，同时由于 R 的接入，线路上的稳态电压也降低，故 QF2 两端的恢复电压也不高，QF2 中也不易发生电弧重燃。即使 QF2 触头间发生电弧重燃，由于电阻 R 的阻尼作用，过电压也会显著降低。

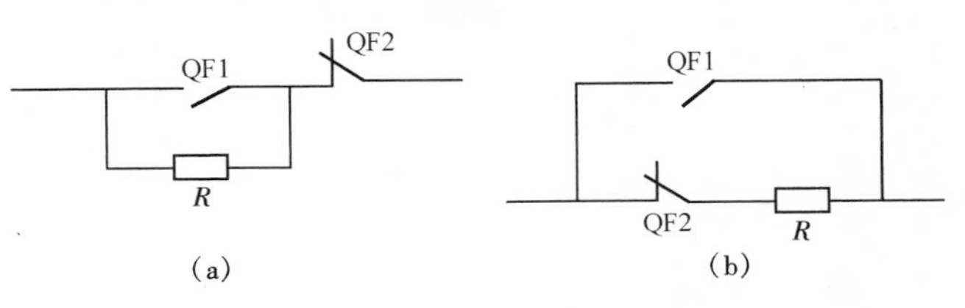

图 9-4　并联分闸电阻的接法

在 220kV 及以下的电网中，不带并联电阻的现代断路器也可将空载线路的分闸过电压降至线路的绝缘水平以下，故 220kV 及以下的断路器不加装并联电阻，用于超高压电网的断路器才带有并联电阻。

3. 利用避雷器来保护

在线路的首端和末端加装 ZnO 或磁吹避雷器，也能有效地限制这种过电压的幅值。

过去由于断路器的重燃问题未能很好解决，空载线路的分闸过电压曾是按操作过电压选择 220kV 及以下线路绝缘水平的控制性因素。现代断路器在灭弧能力上取得了长足的进步，已能基本上达到不重燃的要求，从而使这种过电压在绝缘配合中已降至次要地位。

第二节　空载线路的合闸过电压

在电力系统中，空载线路合闸过电压也是常见的一种操作过电压。空载线路合闸有两种情况，即计划性合闸和自动重合闸。由于初始条件的差别，重合闸过电压是合闸过电压中较严重的情况。

近年来由于高压断路器灭弧性能的改善以及变压器铁芯材料的改进，降低了切除空载线路和切除空载变压器时的过电压，空载线路的合闸过电压问题就显得突出起来了，特别在超高压及特高压电网中，这种过电压成为确定电网绝缘水平的主要依据。

一、计划性合闸引起的过电压

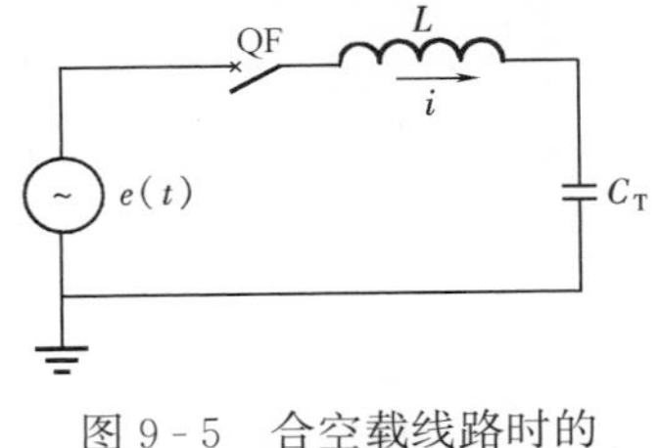

图 9-5　合空载线路时的集中参数等值电路

在计划性合闸之前，线路上一般不存在残余电荷，初始电压为零，在合闸初瞬间的暂态过程中，电源电压通过等值电感 L 对空载线路的等值电容 C_T 充电，回路中将发生高频振荡过程。由于振荡频率很高 $\left(f_0=\dfrac{1}{2\pi\sqrt{LC_T}}\right)$，可以认为在振荡初期电源电压为恒定值，故可按图 9-5 所示的等值电路计算。其中 $e(t)$ 为合闸瞬间的电源电压值，它由合闸时电源的相角决定。考虑最严重的情况，即在电源电压 $e(t)$ 为幅值 E_m 时合闸，此时可以近似看作是将直流电源 E_m 合闸于 L、C_T 构成的振荡回路上，直流电动势 E_m 为电网工频相电压的幅值。由此可得如下回路方程

$$L\frac{\mathrm{d}i}{\mathrm{d}t}+\frac{1}{C_T}\int i\mathrm{d}t=E_m$$

$$i=C_T\frac{\mathrm{d}u_C}{\mathrm{d}t}$$

整理后得

$$u_C+LC_T\frac{\mathrm{d}^2u_C}{\mathrm{d}t^2}=E_m \tag{9-2}$$

其解为

$$u_C=E_m+A\sin\omega_0t+B\cos\omega_0t \tag{9-3}$$

$$\omega_0=1/\sqrt{LC_T}$$

式中 A，B——积分常数。

由初始条件 $t=0$ 时，$u_C=0$，$i=C_T\frac{\mathrm{d}u_C}{\mathrm{d}t}=0$，得

$$A=0,\ B=-E_m$$

故

$$u_C=E_m(1-\cos\omega_0t) \tag{9-4}$$

当 $t=\frac{\pi}{\omega_0}$ 时，$\cos\omega_0t=-1$，即合闸后 $\frac{\pi}{\omega_0}$ 时刻，u_C 达最大值

$$u_{Cmax}=2E_m \tag{9-5}$$

实际上，由于回路存在能量损耗，振荡分量逐渐衰减，线路上的电压要比 $2E_m$ 低。

如果按分布参数等值电路中的波过程来处理，设合闸也发生在电源电压等于幅值 E_m 的瞬间，且忽略能量损耗，则沿线传播到末端的电压波 E_m 将在开路的末端全反射，使电压增大为 $2E_m$，与式（9-5）的结果一致。

二、自动重合闸引起的过电压

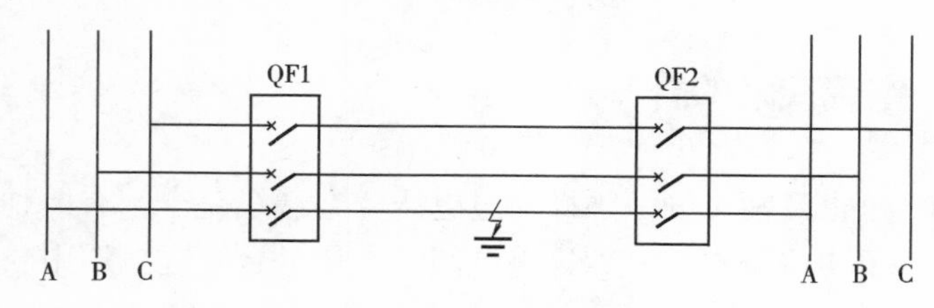

图 9-6 中性点有效接地系统中的单相接地故障和自动重合闸示意图

如图 9-6 所示，如线路的 A 相发生了接地故障，设断路器 QF2 先跳闸，然后断路器 QF1 再跳闸。在 QF2 跳闸后，流过 QF1 健全相的电流为线路的电容电流，所以 QF1 动作后，B、C 两相的触头间的电弧将分别在该相电容电流过零时熄灭，这时 B、C 两相导线上电压绝对值均为 E_m（极性可能不同）。经 0.5s 左右，QF1 或 QF2 自动重合，如果 B、C 两相导线上的残余电荷没有泄漏掉，仍然保持着原有对地电压，在最不利的情况下，B、C 两相中有一相的电源电压在重合瞬间（$t=0$）正好经过幅值，而且极性与该相导线上的残余电压极性（设为“$-E_m$”）相反，那么重合闸后出现的振荡将使该相导线上出现最大的过电压，其值可按下式求得

$$稳态值+(稳态值-初始值)=E_m+[E_m-(-E_m)]=3E_m$$

如果计入电阻及能量损耗的影响，实际振荡过程中线路上的电压要比 $3E_m$ 低。

如果采用的是单相自动重合闸，只切除故障相，而健全相不与电源电压相脱离，那么，

当故障相重合闸时，因该相导线上不存在残余电荷和初始电压，就不会出现上述高幅值重合闸过电压。

三、影响过电压的因素及限制措施

以上对合闸过电压的分析也是考虑最严重的条件，最不利的情况。实际上过电压的幅值会受到一系列因素的影响，其中最主要的有：

（1）合闸相位。由于断路器在合闸时有预击穿现象，即在机械上断路器触头未闭合前，触头间的电位差足够击穿介质，使触头在电气上先行接通。因而，较常见的合闸是接近最大电压时发生的。对油断路器的统计表明，合闸相位多半处在最大值附近的±30°范围之内。但对于快速的空气断路器与六氟化硫断路器，预击穿对合闸相位影响较小，合闸相位的统计分布较均匀，既有0°时的合闸，也有90°时的合闸。

（2）线路损耗。实际线路上的能量损耗主要来源于两方面：一方面是线路存在电阻；另一方面当过电压较高时，线路上将出现冲击电晕，而且过电压倍数越高，冲击电晕越强烈，电晕损失也越大。

显然，无论哪一种形式的能量损耗，能量损耗越大，对过电压的限制作用越显著。

（3）线路残余电压的变化。在自动重合闸的过程中（约0.5s），由于线路残余电荷的泄放，实际上线路残余电压是下降的，因而有助于降低重合闸过电压的幅值。

线路绝缘子存在着一定的泄漏电阻，使线路残余电荷泄放入地。据国外实测，110～220kV线路残余电压下降速度与线路绝缘子的表面状况、气候条件等因素有关，残余电压下降的范围为10%～30%。

如果在线路侧接有电磁式电压互感器，那么它的励磁电感及等值电阻与线路电容构成一阻尼振荡回路，使残余电荷在几个工频周期内即泄放一空。

超高压线路上常接有并联电抗器，所不同的是，并联电抗器的电阻小，使线路上的残余电荷经电抗器呈现弱阻尼的振荡放电，而且由于补偿度较高，使回路的振荡频率接近工频频率。在重合闸时有可能使断路器两侧的电位极性相反，甚至会造成接近反相重合的结果。此时线路上即使接有电磁式电压互感器，亦不会起到泄放电荷的作用，仍可能出现严重的过电压。

实际上并联电抗器的作用是降低空载线路的工频电压升高U_{Cm}，从而降低合闸过电压。

合闸过电压的限制措施主要有：

（1）装设并联合闸电阻。它是限制这种过电压最有效的措施，并联合闸电阻的接法与图9-4中分闸电阻的接法相同，不过这时应先合QF2（辅助触头），后合QF1（主触头）。整个合闸过程的两个阶段对阻值的要求不同：在QF2合闸后的第一阶段，R对振荡起阻尼作用，使过渡过程中的过电压最大值有所降低，R越大，阻尼作用越大，过电压就越小，所以希望选用较大的阻值；经过8～15ms，开始合闸的第二阶段，QF1闭合，将R短接，使线路直接与电源相连，完成合闸操作。第二阶段，R值越大，过电压越大，所以希望选用较小的阻值。在同时考虑两个阶段互相矛盾的要求后，可找出一个适中的阻值，以便同时照顾到这两方面的要求，这个阻值一般处于400～1000Ω的范围内，在此电阻下可将合闸过电压限制到最低。

（2）单相自动重合闸的采用。模拟试验表明，一般情况下，三相自动重合闸、特别是不成功的三相重合，过电压最严重。这主要是由于不对称效应使健全相残余电压高于相电压、空载长线路的电容效应以及相间耦合等原因所致。

因此，为了降低重合闸过电压，超高压系统中多采用单相自动重合闸。在这种操作方式中，由于故障相被切除后，线路上无残余电荷，加之系统零序回路的阻尼作用大于正序回路，甚至会使单相重合闸过电压低于正常合闸过电压。

（3）同电位合闸。所谓同电位合闸，就是自动选择在断路器触头两端的电位极性相同时，甚至电位也相等的瞬间完成合闸操作，以降低甚至消除合闸和重合闸过电压。具有这种功能的同电位合闸断路器在国外已研制成功，它既有精确、稳定的机械特性，又有检测触头电压（捕捉同电位瞬间）的二次选择回路。

（4）利用避雷器保护。安装在线路首端和末端（线路断路器的线路侧）的 ZnO 避雷器或磁吹避雷器，均能对这种过电压进行限制。

避雷器限制合闸过电压是具有一定范围的。模拟计算表明，通常磁吹避雷器限制合闸过电压的保护范围只有 100km 左右，而 ZnO 避雷器由于“动作”电压低，“放电早”，它的保护范围可达 200～300km。

如果采用 ZnO 避雷器，就有可能将这种过电压倍数限制到 1.5～1.6p.u.，因而可不必再在断路器中安装合闸电阻。

第三节　切除空载变压器过电压

切除空载变压器也是电力系统中常见的一种操作。空载变压器在正常运行时表现为一励磁电感，因此切除空载变压器就是开断一个小容量电感负荷，这时会在变压器上和断路器上出现很高的过电压。

一、截流现象分析

产生这种过电压的原因是流过电感的电流在到达自然零值之前就被断路器强行切断，从而迫使储存在电感中的磁场能量转为电场能量而导致电压的升高。实验研究表明，在切断 100A 以上的交流电流时，断路器触头间的电弧通常都是在工频电流自然过零时熄灭；但当被切断的电流较小时（空载变压器的励磁电流很小，一般只有额定电流的 0.5%～5%，约数安到数十安），电弧往往提前熄灭，即电流会在过零之前就被强迫切断（截流现象）。

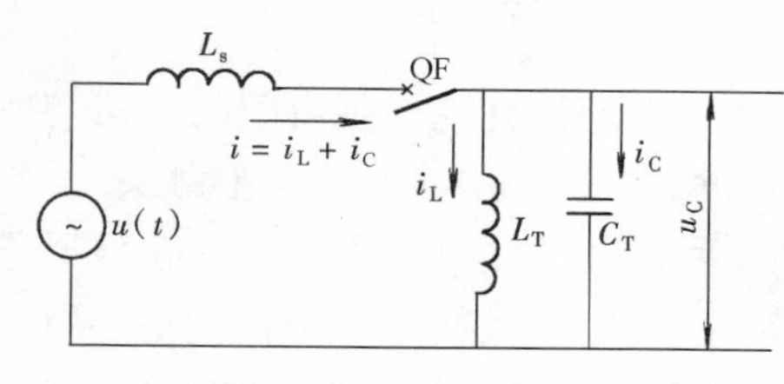

图 9-7　切除空载变压器时的等值电路

为了具体说明这种过电压的发展过程，可利用图 9-7 所示的简化等值电路。图中 L_T 为变压器的励磁电感，C_T 为变压器绕组及连接线的对地电容（其值处于数百到数千微微法的范围内）。在工频电压作用下，$i_C \ll i_L$，因此断路器所要切断的电流 $i = i_L + i_C \approx i_L$，即断路器切断的电流主要是电感电流。

假如电流 i_L 是在其自然过零时被切断，电容 C_T 和电感 L_T 上的电压正好等于电源电压 u 的幅值 U_{phm}，这时 $i_L = 0$，$\frac{1}{2}L_T i_L^2 = 0$，因此 i_L 被切断后的情况是电容 C_T 上的电荷（$q = C_T U_{phm}$）通过电感 L_T 作振荡放电，并逐渐衰减为零（因为存在铁芯损耗和电阻损耗），可见这样的分闸不会引起大于 U_{phm} 的过电压。

如果电流 i_L 在自然过零之前就被切断，设此时 i_L 的瞬时值为 I_0，u_C 的瞬时值为 U_0，

则切断瞬间在电感和电容中所储存的能量分别为

$$W_L = \frac{1}{2}L_T I_0^2$$

$$W_C = \frac{1}{2}C_T U_0^2$$

此后即在 L_T、C_T 构成的振荡回路中发生电磁振荡，在某一瞬间，全部电磁能量均变为电场能量，这时电容 C_T 上出现最大电压 U_{cm}，因而

$$\frac{1}{2}C_T U_{cm}^2 = \frac{1}{2}L_T I_0^2 + \frac{1}{2}C_T U_0^2$$

$$U_{cm} = \sqrt{\frac{L_T}{C_T}I_0^2 + U_0^2} \tag{9-6}$$

若略去截流瞬间电容所储存的能量 $\frac{1}{2}C_T U_0^2$，则

$$U_{cm} \approx \sqrt{\frac{L_T}{C_T}I_0^2} = Z_T I_0 \tag{9-7}$$

式中　Z_T——变压器的特性阻抗，$Z_T = \sqrt{\frac{L_T}{C_T}}$。

在一般变压器中，Z_T 值很大，因而 $\frac{L_T}{C_T}I_0^2 \gg U_0^2$，可见在近似计算中，完全可以忽略 $\frac{1}{2}C_T U_0^2$。

截流现象通常发生电流曲线的下降部分，设 I_0 为正值，则相应的 U_0 必为负值。当断路器中突然灭弧时，L_T 中的电流 i_L 不能突变，将继续向 C_T 充电，使电容上的电压从"$-U_0$"向更大的负值方向增大，如图 9-8 所示，此后在 $L_T - C_T$ 回路中出现衰减性振荡，其频率为

$$f_0 = \frac{1}{2\pi\sqrt{L_T C_T}}$$

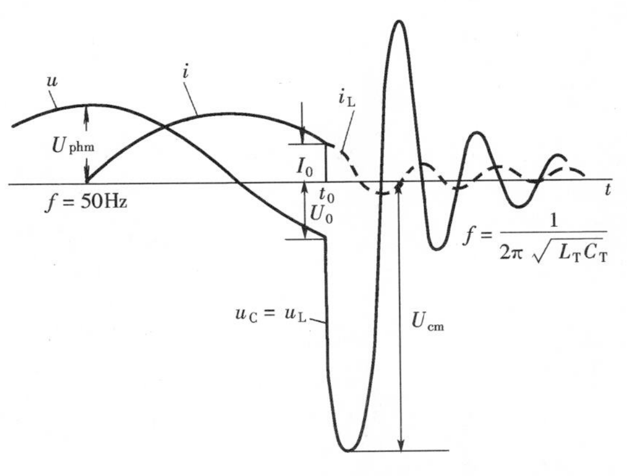

图 9-8　切除空载变压器时的过电压

若设 $I_0 = I_{phm}\sin\alpha$（I_{phm} 为相电流幅值，α 为截流时的相角），因 $U_{phm} \approx 2\pi f L_T I_{phm}$，式（9-7）还可表达为

$$U_{cm} \approx U_{phm}\frac{f_0}{f}\sin\alpha$$

以上介绍的是理想化的切空载变压器过电压的发展过程，实际过程往往要比理想过程复杂得多。断路器触头间会发生多次电弧重燃，不过与切除空载线路相反，这时电弧重燃将使电感中储能越来越小，从而使过电压幅值变小。

二、影响因素与限制措施

过电压幅值与断路器的截断电流 I_0 值有关，其他条件相同时，截断电流值越大，过电压越高。截断电流值与断路器的性能和分断电流（此处即变压器的空载电流）均有关系。试

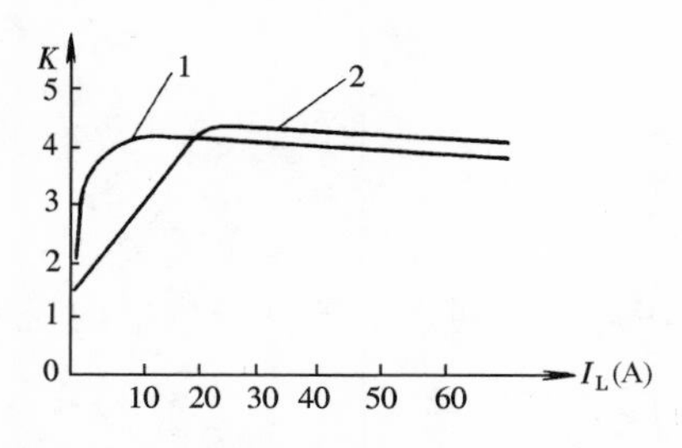

图 9-9　切除空载变压器时的过电压倍数与分断电流的试验曲线图
1—空气断路器；2—油断路器

验表明，对于某一类型的断路器，截流值的大小有很大的分散性，但最大可能截断的电流值则有一定限度，而且基本保持恒定，因而成为一个重要的指标。分断电流较小时，截流值随分断电流的增大而增大，过电压倍数亦随之提高；分断电流超过其最大可能截断电流值时，截断值及过电压倍数则不随分断电流的增大而变化，如图 9-9 所示。分断电流较小时，压缩空气断路器分断小电流时灭弧能力强，截流值大，过电压倍数高；分断大电流时，两种断路器的截流值相差不多，过电压倍数也接近相等。一般压缩空气断路器和油断路器的截流值较大，可达几十安培。采用优质铁磁材料的变压器，空载电流很小，只有几安培。因此，切除空载变压器时的过电压并不严重。

变压器的参数对过电压倍数有直接影响。回路参数 L_T、C_T 与变压器额定电压、额定容量、结构以及对地电容等有关，通常回路的自由振荡频率 f_0 为几百赫。超高压变压器容量大，对地电容大，而且多采用优质铁磁材料，励磁电感也大，所以 f_0 只有工频的几倍，特别是当变压器接有较长的线路或电缆时，由于增大了对地电容，有利于降低过电压。

安装磁吹阀式避雷器或氧化锌避雷器是限制切除空载变压器过电压的有效措施。避雷器的安装位置应该是在断路器的变压器侧，而且在非雷雨季节也不应退出。应该指出，当空载变压器从一侧被切除引起过电压时，其他绕组将通过电磁耦合按变比关系产生同样倍数的过电压。因此，原则上讲，只要绕组接线组别相同，避雷器安装在任何一侧均可起到同样的保护效果。显然装在低压侧更经济而且维护方便；但是，如果两侧绕组接线组别不同，则需根据具体情况选择合适的避雷器。考虑到一般变压器高压绕组的绝缘裕度较中压和低压绕组小，以及限制大气过电压和其他类型操作过电压的需要，高压侧应装设避雷器。

第四节　电弧接地过电压

运行经验表明，电力系统中的大部分故障（60%以上）是单相接地故障。在中性点不接地系统中发生单相接地故障时，经过故障点将流过数值不大的接地电容电流。这时故障相的对地电压变为零，而另外两相的对地电压升高到线电压。但系统三相电源电压仍维持对称，不影响用户继续供电。因此允许带故障运行一段时间（一般为 1.5～2h），以便运行人员查明故障并进行处理，这就大大提高了供电可靠性。

中性点不接地系统中发生单相接地故障时，经过故障点的电容电流在 6～10kV 电网中超过 30A，在 20～60kV 电网中超过 10A 时电弧就难以自动熄灭，又不会形成稳定持续的电弧，可能出现电弧的燃烧与熄灭的不稳定状态。这种间歇性的电弧将导致系统中电感—电容回路的电磁振荡过程，产生遍及全电网的间歇性电弧接地过电压，若不采取措施，可能危及设备绝缘。

一、电弧接地过电压发展的物理过程

图 9-10（a）为中性点绝缘系统发生单相接地故障时的等值电路。图中 C_1、C_2、C_3 分别为各相导线的对地电容，设 $C_1 = C_2 = C_3 = C$，则正常情况下中性点电位为零，即 $\dot{U}_N =$

0。当 A 相接地时，中性点电位升至相电压，$\dot{U}_N=-\dot{U}_A$，健全相导线对地电位升为线电压 $\dot{U}_{BA}$、$\dot{U}_{CA}$，如图 9-10（b）所示，C_2、C_3 中的电流分别领先 $\dot{U}_{BA}$、$\dot{U}_{CA}$ 90°，其绝对值为

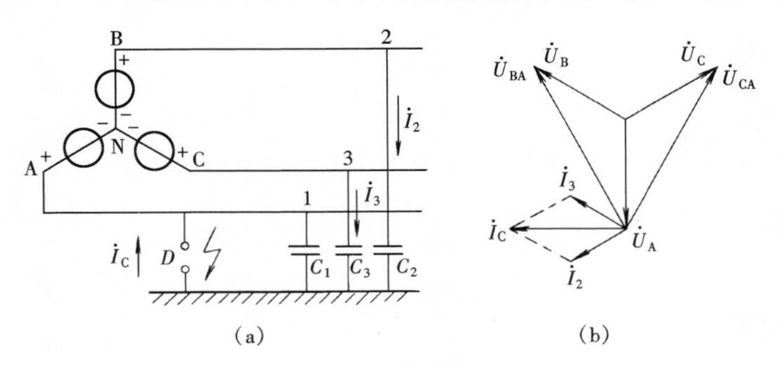

图 9-10　中性点绝缘系统的单相接地故障图
（a）等值电路图；（b）相量图

$$I_2=I_3=\sqrt{3}\omega CU_{ph}$$

式中　U_{ph}——相电压。

故障电流为

$$I_C=\sqrt{3}I_2=3\omega CU_{ph} \tag{9-8}$$

由此可以看出，单相接地时流过故障点的容性电流 I_C 与线路对地电容及系统运行相电压 U_{ph} 成正比。

电弧接地过电压的发展过程和幅值大小与熄弧的时间有关。随着情况不同，有两种可能的熄弧时间：一种是电弧在过渡过程中的高频电流过零时即可熄灭；另一种是电弧要到工频电流过零时才能熄灭。

下面按工频电流过零时熄弧的情况来说明这种过电压的发展机理。

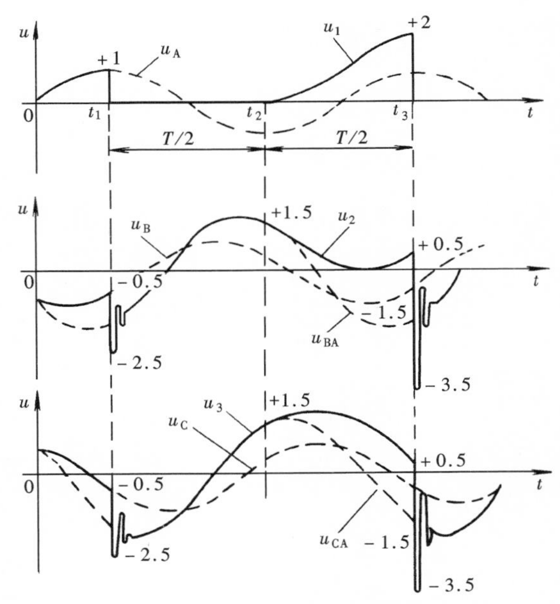

图 9-11　工频熄弧时电弧接地过电压的发展过程

图 9-10（a）所示等值电路中，A 相发生接地故障，设 u_A、u_B、u_C 代表三相电源电压，u_1、u_2、u_3 代表三相线路的对地电压，即三相线路对地电容 C_1、C_2、C_3 上的电压。故障点发弧后，电路中将有一电磁振荡过程。在这个振荡过程中，故障相电容 C_1 上的电荷通过电弧电流泄放入地，电压突降到零。两健全相电容 C_2、C_3 则有一个由电源线电压通过电源内电感 L_s（等值电路中未画出）进行充电的高频振荡过程。图 9-11 画出了过电压的发展过程。

（一）$t=t_1$ 时 A 相发生电弧接地

在图 9-11 中

$u_A=U_{phm}\sin\omega t$，$u_B=U_{phm}\sin(\omega t-120°)$，$u_C=U_{phm}\sin(\omega t+120°)$

$$u_{BA} = \sqrt{3}U_{phm}\sin(\omega t - 150°),\ u_{CA} = \sqrt{3}U_{phm}\sin(\omega t + 150°)$$

设 $t = t_1$ 时刻故障相电源电压达最大值 U_{phm} 时故障点发弧，发弧前 t_1^- 瞬间线路电容上的电压分别为

$$u_1(t_1^-) = U_{phm}$$
$$u_2(t_1^-) = u_3(t_1^-) = -0.5U_{phm}$$

这就是振荡过程的电压起始值。其稳态值则为

$$u_1(t_1^+) = 0$$
$$u_2(t_1^+) = u_{BA}(t_1) = -1.5U_{phm}$$
$$u_3(t_1^+) = u_{CA}(t_1) = -1.5U_{phm}$$

回路的振荡频率则由电路参数决定，即（设 $C_1 = C_2 = C_3 = C$）

$$\omega_0 = \frac{1}{\sqrt{(2C)(1.5L_s)}} = \frac{1}{\sqrt{3L_sC}}$$

若振荡频率远大于电源频率，则可以认为在高频振荡过程中电源电压维持恒定，并且忽略回路损耗，则可能出现的最大过电压值为

$$u_{2m}(t_1) = u_{3m}(t_1) = 2(-1.5U_{phm}) - (-0.5U_{phm}) = -2.5U_{phm}$$

（二）$t = t_2$ 时，A 相接地电弧第一次熄灭

图 9-11 中 t_1 瞬间故障相燃弧后，B、C 相分别发生对电容 C_2、C_3 的高频振荡的充电过程，在 t_1 时刻故障电流 $i_C(t)$ 的工频分量为零［由图 9-10（b）相量图中 $\dot{I}_C$ 落后 $\dot{U}_A 90°$］，t_1 时刻以后的初始阶段 $i_C(t)$ 中主要是很快衰减的高频分量。由于工频电流过零电弧熄灭只可能发生在半个工频周期以后，即发生在 $t_2 = t_1 + \frac{T}{2}$ 时刻，所以故障电弧将持续 0.01s。

$t = t_2$ 时刻第一次熄弧后又要产生过渡过程。熄弧过程的电压起始值为

$$u_1(t_2^-) = 0$$
$$u_2(t_2^-) = u_3(t_2^-) = 1.5U_{phm}$$

熄弧过程的电压稳态值似乎是三相电压在 t_2^+ 时刻的瞬时值。但是，由于系统中性点是绝缘的在熄弧过程中，各电容上的初始电荷仍保留在系统中，所以熄弧后的初始阶段必然有一个很快的电荷重新分配的过程，其结果是使对地绝缘的中性点对地偏移了一个直流电位，其数值为

$$U_{ND} = \frac{0 + 1.5U_{phm}C_2 + 1.5U_{phm}C_3}{C_1 + C_2 + C_3} = U_{phm}$$

这个电荷重新分配过程实际上就是电容 C_2、C_3 通过电源电感对 C_1 充电的高频振荡过程，直到三个电容上电压相等为止。因此故障电弧熄灭后，三个电容上作用有对称三相交流电压及相等的直流电压，熄弧过程的电压稳态值为

$$u_1(t_2^+) = u_A(t_2) + U_{ND} = -U_{phm} + U_{phm} = 0$$
$$u_2(t_2^+) = u_B(t_2) + U_{ND} = 0.5U_{phm} + U_{phm} = 1.5U_{phm}$$
$$u_3(t_2^+) = u_C(t_2) + U_{ND} = 0.5U_{phm} + U_{phm} = 1.5U_{phm}$$

由于 t_2^+ 时刻各相电压的新稳定值与 t_2^- 时刻分别相等，因此 t_2 时刻故障电弧熄灭后将不会出现过渡过程。

（三）$t = t_3$ 时电弧重燃

在 t_2 后半个周期即 $t_3 = t_2 + \frac{T}{2}$ 时，故障相电压达到最大值 $2U_{phm}$，如果这时故障点再次

燃弧，u_1 突然降为零，电路将再次出现过渡过程。这次燃弧过程的电压起始值为

$$u_1(t_3^-) = 2U_{\mathrm{phm}}$$

$$u_2(t_3^-) = u_3(t_3^-) = 0.5U_{\mathrm{phm}}$$

新的稳定值为

$$u_1(t_3^+) = 0$$

$$u_2(t_3^+) = u_{\mathrm{BA}}(t_3) = -1.5U_{\mathrm{phm}}$$

$$u_3(t_3^+) = u_{\mathrm{CA}}(t_3) = -1.5U_{\mathrm{phm}}$$

即线路电容 C_2、C_3 分别被电源通过电源电感由 $0.5U_{\mathrm{phm}}$ 充电至 $-1.5U_{\mathrm{phm}}$，振荡过程中过电压的最大值可达

$$u_{2\mathrm{m}}(t_3) = u_{3\mathrm{m}}(t_3) = 2(-1.5U_{\mathrm{phm}}) - (0.5U_{\mathrm{phm}}) = -3.5U_{\mathrm{phm}}$$

分析可知，以后的“熄弧—重燃”过程将与以上第一次“熄弧—重燃”过程相同，过电压最大值亦相同。

显然，按“工频熄弧理论”分析得到的过电压倍数为 3.5，并不太高，而且从波形图上可以看出过渡过程的特点：过电压的波形具有同一极性，且故障相不会产生振荡过程。

二、影响电弧接地过电压的因素

(1) 电弧的燃烧与熄灭会受到发弧部位的周围媒质和大气条件等的影响。电弧的燃烧与熄灭具有强烈的随机性质，直接影响过电压的发展过程，使过电压数值具有统计性。以上分析是在一定的假定条件下进行的，即第一次发弧及重燃均发生在故障相电压达到最大值的时刻，且熄弧发生在工频电流过零的时刻。大量实测表明，燃弧不一定发生在故障相电压达最大值的时刻；熄弧可能发生在工频电流过零的时刻，也可能发生在第一次或几次高频电流过零的时刻。

(2) 系统参数中输电线路的相间电容及回路损耗对过电压有一定的影响。故障点燃弧后，非故障相的对地电容和与故障相间的相间电容并联在一起，由于燃弧前相间电容与相对地电容上的电压是不同的，因此在发弧后振荡过程之前，还会存在一个电荷重新分配的过程。其结果使健全相电压起始值增高，这就减少了与稳态值的差，从而降低了过电压。

在实际系统中，若为改善功率因素而装设三角形（或星形）连接的电容器组，则相当于加大了相间电容，一般不会产生严重的弧光接地过电压。

至于回路损耗，主要包括电源内阻抗、线路阻抗中的电阻损耗以及电弧本身的弧阻损耗，这些因素都使高频振荡很快衰减，从而使过电压降低。

综上所述，这种过电压的幅值并不太高，通常变压器和其他电气设备及线路的绝缘应能承受得住。但是这种过电压遍及全系统，且持续时间较长，对于绝缘较弱的设备威胁较大，必须予以重视。

三、限制措施

为了限制电弧接地过电压，最根本的防护办法就是防止产生不稳定的电弧，尽量减少其产生的可能性，这可以通过改变中性点接地方式来实现。

（一）采用中性点直接接地方式

这时单相接地将造成很大的单相短路电流，断路器将立即跳闸而切断故障，经过一段短时间歇，待故障点电弧熄灭后再自动重合。如重合成功，可立即恢复送电；如不能成功，断路器将再次跳闸，不会出现断续电弧现象。我国 110kV 及以上电网采用这种中性点接地的

方式，在这些电网中不会出现这种过电压。

（二）采用中性点经消弧线圈接地方式

对于66kV及以下电网来说，采用中性点有效接地方式降低绝缘水平的经济效益不明显，所以大都采用中性点非有效接地方式，以提高供电可靠性。当单相接地流过故障点的电容电流 I_C 达到一定数值时，接地的电弧将难以自熄，需要装设消弧线圈来补偿，方能避免断续电弧出现。

1. 消弧线圈的原理

图9-12（a）所示为中性点经消弧线圈接地系统单相接地故障的等值电路图。为简化分析，忽略回路中的损耗，并设 $C_1=C_2=C_3=C$ 。系统正常运行时三相完全对称，消弧线圈中的电流 $\dot{I}_L=0$ ，中性点电位 $\dot{U}_N=0$。

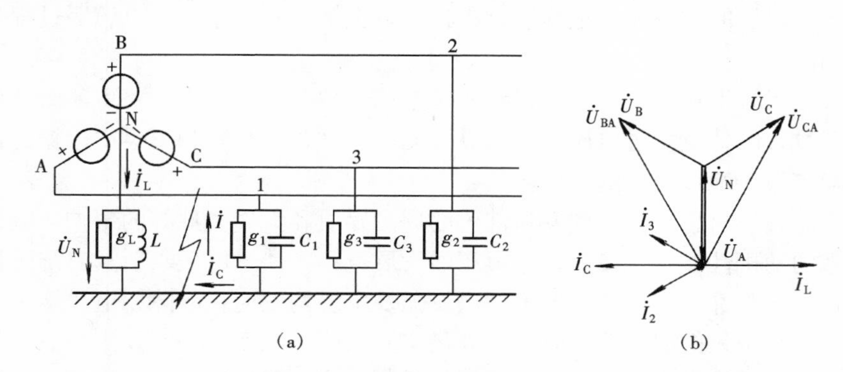

图9-12　中性点经消弧线圈接地系统中单相接地故障

（a）等值电路图；（b）相量图

由前面的分析已知，中性点绝缘系统中发生单相接地故障时，流过故障点的容性电流为

$$I_C=3\omega CU_{ph}$$

中性点电位为

$$\dot{U}_N=-\dot{U}_A$$

因此在图9-12（a）中流经消弧线圈中的电流 $\dot{I}_L$ 与 $\dot{I}_C$ 相位相反，其大小为

$$I_L=\frac{U_{ph}}{\omega L}$$

这样，由于消弧线圈的接入，故障点电流 I 为

$$I=|I_L-I_C|$$

2. 消弧线圈的补偿度

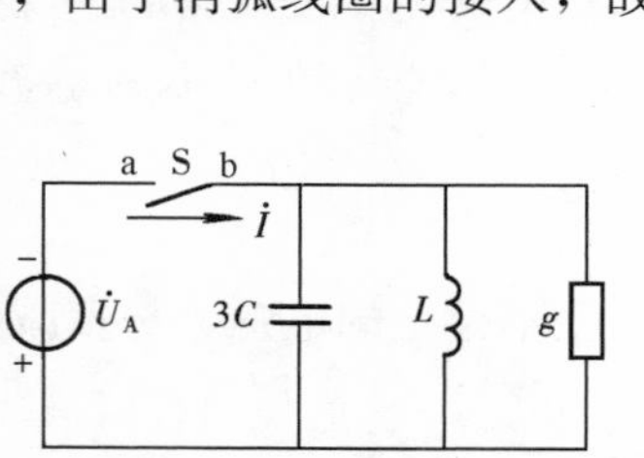

图9-13所示为根据补偿原理得到的单相等值电路，由该等值电路可以分析消弧线圈的补偿作用。图示为 L、C 并联电路，其中电源电动势 $\dot{E}=\dot{U}_A$ 为故障点故障前的稳态电压。

图9-13　消弧线圈的补偿作用分析

为表示由于消弧线圈 L 接入后系统的工作状态，通常引入补偿度或脱谐度的概念。定义电感电流补偿电容电流的百分数为消弧线圈的补偿度 k，即

$$k=\frac{I_L}{I_C}=\frac{\frac{1}{\omega L}}{\omega(C_1+C_2+C_3)}=\frac{\frac{1}{\omega L}}{\omega\cdot 3C}=\frac{\omega_0^2}{\omega^2} \tag{9-9}$$

其中 $\omega_0=\frac{1}{\sqrt{3LC}}$。

脱谐度 ν 定义为

$$\nu=1-k=\frac{I_C-I_L}{I_C}=1-\frac{\omega_0^2}{\omega^2} \tag{9-10}$$

当 $k<1$，$\nu>0$，即 $I_C>I_L$ 时，表示电感电流补偿不足，称为欠补偿；当 $k>1$，$\nu<0$，$I_C<I_L$ 时，表示电感电流补偿过头，称为过补偿；当 $k=1$，$\nu=0$ 时，称为完全补偿。

当 ν 趋于零时，在正常运行时，中性点将产生很大的位移电压。其理由如下：对如图 9-12所示电路，略去三相对地电导 g_1、g_2、g_3 以及消弧线圈的电导时，可以写出接有消弧线圈时的中性点位移电压 $\dot{U}_N$ 为

$$\dot{U}_N=-\frac{\dot{U}_AY_A+\dot{U}_BY_B+\dot{U}_CY_C}{Y_A+Y_B+Y_C+Y_N} \tag{9-11}$$

将 $Y_A=j\omega C_1$, $Y_B=j\omega C_2$, $Y_C=j\omega C_3$, $Y_N=1/j\omega L$ 代入式（9-11）得

$$\dot{U}_N=-\frac{\dot{U}_AC_1+\dot{U}_BC_2+\dot{U}_CC_3}{(C_1+C_2+C_3)-\frac{1}{\omega^2L}}$$

当消弧线圈的脱谐度 $\nu=0$，$\omega=\omega_0$，则有

$$\omega=\frac{1}{\sqrt{L(C_1+C_2+C_3)}}$$

$$\omega^2=\frac{1}{L(C_1+C_2+C_3)}$$

$$C_1+C_2+C_3=\frac{1}{\omega^2L}$$

若 $C_1\neq C_2\neq C_3$，则 $\dot{U}_N$ 表达式中分子不为零，而分母为零，从而中性点位移电压将达到很高数值。

为了避免危险的中性点电位升高，最好使三相对地电容对称。因此在电网中要进行线路换位。但由于实际上对地电容受各种因素影响是变化的，且线路数目也会有所增减，很难做到各相电容完全相等，为此要求消弧线圈不要处于完全调谐（全补偿）工作状态。

通常消弧线圈采用过补偿 5%～10%运行。之所以过补偿首先是因为电网发展过程中可以逐渐发展成为欠补偿运行，不至于像欠补偿那样因为电网的发展而导致脱谐度过大，失去消弧作用。其次是若采用欠补偿，在运行中部分线路可能退出，则可能形成完全补偿，产生较大的中性点偏移，有可能引起零序网络中产生严重的铁磁谐振过电压。中性点经消弧线圈接地后，在大多数情况下能够迅速地消除单相接地电弧而不破坏电网的正常运行，接地电弧一般不重燃，从而把单相电弧接地过电压限制到 2.5 倍以内。

第五节　工频电压升高

作为暂时过电压之一，工频电压升高的倍数虽然不大，一般不会对电力系统的绝缘直接

造成危害，但是它在绝缘裕度较小的超高压输电系统中仍受到很大的注意，这是因为：

（1）工频电压升高大都在空载或轻载条件下发生，与多种操作过电压的发生条件相同或相似，所以它们有可能同时出现，相互叠加，也可以说多种操作过电压往往就是在工频电压升高的基础上发生和发展的，所以在设计高压电网的绝缘时，应计及它们的联合作用。

（2）工频电压升高是决定某些过电压保护装置工作条件的重要依据，例如避雷器的灭弧电压就是按照电网单相接地时健全相上的工频电压升高来选定的，所以它直接影响到避雷器的保护特性和电气设备的绝缘水平。

（3）工频电压升高是不衰减或弱衰减现象，持续的时间很长，对设备绝缘及其运行条件也有很大影响。例如有可能导致油纸绝缘内部发生局部放电、染污绝缘子发生沿面闪络、导线上出现电晕放电等。

下面分别介绍电力系统中常见的几种工频电压升高的产生机理及限制措施。

一、空载长线电容效应引起的工频电压升高

由第四章第五节知，在 L、C 串联电路中，如果容抗大于感抗，电路中将流过容性电流，由于它在电感上的压降与电容上的压降相反，从而使电容上的电压高于电源电压（参见图4-21）。空载长线路可看成是无数个串联连接的 L、C 回路（参见图 5-1），每个 L、C 回路的容抗一般远大于感抗，故线路上的电压高于电源电压，而且离线路首端的距离越远，电压越高，这就是空载线路的电容效应所引起的工频电压升高。

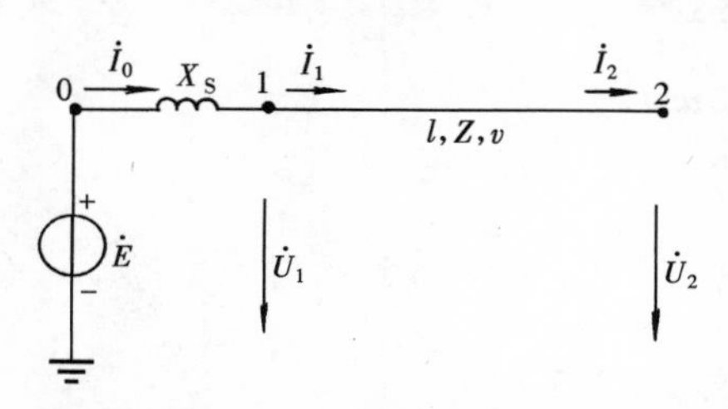

图 9-14 空载线路示意图

图 9-14 为电源带有空载线路的示意图。图中 $\dot{E}$ 为电源电动势，$\dot{U}_1$、$\dot{U}_2$ 分别为线路首端和末端的电压，X_S 为电源感抗。根据无损耗长线的传输方程，可得 $\dot{U}_2$ 与 $\dot{E}$ 的关系为

$$\frac{\dot{U}_2}{\dot{E}} = \frac{1}{\cos\alpha l - \frac{X_S}{Z}\sin\alpha l} \tag{9-12}$$

$$\alpha = \frac{\omega}{v}$$

式中 Z——线路的波阻抗；

α——相位系数；

ω——电源角频率；

v——波速。

如电源容量为无限大，即 $X_S = 0$，则有

$$\frac{\dot{U}_2}{\dot{E}} = \frac{1}{\cos\alpha l} \tag{9-13}$$

这表明线路长度 l 越长，线路末端的工频电压越高。对架空线来说，α 约为 0.06°/km，当 αl=90°，即 l=1500km 时，$U_2 \to \infty$。这时线路电感和电容处于谐振状态，称为 1/4 波长谐振（工频的波长为 6000km）。

当电源容量有限值时，由式（9-12）可以看出，X_S 的存在使线路首端电压升高从而加剧了线路末端的工频电压升高。容量越小，即 X_S 越大，工频电压升高得越严重。因此为了估计最严重的工频电压升高情况，应以系统最小电源容量为依据。在双端电源的电路中，为降低工频电压，线路合闸时，应先合电源容量较大的一侧，后合电源容量较小的一侧；线路分闸时，应先分电源容量较小的一侧，后分电源容量较大的一侧。

在超高压电网中，常采用并联电抗器来限制电容效应引起的工频电压升高。并联电抗器可装设在线路的首端、末端或中部。

二、不对称短路引起的工频电压升高

不对称短路是电力系统中最常见的故障形式，当发生单相或两相对地短路时，健全相上的电压都会升高，其中单相接地引起的电压升高更大一些。此外，阀式避雷器的灭弧电压通常也就是依据单相接地时的工频电压升高选定的，所以下面将只讨论单相接地的情况。

单相接地时，故障点各相的电压、电流是不对称的，为了计算健全相上的电压升高，通常采用对称分量法和复合序网图进行分析。

当 A 相接地时，可求得 B、C 两健全相上的电压为

$$\left.\begin{aligned}\dot{U}_B &= \frac{(a^2-1)Z_0+(a^2-a)Z_2}{Z_0+Z_1+Z_2}\dot{U}_{A0}\\ \dot{U}_C &= \frac{(a-1)Z_0+(a^2-a)Z_2}{Z_0+Z_1+Z_2}\dot{U}_{A0}\end{aligned}\right\} \tag{9-14}$$

式中 $\dot{U}_{A0}$——正常运行时故障点处 A 相电压；

Z_1，Z_2，Z_0——从故障点看进去的电网正序、负序和零序阻抗；

a——算子，$a=e^{j\frac{2\pi}{3}}$。

对于电源容量较大的系统，$Z_1 \approx Z_2$，如再忽略各序阻抗中的电阻分量 R_0、R_1、R_2，则（9-14）可改写成

$$\left.\begin{aligned}\dot{U}_B &= \left[-\frac{1.5\dfrac{x_0}{x_1}}{2+\dfrac{x_0}{x_1}}-j\frac{\sqrt{3}}{2}\right]\dot{U}_{A0}\\ \dot{U}_C &= \left[-\frac{1.5\dfrac{x_0}{x_1}}{2+\dfrac{x_0}{x_1}}+j\frac{\sqrt{3}}{2}\right]\dot{U}_{A0}\end{aligned}\right\} \tag{9-15}$$

$\dot{U}_B$、$\dot{U}_C$ 的模值为

$$U_B=U_C=\sqrt{3}\frac{\sqrt{\left(\dfrac{x_0}{x_1}\right)^2+\left(\dfrac{x_0}{x_1}\right)+1}}{\dfrac{x_0}{x_1}+2}U_{A0}=KU_{A0} \tag{9-16}$$

式中

$$K=\sqrt{3}\frac{\sqrt{\left(\dfrac{x_0}{x_1}\right)^2+\left(\dfrac{x_0}{x_1}\right)+1}}{\dfrac{x_0}{x_1}+2} \tag{9-17}$$

系数 K 称为接地系数，表示单相接地故障时健全相的最高对地工频电压有效值与无故

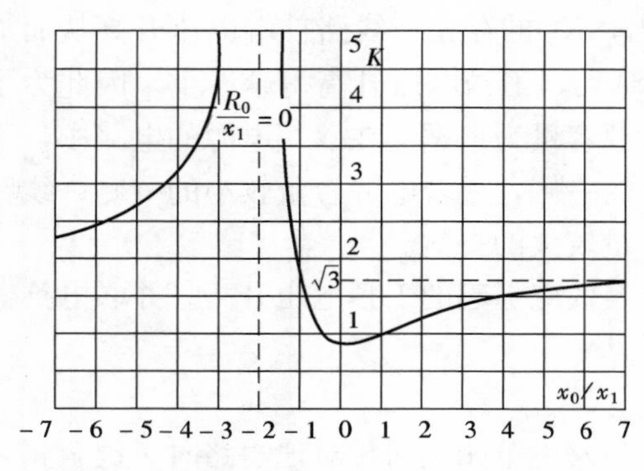

图 9-15　单相接地时健全相的电压升高

障时对地电压有效值之比。根据式（9-17）即可画出图 9-15 中的接地系数 K 与 x_0/x_1 的关系曲线。

下面按电网中性点接地方式分别分析健全相电压升高的程度。

对中性点不接地（绝缘）的 3～20kV 系统，x_0 取决于线路的容抗，故为负值。而 x_1 为正值，x_0/x_1通常在（$-\infty$～-20）的范围内，接地系数 $K<1.1\sqrt{3}$，即单相接地时健全相上的工频电压升高接近线电压的 1.1 倍。故 DL/T 620—1997 规定，采用阀式避雷器时，其灭弧电压按 $1.1U_m$（U_m 为最大运行线电压）选择；采用无间隙氧化锌避雷器时，其持续运行电压按 $1.1U_m$ 选择，额定电压按持续运行电压的 1.25 倍（$1.38U_m$）选择。

对中性点经消弧线圈接地的 35～66kV 系统，在过补偿状态下运行时，x_0 为很大的正值，$x_0/x_1\rightarrow\infty$，$K\rightarrow\sqrt{3}$，即单相接地时健全相上电压接近等于线电压。故 DL/T 620—1997 规定，采用阀式避雷器时，其灭弧电压按 U_m 选择；采用无间隙氧化锌避雷器时，其持续运行电压按 U_m 选择，额定电压按持续运行电压的 1.25 倍选择。

对中性点有效接地的 110～220kV 系统，x_0 为不大的正值，其值与中性点直接接地的变压器的容量有关。当中性点直接接地的变压器占电网总容量的 1/2～1/3，且接地的变压器有三角形绕组时，一般 $x_0/x_1\leqslant 3.5$，$K<0.75\sqrt{3}$，即单相接地时健全相上的电压升高不大于 $0.75U_m$。故 DL/T 620—1997 规定，采用阀式避雷器时，其灭弧电压按 $0.8U_m$ 选择；采用无间隙氧化锌避雷器时，其持续运行电压按 $U_m/\sqrt{3}$选择，额定电压按 $0.75U_m$ 选择。

三、发电机突然甩负荷引起的工频电压升高

当输电线路在传输较大容量时，断路器因某种原因而突然跳闸甩掉负荷，会在原动机与发电机内引起一系列机电暂态过程，这是造成工频电压升高的又一原因。

一方面，在发电机突然失去部分或全部负荷时，通过励磁绕组的磁通因需遵循磁链守恒原则而不会突变，与其对应的电源电动势 E'_d维持原来的数值。原先负荷的电感电流对发电机主磁通的去磁效应突然消失，而空载线路的电容电流对主磁通起助磁作用，使 E'_d反而增大，要等到自动电压调节器开始发挥作用时，才逐步下降。

另一方面，从机械过程看，发电机突然甩掉一部分有功负荷后，因原动机的调速器有一定惯性，在短时间内输入原动机功率来不及减少，将使发电机转速增大，电源频率上升，不但发电机的电动势随转速的增大而升高，而且还会加剧线路的电容效应，从而引起较大的电压升高。

最后，在考虑线路的工频电压升高时，如果同时计及空载线路的电容效应、单相接地及突然甩负荷三种情况，那么工频电压升高可达到相当大的数值（如两倍相电压）。实际运行经验表明：在一般情况下，220kV 及以下的电网中不需要采取特殊措施来限制工频电压升高；但在 330～500kV 超高压电网中，应采用并联电抗器或静止补偿装置等措施，将工频电压升高限制到 1.3～1.4 倍相电压（幅值）以下。

第六节 谐 振 过 电 压

电力系统中包含有许多电感和电容元件，如电力变压器、互感器、发电机、电抗器等均可作为电感元件，而输电线路的对地及相间电容、补偿用的并联和串联电容器组以及高压设备的杂散电容等均可作为电容元件。当系统进行操作或发生故障时，这些电感、电容元件可能构成一系列不同自振频率的振荡回路，在外加电源的作用下，某些振荡回路可能产生串联谐振现象，从而导致系统中的某些部分（或元件）上出现严重的谐振过电压。

所谓谐振，是指振荡回路的固有自振频率与外加电源的频率相等或接近时出现的一种周期性或准周期性的运行状态，其特征是某一个或几个谐波幅值急剧上升。复杂的电感、电容电路可以有一系列的自振频率，而非正弦电源则含有一系列不同频率的谐波，只要某部分电路的自振频率与电源的某一谐波频率相等或接近，这部分电路就会出现谐振现象。谐振是一种稳态现象，可稳定存在 ，直到破坏谐振条件为止。在某些情况下，谐振也可能在振荡一段短暂的时间后自动消失。

电力系统中的有功负荷是阻尼振荡和限制谐振的有利因素，通常只有在空载或轻载的情况下才发生谐振。但如果是由于中性点出现位移电压，同时零序回路参数配合不当而形成的谐振，系统的正序有功负荷不起作用。

电力系统中的电容和电阻元件，一般可认为是线性参数，而电感元件则有线性的、非线性的及周期性变化的。根据振荡回路中所包含的电感元件的特性，谐振可分为线性谐振、铁磁谐振和参数谐振三种类型。

一、线性谐振过电压

谐振回路中的电感为不随电压或电流而变化的线性元件，不带铁芯的电感元件（如输电线路的电感、变压器的漏感）或励磁特性接近线性的带铁芯的电感元件（如消弧线圈，其铁芯中有气隙）均属此类。图 9 - 16 所示为由线性电感元件和系统中的电容元件所构成的串联谐振回路。当回路的自振角频率和电源的频率相等或接近时，电感和电容元件上将出现幅值很高的过电压。

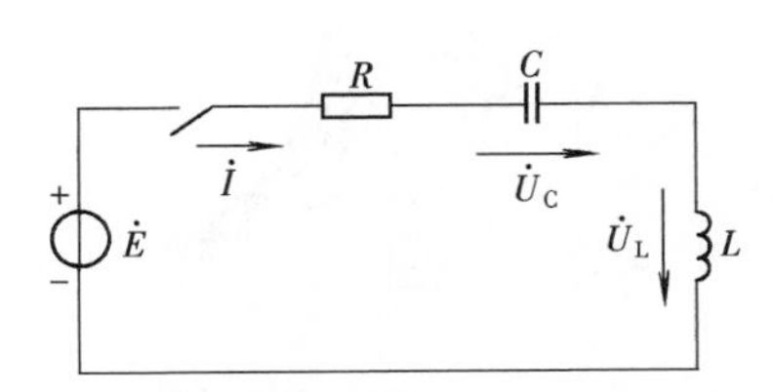

图 9 - 16 线性串联谐振回路

在正弦交流电压作用下，图 9 - 16 中电容上的稳态电压幅值 U_C 可用下式表示

$$U_C = \frac{U_m}{\sqrt{\left[1-\left(\frac{\omega}{\omega_0}\right)^2\right]^2+\left(\frac{2\mu}{\omega_0}\times\frac{\omega}{\omega_0}\right)^2}} \tag{9-18}$$

式中 U_m——电源电压幅值；

ω——电源的角频率；

ω_0——忽略损耗电阻 R 时回路的自振角频率，$\omega_0=\frac{1}{\sqrt{LC}}$；

μ——回路的阻尼率，$\mu=\frac{R}{2L}$。

回路发生谐振的条件为

$$\omega L=\frac{1}{\omega C} \tag{9-19}$$

或写为

$$\omega=\frac{1}{\sqrt{LC}}=\omega_0 \tag{9-20}$$

此时电容上的稳态电压幅值为

$$U_C=U_m\frac{\omega}{2\mu}=\frac{U_m}{R}\times\frac{1}{\omega C}$$

可见U_C与损耗电阻R有关，$R=0$时，U_C将趋于无限大。R增大时，U_C随之降低。R不为零时，U_C的最大值将出现在谐振点左侧附近。将$\frac{\omega}{\omega_0}$看作变量，对式（9-18）求导数，可得当$\frac{\omega}{\omega_0}=\sqrt{1-\frac{2\mu^2}{\omega_0^2}}$时，$U_C$达最大值为

$$U_{Cm}=\frac{U_m}{\frac{2\mu}{\omega_0}\sqrt{1-\left(\frac{\mu}{\omega_0}\right)^2}} \tag{9-21}$$

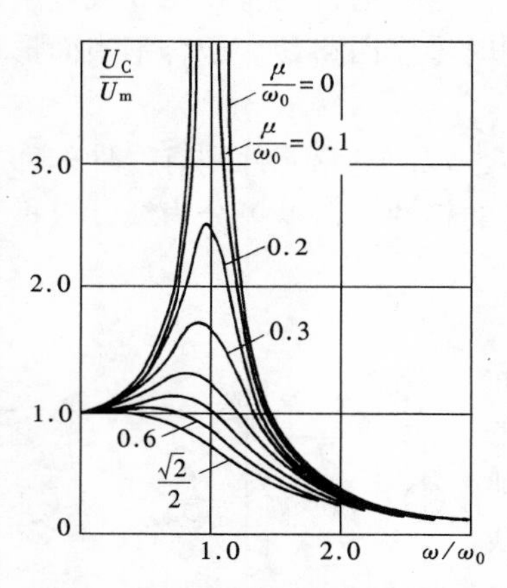

图9-17 不同参数条件下的谐振曲线图

故线性谐振过电压仅由$\frac{\mu}{\omega_0}=\frac{1}{2}\frac{R}{\sqrt{L/C}}$决定。不同参数条件下的谐振曲线如图9-17所示。

在电网的运行过程中，除了空载线路及不对称接地故障时的谐振之外，还有消弧线圈补偿网络的谐振及某些传递过电压的谐振等。

二、铁磁谐振过电压

铁磁谐振发生于含有铁芯电感元件（如空载变压器、电磁式电压互感器）的振荡电路中。由于铁芯电感元件的磁饱和现象，使回路的电感不再是常数，而是随着电压或电流的变化而变化。在一定的条件下，回路中的感抗会出现和容抗相等的情况，从而产生铁磁谐振现象。铁磁谐振具有一系列新的特点。

图9-18所示为最简单的串联铁磁谐振回路。假定正常运行时铁芯电感的感抗大于容抗，即

$$\omega L_0>\frac{1}{\omega C} \tag{9-22}$$

式中 L_0——铁芯电感未饱和时的电感值。

这是产生基波铁磁谐振的必要条件，只有满足该条件，才有可能在铁芯饱和之后，由于电感值的下降而出现感抗等于容抗的谐振条件。

图9-19分别画出了电感上的电压U_L及电容上的电压U_C与电流I的关系（电压、电流均以有效值表示）。若忽略回路电阻R，则回路电感和电容上的电压之和应与电源电动势相平衡，即

$$\dot{E}=\dot{U}_L+\dot{U}_C \tag{9-23}$$

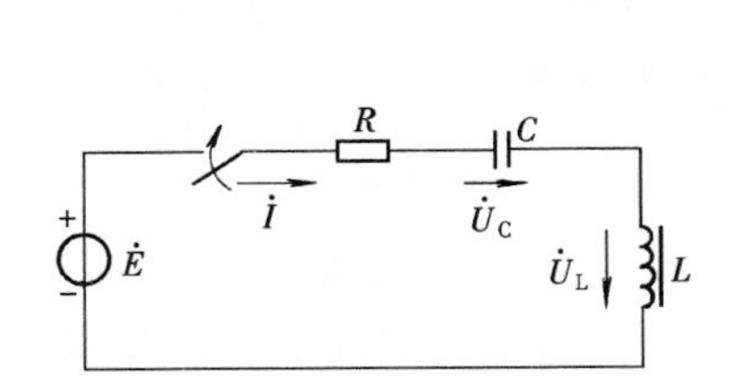

图 9-18　串联铁磁谐振回路

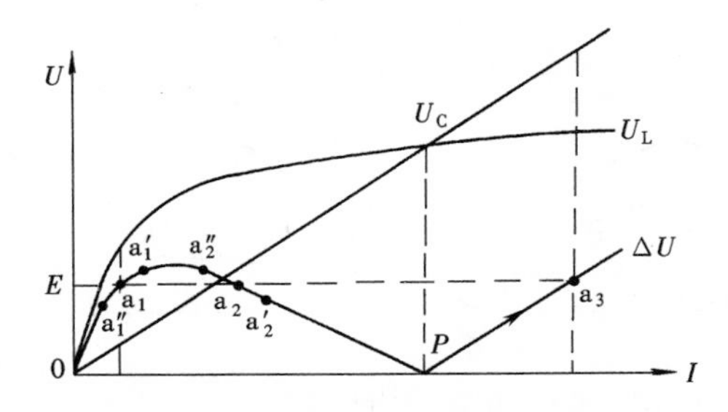

图 9-19　串联铁磁谐振回路的伏安特性

因 $\dot{U}_L$ 与 $\dot{U}_C$ 相位相反，故此平衡方程也可变为

$$E = \Delta U = |U_L - U_C| \tag{9-24}$$

在图 9-19 中也画出了 ΔU 曲线。由图可见，在一定的电动势 E 作用下，回路可能有三个平衡点，即图中的 a_1、a_2、a_3 三点。这三个点虽然都满足电势平衡条件，但不一定都是稳定的。不稳定的平衡点则不能成为实际的工作点。判断某一点是否稳定，可假定有一小扰动使回路状态离开平衡点，然后分析回路状态能否在小扰动以后回到原来的平衡点。若能，则说明该平衡点是稳定的；否则，则说明该平衡点是不稳定的。例如 a_1 点，若回路中电流稍有增加，沿 ΔU 曲线偏离 a_1 点到 a'_1 点，则由于 $E \leqslant \Delta U$，使电流减小回到 a_1 点；相反，若扰动使回路电流稍有减小而下降至 a''_1 点，则由于 $E > \Delta U$，使电流增加回到 a_1 点。因此 a_1 点是稳定的。用同样的方法分析 a_2、a_3 点，可发现 a_3 点也是稳定的，而 a_2 点是不稳定的。

在外加电动势 E 较小时，回路存在着两个可能的工作点 a_1、a_3。处于 a_1 点时，$U_L > U_C$，整个回路呈电感性，这时作用在电感和电容上的电压都不高，电流也不大，回路处于正常的非谐振状态；回路工作在 a_3 点时，$U_L < U_C$，回路呈电容性，此时不仅回路电流较大，而且在电感和电容上都会产生较大的过电压。此时，回路处于谐振状态。要使回路的工作点由 a_1 点跃变至 a_3 点，必须给回路足够强烈的冲击扰动（如电源突然合闸、发生故障或故障消除等），使电流幅值达到谐振所需的数量级，这种需要经过过渡过程来建立谐振的现象称为铁磁谐振的激发。跃变过程中回路电流由感性突然变为容性的现象称为相位反倾。

若外加电动势 E 较大，E 与 ΔU 的交点只有一个，即回路只有一个稳定的谐振工作点，这时不需要激发，回路就处于谐振状态，这种现象称为自激现象。

在发生铁磁谐振时，感抗和容抗相等的情况出现在谐振的激发过程中，这一状态并不能稳定存在，随着振荡的发展，回路将最终稳定在 a_3 点，故通常把 a_3 点称为谐振点。

如果考虑损耗电阻，则回路的总压降为

$$\Delta U' = \sqrt{(\Delta U)^2 + (IR)^2}$$

$\Delta U'$ 曲线如图 9-20 所示。由于 R 的存在，曲线 ΔU 往上抬高，使谐振时电感和电容上的过电压有所降低。当 R 增加到一定的数值时，回路只可能有一个稳定的非谐振工作点，从而消除了谐振的可能性。

以上分析了基波铁磁谐振的情况。实际中由于谐振回路的电感不是常数，回路没有固定的自振频率，除可能出现基波谐振外，还可能出现其他频率的谐振现象。当谐振频率为工频的整数倍（如 3 倍、5 倍等）时，回路的谐振称为高次谐波谐振；同样的回路也可能出现谐振频率等于工频的分数倍的谐振，称为分次谐波谐振。

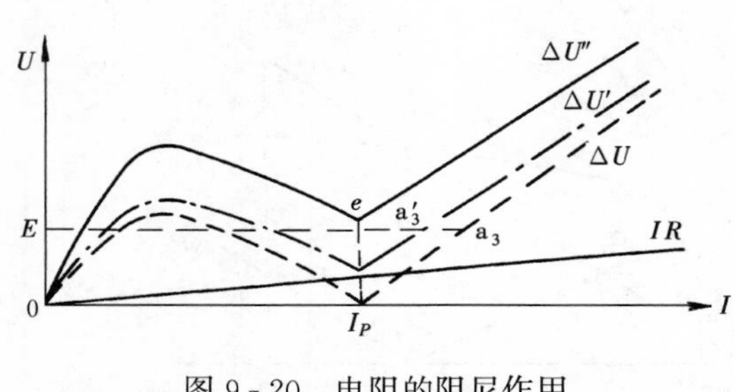

图 9-20 电阻的阻尼作用

与基波铁磁谐振的条件类似，产生第K次谐波谐振的条件为回路中的非线性电感的第K次谐波未饱和感抗大于第K次谐波容抗，即

$$K\omega L_0 > \frac{1}{K\omega C} \tag{9-25}$$

分析表明，在电源为工频时，产生谐波谐振的能量是通过电感的非线性因素从电源转化而来的。

三、参数谐振过电压

在含有周期性变化的电感回路中，当感抗周期性变化的频率为电源频率的偶数倍，并有一定的容抗配合时，就可能发生参数谐振过电压。

水轮发电机正常运行时，其电抗在$x_d \sim x_q$之间周期性变化；在异步工作状态，无论水轮发电机还是汽轮发电机，它们的电抗在$x'_d \sim x_q$之间周期性变化，变化频率均为工频的两倍，如果发电机带有空载线路，其容抗参数与发电机感抗配合的当时就有可能出现这种过电压。此时，即使发电机的励磁电流很小，甚至为零，发电机的端电压和电流幅值也会急剧上升，这种现象也称为发电机的自励磁或自励磁过电压。

采用快速自动调节励磁装置、增大振荡回路的阻尼电阻等措施，一般可消除上述过电压。

习　　题

9-1　切除空载线路和切除空载变压器时为什么会产生过电压？断路器中电弧的重燃对这两种过电压有什么不同的影响？

9-2　空载线路合闸过电压产生的原因是什么？影响过电压的因素主要有哪些？

9-3　带并联电阻的断路器为什么可以限制空载线路的分、合闸过电压？它们对并联电阻的要求是否一致？

9-4　电弧接地过电压产生的原因是什么？消除这种过电压的途径是什么？

9-5　引起工频电压升高的原因主要有哪些？为什么超高压电网中特别重视工频电压升高问题？

9-6　避雷器的灭弧电压是如何确定的？为什么分为80%及110%两大类？

9-7　铁磁谐振过电压是如何产生的？它与线性谐振过电压有什么不同？

第十章　电力系统的绝缘配合

电力系统的绝缘包括输电线路的绝缘和发、变电站中电气设备的绝缘，它们在运行过程中除了要求受长期最大工作电压的作用外，还要承受雷电过电压和各种内部过电压的作用。各种绝缘的绝缘水平和作用于绝缘上的各种电压是矛盾的两个方面：如果在某一额定电压下所选择的绝缘水平太低，则会使绝缘闪络或击穿的概率增大，电力系统运行的可靠性降低；如果所选择的绝缘水平太高，则又会使投资大大增加，造成不必要的浪费。绝缘配合就是要合理处理这一矛盾，以达到在经济上和安全运行上总体效益最高的目的，它是一个涉及面很广的综合性课题。

本章着重介绍绝缘配合的原则和方法。

第一节　中性点接地方式对绝缘水平的影响

电力系统中性点接地方式是一个涉及面很广的综合性技术课题，它对电力系统的供电可靠性、过电压与绝缘配合、继电保护、通信干扰、系统稳定等方面都有很大的影响。通常将电力系统中性点接地方式分为非有效接地（不接地、经消弧线圈接地）和有效接地（直接接地、经小阻抗接地）两大类。这样的分类方法从过电压和绝缘配合的角度看也是特别合适，因为在这两类接地方式不同的电网中，过电压水平和绝缘水平都有很大的差别。

一、最大长期工作电压

在非有效接地系统中，由于单相接地故障时并不需要立即跳闸，而可以继续带故障运行一段时间（如 2h），这时健全相上的工作电压升高到线电压，再考虑最大工作电压可比额定电压 U_N 高 10%～15%，其最大长期工作电压为（1.1～1.15）U_N。

在有效接地系统中，最大长期工作电压仅为（1.1～1.15）$\frac{U_N}{\sqrt{3}}$。

二、雷电过电压

不论原有的雷电过电压波幅值有多大，实际作用到绝缘上的雷电过电压幅值均取决于阀式避雷器的保护水平。由于阀式避雷器的灭弧电压是按最大长期工作电压选定的，因而有效接地系统中所用避雷器的灭弧电压较低，相应的火花间隙和阀片数较少，冲击放电电压和残压也较低，一般约比同一电压等级，但中性点为非有效接地系统中的避雷器低 20%左右。

三、内部过电压

在有效接地系统中，内部过电压是在相电压的基础上发生和发展的，而在非有效接地系统中，则有可能在线电压的基础上发生和发展，因而前者也要比后者低 20%～30%。

综合以上三方面的原因，中性点有效接地系统的绝缘水平可比非有效接地系统低 20%左右。但降低绝缘水平的经济效益大小与系统的电压等级有很大的关系：在 110kV 及以上的系统中，绝缘费用在总建设费用中所占比重较大，因而采用有效接地方式以降低系统绝缘水平在经济上好处很大，成为选择中性点接地方式时的首要因素；在 66kV 及以下的系统中，绝缘费用所占比重不大，降低绝缘水平在经济上的好处不明显，因而供电可靠性上升为首要考虑因素，所以一般均采用中性点非有效接地方式。

第二节 绝缘配合的原则

所谓绝缘配合，就是综合考虑电气设备在系统中可能承受的各种作用电压（工作电压及过电压）、保护装置的特性和设备绝缘对各种作用电压的耐压特性，合理地确定设备必要的绝缘水平，以使设备造价、维护费用和设备绝缘故障引起的事故损失达到在经济上和安全运行上总体效益最高。这就是说，在技术上要处理好各种作用电压、限压措施以及设备绝缘耐压能力三者之间的互相配合关系，在经济上要协调投资费、维护费及事故损失费三者的关系。这样，既不因绝缘水平取得高，使设备尺寸过大及造价昂贵，造成不必要的浪费；也不会由于绝缘水平取得低，使设备在运行中的事故率增加，导致停电损失和维护费用大增，最终造成经济上的浪费。

绝缘配合的最终目的就是确定电气设备的绝缘水平。所谓电气设备的绝缘水平是用设备绝缘可以承受（不发生闪络、放电或其他损坏）的试验电压值来表示的。对应于设备绝缘可能承受的各种作用电压，在进行绝缘试验时，有以下几种试验类型：①短时（1min）工频试验；②长时间工频试验；③操作冲击试验；④雷电冲击试验。其中短时工频试验用来检验设备在工频运行电压和暂时过电压下的绝缘性能，若内绝缘的老化和外绝缘的污秽对工频运行电压及过电压下的性能有影响时，需作长时间工频试验。至于其他两种冲击试验则分别用来检验设备绝缘耐受冲击过电压的性能。

进行绝缘配合时，必须计及不同电压等级、系统结构等诸因素的影响，以及具体情况，灵活处理。

第一，对不同电压等级的系统，绝缘配合的具体原则是不同的。

在不同电压等级的系统中，正常运行条件下的工频电压不会超过系统的最高工作电压，这是绝缘配合的基本参数。然而，其他几种作用电压在绝缘配合中的作用则因系统电压等级的不同而不同，因此在高压及超高压系统中绝缘配合的具体原则不同，绝缘试验类型的选择亦有差别。

对于220kV及以下的系统，一般以雷电过电压决定设备的绝缘水平。即以避雷器的保护水平为基础确定设备的绝缘水平，并保证输电线路具有一定的耐雷水平。由于这样决定的绝缘水平在正常情况下能耐受内过电压的作用，因此一般不采用专门的限制内部过电压的措施。

随着电压等级的提高，操作过电压的幅值将随之升高，所以在超高压电力系统(≥330kV)的绝缘配合中，操作过电压将逐渐起控制作用。因此，超高压系统中一般都采用专门的限制内部过电压的措施，如并联电抗器、带有并联电阻的断路器及氧化锌避雷器等。由于对限压措施的要求不同，绝缘配合的作法也不同。我国主要通过改进断路器的性能，将操作过电压限制到预定的水平，同时以避雷器作为操作过电压的后备保护。这样，设备的绝缘水平实际上是以雷电过电压下避雷器的保护特性为基础确定的。

第二，在技术上要力求做到作用电压与绝缘强度的全伏秒特性配合。为此要求具有一定伏秒特性和伏安特性的避雷器能将过电压限制在设备绝缘耐受强度以下，这个要求是通过避雷器与设备绝缘强度的全伏秒特性配合来实现的。

图 10-1 所示为典型的变压器按避雷器全伏秒特性进行配合的示意图。由于作绝缘试验时，只能以某几种波形的电压进行，因此所谓全伏秒特性配合，实际上是在伏秒特性曲线上的某几点上进行协调。应当强调的是：

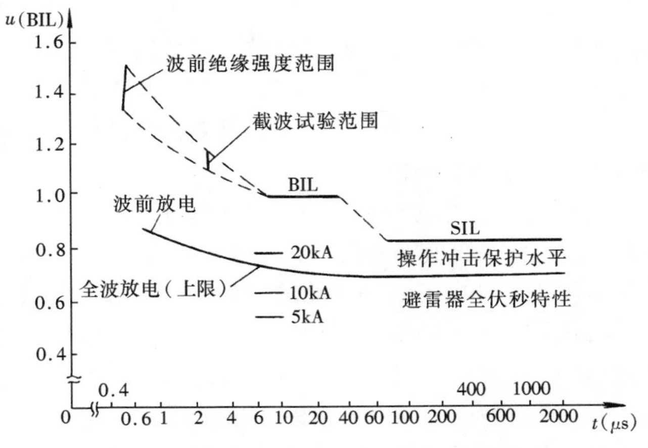

图 10-1　超高压避雷器与变压器全伏秒特性配合示意图
BIL—雷电基本冲击绝缘水平；SIL—操作基本冲击绝缘水平

（1）在最大长期工作电压、暂时过电压、雷电过电压和操作过电压的绝缘配合中，还应考虑陡波作用下对避雷器的雷电冲击保护水平的影响。

（2）在估计设备上的作用电压时，应考虑到避雷器的作用和特性，以及避雷器特性的不断改善。通常的作法是以避雷器的保护水平为基础，取一定的裕度。

（3）对于可能持续时间较长的暂时过电压，应该考虑暂时过电压的大小和持续时间与变压器等设备绝缘的允许过电压和时间的关系，使避雷器在这种暂时过电压下能够正常运行、且有适当的裕度。

（4）在绝缘配合中不考虑谐振过电压，在系统设计中及运行操作中应避免这种过电压的产生。

第三，为兼顾设备造价、运行费用和停电损失等的综合经济效益，绝缘配合的原则需因不同的系统结构、不同的地区以及不同的发展阶段而有所不同。

第四，对于输电线路的绝缘水平，一般不需要考虑与变电站的绝缘配合。通常是以保证一定的耐雷水平为前提，基本上由工作电压和操作过电压决定。但是，在污秽地区或操作过电压被限制到较低值的情况下，线路的绝缘水平则主要由最大工作电压决定。

第五，应从运行可靠性的角度出发，选择合理的绝缘水平，以使各种电压作用下设备绝缘的等效安全系数都大致相同。

以上各条原则只是分别反映出某一方面因素对绝缘配合的影响，在绝缘配合中必须综合考虑各种影响因素，并借鉴国内外类似系统的运行经验，从经济、技术的角度进行全面的分析比较，才能确定合理的绝缘水平。

第三节　绝缘配合的惯用法

绝缘配合的方法有惯用法、统计法和简化统计法等，除了在 330kV 及以上的超高压线路的绝缘（均为自恢复绝缘）设计中采用统计法以外，在其他情况下主要采用的仍均为惯用法。

应用惯用法时，首先确定设备上可能出现的最危险的电压，然后根据运行经验乘上一个考虑各种因素的影响和有一定裕度的配合系数，可得出应有的绝缘水平。由于过电压水平幅值和绝缘强度都是随机变量，很难估计它们的上限和下限，因此，用这种方法决定绝缘水平，需要有较大裕度，而且也不可能定量地估计可能的事故率。

由于220kV（其最大工作电压为252kV）及以下电压等级（高压）和220kV以上电压等级（超高压）电力系统在过电压保护种类、幅值、防护措施以及绝缘耐压试验项目、绝缘裕度等方面都存在差异。在进行电力系统绝缘配合时，按系统最高运行电压分成如下两个电压范围：范围Ⅰ，$3.5kV \leqslant U_m \leqslant 252kV$；范围Ⅱ，$U_m > 252kV$。

确定电气设备绝缘水平的基础是避雷器的保护水平。避雷器的保护水平包括雷电冲击保护水平和操作冲击保护水平。

阀式避雷器雷电冲击保护水平等于下面三个电压中的较大者：①在标称放电电流波形（如8/20μs）和幅值下的残压；②磁吹避雷器1.2/50μs标准雷电冲击放电电压上限；③磁吹避雷器规定陡度下的冲击波波前放电电压最大值除以1.15。

氧化锌避雷器的雷电保护水平为下列两个电压的较大者：①雷电冲击电流下的残压（电流波形为7～9/18～22μs标称放电电流为5、10、20kA）；②陡波冲击电流（电流波前时间为1μs，峰值与标称雷电冲击电流相同）下的残压除以1.15。

避雷器的操作冲击保护水平（针对330～500kV设备），对于阀式避雷器为下列两个电压的较大者：①250/2500μs标准操作冲击波的最大放电电压；②规定操作冲击电流下的残压。

对于氧化锌避雷器则等于操作冲击电流（电流的波形为30～100/60～200μs，电流的峰值对220kV及以下系统的避雷器为0.5kA，330kV系统的避雷器为1kA，500kV系统的避雷器为2kA）下的残压值。

在确定避雷器保护水平后，考虑绝缘配合的原则，然后取一定的安全裕度系数，即可确定设备的冲击绝缘水平。

一、雷电过电压下绝缘配合

电气设备在雷电过电压下的绝缘水平通常用它们基本冲击绝缘水平（BIL）来表示（也称额定雷电冲击耐压水平），可由下式求得

$$\mathrm{BIL} = K_l U_{P(l)} \tag{10-1}$$

式中　$U_{P(l)}$——阀式避雷器在雷电过电压下的保护水平，kV，可简化为标称雷电流下的避雷器的残压U_r；

K_l——雷电过电压下的配合系数，其值为1.2～1.4。

国际电工委员会（IEC）规定$K_l \geqslant 1.2$，我国规定在电气设备与避雷器相距很近时取1.25，相距较远时取1.4，即

$$\mathrm{BIL} = (1.25 \sim 1.4) U_r \tag{10-2}$$

二、操作过电压下的绝缘配合

（1）对范围Ⅰ的各级系统变电站内所装的阀式避雷器只用作雷电过电压的保护。对内部过电压，阀式避雷器不应该动作以免损坏，但依靠其他降压或限压措施加以抑制，而绝缘本身应能耐受可能出现的内部过电压。

国家标准DL/T 620—1997对范围Ⅰ的各级系统所推荐的操作过电压计算倍数K为：66kV及以下（非有效接地系统），4.0；35kV及以下低电阻接地系统，3.2；110kV及220kV有效接地系统，3.0。

对这一类变电站中的电气设备来说，其操作冲击水平（SIL）（也称额定操作冲击耐压水平）的计算式为

$$SIL = K_S K K_{phm} \tag{10-3}$$

式中　K_S——操作过电压下的配合系数，其取值范围 1.15～1.25。

（2）对于范围Ⅱ的电力系统，普遍采用氧化锌或磁吹避雷器来同时限制雷电与操作过电压，这时的最大操作过电压幅值将取决于避雷器的操作过电压保护水平 $U_{P(S)}$。

对于这一类变电站的电气设备来说，其操作冲击绝缘水平的计算式为

$$SIL = K_S U_{P(S)} \tag{10-4}$$

操作过电压下的配合系数 K_S 较雷电过电压下的配合系数 K_l 为小，主要是因为操作波的波前陡度远比雷电波小，并且被保护设备与避雷器之间的电气距离对避雷器操作保护效果的影响较雷电冲击保护效果小。

三、工频绝缘水平的确定

在范围Ⅰ的系统中，除了型式试验要进行雷电冲击和操作冲击试验外，一般只做短时（1min）工频耐压试验。实际上这种工频试验电压值是由设备的 BIS 和 SIL 共同决定的，这主要是基于雷电或操作冲击对绝缘的作用，在某种程度上可用工频电压等效。工频耐受电压与雷电、操作过电压的等价关系如图 10-2 所示。图中 β_l、β_S 分别为雷电和操作冲击电压换算为等值工频电压用的冲击系数。β_l 通常可取 1.48，β_S 为 1.3～1.35（66kV 及以下取 1.3，110kV 及以上取 1.35）。

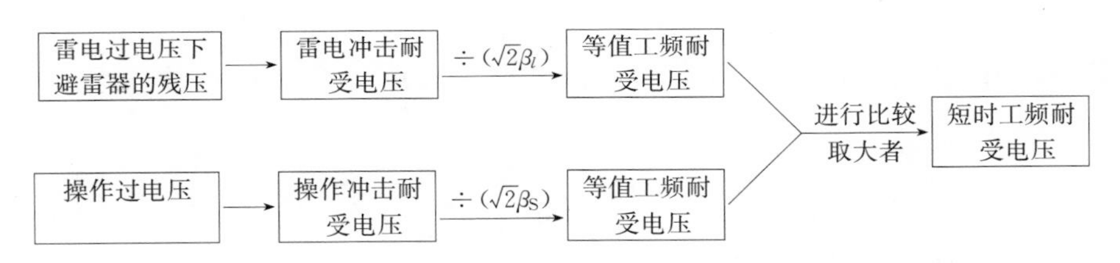

图 10-2　工频耐受电压与雷电、操作过电压的等价关系

为统一规范，BIL 和 SIL 值应从下列标准中取，不宜使用中间值，即 325、450、550、650、750、850、950、1050、1175、1300、1425、1550、1675、1800、1950、2100、2250、2400、2550、2700kV。

可见，凡是能通过工频耐压试验，可以认为设备绝缘在雷电和操作过电压作用下均能可靠的运行。由于工频试验简单方便，220kV 及以下设备的出厂试验应做工频耐压试验，而超高压设备的出厂试验只在试验条件不具备时，才允许用工频耐压试验代替。

根据电力系统的发展情况及电器制造水平，结合我国运行经验，并参考国际电工委员会的配合标准，在国家标准 GB 311.1—1997《高压输变电设备的绝缘配合》中对这个电压等级的输变电设备的绝缘水平和试验电压作出了明确的规定，见附表 B-1～附表 B-5。

【例 10-1】　某 500kV 变电站，母线避雷器额定电压为 420kV，20kA 雷电流残压为 1046kV。断路器线路侧避雷器的额定电压和残压分别为 444kV 和 1106kV；变电站避雷器在操作过电压作用下的残压分别为 858kV 和 907kV，求变压器的 BIL 和 SIL 以及其他设备的 BIL 和 SIL。

解　变压器绝缘雷电冲击耐受电压为

$$BIL = 1.4 \times 1046 = 1464(kV)$$

按标准取 BIL=1550kV。

其他设备绝缘的雷电冲击耐受电压为

$$BIL = 1.4 \times 1106 = 1548(kV)$$

取 BIL=1550kV。

变压器绝缘操作冲击耐受电压为

$$SIL = 1.15 \times 858 = 986.7(kV)$$

取 SIL=1050kV。

其他设备绝缘的操作冲击耐受电压为

$$SIL = 1.15 \times 907 = 1043.1(kV)$$

取 SIL=1050kV 或 1175kV。

【例 10-2】 某变电站 110kV，避雷器额定电压为 100kV，5kA 雷电流式的残压为 260kV，求额定短时工频耐受电压。

解 设备绝缘雷电冲击耐受电压为

$$BIL = 1.4 \times 260 = 364(kV)$$

按标准取 BIL=450kV。

已知 110kV 系统计算用操作过电压倍数 $K=3$，则操作冲击耐受电压为

$$SIL = 1.15 \times 3 \times \frac{1.15 \times 110\sqrt{2}}{\sqrt{3}} \approx 356(kV)$$

将 BIL 和 SIL 转换至短时工频值，雷电冲击系数 $\beta_l = 1.48$ 操作冲击系数 $\beta_S = 1.35$，则有

$$\frac{450}{1.48\sqrt{2}} \approx 215(kV)，\frac{356}{1.35\sqrt{2}} \approx 187(kV)$$

选其中的较大者为 215kV，参照标准值，取其额定短时工频耐受电压为 230kV。

第四节 绝缘配合的统计法

惯用法以过电压的上限与绝缘电气强度的下限作绝缘配合，而且还要留出足够的裕度，以保证不发生绝缘故障。实际上，过电压和绝缘的电气强度都是随机变量，无法严格地求出它们的上、下限，而且根据经验选定的安全裕度（配合系数）带有一定的随意性。从经济的角度来看，特别是对超、特高压输电系统来说，用惯用法确定绝缘水平过于保守也不合理，不符合优化总经济指标的原则，因此从 20 世纪 70 年代以来，国际上开始采用统计法对自恢复绝缘进行绝缘配合。

绝缘配合的统计法是根据过电压幅值和绝缘耐压强度都是随机变量的实际情况，在已知过电压幅值及绝缘闪络电压的统计特性后，用计算方法求出绝缘闪络的概率和线路跳闸率，在技术经济比较的基础上，正确地确定绝缘水平。

设 $f(u)$ 为过电压概率密度函数，$P(u)$ 为绝缘放电概率分布函数，如图 10-3 所示。设 $f(u)$ 与 $P(u)$ 是不相关的，$f(u_0)\mathrm{d}u$ 为过电压在 u_0 附近 $\mathrm{d}u$ 范围内出现的概率，$P(u_0)$ 为在过电压 u_0 作用下绝缘放电的概率。因二者是互相独立的，由概率积分的计算式得到出现这样

高的过电压并使绝缘放电的概率为

$$dR = P(u_0)f(u_0)du \qquad (10-5)$$

式中　dR——微分故障率，即图 10-3 中阴影部分的面积。

通常只按过电压的绝对值进行统计（正、负极性约各占一半），且高于最大运行相电压幅值 U_{phm} 时才作为过电压，所以将式（10-5）在 U_{phm} 到∞（或到某一值为止）积分可得故障率 R，即

$$R = \int_{U_{phm}}^{\infty} P(u)f(u)du \qquad (10-6)$$

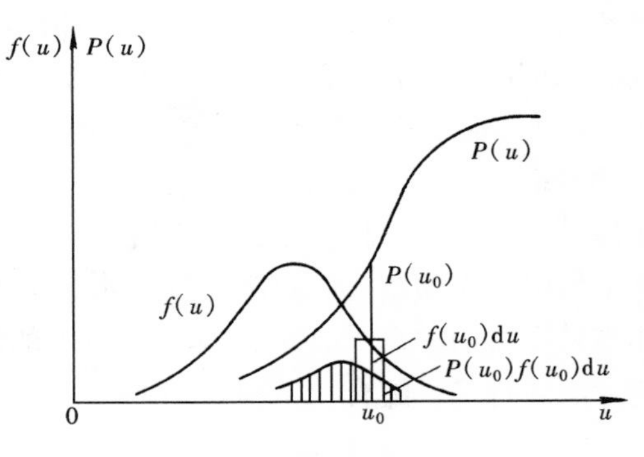

图 10-3　绝缘故障率的估算

一般绝缘在负极性操作冲击下的耐压强度较高，若忽略负极性下的故障率，则绝缘在操作过电压下故障率的估计值为

$$R = \frac{1}{2}\int_{U_{phm}}^{\infty} P(u)f(u)du \qquad (10-7)$$

由式（10-7）可知，故障率 R 是图 10-3 中总的阴影部分的面积。若增加绝缘强度，曲线 $P(u)$ 向右移动，阴影面积减小，绝缘故障率降低，但设备投资增加。因此用统计法可按需要对敏感性因素作调整，进行一系列试验设计与故障率的估算，根据技术经济比较在绝缘成本和故障率之间进行协调，在满足预定的故障率的前提下，选择合理的绝缘水平。

利用统计法进行绝缘配合时，绝缘裕度不是选定的某个固定数，而是与绝缘故障的一定概率相对应。

利用统计法进行故障率计算时，可以不必检验过电压幅值的概率属于什么分布，而直接利用暂态网络分析仪（TNA）上得到的概率分布进行计算。

统计法的主要困难在于随机因素较多，而且某些随机因素的统计规律还有待于资料累积与认识。例如，气象条件的影响；过电压波形中只考虑了幅值最大的峰值，其余峰值均未考虑；绝缘的特性是在标准操作波形下得到的等。因此，按式（10-7）算出的故障率通常比实际值大许多倍，所以统计法还有待进一步完善。尽管如此，用它来作设计方案比惯用法有明显的优点。

在实际工程中采用上述统计法来进行配合，是相当繁复和困难的，为此 IEC 又推荐了一种“简化统计法”，以便实际应用。

在简化统计法中，对过电压幅值和绝缘的耐压强度的统计规律作了某些假设，例如假设它们均遵循正态分布，并已知它们的标准偏差。这样一来，它们的概率分布曲线就可以用与某一参考概率相对应的点表示，分别称为“统计过电压 U_S”（参考累积概率取 2%）和“统计绝缘耐压 U_W”（参考耐受概率取 90%，亦即击穿概率为 10%）。它们之间也由一个称为“统计安全因数 K_S”的系数联系着，即

$$K_S = \frac{U_W}{U_S} \qquad (10-8)$$

在过电压保持不变的情况下，如提高绝缘水平，其统计绝缘耐压和统计安全因数均相应增大，绝缘故障率减小。

式（10-8）的表达形式与惯用法十分相似，可以认为：简化统计法实质上是利用有关

参数的概率统计特性，仍沿用惯用法计算程序的一种混合型绝缘配合方法。将这种方法应用到概率特性为已知的自恢复绝缘上，就能计算出在不同的统计安全系数 K_S 下的绝缘故障率 R，这对评估系统运行可靠性是重要的。

不难看出，要得出非自恢复绝缘击穿电压的概率分布是非常困难的，因为一件被试品只能提供一个数据，代价太大了。所以，至今为止，在各种电压等级的非自恢复绝缘的绝缘配合中均仍采用惯用法；对降低绝缘水平的经济效益不很显著的 220kV 及以下的自恢复绝缘亦均采用惯用法；只有对 330kV 及以上的超高压自恢复绝缘（如线路绝缘），才有采用简化统计法进行绝缘配合的工程实例。

第五节　架空输电线路的绝缘配合

确定输电线路绝缘水平，包括确定绝缘子串的片数及线路绝缘的空气间隙，这两种绝缘均属自恢复绝缘。对 500kV 线路，可将绝缘强度作为随机变量，利用简化统计法进行绝缘配合，以期取得较高的经济效益。500kV 以下线路仍采用惯用法进行绝缘配合。

一、绝缘子串的选择

线路绝缘子串应满足三方面的要求：

（1）在工作电压下不发生污闪；

（2）在操作过电压下不发生湿闪；

（3）具有足够的雷电冲击绝缘水平，能保证线路的耐雷水平与雷击跳闸率满足规定要求。

通常绝缘子串按下列顺序进行选择：①根据机械负荷和环境条件选定所用悬式绝缘子的型号；②按工作电压所要求的泄漏距离选择绝缘子串中的片数；③按操作过电压的要求计算应有的片数；④按上面②、③所得数中的较大者，校验该线路的耐雷水平与雷击跳闸率是否符合规定要求。

（一）按工作电压要求选择

为了防止绝缘子串在工作电压下发生污闪事故，绝缘子串应有足够的沿面爬电距离。我国多年来的运行经验证明，线路的闪络率［次/（100km·年）］与该线路的爬电比距 λ 密切相关，如果根据线路所在地区的污秽等级，按 GB/T 16434—1996《高压架空线路和发电厂、变电所环境污区分级及外绝缘选择标准》中的数据选定 λ 值，就能保证必要的运行可靠性。

设每片绝缘子的几何爬电距离为 L_0（cm），即可按爬电比距的定义写出

$$\lambda = \frac{nK_e L_0}{U_m} \tag{10-9}$$

式中　n——绝缘子片数；

U_m——系统最高工作（线）电压有效值，kV；

K_e——绝缘子爬电距离有效系数。

K_e 之值主要由各种绝缘子几何泄漏距离在试验和运行中提高污秽耐压的有效性来确定；并以 XP-70 型绝缘子作为基础，其 K_e 值取为 1。几何爬电距离 305mm 的 XP1-160 型绝缘子的 K_e 暂取 1。采用其他型式的绝缘子时，K_e 应由试验确定。

为了避免污闪事故，所需的绝缘子片数应为

$$n_1 \geqslant \frac{\lambda U_m}{K_e L_0} \tag{10-10}$$

应该注意，在 GB/T 16434—1996 中的 λ 值是根据实际运行经验得出的，所以：①按式（10-10）求得的片数 n_1 中已包括零值绝缘子（指串中已丧失绝缘性能的绝缘子），故不需再增加零值片数；②式（10-10）能适用于中性点接地方式不同的电网。

【例 10-3】 处于清洁区（0 级，λ=1.39）的 110kV 线路采用的是 XP-70（或X-4.5）型悬式绝缘子（其几何爬电距离 L_0=29cm），试按工作电压的要求计算应有的片数 n_1。

解

$$n_1 \geqslant \frac{1.39 \times 110 \times 1.15}{29} = 6.06 \rightarrow \text{取 7 片}$$

（二）按操作过电压要求选择

绝缘子串在操作过电压下，也不应发生湿闪。在没有完整的绝缘子串在操作波下的湿闪电压数据的情况下，只能近似地用绝缘子串的工频湿闪电压来代替，对于最常用的 XP-70（或 X-4.5）型绝缘子来说，其工频湿闪电压幅值 U_W 可利用下面的经验公式求得

$$U_W = 60n + 14(\text{kV}) \tag{10-11}$$

式中　n——绝缘子片数。

电网中操作过电压幅值的计算值等于 KU_{phm}(kV)，其中 K 为操作过电压计算倍数，U_{phm}为最大运行相电压幅值。

设此时应有的绝缘子片数为 n'_2，则由 n'_2 片组成的绝缘子串的工频湿闪电压幅值应为

$$U_W = 1.1KU_{phm} \quad (\text{kV}) \tag{10-12}$$

式中　1.1——综合考虑各种影响因素和必要裕度的一个综合修正系数。

只要知道各种类型绝缘子串的工频湿闪电压与其片数的关系，就可利用式（10-11）、式（10-12）求得应有的 n'_2 值。再考虑需增加的零值绝缘子片数 n_0 后，最后得出的操作过电压要求的片数为

$$n_2 = n'_2 + n_0 \tag{10-13}$$

我国规定应预留的零值绝缘子片数见表 10-1。

表 10-1　零值绝缘子片数 n_0

额定电压（kV）	35～220		330～500	
绝缘子串类型	悬垂串	耐张串	悬垂串	耐张串
n_0（片）	1	2	2	3

【例 10-4】 试按操作过电压的要求，计算 110kV 线路的 XP-70 型绝缘子串应有的片数 n_2。

解　该绝缘子串应有的工频湿闪电压幅值为

$$U_W = 1.1KU_{phm} = 1.1 \times 3 \times \frac{1.15 \times 110\sqrt{2}}{\sqrt{3}} = 341(\text{kV})$$

将应有的 U_W 值代入式（10-10），即得

$$n_2' = \frac{341-14}{60} = 5.45 \rightarrow 6 \text{ 片}$$

最后得出的应有的片数

$$n_2 = n_2' + n_0 = 6 + 1 = 7(\text{片})$$

现将按以上方法求得的不同电压等级线路应有的绝缘子片数 n_1 和 n_2 以及实际采用的片数 n 综合列于表 10-2 中。

表 10-2　　各级电压线路悬垂串应有的绝缘子片数

线路额定电压（kV）	35	66	110	220	330	500
n_1（片）	2	4	7	13	19	28
n_2（片）	3	5	7	12	17	22
实际采用值 n	3	5	7	13	19	28

注　1. 表中数值仅适用于海拔 1000m 以下的非污秽区。

2. 绝缘子均为 XP-70（或 X-4.5）型。其中 330kV 和 500kV 线路实际上采用的很可能是别的型号绝缘子（例如 XP-160 型），可按泄漏距离和工频湿闪电压进行折算。

如果已掌握该绝缘子串在正极性操作冲击波下的 50%放电电压 $\overline{U}_{S.L.S}$ 与片数的关系，那么也可以用下面的方法来求出此时应有的片数 n_2' 和 n_2：

该绝缘子串应具有下式所示的 50%操作冲击放电电压

$$\overline{U}_{S.L.S} \geqslant K_S U_S \tag{10-14}$$

式中　U_S——对范围Ⅰ($U_m \leqslant 252$kV)，它等于 KU_{phm}；对范围Ⅱ（$U_m > 252$kV），应为合空线、单相重合闸、三相重合闸这三种操作过电压中的最大者。

K_S——绝缘子串操作过电压配合系数，对范围Ⅰ取 1.17，对范围Ⅱ取 1.25。

（三）按雷电过电压要求选择

按上面所得的 n_1 和 n_2 中较大的片数，校验线路的耐雷水平和雷击跳闸率是否符合有关标准规定。

不过实际上，雷电过电压方面的要求在绝缘子片数选择中的作用一般是不大的，因为线路的耐雷性能并非完全取决于绝缘子的片数，而是取决于各种防雷措施的综合效果，影响因素很多。即使验算的结果表明不能满足线路耐雷性能方面的要求，一般也不再增加绝缘子片数，而是采用诸如降低杆塔接地电阻等其他措施来解决。

二、空气间距的选择

输电线路的绝缘水平不仅取决于绝缘子片数，同时也取决于线路上各种空气间隙的极间距离——空气间距，而且后者对线路建设费用的影响远远超过前者。

输电线路上的空气间隙包括：

(1) 导线对地面。在选择其空气间距时主要考虑地面车辆和行人等的安全通过，地面电场强度及静电感应等问题。

(2) 导线之间。应考虑相间过电压的作用、相邻导线在大风中因不同步摆动或舞动而相互靠近等问题。当然，导线与塔身之间的距离也决定着导线之间的空气间距。

(3) 导线、地线之间。按雷击于避雷线档距中央上时不至于引起导、地线间气隙击穿这一条件来决定。

(4) 导线与杆塔之间。这将是下面要探讨的重点内容。

为了使绝缘子串和空气间隙的绝缘能力得到充分的发挥，显然应使气隙的击穿电压与绝缘子串的闪络电压大致相等。但在具体实施时，会遇到风力使绝缘子串发生偏斜等不利因素。

就塔头空气间隙上可能出现的电压幅值来看，一般是雷电过电压最高、操作过电压次之、工频工作电压最低；但从电压作用时间来看，情况正好相反。由于工作电压长期作用在导线上，所以在计算它的风偏 θ_0 时（见图 10-4），应取该线路所在地区的最大设计风速 v_{max}（取 20 年一遇的最大风速，在一般地区为 20～35m/s）；操作过电压持续时间较短，通常在计算其风偏角 θ_S 时，取计算风速等于 $0.5v_{max}$；雷电过电压持续时间最短，而且强风与雷击点同在一处出现的概率极小，因此通常取其计算风速等于10～15m/s，可见它的风偏角 $\theta_L < \theta_S < \theta_0$，如图 10-4 所示。

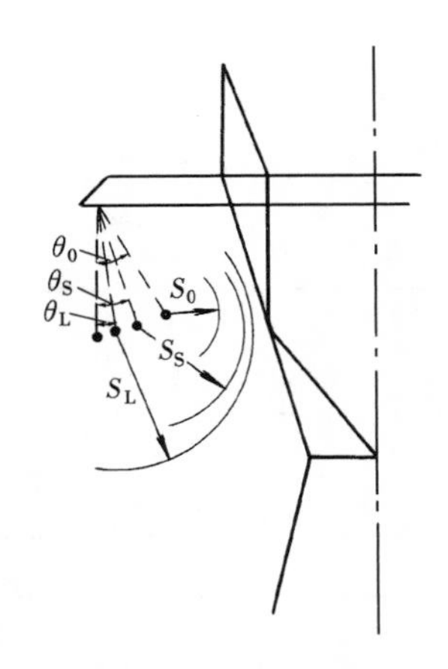

图 10-4　绝缘子串风偏角 θ 及其对杆塔的距离 S

三种情况下的净空气间距的确定方法如下：

（1）工作电压所要求的净间距 S_0。S_0 的工频 50%击穿电压幅值为

$$\overline{U}_{i.s} = K_1 U_{phm} \tag{10-15}$$

其中系数 K_1 为综合考虑工频电压升高、气象条件、必要的安全裕度等因素的空气间隙工频配合系数。对 66kV 及以下的线路取 $K_1 = 1.2$；对 110～220kV 线路取 $K_1 = 1.35$；对范围Ⅱ(U_m>252kV)取 $K_1 = 1.4$。

（2）操作过电压所要求的净间距 S_S。要求 S_S 的正极性操作冲击波下的 50%击穿电压为

$$\overline{U}_{S.L.S} = K_2 U_S = K_2 K U_{phm} \tag{10-16}$$

式中　U_S——计算用最大操作过电压；

K_2——空气间隙操作过电压配合系数，对 $U_m \leqslant 252$kV 取 1.03，对 $U_m > 252$kV 取 1.1。

在缺乏空气间隙 50%操作冲击击穿电压的实验数据时，亦可采取先估算出等值的工频击穿电压 $\overline{U}_{e.i.s}$，然后求取应有的空气间距 S_S 的办法。

由于长气隙在不利的操作冲击波形下的击穿电压显著低于其工频击穿电压，其折算系数 $\beta_S < 1$，如再计入分散性较大等不利因素，可取 $\beta_S = 0.82$，即

$$\overline{U}_{e.i.s} = \frac{\overline{U}_{S.L.S}}{\beta_S} \tag{10-17}$$

（3）雷电过电压所要求的净间距 S_L。通常取 S_L 的 50%雷电冲击击穿电压 $\overline{U}_{L.S}$ 等于绝缘子串的 50%雷电冲击闪络电压 U_{CF0} 的 85%，即

$$\overline{U}_{L.S} = 0.85 U_{CF0} \tag{10-18}$$

其目的是减少绝缘子串的沿面闪络，减小釉面受损的可能性。

求得以上的净间距后，即可确定绝缘子串处于垂直状态时对杆塔应有的水平距离

$$L_0 = S_0 + l\sin\theta_0$$
$$L_S = S_S + l\sin\theta_S$$
$$L_L = S_L + l\sin\theta_L$$

式中　l——绝缘子串长度，m。

最后，选三者中最大的一个，就得出了导线与杆塔之间的水平距离 L，即

$$L = \max[L_0, L_S, L_L]$$

表10-3中列出了各级电压线路所需的净间距值。当海拔高度超过1000m时，应按有关规定进行校正；对于发电厂、变电站各个S值应再增加10%的裕度。

表10-3 **各级电压线路所需的净间距值** cm

额定电压（kV）	35	66	110	220	330	500
X-4.5型绝缘子片数	3	5	7	13	19	28
S_0	10	20	25	55	90	130
S_S	25	50	70	145	195	270
S_L	45	65	100	190	260	370

习　　题

10-1　什么是电力系统的绝缘配合？绝缘配合的最终目的是什么？

10-2　220kV及以下的系统中电气设备的绝缘水平主要由哪种过电压决定？

10-3　短时工频试验电压是如何确定的？

10-4　什么是绝缘配合的惯用法？

10-5　输电线路绝缘子串中的绝缘子片数是如何确定的？

附录A 球隙放电电压

（大气压力101.3kPa，气温20℃）

附表A-1 **一球接地时，球隙的击穿电压**

（kV，最大值，适用于工频交流、负极性直流、负极性冲击电压）

间隙(cm) \ 球径(cm)	2	5	6.25	10	12.5	15	25
0.05	2.4						
0.10	4.4						
0.15	6.3						
0.20	8.2	8.0					
0.30	11.5						
0.40	14.8	14.3	14.2				
0.50	18.0			16.9	16.7	16.5	
0.60	21.0	20.4	20.2				
0.70	23.9						
0.80	26.6	26.3	26.2				
0.90	29.0						
1.0	31.2	32.0	31.9	31.6	31.5	31.3	31
1.2	35.1	37.6	37.5				
1.4	38.5	43.0	43.0				
1.5	40.0			45.6	45.6	45.6	45
1.6	(41.4)	48.1	48.4				
1.8	(44.0)	53.0	53.6				
2.0	(46.2)	57.4	58.2	59.1	59.2	59.2	59
2.2		61.5	61.3				
2.4		65.3	67.4				
2.5		67.2	69.6	72.0	72.0	72.6	72
3.0		75.4	79.1	84.1	85.2	85.5	86
3.5		82.4	87.5	95.2	97.2	98.1	
4.0		(88.4)	94.8	105	109	110	112
4.5		(93.5)	101	115	119	122	
5.0		(98.0)	(107)	123	129	132	137
5.5			(112)	131	138	143	
6.0			(116)	138	146	152	161
6.5				144	154	161	
7.0				150	162	169	184
7.5				155	168	177	
8.0				(160)	174	185	205
9.0				(169)	186	198	225
10				(177)	(196)	209	243
11					(204)	219	260
12					(212)	(229)	275
13						(238)	289
14						(245)	302
15						(252)	314
16							325
18							345
20							(363)
22							(378)
24							(391)
25							(396)

间隙(cm) \ 球径(cm)	50	75	100	150	200
2.0	58	58			
2.5			71		
4.0	112	112			
5.0			137	137	137
6.0	164	164			
8.0	214	215			
10	262	265	266	267	265
12	308	313			
14	352	360			
15			387	388	389
16	392	406			
18	428	450			
20	461	492	503	508	510
22	491	532			
24	520	570			
25			611	626	630
26	545	606			
28	570	640			
30	591	670	709	739	745
32	611	702			
34	630	731			
35			797	846	858
36	647	756			
38	(663)	785			
40	(679)	806	876	947	965
45	(710)	858	949	1040	1075
50	(738)	904	1010	1030	1180
55		945	1070	1210	
60		(981)	1120	1280	1360
65		(1012)	1170	1350	
70		(1040)	1210	1420	1530
75		(1060)	1240	1470	
80			(1280)	1530	1680
90			(1330)	1630	1810
100			(1370)	1710	1930
110				1790	2030
120				(1860)	2120
130				(1900)	2200
140				(1950)	2280
150				1980	2350
160					2410
180					2500
200					2530

注 括号内数字准确度较低。

附表 A-2　一球接地时，球隙的击穿电压

（kV，最大值，适用于正极性直流、正极性冲击电压）

间隙（cm）＼球径（cm）	2	5	6.25	10	12.5	15	25
0.4		14.3	14.2				
0.5				16.9	16.7	16.5	
0.6		20.4	20.2				
0.8		26.3	26.2				
1.0		32.0	31.9	31.6	31.6	31.3	31
1.2		37.8	37.6				
1.4		43.3	43.1				
1.5							
1.6		49.0	49.0				
1.8		54.4	54.6				
2.0		59.4	60.0	59.1	59.2	59.2	59
2.2		64.2	65.0				
2.4		68.8	69.7				
2.5		71.0	72.3	72.8	72.5	72.6	
3.0		81.1	83.4	85.6	85.7	85.6	86
3.5		90.0	93.4	97.4	98.6	98.7	
4.0		(97.5)	103	109	111	111	112
4.5		(104)	110	120	123	124	
5.0		(109)	(117)	130	134	136	138
5.5			(123)	139	144	147	
6.0			(128)	148	154	158	162
6.5				156	163	168	
7.0				163	172	178	187
7.5				170	180	187	
8.0				(176)	188	196	210
9.0				(186)	202	212	232
10				(195)	(214)	226	252
11					(224)	238	272
12					(232)	(249)	290
13						260	306
14						(269)	321
15						(276)	335
16							348
18							372
20							(393)
22							(410)
24							(424)
25							(430)

间隙（cm）＼球径（cm）	50	75	100	150	200
2.0	58	58			
4.0	112	112			
5.0			137	137	137
6.0	164	164			
8.0	214	215			
10	252	265	266	267	265
12	310	313			
14	356	360			
15			388	388	389
16	401	407			
18	440	452			
20	478	499	505	509	510
22	511	541			
24	543	582			
25			616	626	630
26	572	621			
28	600	659			
30	625	694	719	740	745
32	646	727			
34	669	759			
35			816	850	860
36	687	788			
38	(705)	816			
40	(721)	841	900	957	967
45	(756)	899	979	1060	1080
50	(785)	949	1050	1150	1180
55		994	1110	1240	
60		(1030)	1160	1310	1380
65		(1070)	1210	1390	
70		(1100)	1260	1460	1560
75		(1120)	1300	1520	
80			(1330)	1580	1710
90			(1390)	1680	1850
100			(1490)	1770	1980
110				1850	2080
120				(1920)	2180
130				(1970)	2270
140				(2020)	2350
150				(2060)	2420
160					(2480)
180					(2580)
200					(2650)

注　括号内数字准确度较低。

附表 A-3 球隙对称分布时，球隙的击穿电压

（kV，最大值，适用于工频交流、直流、冲击电压）

间隙(cm) \ 球径(cm)	2	5	6.25	10	12.5	15	25
0.05	2.4						
0.10	4.4						
0.15	6.3						
0.20	8.2	8.0					
0.30	11.6						
0.40	14.9	14.3	14.2				
0.50	18.1			16.9	16.7	16.5	
0.60	21.2	20.4	20.2				
0.70	24.1						
0.80	26.9	26.4	26.2				
0.90	29.5						
1.0	32.0	32.2	32.0	31.6	31.5	31.3	31
1.4	41.2	43.3	45.2				
1.5				45.8	45.7	45.5	45
1.6	(45.2)	48.5	48.6				
1.8	(48.7)	53.5	53.9				
2.0	(51.8)	58.3	59.0	59.3	59.4	59.2	59
2.2		62.8	63.9				
2.4		67.3	68.6				
2.5		69.4	70.9	72.4	72.6	72.9	72
3.0		79.3	81.8	84.6	85.4	85.8	86
3.5		88.3	91.8	96.5	97.7	98.4	
4.0		(96.4)	101	107	100	111	113
4.5		(104)	109	118	121	123	
5.0		(111)	(117)	128	132	134	138
5.5			(124)	137	142	145	
6.0			(131)	146	152	155	162
6.5				155	161	165	
7.0				163	170	175	185
7.5				170	173	185	
8.0				(177)	187	194	207
9.0				(191)	203	221	228
10				(203)	217	227	248
11					229	242	267
12					(241)	(256)	286
13						(268)	303
14						(280)	320
15						(292)	336
16							(352)
18							(381)
20							(407)
22							(431)
24							(452)
25							(463)

间隙(cm) \ 球径(cm)	50	75	100	150	200
2.0	58	58			
2.5			71		
4.0	112	112			
5.0			137	137	137
6.0	164	164			
8.0	214	215			
10	263	265	266	267	265
12	309	314			
14	353	362			
16	394	408			
18	434	452			
20	472	495	504	511	511
22	507	535			
24	542	576			
25			613	628	632
26	575	615			
28	607	652			
30	638	689	714	741	747
32		725			
34	693	759			
35			812	848	860
36	718	793			
38	(742)	825			
40	(767)	856	902	950	972
45	(823)	929	986	1050	1080
50	(874)	997	1070	1140	1180
55		1060	1140	1230	
60		(1120)	1210	1320	1380
65		(1170)	(1280)	1410	
70		(1220)	1340	1490	1560
75		(1270)	1400	1560	
80			(1460)	1640	1730
90			(1560)	1760	1900
100			(1660)	1910	2050
110				2030	2190
120				(2140)	2330
130				(2240)	2460
140				(2330)	2580
150				(2420)	2690
160					(2800)
180					(3000)
200					(3180)

注 括号内数字准确度较低。

附录B 高压输变电设备的绝缘水平及耐受电压

摘自GB 311.1—1997《高压输变电设备的绝缘配合》。

附表B-1　电压范围Ⅰ（1kV＜U_m≤252kV）的设备的标准绝缘水平　kV

系统标称电压（有效值）	设备最高电压（有效值）	额定雷电冲击耐受电压（峰值）		额定短时工频耐受电压（有效值）
		系列Ⅰ	系列Ⅱ	
3	3.5	20	40	18
6	6.9	40	60	25
10	11.5	60	75 95	30/42③，35
15	17.5	75	95 105	40，45
20	23.0	95	125	50，55
35	40.5	185/200①		80/95③，85
66	72.5	325		140
110	126	450/480①		185，200
220	252	(750)②		(325)②
		850		360
		950		395
		(1050)②		(460)②

注　系统标称电压3～15kV所对应设备的系列Ⅰ的绝缘水平，在我国仅用于中性点直接接地系统。

①　该栏斜线下之数据仅用于变压器类设备的内绝缘。

②　220kV设备，括号内的数据不推荐选用。

③　当设备外绝缘在干燥状态下之耐受电压。

附表B-2　电压范围Ⅱ（U_m＞252kV）的设备的标准绝缘水平　kV

系统标称电压（有效值）	设备最高电压（有效值）	额定操作冲击耐受电压（峰值）					额定雷电冲击耐受电压（峰值）		额定短时工频耐受电压（有效值）
		相对地	相间	相间与相对地之比	纵绝缘②		相对地	纵绝缘	相对地
1	2	3	4	5	6	7	8	9	10③
330	363	850	1300	1.50	950	850 (+295)①	1050	见4.7.1.3条的规定	(460)
		950	1425	1.50			1175		(510)
500	550	1050	1675	1.60	1175	1050 (+450)①	1425		(630)
		1175	1800	1.50			1550		(680)
							1675		(740)

①　栏7中括号中之数值是加在同一极对应相端子上的反极性工频电压的峰值。

②　纵绝缘的操作冲击耐受电压选取栏6或栏7之数值，决定于设备的工作条件，在有关设备标准中规定。

③　栏10括号内之短时工频耐受电压值，仅供参考。

附表 B-3　各类设备的雷电冲击耐受电压　kV

系统标称电压（有效值）	设备最高电压（有效值）	额定雷电冲击（内、外绝缘）耐受电压（峰值）						截断雷电冲击耐受电压（峰值）
		变压器	并联电抗器	耦合电容器、电压互感器	高压电力电缆②	高压电器	母线支柱绝缘子、穿墙套管	变压器类设备的内绝缘
3	3.5	40	40	40	—	40	40	45
6	6.9	60	60	60	—	60	60	65
10	11.5	75	75	75	—	75	75	85
15	17.5	105	105	105	105	105	105	115
20	23.0	125	125	125	125	125	125	140
35	40.5	185/200①	185/200①	185/200①	200	185	185	220
66	72.5	325	325	325	325	325	325	360
		350	350	350	350	350	350	385
110	126	450/480①	450/480①	450/480①	450	450	450	530
		550	550	550	550			
220	252	850	850	850	850	850	935	950
		950	950	950	950 1050	950	950	1050
330	363	1050				1050	1050	1175
		1175	1175	1175	1175 1300	1175	1175	1300
500	550	1425			1425	1425	1425	1550
		1550	1550	1550	1550	1550	1550	1675
			1675	1675	1675	1675	1675	

① 斜线下之数据仅用于该类设备的内绝缘。

② 对高压电力电缆是指热状态下的耐受电压值。

附表 B-4　各类设备的短时（1min）工频耐受电压（有效值）　kV

系统标称电压（有效值）	设备最高电压（有效值）	内、外绝缘（干试与湿试）				母线支持绝缘子	
		变压器	并联电抗器	耦合电容器、高压电器、电压互感器和穿墙套管	高压电力电缆	湿试	干试
1	2	3①	4①	5②	6②	7	8
3	3.5	18	18	18/25		18	25
6	6.9	25	25	23/30		23	32
10	11.5	30/35	30/35	30/42		30	42
15	17.5	40/45	40/45	40/55	40/45	40	57
20	23.0	50/55	50/55	50/65	50/55	50	68
35	40.5	80/85	80/85	80/95	80/85	80	100
66	72.5	140	140	140	140	140	165
		160	160	160	160	160	185
110	126.0	185/200	185/200	185/200	185/200	185	265
220	252.0	360	360	360	360	360	450
		395	395	395	395	395	495
					460		
330	363.0	460	460	460	460		
		510	510	510	510 570		

续表

系统标称电压（有效值）	设备最高电压（有效值）	内、外绝缘（干试与湿试）				母线支持绝缘子	
		变压器	并联电抗器	耦合电容器、高压电器、电压互感器和穿墙套管	高压电力电缆	湿试	干试
500	550.0	630	630	630	630		
		680	680	680	680		
				740	740		

注 表中给出的 330～500kV 设备之短时工频耐受电压仅供参考。

① 该栏中斜线下的数据为该类设备的内绝缘和外绝缘干状态之耐受电压。

② 该栏中斜线下的数据为该类设备的外绝缘干耐受电压。

附表 B-5 **电力变压器中性点绝缘水平** kV

系统标称电压（有效值）	设备最高电压（有效值）	中性点接地方式	雷电冲击全波和截波耐受电压（峰值）	短时工频耐受电压（有效值）（内、外绝缘，干试与湿试）
110	126	不固定接地	250	95
220	252	固定接地 不固定接地	185 400	85 200
330	363	固定接地 不固定接地	185 550	85 230
500	550	固定接地 经小电抗接地	185 325	85 140

附录C 避雷器电气特性

附表 C-1 **普通阀式避雷器（FS和FZ系列）的电气特性**

型号	额定电压有效值（kV）	灭弧电压有效值（kV）	工频放电电压有效值（干燥及淋雨状态）（kV）		冲击放电电压（预放电时间1.5～2.0μs）（kV）不大于		冲击残压（波形8/20μs）（kV）不大于				备注
							FS系列		FZ系列		
			不小于	不大于	FS系列	FZ系列	3kA	5kA	5kA	10kA	
FS-0.25	0.22	0.25	0.6	1.0	2.0		1.3				
FS-0.50	0.38	0.50	1.1	1.6	2.7		2.6				
FS-3（FZ-3）	3	3.8	9	11	21	20	(16)	17	14.5	(16)	
FS-6（FZ-6）	6	7.6	16	19	35	30	(28)	30	27	(30)	
FS-10（FZ-10）	10	12.7	26	31	50	45	(47)	50	45	(50)	
FZ-15	15	20.5	42	52		78			67	(74)	组合元件用
FZ-20	20	25	49	60.5		85			80	(88)	组合元件用
FZ-30J	30	25	56	67		110			83	(91)	组合元件用
FZ-35	35	41	84	104		134			134	(148)	
FZ-40	40	50	98	121		154			160	(176)	110kV变压器中性点保护专用
FZ-60	60	70.5	140	173		220			227	(250)	
FZ-110J	110	100	224	268		310			332	(364)	
FZ-154J	154	142	304	368		420			466	(512)	
FZ-220J	220	200	448	536		630			664	(728)	

注 残压栏内加括号者为参考值。

附表 C-2 **电站用磁吹阀式避雷器（FCZ系列）电气特性**

型号	额定电压有效值（kV）	灭弧电压有效值（kV）	工频放电电压有效值（干燥及淋雨状态）（kV）		冲击放电电压（kV）不大于		冲击电流残压（kV）（波形8/20μs）不大于		备注
			不小于	不大于	预放电时间1.5～20μs及波形1.5/40μs	预放电时间100～1000μs	5kA时	10kA时	
FCZ-35	35	41	70	85	112	—	108	122	110kV变压器中性点保护专用
FCZ-40	—	51	87	98	134	—	—①	—	
FCZ-50	60	69	117	133	178	—	178	205	
FCZ-110J	110	100	170	195	260	(285)②	260	285	
FCZ-110	110	126	255	290	345	—	332	365	
FCZ-154	154	177	330	377	500	—	466	512	
FCZ-220J	220	200	340	390	520	(570)	520	570	
FCZ-330J	330	290	510	580	780	820	740	820	
FCZ-500J	500	440	680	790	840	1030	—	1100	

① 1.5kA 冲击残压为134kV。

② 加括号者为参考值。

附表 C-3 保护旋转电机用磁吹阀式避雷器（FCD 系列）电气特性

型号	额定电压有效值（kV）	灭弧电压有效值（kV）	工频放电电压有效值（干燥及淋雨状态）（kV）		冲击放电电压（预放电时间 1.5～20μs 及波形 1.5/40μs）（kV）不大于	冲击电流残压（kV）（波形 8/20μs）不大于		备注
			不小于	不大于		3kA 时	5kA 时	
FCD-2	—	2.3	4.5	5.7	6	6	6.4	电机中性点保护专用
FCD-3	3.15	3.8	7.5	9.5	9.5	9.5	10	
FCD-4	—	4.6	9	11.4	12	12	12.8	电机中性点保护专用
FCD-6	6.3	7.6	15	18	19	19	20	
FCD-10	10.5	12.7	25	30	31	31	33	
FCD-13.2	13.8	16.7	33	39	40	40	43	
FCD-15	15.75	19	37	44	45	45	49	

附表 C-4 典型的电站和配电用 ZnO 避雷器参数(参考)

kV

避雷器额定电压 U_r (有效值)	避雷器持续运行电压 U_c (有效值)	标称放电电流 20kA 等级				标称放电电流 10kA 等级				标称放电电流 5kA 等级							
		电站避雷器				电站避雷器				电站避雷器				配电避雷器			
		陡波冲击电流残压	雷电冲击电流残压	操作冲击电流残压	直流 1mA 参考电压	陡波冲击电流残压	雷电冲击电流残压	操作冲击电流残压	直流 1mA 参考电压	陡波冲击电流残压	雷电冲击电流残压	操作冲击电流残压	直流 1mA 参考电压	陡波冲击电流残压	雷电冲击电流残压	操作冲击电流残压	直流 1mA 参考电压
		(峰值)不大于			不小于	(峰值)不大于			不小于	(峰值)不大于			不小于	(峰值)不大于			不小于
5	4.0	—	—	—	—	—	—	—	—	15.5	13.5	11.5	7.2	17.3	15.0	12.8	7.5
10	8.0	—	—	—	—	—	—	—	—	31.0	27.0	23.0	14.4	34.6	30.0	25.6	15.0
12	9.6	—	—	—	—	—	—	—	—	37.2	32.4	27.6	17.4	41.2	35.8	30.6	18.0
15	12.0	—	—	—	—	—	—	—	—	46.5	40.5	34.5	21.8	52.5	45.6	39.0	23.0
17	13.6	—	—	—	—	—	—	—	—	51.8	45.0	38.3	24.0	57.5	50.0	42.5	25.0
51	40.8	—	—	—	—	—	—	—	—	154.0	134.0	114.0	73.0	—	—	—	—
84	67.2	—	—	—	—	—	—	—	—	254	221	188	121	—	—	—	—
90	72.5	—	—	—	—	264	235	201	130	270	235	201	130	—	—	—	—
96	75	—	—	—	—	280	250	213	140	288	250	213	140	—	—	—	—
(100)*	78	—	—	—	—	291	260	221	145	299	260	221	145	—	—	—	—
102	79.6	—	—	—	—	297	266	226	148	305	266	226	148	—	—	—	—
108	84	—	—	—	—	315	281	239	157	323	281	239	157	—	—	—	—
192	150	—	—	—	—	560	500	426	280	—	—	—	—	—	—	—	—
(200)*	156	—	—	—	—	582	520	442	290	—	—	—	—	—	—	—	—
204	159	—	—	—	—	594	532	452	296	—	—	—	—	—	—	—	—
216	168.5	—	—	—	—	630	562	478	314	—	—	—	—	—	—	—	—
288	219	—	—	—	—	782	698	593	408	—	—	—	—	—	—	—	—
300	228	—	—	—	—	814	727	618	425	—	—	—	—	—	—	—	—
306	233	—	—	—	—	831	742	630	433	—	—	—	—	—	—	—	—
312	237	—	—	—	—	847	760	643	442	—	—	—	—	—	—	—	—
324	246	—	—	—	—	880	789	668	459	—	—	—	—	—	—	—	—
420	318	1170	1046	858	565	1075	960	852	665	—	—	—	—	—	—	—	—
444	324	1238	1106	907	597	1137	1015	900	597	—	—	—	—	—	—	—	—
468	330	1306	1166	956	630	1198	1070	950	630	—	—	—	—	—	—	—	—

* 过渡。

参 考 文 献

［1］朱德恒，严璋．高电压绝缘技术．2版．北京：中国电力出版社，2002.
［2］周泽存，等．高电压技术．3版．北京：水利电力出版社，1988.
［3］张一尘．高电压技术．2版．北京：中国电力出版社，2007.
［4］郭喜庆．高电压设备绝缘与故障分析．北京：中国电力出版社，1995.
［5］唐兴祚．高电压技术．2版．重庆：重庆大学出版社，1991.
［6］朱德恒，谈克雄．电绝缘诊断技术．北京：中国电力出版社，1999.
［7］赵智大．高电压技术．2版．北京：中国电力出版社，2006.
［8］张纬钹．电力系统过电压与绝缘配合．北京：清华大学出版社，2002.
［9］施围，等．高电压工程基础．北京：机械工业出版社，2006.
［10］水利电力部西北电力设计院．电力工程电气设计手册（电气一次部分）．北京：中国电力出版社，1994.